环境学概论

（第二版）

曲向荣　主编

科学出版社
北　京

内 容 简 介

本书全面、系统地阐述了环境科学的基本概念、原理、方法和应用。全书内容包括绪论、自然资源的利用与保护、生态学基础、能源与清洁能源、大气污染及其防治、水体污染及其防治、固体废物污染及其防治、物理性污染及其防治、土壤污染及其修复、环境规划与管理、环境监测与环境质量评价等。

本书可作为高等学校环境科学、环境工程及相关专业的基础课教材，也可作为非环境专业环境教育的通识课教材，同时还可作为从事环境保护的技术人员、管理人员及关注环境保护事业的人员的参考书。

图书在版编目(CIP)数据

环境学概论/曲向荣主编. —2版. —北京：科学出版社，2015.1

ISBN 978-7-03-043175-2

Ⅰ.①环…　Ⅱ.①曲…　Ⅲ.①环境科学-高等学校-教材　Ⅳ.①X

中国版本图书馆CIP数据核字(2015)第018895号

责任编辑：赵晓霞 / 责任校对：李　影

责任印制：赵　博 / 封面设计：陈　敬

科学出版社 出版

北京东黄城根北街16号

邮政编码：100717

http://www.sciencep.com

三河市骏杰印刷有限公司印刷

科学出版社发行　各地新华书店经销

*

2009年8月第　一　版　北京大学出版社

2015年1月第　二　版　开本：787×1092　1/16

2025年1月第十一次印刷　印张：18

字数：426 000

定价：58.00元

(如有印装质量问题，我社负责调换)

《环境学概论》(第二版)编写委员会

主　编　曲向荣

副主编　徐　丽　刘宝勇　王　剑　吴　昊　刘　洋

编　委(按姓名汉语拼音排序)

崔　丽　李艳平　梁吉艳　刘　洋　刘宝勇

曲向荣　沈欣军　王　剑　王　新　吴　昊

徐　丽　张林楠

主　审　李法云　李　辉

第二版前言

人类的生产和生活活动引起的生态系统破坏和环境污染反过来又危及人类自身的生存和发展的现象，称为环境问题。环境问题随着人类社会和经济的发展而变得日益严重。残酷的现实告诉人们，人类经济水平的提高和物质享受的增加，在很大程度上是以牺牲环境与资源换来的。环境污染、生态破坏、资源短缺、酸雨蔓延、全球气候变化、臭氧层出现空洞、……正是人类在发展中对自然环境采取了不公允、不友好的态度和做法的结果。同时，人类正遭受着环境问题的严重威胁和危害，这种威胁和危害已危及当今人类的健康、生存与发展，更危及地球的命运和人类的前途。保护环境迫在眉睫。

保护环境不仅需要环境科学、工程与技术等领域的理论研究与科学实践，更重要的是需要全人类的一致行动。要转变传统的社会发展模式和经济增长方式，将经济发展与环境保护协调统一起来，就必须走资源节约型和环境友好型的、人与自然和谐共存的可持续发展道路。

本书是在2009年出版的《环境学概论》一书的基础上重新修改编写而成的。本书内容丰富，可满足学生拓宽知识面、适应当前教学信息量大的要求，便于在教学中选择讲授。

本书全面、系统地阐述了自然资源的利用与保护，生态学基础，能源与清洁能源，大气污染及其防治，水体污染及其防治，固体废物污染及其防治，物理性污染及其防治，土壤污染及其修复，环境规划与管理，环境监测与环境质量评价等内容。本书融合了自然科学与社会科学，既涉及科学知识和技术，又涉及思想意识和观念；既揭露了问题，总结了教训，又阐明了解决问题、寻求光明前途的战略和措施。

全书共11章。第1、3、4、5、7、10章由曲向荣编写，第2章由王剑编写，第6章由徐丽编写，第8章由吴昊编写，第9章由刘宝勇编写，第11章由刘洋编写。梁吉艳、王新、沈欣军、崔丽、张林楠、李艳平分别参与了第2、3、5、6、7、8章的编写。全书由曲向荣统稿。

在本书编写过程中引用了大量的国内外相关领域的最新成果与资料，在此向这些专家、学者致以衷心的感谢。

由于编者水平和经验有限，书中疏漏和不足之处在所难免，敬请广大读者批评指正。

编　者

2014年8月

目　　录

第1章 绪　论

1.1 环　境

1.1.1 环境的概念

环境是一个极其广泛的概念，它不能孤立地存在，是相对某一中心事物而言的，不同的中心事物有不同的环境范畴。对于环境科学而言，中心事物是人，环境的含义是以人为中心的客观存在，这个客观存在主要是指：人类已经认识到的，直接或间接影响人类生存与发展的周围事物。它既包括未经人类改造过的自然界众多要素，如阳光、空气、陆地（山地、平原等）、土壤、水体（河流、湖泊、海洋等）、天然森林和草原、野生生物等；又包括经过人类社会加工改造过的自然界，如城市、村落、水库、港口、公路、铁路、空港、园林等。它既包括这些物质性的要素，又包括由这些物质性要素所构成的系统及其所呈现出的状态。

目前，还有一种为适应某些方面工作的需要，而给“环境”下的定义，它们大多出现在世界各国颁布的环境保护法规中。例如，《中华人民共和国环境保护法》对环境作了如下规定：“本法所称环境，是指影响人类生存和发展的各种天然的和经过人工改造的自然因素的总体，包括大气、水、海洋、土地、矿藏、森林、草原、湿地、野生生物、自然遗迹、人文遗迹、自然保护区、风景名胜区、城市和乡村等。”可以认为，我国环境法规对环境的定义相当广泛，包括前述的自然环境和人工环境。环境保护法是一种把环境中应当保护的要素或对象界定为环境的一种工作定义，其目的是从实际工作的需要出发，对环境一词的法律适用对象或适用范围做出规定，以保证法律的准确实施。

1.1.2 环境要素及其属性

1. 环境要素

构成环境整体的各个独立的、性质不同而又服从总体演化规律的基本物质组分称为环境要素，又称环境基质，主要包括水、大气、生物、土壤、岩石和阳光等。环境要素组成环境的结构单元，环境的结构单元又组成环境整体或环境系统。例如，空气、水蒸气等组成大气圈；河流、湖泊、海洋等地球上各种形态的水体组成水圈；土壤组成农田、草地和林地等；岩石和土壤构成岩石圈或称岩石-土壤圈；动物、植物、微生物组成生物群落，全部生物群落构成生物圈；阳光则提供辐射能并为上述要素所吸收。大气圈、水圈、岩石-土壤圈和生物圈 4 个圈层则构成了人类的生存环境——地球环境系统。

2. 环境要素的属性

环境要素具有非常重要的属性，这些属性决定了各个环境要素间的联系和作用的性质，是人类认识环境、改造环境、保护环境的基本依据。在这些属性中，最重要的是：

(1) 环境整体大于诸要素之和。环境诸要素之间相互联系、相互作用形成环境的总体效应，这种总体效应是在个体效应基础上的质的飞跃。某处环境所表现出的性质，不等于组成该环境的各个要素性质之和，而要比这种“和”丰富得多，复杂得多。

(2) 环境要素的相互依赖性。环境诸要素是相互联系、相互作用的。环境诸要素间的相互作用和制约，一方面通过能量流，即通过能量在各要素之间的传递，或以能量形式在各要素之间的转换来实现的；另一方面通过物质循环，即物质在环境要素之间的传递和转化，使环境要素相互联系在一起。

(3) 环境质量的最差限制律。环境质量的一个重要特征是最差限制律，即整体环境的质量不是由环境诸要素的平均状态决定的，而是受环境诸要素中“最差状态”的要素控制的，且不由其他要素处于良好状态得到补偿。因此，环境诸要素之间是不能相互替代的。例如，一个区域的空气质量优良，声环境质量较好，但水体污染严重，则该区域的总体环境质量就由水环境质量所决定。要改善该区域的整体环境质量，就要首先改善该区域的水环境质量。

(4) 环境要素的等值性。任何一个环境要素，对于环境质量的限制，只有当它们处于最差状态时，才具有等值性。也就是说，各个环境要素，无论它们本身在规模或数量上如何不同，但只要是一个独立的要素，那么它们对环境质量的限制作用并无质的差别。如前所述，对一个区域来说，属于环境范畴的空气、水体、土地等均是独立的环境要素，无论哪个要素处于最差状态，都制约着环境质量，使总体环境质量变差。

(5) 环境要素变化之间的连锁反应。每个环境要素在发展变化的过程中，既受到其他要素的影响，同时也影响其他要素，形成连锁反应。例如，由温室效应引起的大气升温，将导致干旱、洪涝、沙尘暴、飓风、泥石流、土地荒漠化、水土流失等一系列自然灾害。这些自然现象互相之间一环扣一环，只要其中的一环发生改变，就可能引起一系列连锁反应。

1.1.3 地球环境的构成

1. 大气圈

大气圈是指受地球引力作用而围绕地球的大气层，又称大气环境，是自然环境的组成要素之一，也是一切生物赖以生存的物质基础。大气圈垂直距离的温度分布和大气的组成有明显的变化，根据这种变化通常可将大气划分为五层，如图 1-1 所示。

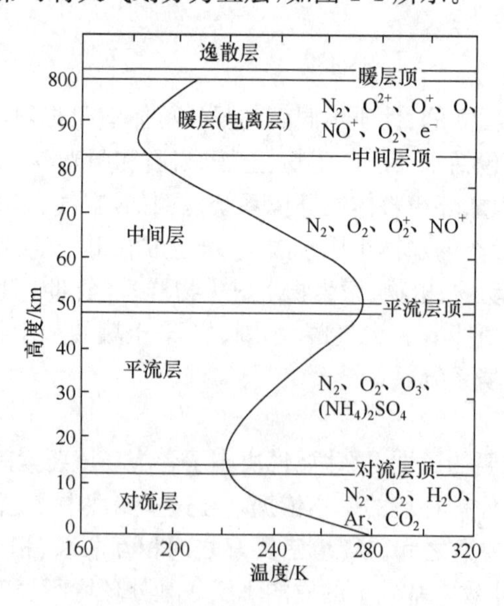

图 1-1　大气圈的分层

(1) 大气圈的结构。

①对流层。对流层位于大气圈的最底层，是空气密度最大的一层，直接与岩石圈、水圈和生物圈相接触。对流层厚度随地球纬度不同而有些差异，在赤道附近高15～20km，在两极区高8～10km。空气总质量的95%和绝大多数的水蒸气、尘埃都集中在这一层；各种天气现象如云、雾、雷、电、雨和雪等都发生在这一层；大气污染也主要发生在这一层，尤其是在近地面1～2km范围内更为明显。在对流层里，气温随高度增加而下降，平均递减率为6.5℃/km，空气由上而下进行剧烈的对流，使大气能充分混合，各处空气成分比例相同，称为均质层。

②平流层。位于对流层顶，上界高度为50～55km。在这一层内，臭氧集中，太阳辐射的紫外线($\lambda<0.29\mu m$)几乎全部被臭氧吸收，使其温度升高。在较低的平流层内，温度上升十分缓慢，出现较低等温(－55℃)，气流只有水平流动，而无垂直对流。到25km以上时，温度上升很快，而在平流层顶50km处，最高温度可达－3℃。在平流层内，空气稀薄，大气密度和压力仅为地表附近的1/1000～1/10，几乎不存在水蒸气和尘埃物质。

③中间层。位于平流层顶，上界高度为80～90km，温度再次随高度增加而下降，中间层顶最低温度可达－100℃，是大气温度最低的区域。其原因是这一层几乎没有臭氧，而能被N_2和O_2等气体吸收的波长更短的太阳辐射，大部分已被上层大气吸收。

④暖层。从中间层顶至800km高度，空气分子密度是海平面上的五百万分之一。强烈的紫外线辐射使N_2和O_2分子发生电离，成为带电离子或分子，使此层处于特殊的带电状态，所以又称电离层。在这一层里，气温随高度增加而迅速上升，这是因为所有波长小于$0.2\mu m$的紫外辐射都被大气中的N_2和O_2分子吸收，在300km高度处，气温可达1000℃以上。电离层能使无线电波反射回地面，这对远距离通信极为重要。

⑤逸散层。高度800km以上的大气层，统称为逸散层。气温随高度增加而升高，大气部分处于电离状态，质子的含量大大超过氢原子的含量。由于大气极其稀薄，地球引力场的束缚也大大减弱，大气物质不断向星际空间逸散，极稀薄的大气层一直延伸到离地面2200km高空，在此以外是宇宙空间。暖层和逸散层又称非均质层。

在大气圈的这五个层次中，与人类关系最密切的是对流层，其次是平流层。离地面1km以下部分为大气边界层，该层受地表影响较大，是人类活动的空间，大气污染主要发生在这一层。

(2) 大气圈的组成。

大气是由多种气体、水汽、液体颗粒和悬浮固体杂质组成的混合物。大气中，除去液体颗粒和悬浮固体杂质的混合气体，称为干洁空气。

干洁空气：N_2(体积约占78%)、O_2(约占21%)、氩(0.9%)，此外还有少量的其他成分，如CO_2、氖、氦、氪、氙、氢、O_3等，这些气体体积约占空气总体积的0.1%。

水汽：大气中的水汽含量比氮、氧等主要成分含量所占的比例要低得多，且随着时间、地域、气象条件的不同变化很大。在干燥地区可低至0.02%，在湿润地区可高达6%。大气中的水汽含量虽然不大，但对天气变化起着重要的作用，可形成云、雨、雪等天气现象。

大气颗粒物：指悬浮在大气中由于粒径较小导致沉降速率很小的固体、液体微粒。无论其含量、种类，还是化学成分都是变化的。

2. 水圈

天然水是海洋、江河、湖泊、沼泽、冰川等地表水、大气水和地下水的综合。由地球上的各种天然水与其中各种有生命和无生命物质构成的综合水体，称为水圈。水圈中水的总量约为

$1.4 \times 10^{18} m^3$，其中海洋水约占97.2%，余下不足3%的淡水分布在冰川、地下水和江、河、湖泊等。这部分水量虽少，但与人类生产与生活活动关系最为密切。

水资源通常指淡水资源，而且是较易被人类利用，可以逐年恢复的淡水资源。因此，海水、冰川、深层地下水（>1000m）等目前还不能算作水资源。显然，地球上的水资源是非常有限的。在水圈中，99.99%的水是以液态和固态形式在地面上聚集，构成各种水体，如海洋、河流、湖泊、水库、冰川等。通常情况下，一个水体就是一个完整的生态系统，包括其中的水、悬浮物、溶解物、底质和水生生物等，此时我们又称其为水环境。它们在各种形态之间和各种水体之间不断地转化和循环，形成水的大循环和相对稳定的分配。

3. 岩石-土壤圈

地球是由地壳、地幔和地核三个同心圈层组成，平均半径约6371km。距地表以下几千米到70km的一层，称为岩石圈。岩石圈的厚度很不均匀，大陆的地壳比较厚，平均35km，我国青藏高原的地壳厚度达65km以上。海洋的地壳厚度比较薄，为5～8km。大陆地壳的表层为风化层，它是地表中多种硅酸盐矿与丰富的水、空气长期作用的结果，为陆地植物的生长提供了基础。另外，经过植物根部作用，动植物尸体及排泄物的分解产物及微生物的作用，进一步风化形成现在的土壤，土壤是地球陆地表面生长植物的疏松层，通常称为土壤圈。

4. 生物圈

生物圈是指生活在大气圈、水圈和岩石圈中的生物与其生存环境的总体。生物圈的范围包括从海平面以下深约11km（太平洋最深处的马里亚纳海沟）到地平面上约9km（陆地最高山峰珠穆朗玛峰）的地球表面和空间，通常只有在这一空间范围内才能有生命存在。因此，我们也可以把有生命存在的整个地球表面和空间称为生物圈。在生物圈里，有阳光、空气、水、土壤、岩石和生物等各种基本的环境要素，为人类提供了赖以生存的基本条件。

1.1.4 环境的功能

对人类而言，环境功能是环境要素及由其构成的环境状态对人类生产和生活所承担的职能和作用，其功能非常广泛。

1. 为人类提供生存的基本要素

人类、生物都是地球演化到一定阶段的产物，生命活动的基本特征是生命体与外界环境的物质交换和能量转换。空气、水和食物是人体获得物质和能量的主要来源。因此，清洁的空气、洁净的水、无污染的土壤和食物是人类健康和世代繁衍的基本环境要素。

2. 为人类提供从事生产的资源基础

环境是人类从事生产与社会经济发展的资源基础。自然资源可以分为可耗竭资源（不可再生资源）和可再生资源两大类。

可耗竭资源是指资源蕴藏量不再增加的资源。它的持续开采过程也就是资源的耗竭过程，当资源的蕴藏量为零时，就达到了耗竭状态。可耗竭资源主要是指煤炭、石油、天然气等能源资源和金属等矿产资源。

可再生资源是指能够通过自然力以某一增长率保持、恢复或增加蕴藏量的自然资源，如太阳能、大气、森林、农作物以及各种野生动植物等。许多可再生资源的可持续性受人类利用方式的影响。在合理开发利用的情况下，资源可以恢复、更新、再生，甚至不断增长。而不合理的开发利用，会导致可再生过程受阻，使蕴藏量不断减少，以致枯竭。例如，水土流失或盐碱化导致土壤肥力下降，农作物减产；过度捕捞使渔业资源枯竭，由此降低鱼群的自然增长率。有些可再生资源不受人类活动影响，当代人消费的数量不会使后代人消费的数量减少，如太阳能、风力等。

3. 对废物具有消化和同化能力（环境自净能力）

人类在进行物质生产或消费的过程中，会产生一些废物并排放到环境中。环境通过各种各样的物理（稀释、扩散、挥发、沉降等）、化学（氧化和还原、化合和分解等）、生物降解等途径来消化、转化这些废物。只要这些污染物在环境中的含量不超出环境的自净能力，环境质量就不会受到损害。如果环境不具备这种自净能力，地球上的废物就会很快积累到危害环境和人体健康的水平。

环境自净能力（环境容量）与环境空间的大小、各环境要素的特性、污染物本身的物理和化学性质有关。环境空间越大，环境对污染物的自净能力就越大，环境容量也就越大。对某种污染物而言，它的物理和化学性质越不稳定，环境对它的自净能力也就越大。

4. 为人类提供舒适的生活环境

环境不仅能为人类的生产和生活提供物质资源，还能满足人们对舒适性的要求。清洁的空气和水不仅是工农业生产必需的要素，也是人们健康愉快生活的基本需求。优美的自然景观和文物古迹是宝贵的财富，可成为旅游资源。优美舒适的环境可使人心情愉快，精神愉悦，充满活力。随着物质和精神生活水平的提高，人类对环境舒适性的要求也会越来越高。

1.1.5　环境承载力

承载力（carrying capacity，CC）是用以限制发展的一个最常用的概念。

“环境承载力”一词最初是用来描述环境对人类活动所具有的支持能力。众所周知，环境是人类生产的物质条件，是人类社会存在和发展的物质载体，它不仅为人类的各种活动提供空间场所，同时也供给这些活动所需要的物质资源和能量。这一客观存在反映出环境对人类活动具有支持能力。正是在认识到环境的这种客观属性的基础上，20世纪70年代，“环境承载力”一词开始出现在文献中。

环境问题的出现，具体原因是多样的，人口过多，对环境的压力太大；生产过程资源利用率低，造成资源浪费及污染物的大量产生；毁林开荒，引起生态失调等。这些均是环境问题形成和发展的动因。这些原因都可以归结为人类社会经济活动，也可以说，环境问题是人类社会经济活动超越了环境的“限度”而引起的。

1991年，北京大学等在湄洲湾环境规划的研究中，科学定义了“环境承载力”的含义，即环境承载力是指在某一时期，某种状态或条件下，某一地区的环境所能承受人类活动作用的阈值。了解“环境承载力”的概念，对于经济发展和环境保护是十分重要的。不同时期、不同地区的环境，人类开发活动水平将会影响该地区的社会生产力和人类的生活水平及其环境质量。开发强度不够，社会生产力会低下，人类的生活水平也会很低，而开发强度过大，又会影响、干扰以致破坏环境，反过来会制约社会生产力的发展和人类生活水平的提高。因此，人类必须掌握环境系统的运动变化规律，了解发展中经济与环境相互制约的辩证关系，了解“环境承载力”，在开发活动中合理控制人类活动的强度尽可能接近环境承载力，但不要超过环境承载力，这样才能够做到，既高速发展生产，改善人民生活水平，又不至于破坏环境，从而实现经济与环境的协调发展。

1.2 环境问题

环境科学与环境保护所研究的环境问题主要不是自然灾害问题(原生或第一环境问题)，而是人为因素所引起的环境问题(次生或第二环境问题)。这种人为环境问题一般可分为两类:一是不合理开发利用自然资源，超出环境承载力，使生态环境质量恶化或自然资源枯竭的现象;二是人口激增、城市化和工农业高速发展引起的环境污染和破坏。总之，人为环境问题是人类经济社会发展与环境的关系不协调所引起的问题。

1.2.1 环境问题的由来与发展

从人类诞生开始就存在着人与环境的对立统一关系，就出现了环境问题。从古至今，随着人类社会的发展，环境问题也在发展变化，大体上经历了四个阶段。

1. 环境问题萌芽阶段(工业革命以前)

人类在诞生以后很长的岁月里，只是靠采集野果和捕猎动物为生，那时人类对自然环境的依赖性非常大，人类主要是以生活活动、生理代谢过程与环境进行物质和能量转换，主要是利用环境，而很少有意识地改造环境。如果说那时也产生"环境问题"，则主要是由于人口的自然增长和盲目地乱采乱捕、滥用资源而造成生活资料缺乏，引起的饥荒问题。为了解除这种环境威胁，人类被迫学会了吃一切可以吃的东西，以扩大和丰富自己的食谱，或是被迫扩大自己的生活领域，学会适应在新的环境中生活的本领。

随后，人类学会了培育植物、驯化动物，开始发展农业和畜牧业，这在生产发展史上是一次伟大的革命——农业革命。而随着农业和畜牧业的发展，人类改造环境的作用也越来越明显，但与此同时也发生了相应的环境问题，如大量砍伐森林、破坏草原、刀耕火种、盲目开荒，引起严重的水土流失、水旱灾害频繁和沙漠化;又如，兴修水利，不合理灌溉，往往引起土壤的盐渍化、沼泽化，以及引起某些传染病的流行。在工业革命以前虽然已出现了城市化和手工业作坊(或工场)，但工业生产并不发达，由此引起的环境污染问题并不突出。

2. 环境问题的发展恶化阶段(工业革命至20世纪50年代)

随着生产力的发展，在18世纪60年代至19世纪中叶，生产发展史上又出现了一次伟大的革命——工业革命。它使建立在个人才能、技术和经验之上的小生产被建立在科学技术成果之上的大生产所代替，大幅度地提高了劳动生产效率，增强了人类利用和改造环境的能力，大规模地改变了环境的组成和结构，从而也改变了环境中的物质循环系统，扩大了人类的活动领域，但与此同时也带来了新的环境问题。一些工业发达的城市和工矿区的工业企业，排出的大量的废弃物污染了环境，使污染事件不断发生。例如，1873～1892年，英国伦敦多次发生有毒烟雾事件;19世纪后期，日本足尾铜矿区排出的废水污染了大片农田;1930年12月，比利时马斯河谷工业区工厂排出的含有SO_2的有害气体，在逆温条件下造成了几千人患病、60人死亡的严重大气污染事件;1943年5月，美国洛杉矶汽车排放的碳氢化合物和NO_x，在太阳光的作用下，产生了光化学烟雾，造成大多数居民患病、400多人死亡的严重大气污染事件。如果说农业生产主要是生活资料的生产，它在生产和消费中所排放的"三废"是可以纳入物质的生物循环，而能迅速净化、重复利用的，那么工业生产除生产生活资料外，还大规模地进行生产资料的生产，把大量深埋在地下的矿物资源开采出来，加工利用投入环境之中，许多工业产品在生产和消费过程中排放的"三废"，都是生物和人类所不熟悉，难以降解、同化和忍受的。总之，蒸汽机发明和广泛使用以后，大工业日益发展，生产力有了很大的提高，环境问题也随之发展且逐步恶化。

3. 环境问题的第一次高潮(20世纪50年代至80年代)

20世纪50年代以后，环境问题更加突出，震惊世界的公害事件接连不断，如1952年12月的伦敦烟雾事件(由居民燃煤取暖排放的SO_2和烟尘遇逆温天气，造成5天内死亡人数达4000人的严重的大气污染事件)；1953～1956年日本的水俣病事件(水俣湾镇氮肥厂排出的含甲基汞的废水进入了水俣湾，人食用了被甲基汞污染的鱼、贝类，造成神经系统中毒，患者口齿不清、步态不稳、面部痴呆、耳聋眼瞎、全身麻木，最后精神失常，患者达180人，死亡达50多人)；1955～1972年日本的骨痛病事件(日本富山县炼锌厂排放的含Cd废水进入河流，人食用了含Cd的水和米，造成关节痛、神经痛和全身骨痛，最后骨脆、骨折、骨骼软化，饮食不进，在衰弱疼痛中死去，患者超过280人，死亡人数达34人)；1961年日本四日市哮喘病事件(由四日市石油化工联合企业排放的SO_2、碳氢化合物、NO_x和飘尘等污染物造成的大气污染事件，患有支气管哮喘、肺气肿的患者超过500人，死亡人数达36人)等。这些震惊世界的公害事件，形成了环境问题的第一次高潮。环境问题的第一次高潮产生的原因主要有两个。

其一是人口迅猛增加，城市化速度加快。刚进入20世纪时世界人口为16亿，至1950年增至25亿(经过50年人口约增加了9亿)；50年代之后，1950～1968年仅18年间就由25亿增加到35亿(增加了10亿)；而后，人口由35亿增至45亿只用了12年(1968～1980年)。1900年拥有70万以上人口的城市，全世界有299座，到1951年迅速增到879座，其中百万人口以上的大城市约有69座。在许多发达国家中，有半数人口住在城市。

其二是工业不断集中和扩大，能源的消耗大增。1900年世界能源消费量还不到10亿t煤当量，至1950年就猛增至25亿t煤当量；到1956年石油的消费量也猛增至6亿t，在能源中所占的比例加大，又增加了新污染。大工业的迅速发展逐渐形成大的工业地带，而当时人们的环境意识还很薄弱，环境问题的第一次高潮出现是必然的。

当时，在工业发达国家环境污染已达到严重程度，直接威胁到人们的生命和安全，成为重大的社会问题，激起广大人民的不满，并且也影响了经济的持续发展。1972年的斯德哥尔摩人类环境会议就是在这种历史背景下召开的。这次会议对人类认识环境问题是一个里程碑。工业发达国家把环境问题摆上了国家议事日程，包括制定法律、建立机构、加强管理、采用新技术。70年代中期环境污染得到了有效控制，城市和工业区的环境质量有明显改善。

4. 环境问题的第二次高潮(20世纪80年代以后)

环境问题的第二次高潮是伴随全球性环境污染和大范围生态破坏，在20世纪80年代初开始出现。人们共同关心的影响范围大和危害严重的环境问题有三类：一是全球性的大气污染，如“温室效应”、臭氧层破坏和酸雨；二是大面积生态破坏，如大面积森林被毁、草场退化、土壤侵蚀和荒漠化；三是突发性的严重污染事件迭起，如印度博帕尔农药泄漏事件(1984年12月)，苏联切尔诺贝利核电站泄漏事故(1986年4月)，莱茵河污染事故(1986年11月)等。1979～1988年这类突发性的严重污染事故就发生了10多起。这些全球性大范围的环境问题严重威胁着人类的生存和发展，不论是广大民众还是政府官员，也不论是发达国家还是发展中国家，都普遍对此表示不安。1992年在里约热内卢召开的联合国环境与发展会议(UNCED)正是在这种社会背景下举行的，这次会议是人类认识环境问题的又一里程碑。

前后两次高潮有很大的不同，有明显的阶段性。

其一，影响范围不同。第一次高潮主要出现在工业发达国家，重点是局部性、小范围的环境污染问题，如城市、河流、农田污染等；第二次高潮则是大范围，乃至全球性的环境污染和大面积生态破坏。这些环境问题不仅对某个国家、某个地区造成危害，而且对人类赖以生存的整个地球环境造成危害。这不但包括经济发达的国家，也包括众多的发展中国家。发展中国家不仅认识到全球性环境问题与自己休戚相关，而且认识到本国面临的诸多环境问题，特别是植被破坏、水土流失和荒漠化等生态恶性循环，是比发达国家的环境污染危害更大、更难解决的环境问题。

其二，就危害后果而言，第一次高潮人们关心的是环境污染对人体健康的影响，环境污染虽然也对经济造成损害，但问题还不突出；第二次高潮出现的环境问题不但明显损害人类健康，全世界每分钟因水污染和环境污染而死亡的人数平均达到 28 人，而且全球性的环境污染和生态破坏已威胁到全人类的生存与发展，阻碍经济的持续发展。

其三，就污染源而言，第一次高潮的污染来源尚不太复杂，较易通过污染源调查弄清产生环境问题的来龙去脉，污染能得到有效控制。第二次高潮出现的环境问题，污染源和破坏源众多，不但分布广，而且来源复杂，既来自人类的经济再生产活动，也来自人类的日常生活活动；既来自发达国家，也来自发展中国家，解决这些环境问题只靠一个国家的努力很难奏效，要靠众多国家，甚至全球人类的共同努力才行，这就极大地增加了解决问题的难度。

其四，第一次高潮的“公害事件”与第二次高潮的突发性严重污染事件也不相同。后者带有突发性，且事故污染范围大、危害严重、经济损失巨大。例如，印度博帕尔农药泄漏事件，受害面积达 $40km^2$，据美国一些科学家估计，死亡人数在 0.6 万～1 万，受害人数为 10 万～20 万，其中有许多人双目失明或终生残疾，直接经济损失数十亿美元。

1.2.2 当前世界面临的主要环境问题及其危害

当前人类所面临的主要环境问题是人口问题、资源问题、生态破坏问题和环境污染问题。它们之间相互关联、相互影响，成为当今世界环境科学所关注的主要问题。

1. 人口问题

人口的急剧增加可以认为是当前环境的首要问题。近百年来，世界人口的增长速度达到了人类历史上的最高峰，目前世界人口已达70亿！众所周知，人既是生产者，又是消费者。从生产者的角度来说，任何生产都需要大量的自然资源来支持，如农业生产要有耕地、灌溉水源，工业生产要有能源、各类矿产资源、各类生物资源等。随着人口的增加、生产规模必然扩大，一方面所需要的资源要持续增大；另一方面在任何生产中都会有废物排出，而随着生产规模的扩大，资源的消耗和废物的排放量也会逐渐增大。

从消费者的角度来说，随着人口的增加、生活水平的提高，人类对土地的占用（如居住、生产食物）会越来越大，对各类资源如矿物能源、水资源等的利用也会急剧增加，当然排出的废物量也会随之增加，从而加重资源消耗和环境污染。众所周知，地球上多数资源都是有限的，即使是可恢复的资源（如水）、可再生的生物资源，也有一定的再生速度，在每年中是有一定可供量的。尤其是土地资源，不仅总面积是有限的，人类难以改变，而且还是不可迁移的和不可重叠利用的。这样，有限的资源，便限定地球上的人口也必将是有限的。如果人口急剧增加，超过了地球环境的合理承载能力，则必然会造成资源短缺、环境污染和生态破坏。这些现象在地球上的某些地区已经出现，也正是人类要研究和改善的问题。

2. 资源问题

资源问题是当今人类发展所面临的另一个主要问题。众所周知，自然资源是人类生存发展不可缺少的物质依托和条件。然而，随着全球人口的增长和经济的发展，对资源的需求与日俱增，人类正受到某些资源短缺或耗竭的严重挑战。全球资源匮乏和危机主要表现在：土地资源在不断减少和退化，森林资源在不断缩小，淡水资源出现严重不足，某些矿产资源濒临枯竭等。

(1) 土地资源在不断减少和退化。

土地资源损失尤其是可耕地资源损失已成为全球性的问题，发展中国家尤为严重。目前，人类开发利用的耕地和牧场，由于各种原因正在不断减少或退化，而全球可供开发利用的后备资源已很少，许多地区已经近于枯竭。随着世界人口的快速增长，人均占有的土地资源在迅速减少，这对人类的生存构成了严重威胁。

(2) 森林资源在不断缩小。

森林是人类最宝贵的资源之一，它不仅能为人类提供大量的林木资源，具有重要的经济价值，而且还具有调节气候、防风固沙、涵养水源、保持水土、净化大气、保护生物多样性、吸收二氧化碳、美化环境等重要的生态学价值。森林的生态学价值要远大于其直接的经济价值。

由于对森林的生态学价值认识不足，受短期利益的驱动，人类对森林资源的利用过度，使森林资源锐减，造成了许多生态灾害。

世界森林资源的总趋势在减少。历史上森林植被变化最大的是温带地区。自从大约8000年前农业起源以来，温带落叶林已减少33%左右。但近几十年中，世界毁林集中发生在热带地区，热带森林正以前所未有的速度减少。据估计，1981～1990年全世界每年损失森林平均达1690万hm^2，每年再植森林约1054万hm^2。所以森林资源减少的形势仍是严峻的。

(3) 淡水资源出现严重不足。

目前，世界上有43个国家和地区缺水，占全球陆地面积的60%。约有20亿人用水紧张，10亿人得不到安全的饮用水。此外，严重的水污染更加剧了水资源的紧张程度。水资源短缺已成为许多国家经济发展的障碍，成为全世界普遍关注的问题。当前，正面临着水资源短缺和用水量持续增长的双重矛盾。正如联合国早在1977年所发出的警告："水不久将成为一项严重的社会危机，石油危机之后的下一个危机便是水。"

(4) 某些矿产资源濒临枯竭。

①化石燃料濒临枯竭。化石燃料是指煤、石油和天然气等地下开采出来的能源。当代人类的社会文明主要是建立在化石能源的基础之上的。无论是工业、农业或生活，其繁荣都依附于化石能源。但由于人类高速发展的需要和无知的浪费，化石燃料逐渐走向枯竭，并反过来直接影响人类的生活。

②矿产资源匮乏。与化石能源相似，人类不仅无计划地开采地下矿藏，而且在开采过程中浪费惊人，资源利用率很低，导致矿产资源不断减少甚至枯竭。

3. 生态破坏

全球性的生态破坏主要包括植被破坏、水土流失、沙漠化、物种消失等。

(1) 植被是全球或某一地区内所有植物群落的泛称。植被破坏是生态破坏的最典型表现之一。植被的破坏(如森林和草原的破坏)不仅极大地影响了该地区的自然景观，而且由此带来了一系列的严重后果，如生态系统恶化、环境质量下降、水土流失、土地沙化以及自然灾害加剧，进而可能引起土壤荒漠化；土壤的荒漠化又加剧了水土流失，以致形成生态环境的恶性循环。

(2) 水土流失是当今世界一个普遍存在的生态环境问题。据最新估计，全世界现有水土流失面积 2500 万 km^2，占全球陆地面积的 16.8%，每年流失的土壤高达 257 亿 t。目前，世界水土流失区主要分布在干旱、半干旱和半湿润地区。

(3) 土地沙漠化是指以非沙漠地区出现的风沙活动、沙丘起伏为主要标志的沙漠景观的环境退化过程。目前全球有 36 亿 hm^2 干旱土地受到沙漠化的直接危害，占全球干旱土地的 70%。沙漠化的扩展使可利用土地面积缩小，土地产出减少，降低了其养育人口的能力，成为影响全球生态环境的重大问题。

(4) 生物物种消失是全球普遍关注的重大生态环境问题。由于森林、湿地面积锐减和草原退化，生物物种的栖息地遭到了严重的破坏，生物物种正以空前的速度灭绝。迄今已知，在过去的 4 个世纪中，人类活动已使全球 700 多个物种绝迹，包括 100 多种哺乳动物和 160 种鸟类，其中 1/3 是 19 世纪前消失的，1/3 是 19 世纪灭绝的，另 1/3 是近 50 年来灭绝的，明显呈加速灭绝之势。研究表明，倘若一个森林区的原面积减少 10%，即可使继续存在的生物物种下降至 50%。

4. 环境污染

环境污染作为全球性的重要环境问题，主要是指温室气体过量排放造成的气候变化、臭氧层破坏、大气污染和酸沉降、海洋污染等。

(1) 由于人类生产活动的规模空前扩大，向大气层排放了大量的微量组分(如 CO_2、CH_4、N_2O、CFCs 等)，大气中的这些微量成分能使太阳的短波辐射透过，地面吸收了太阳的短波辐射后被加热，于是不断地向外发出长波辐射，长波辐射又被大气中的这些组分所吸收，并以长波辐射的形式反射回地面，使地面的辐射不至于大量损失到太空中。因为这种作用与暖房玻璃的作用非常相似，故称为温室效应。这些能使地球大气增温的微量组分，称为温室气体。温室气体的增加可导致气候变暖。研究表明，CO_2浓度每增加 1 倍，全球平均气温将上升(3±1.5)℃。气候变暖会影响陆地生态系统中动植物的生理和区域的生物多样性，使农业生产能力下降。干旱和炎热的天气会导致森林火灾的不断发生和沙漠化过程的加强。气候变暖还会使冰川融化，海平面上升，大量沿海城市、低地和海岛将被水淹没，洪水不断。气候变暖会加大疾病的发病率和死亡率。据报道，美国有由于夏季持续高温，导致上百人死亡的记录。

(2) 处于大气平流层中的臭氧层是地球的一个保护层，它能阻止过量的紫外线到达地球表面，以保护地球生命免遭过量紫外线的伤害。然而，1958 年以来，高空臭氧有减少趋势，70 年代，这种趋势更为明显。1985 年人类在南极上空首次观察到臭氧减少现象，并称其为臭氧空洞。近来又报道在北极上空也出现了臭氧空洞。造成臭氧层破坏的主要原因是人类向大气中排放的氯氟烷烃化合物(氟利昂，CFCs)、溴氟烷烃化合物(哈龙，CFCB)及氧化亚氮(N_2O)、四氯化碳(CCl_4)、甲烷(CH_4)等能与臭氧(O_3)发生化学反应，以致减少臭氧层中臭氧的含量。研究表明，平流层臭氧浓度减少 1%，地球表面的紫外线强度将增加 2%。紫外线辐射量的增加会使海洋浮游生物和虾蟹、贝类大量死亡，造成某些生物绝迹；还会使农作物小麦、水稻减产；使人类皮肤癌发病率增加 3%～5%，白内障发病率增加 1.6%，这将对人类和生物产生严重危害。有学者认为平流层中臭氧含量减至 1/5 为地球存亡的临界点。

(3) 在地球演化过程中，大气的主要化学成分 O_2、CO_2起支配作用，其中 CO_2的分压在一定的大气压下与自然状态下水的 pH 有关。由于与 10^5 Pa 下的二氧化碳分压相平衡的自然水系统 pH 为 5.6，故 pH<5.6 的沉降才能认为是酸沉降。因此，大气酸沉降是指 pH<5.6 的

大气化学物质通过降水、扩散和重力作用等过程降落到地面的现象或过程。通过降水过程表现的大气酸沉降称为湿沉降，最常见的形式是酸雨。通过气体扩散、固体物降落表现的大气酸沉降称为干沉降。

酸雨或酸沉降导致的环境酸化是 21 世纪最大的环境污染问题之一。伴随着人口的快速增长和迅速的工业化，酸雨和环境酸化问题一直呈发展趋势，影响地域逐渐扩大，由局地问题发展成为跨国问题，由工业化国家扩大到发展中国家。现在，世界酸雨主要集中在欧洲、北美和中国西南部三个地区。形成酸雨的物质主要是人类排入大气中的 NO_x 和 SO_x。

可以说，哪里有酸雨，哪里就有危害。酸雨是空中死神、空中杀手、空中化学定时炸弹。酸雨对环境和人类的危害是多方面的。例如，酸雨可引起江、河、湖、水库等水体酸化，影响水生动植物的生长，当湖水 pH 降到 5.0 以下时，湖泊将成为无生命的死湖；酸雨可使土壤酸化，有害金属（Al、Cd）溶出，使植物体内有害物质含量增高，对人体健康构成危害，尤其是植物叶面首当其冲，受害最为严重，直接危害农业和森林草原生态系统，瑞典每年因酸雨损失的木材达 450 万 m^3；酸雨可使铁路、桥梁等建筑物的金属表面受到腐蚀，降低使用寿命；酸雨会加速建筑物的石料及金属材料的风化、腐蚀，使主要为 $CaCO_3$ 成分的纪念碑、石刻壁雕、塑像等文化古迹受到腐蚀和破坏，据估计，美国每年花费在修复因酸雨破坏的文物古迹上的费用就达 50 亿美元。酸化的饮用水对人的健康危害更大、更直接。

（4）海洋污染是目前海洋环境面临的最重大问题。目前局部海域的石油污染、赤潮、海面漂浮垃圾等现象非常严重，并有扩展到全球海洋的趋势。据估计，输入海洋的污染物，有 40%是通过河流输入的，30%是由空气输入的，海运和海上倾倒各占 10%左右。人类每年向海洋排放 600 万～1000 万 t 石油、1 万 t 汞、100 万 t 有机氯农药和大量的氮、磷等营养物质。

海洋石油污染不仅影响海洋生物的生长、降低海滨环境的使用价值、破坏海岸设施，还可能影响局部地区的水文气象条件和降低海洋的自净能力。油膜使大气与水面隔绝，减少进入海水的氧的数量，从而降低海洋的自净能力。油膜覆盖海面还会阻碍海水的蒸发，影响大气和海洋的热交换，改变海面的反射率，减少进入海洋表层的日光辐射，对局部地区的水文气象条件可能产生一定的影响。海洋石油污染的最大危害是对海洋生物的影响，油膜和油块能粘住大量鱼卵和幼鱼，使鱼卵死亡、幼鱼畸形，还会使鱼虾类产生石油臭味，使水产品品质下降，造成经济损失。

氮、磷等营养物聚集在浅海或半封闭的海域中，可促使浮游生物过量繁殖，发生赤潮现象。我国自 1980 年以后发生赤潮达 30 多起，1999 年 7 月 13 日，辽东湾海域发生了有史以来最大的一次赤潮，面积达 6300km^2。

赤潮的危害主要表现在：赤潮生物可分泌黏液，黏附在鱼类等海洋动物的鱼鳃上，妨碍其呼吸，导致鱼类窒息死亡；赤潮生物可分泌毒素，使生物中毒或通过食物链引起人类中毒；赤潮生物死亡后，其残骸被需氧微生物分解，消耗水中溶解氧，造成缺氧环境、厌氧气体（NH_3、H_2S、CH_4）的形成，引起鱼、虾、贝类死亡；赤潮生物吸收阳光，遮盖海面（几十厘米），使水下生物得不到阳光而影响其生存和繁殖；赤潮生物引起海洋生态系统结构变化，造成食物链局部中断，破坏海洋的正常生产过程。

海水中的重金属、石油、有毒有机物不仅危害海洋生物，而且能通过食物链危害人体健康，破坏海洋旅游资源。

1.3 环境科学

1.3.1 环境科学的产生

环境科学是在人们亟待解决环境问题的社会需要下迅速发展起来的。它是一个由多学科到跨学科的庞大科学体系组成的新兴学科，也是一个介于自然科学、社会科学和技术科学之间的交叉学科。环境科学形成的历史虽然很短，只有几十年，但随着环境保护工作的迅速扩展和环境科学理论研究的深入，其概念和内涵日益丰富和完善。目前，环境科学可定义为是“一门研究人类社会发展活动与环境演化规律之间相互作用关系，寻求人类社会与环境协同演化、持续发展途径与方法的科学”。它的形成与发展过程与传统的自然科学、社会科学、技术科学都有着十分密切的联系。

环境科学作为一门学科，产生于20世纪50～60年代，然而人类关于环境必须加以保护的认识则可追溯到人类社会的早期。我国早在春秋战国时代就有所谓“天人关系”的争论。孔子倡导“天命论”，主张“尊天命”、“畏天命”，认为天命不可抗拒，可为近代地球环境决定论的先驱。荀子则与其相反，提出“天人之分”，主张“天命而用之”、“人定胜天”。在古埃及、希腊、罗马等地也有过类似的论述。到20世纪50～60年代，全球性的环境污染与破坏，引起人类思想的极大震动和全面反省。1962年，美国海洋生物学家卡逊(R. Carson)出版了《寂静的春天》一书，通俗地说明杀虫剂污染造成严重的生态灾害。该书是人类进行全面反省的信号。可以认为，以此为标志，近代环境科学开始产生并发展起来。环境科学在短短的几十年内，出现了两个重要的历史阶段，第一阶段是直接运用地学、生物学、化学、物理学、公共卫生学、工程技术科学的原理与方法，阐明环境污染的程度、危害和机理，探索相应的治理措施和方法，由此发展出环境地学、环境生物学、环境化学、环境物理学、环境医学、环境工程学等一系列新的边缘性分支学科。污染防治的实践活动表明，有效的环境保护同时还必须依赖于对人类活动及社会关系的科学认识与合理调节，于是又涉及许多社会科学的知识领域，并相应地产生了环境经济学、环境管理学、环境法学等。自然科学、社会科学、技术科学新分支学科的出现和汇聚标志着环境科学的诞生。这一阶段的特点是直观地确定对象，直接针对环境污染与生态破坏现象进行研究。在此基础上发展起来的，具有独立意义的理论，主要是环境质量学说。其中包括环境中污染物质迁移转化规律，环境污染的生态效应和社会效应，环境质量标准和评价等科学内容。与此相应，这一阶段的方法论是系统分析方法的运用，寻求对区域环境污染进行综合防治的方法，寻求局部范围内既有利于经济发展又有利于改善环境质量的优化方案。因此，这一阶段环境科学定义为环境质量及其保护与改善的科学。由于环境问题在实质上是人类社会行为失误造成的，是复杂的全球性问题，要从根本上解决环境问题，必须寻求人类活动、社会物质系统的发展与环境演化三者之间的统一。由此，环境科学发展到一个更高一级的新阶段，即把社会与环境的直接演化作为研究对象，综合考虑人口、经济、资源与环境等主要因素的制约关系，从多层次乃至最高层次上探讨人与环境协调演化的具体途径。它涉及科学技术发展方向的调整，社会经济模式的改变，人类生活方式和价值观念的改变等。与此相应，环境科学主要研究环境结构与状态的运动变化规律及其与人类社会活动之间的关系，并在此基础上研究寻求正确解决环境问题，确保人类社会与环境之间协同演化、持续发展的途径和方法的科学。

1.3.2 环境科学的研究对象和任务

人类具有双重属性，人类的生物属性决定了人类是自然界中的一员，必然与自然界的其他事物关联；人类的社会属性是人类不同于其他生物的属性，决定了人类的行为和活动具有社会的特性。这两个属性共同影响、制约着人类的行为，因此，人类与环境之间的关系是复杂的。环境科学以“人类-环境”这对矛盾体为其特定的研究对象，研究人类-环境之间的对立统一关系，其目的在于探讨人类社会持续发展对环境的影响及环境质量的变化规律，从而通过调整人类自身的行为来保护和改善环境，使环境能够永远为人类社会的持续、协调、稳定发展提供良好的支持和保证。

环境科学的基本任务，从宏观上来说是研究人类-环境的发展规律，调控人类与环境间的相互作用关系，探索两者可持续运行的途径与方法；从微观上来说，是研究环境中的物质在环境中的迁移转化规律及它们与人类的关系。环境科学的主要任务有：

(1) 探索人类社会持续发展对环境的影响及其环境质量的变化规律，了解全球环境变化的历史、演化机理、环境结构及基本特征等，从而为改善和创造新的环境提供科学依据。

(2) 揭示人类活动同自然环境之间的关系，探索环境变化对人类生存和地球环境安全的影响。环境科学以“可持续发展”的观点为指导，对二者的关系进行协调，使环境在为人类提供资源的同时，又不遭到破坏，实现人类社会和环境的协调发展。物理、化学、生物和社会等因素及它们的相互作用都会引起环境变化，因此，环境科学研究污染物在环境中的迁移、转化、作用机理及对人体的影响，探索污染物对人体健康危害的机理及环境毒理学研究，从而为人类正常、健康的生活提供服务。

(3) 帮助人类树立正确的社会发展观，研究和探讨环境污染控制技术和管理手段，对不同时空尺度下环境问题的解决途径进行系统优化，推进可持续发展战略的实施。从区域环境的整体上调节控制“人类-环境”系统，寻求解决区域环境问题的最佳方案，综合分析自然自身的状况、调节能力以及人类对其进行改造所采取的技术措施，为制定区域环境管理体制提供理论指导。

1.3.3 环境科学的分支学科

在现阶段，环境科学主要是运用自然科学和社会科学有关学科的理论、技术和方法来研究环境问题，形成与有关学科相互渗透、相互交叉的许多分支学科。属于自然科学方面的有环境地学、环境生物学、环境化学、环境物理学、环境医学、环境工程学；属于社会科学方面的有环境管理学、环境经济学、环境法学、环境教育学、环境伦理学等。

(1) 环境地学：以人-地系统为对象，研究它的发生和发展，组成和结构，调节和控制，改造和利用。主要研究内容有地理环境和地质环境的组成、结构、性质和演化，环境质量调查、评价和预测，以及环境质量变化对人类的影响等。

(2) 环境生物学：研究生物与受人类干预的环境之间相互作用的机理和规律。它以生态系统为研究核心，向两个方向发展；从宏观上研究环境中污染物在生态系统中的迁移、转化、富集和归宿，以及对生态系统结构和功能的影响；从微观上研究污染物对生物的毒理作用和遗传变异影响的机理和规律。

(3) 环境化学：主要是鉴定和测量化学污染物在环境中的含量，研究它们的存在形态和迁移、转化规律及其分解成为无害的简单化合物的机理。

(4) 环境物理学:研究物理环境和人类之间的相互作用。主要研究声、光、热、电磁场和射线对人类的影响,以及消除其不良影响的技术途径和措施。

(5) 环境医学:研究环境与人群健康的关系,特别是研究环境污染对人群健康的有害影响及其预防措施。内容有探索污染物在人体内的动态和作用机理,查明环境致病因素和致病条件,阐明污染物对健康损害的早期反应和潜在的远期效应,以便为制定环境卫生标准和预防措施提供科学依据。

(6) 环境工程学:运用工程技术的原理和方法,防治环境污染,合理利用自然资源,保护和改善环境质量。主要研究内容有大气污染防治工程、水污染防治工程、固体废物的处理和利用、噪声控制工程等。并研究环境污染综合防治,以及运用系统分析和系统工程的方法,从区域环境的整体上寻求解决环境问题的最佳方案。

(7) 环境管理学:研究采用行政的、法律的、经济的、教育的和科学技术的各种手段调整社会经济发展同环境保护之间的关系,处理国民经济各部门、各社会集团和个人有关环境问题的相互关系,通过全面规划和合理利用自然资源,达到保护环境和促进经济发展的目的。

(8) 环境经济学:研究经济发展和环境保护之间的相互关系,探索合理调节人类经济活动和环境之间物质交换的基本规律,其目的是使经济活动能取得最佳的经济效益和环境效益。

(9) 环境法学:研究关于保护自然资源和防治环境污染的立法体系、法律制度和法律措施,目的在于调整因保护环境而产生的社会关系。

(10) 环境教育学:以跨学科培训为特征,以唤起受教育者的环境意识,理解人类与环境的相互关系,发展解决环境问题的技能,树立正确的环境价值观和态度。

(11) 环境伦理学:是关于人与自然关系的伦理信念、道德态度和行为规范的理论体系,是一门尊重自然的价值和权利的新的伦理学。它根据现代科学所揭示的人与自然相互作用的规律性,以道德为手段从整体上协调人与自然的关系。

环境是一个有机的整体,环境污染又是极其复杂的、涉及面相当广泛的问题。因此,在环境科学发展过程中,环境科学的各个分支学科虽然各有特点,但又互相渗透、互相依存,它们是环境科学这个整体不可分割的组成部分。

1.4 环境与可持续发展

1.4.1 可持续发展思想的由来

发展是人类社会不断进步的永恒主题。

人类在经历了依赖自然的漫长历史阶段之后,通过工业革命,铸就了驾驭和征服自然的现代科学技术之剑,从而一跃成为大自然的主宰。可就在人类为科学技术和经济发展的累累硕果沾沾自喜时,却不知不觉地步入了自身挖掘的陷阱。种种始料不及的环境问题击破了单纯追求经济增长的美好神话,固有的思想观念和思维方式受到了强大的冲击,传统的发展模式面临严峻的挑战。历史把人类推到了必须从工业文明走向现代新文明的发展阶段。可持续发展思想在环境与发展理念的不断更新中逐步形成。

1.4.1.1 古代朴素的可持续性思想

可持续性(sustainability)的概念渊源已久。早在公元前3世纪,杰出的先秦思想家荀况在《王制》中说:“草木荣华滋硕之时,则斧斤不入山林,不夭其生,不绝其长也;鼋鼍、鱼鳖、鳅鳣孕别之时，罔罟、毒药不入泽，不夭其生，不绝其长也；春耕、夏耘、秋收、冬藏四者不失时，故五谷不绝而百姓有余食也；洿池渊沼川泽，谨其时禁，故鱼鳖优多，而百姓有余用也；斩伐养长不失其时，故山林不童，而百姓有余材也。”这是自然资源有续利用思想的反映，春秋时在齐国为相的管仲，从发展经济，富国强兵的目标出发，十分注意保护山林川泽及其生物资源，反对过度采伐。他说：“为人君而不能谨守其山林，菹泽草莱，不可立为天下王。”1975 年在湖北云梦睡虎地 11 号秦墓中发掘出上千支竹简，其中的《田律》清晰地体现了可持续性发展的思想。因此，“与天地相参”可以说是中国古代生态意识的目标和思想，也是可持续性的反映。

西方一些经济学家如马尔萨斯、李嘉图和穆勒等的著作中也比较早地认识到人类消费的物质限制，即人类的经济活动范围存在的生态边界。

1.4.1.2 现代可持续发展思想的产生和发展

现代可持续发展思想的提出源于人们对环境问题的逐步认识和热切关注。其产生背景是人类赖以生存和发展的环境和资源遭到越来越严重的破坏，人类已不同程度地尝到了环境破坏的后果，因此，在探索环境与发展的过程中逐渐形成了可持续发展思想。在这一过程中有几件事的发生具有历史意义。

1.《寂静的春天》——对传统行为和观念的早期反思

20 世纪中叶，随着环境污染的日趋加重，特别是西方国家公害事件的不断发生，环境问题频频困扰着人类。20 世纪 50 年代末，美国海洋生物学家卡逊在潜心研究美国使用杀虫剂所产生的种种危害之后，于 1962 年发表了环境保护科普著作《寂静的春天》。作者通过对污染物 DDT 等的富集、迁移、转化的描写，阐明了人类同大气、海洋、河流、土壤、动植物之间的密切关系，初步揭示了污染对生态系统的影响。她告诉人们：“地球上生命的历史一直是生物与其周围环境相互作用的历史……只有人类出现后，生命才具有了改造其周围大自然的异常能力。在人类对环境的所有袭击中，最令人震惊的，是空气、土地、河流以及大海受到各种致命化学物质的污染。这种污染是难以清除的，因为它们不仅进入了生命赖以生存的世界，而且进入了生物组织内。”她还向世人呼吁，我们长期以来行驶的道路，容易被人误认为是一条可以高速前进的平坦、舒适的超级公路，但实际上，这条路的终点却潜伏着灾难，而另外的道路则为我们提供了保护地球的最后唯一的机会。这“另外的道路”究竟是什么样的，卡逊没能确切告诉我们，但作为环境保护的先行者，卡逊的思想在世界范围内，较早地引发了人类对自身的传统行为和观念进行系统和深入的反思。

2.《增长的极限》——引起世界反响的“严肃忧虑”

1968 年，来自世界各国的几十位科学家、教育家和经济学家等聚会罗马，成立了一个非正式的国际协会——罗马俱乐部(The Club of Rome)。它的工作目标是，关注、探讨与研究人类面临的共同问题，使国际社会对人类面临的社会、经济、环境等诸多问题，有更深入的理解，并在现有全部知识的基础上推动采取能扭转不利局面的新态度、新政策和新制度。

受罗马俱乐部的委托，以麻省理工学院梅多斯(D. L. Meadows)为首的研究小组针对长期流行于西方的高增长理论进行了深刻的反思，并于 1972 年提交了俱乐部成立后的第一份研究报告——《增长的极限》。报告深刻阐明了环境的重要性以及资源与人口之间的基本联系。报告认为：由于世界人口增长、粮食生产、工业发展、资源消耗和环境污染这五项基本因素的运行方式是指数增长而非线性增长，全球的增长将会因为粮食短缺和环境破坏于 21 世纪某个阶段内达到极限。就是说，地球的支撑力将会达到极限，经济增长将发生不可控制的衰退。因此，要避免因超越地球资源极限而导致世界崩溃的最好方法是限制增长，即“零增长”。

《增长的极限》的发表在国际社会特别是在学术界引起了强烈的反响。该报告在促使人们密切关注人口、资源和环境问题的同时，因其反增长情绪而遭受到尖锐的批评和责难。因此，引发了一场激烈的、旷日持久的学术之争。一般认为，由于种种因素的局限，《增长的极限》的结论和观点，存在十分明显的缺陷。但是，报告所表现出的对人类前途的“严肃的忧虑”以及唤起人类自身的觉醒，其积极意义却是毋庸置疑的。它所阐述的“合理、持久的均衡发展”为孕育可持续发展的思想萌芽提供了土壤。

3. 联合国人类环境会议——人类对环境问题的正式挑战

1972年，联合国人类环境会议在斯德哥尔摩召开，来自世界113个国家和地区的代表汇聚一堂，共同讨论环境对人类的影响问题。这是人类第一次将环境问题纳入世界各国政府和国际政治的事务议程。大会通过的《人类环境宣言》宣布了37个共同观点和26项共同原则。它向全球呼吁：现在已经到达历史上这样一个时刻，我们在决定世界各地的行动时，必须更加审慎地考虑它们对环境产生的后果。由于无知或不关心，我们可能给生活和幸福所依靠的地球环境造成巨大的无法挽回的损失。因此，保护和改善人类环境是关系到全世界各国人民的幸福和经济发展的重要问题，是全世界各国人民的迫切希望和各国政府的责任，也是人类的紧迫目标。各国政府和人民必须为着全体人民和自身后代的利益而做出共同的努力。

作为探讨保护全球环境战略的第一次国际会议，联合国人类环境会议的意义在于唤起了各国政府对环境问题，特别是对环境污染的觉醒和关注。尽管大会对整个环境问题的认识比较粗浅，对解决环境问题的途径尚未确定，尤其是没能找出问题的根源和责任，但是，它正式吹响了人类共同向环境问题挑战的进军号。各国政府和公众的环境意识，无论是在广度上还是在深度上都向前迈进了一步。

4. 《我们共同的未来》——环境与发展思想的重要飞跃

20世纪80年代伊始，联合国本着必须研究自然的、社会的、生态的、经济的以及利用自然资源过程中的基本关系，确保全球发展的宗旨，于1983年3月成立了以挪威首相布伦特兰夫人(G. H. Brundtland)任主席的世界环境与发展委员会(WCED)。联合国要求其负责制定长期的环境对策，研究能使国际社会更有效地解决环境问题的途径和方法。经过3年多的深入研究和充分论证，该委员会于1987年向联合国大会提交了研究报告《我们共同的未来》。

《我们共同的未来》分为“共同的问题”、“共同的挑战”、“共同的努力”三大部分。报告将注意力集中于人口、粮食、物种和遗传资源、能源、工业和人类居住等方面。在系统探讨了人类面临的一系列重大的经济、社会和环境问题之后，提出了“可持续发展”的概念。报告深刻指出，在过去，我们关心的是经济发展对生态环境带来的影响，而现在，我们正迫切地感到生态的压力对经济发展所带来的重大影响。因此，我们需要有一条新的发展道路，这条道路不是一条仅能在若干年内、在若干地方支持人类进步的道路，而是一直到遥远的未来都能支持全球人类进步的道路。这实际上就是卡逊在《寂静的春天》没能提供答案的、所谓“另外的道路”，即“可持续发展道路”。布伦特兰鲜明、创新的观点，把人类从单纯考虑环境保护引导到把环境保护与人类发展切实结合起来，实现了人类有关环境与发展思想的飞跃。

5. 联合国环境与发展会议——环境与发展的里程碑

从1972年联合国人类环境会议召开到1992年的20年间，尤其是20世纪80年代以来，国际社会关注的热点已由单纯注重环境问题逐步转移到环境与发展二者的关系上来，而这一主题必须由国际社会广泛参与。在这一背景下，联合国环境与发展会议于1992年6月在巴西里约热内卢召开。共有183个国家的代表团和70个国际组织的代表出席了会议，102位国家元首或政府首脑到会讲话。会议通过了《里约环境与发展宣言》(又名《地球宪章》)和《21世纪议程》两个纲领性文件。前者是开展全球环境与发展领域合作的框架性文件，是为了保护地球永恒的活力和整体性，建立一种新的、公平的全球伙伴关系的"关于国家和公众行为基本准则"的宣言，它提出了实现可持续发展的27条基本原则。后者则是全球范围内可持续发展的行动计划，旨在建立21世纪世界各国在人类活动对环境产生影响的各个方面的行动规则，为保障人类共同的未来提供一个全球性措施的战略框架。此外，各国政府代表还签署了联合国《气候变化框架公约》、《关于森林问题的原则申明》、《生物多样性公约》等国际文件及有关国际公约。可持续发展得到世界最广泛和最高级别的政治承诺。

以这次大会为标志，人类对环境与发展的认识提高到了一个崭新的阶段。大会为人类高举可持续发展旗帜，走可持续发展之路发出了总动员，使人类迈出了跨向新的文明时代的关键性的一步，为人类的环境与发展矗立了一座重要的里程碑。

1.4.2　可持续发展的内涵与基本原则

1.4.2.1　可持续发展的定义

要精确给可持续发展下定义是比较困难的，不同的机构和专家对可持续发展的定义角度虽有所不同，但基本方向一致。

世界环境与发展委员会经过长期的研究于1987年4月发表的《我们共同的未来》中将可持续发展定义为："可持续发展是既满足当代人的需要，又不对后代人满足其需要的能力构成危害的发展。"这个定义明确地表达了两个基本观点：一是要考虑当代人，尤其是世界上贫穷人的基本要求；二是要在生态环境可以支持的前提下，满足人类当前和将来的需要。

1991年世界自然保护联盟、联合国环境规划署和世界野生生物基金会在《保护地球——可持续生存战略》一书中提出这样的定义："在生存不超出维持生态系统承载能力的情况下，改善人类的生活质量。"

1992年，联合国环境与发展会议的《里约宣言》中对可持续发展进一步阐述为："人类应享有与自然和谐的方式过健康而富有成果的生活权利，并公平地满足今世后代在发展和环境方面的需要，求取发展的权利必须实现。"

另有许多学者也纷纷提出了可持续发展的定义，如英国经济学家皮尔斯(Pearce)和沃福德(Warford)在1993年所著的《世界无末日》一书中提出了以经济学语言表达的可持续发展定义："当发展能够保证当代人的福利增加时，也不应使后代人的福利减少。"

我国学者叶文虎、栾胜基等给可持续发展做出的定义是："可持续发展是不断提高人群生活质量和环境承载能力的，满足当代人需求又不损害子孙后代满足其需求的，满足一个地区或一个国家的人群需求又不损害别的地区或国家的人群满足其需求的发展。"

1.4.2.2　可持续发展的内涵

在人类可持续发展的系统中，经济可持续性是基础，环境可持续性是条件，社会可持续性才是目的。人类共同追求的应当是以人的发展为中心的经济—环境—社会复合生态系统持续、稳定、健康的发展。所以，可持续发展需要从经济、环境和社会三个角度加以解释才能完整地表述其内涵。

(1) 可持续发展应当包括"经济的可持续性"。

具体而言，是指要求经济体能够连续地提供产品和劳务，使内债和外债控制在可以管理的范围以内，并且要避免对工业和农业生产带来不利的极端的结构性失衡。

(2) 可持续发展应当包含“环境的可持续性”。

这意味着要求保持稳定的资源基础，避免过度地对资源系统加以利用，维护环境的净化功能和健康的生态系统，并且使不可再生资源的开发程度控制在使投资能产生足够的替代作用的范围之内。

(3) 可持续发展还应当包含“社会的可持续性”。

这是指通过分配和机遇的平等、建立医疗和教育保障体系、实现性别的平等、推进政治上的公开性和公众参与性这类机制来保证“社会的可持续发展”。

更根本的，可持续发展要求平衡人与自然和人与人两大关系。人与自然必须是平衡的、协调的。恩格斯指出：“我们不要过分陶醉于我们人类对自然界的胜利，对于每一次这样的胜利，自然界都对我们进行报复。”他告诫我们要遵循自然规律，否则就会受到自然规律的惩罚，并且提醒“我们每走一步都要记住：我们统治自然界，绝不像征服者统治异族人那样，绝不像站在自然界之外的人似的——相反的，我们连同我们的肉、血和头脑都是属于自然界和存在于自然界之中的；我们对自然界的全部统治力量，就在于我们比其他一切生物强，能够认识和正确运用自然规律”。

可持续发展还强调协调人与人之间的关系。马克思、恩格斯指出：“劳动使人们以一定的方式结成一定的社会关系，社会是人与自然关系的中介，把人与人、人与自然联系起来。”社会的发展水平和社会制度直接影响人与自然的关系。只有协调好人与人之间的关系，才能从根本上解决人与自然的矛盾，实现自然、社会和人的和谐发展。由此可见，可持续发展的内容可以归结为三条：人类对自然的索取，必须与人类向自然的回馈相平衡；当代人的发展，不能以牺牲后代人的发展机会为代价；本区域的发展，不能以牺牲其他区域或全球的发展为代价。

总之，可以认为可持续发展是一种新的发展思想和战略，目标是保证社会具有长期的持续性发展的能力，确保环境、生态的安全和稳定的资源基础，避免社会经济大起大落的波动。可持续发展涉及人类社会的各个方面，要求社会进行全方位的变革。

1.4.2.3　可持续发展的基本原则

1. 公平性原则

公平性是指机会选择的平等性。可持续发展强调：人类需求和欲望的满足是发展的主要目标，因而应努力消除人类需求方面存在的诸多不公平性因素。“可持续发展”所追求的公平性原则包含两个方面的含义。

一是追求同代人之间的横向公平性，“可持续发展”要求满足全球全体人民的基本需求，并给予全体人民平等性的机会以满足他们实现较好生活的愿望，贫富悬殊、两极分化的世界难以实现真正的“可持续发展”，所以要给世界各国以公平的发展权(消除贫困是“可持续发展”进程中必须优先考虑的问题)。

二是代际间的公平，即各代人之间的纵向公平性。要认识到人类赖以生存与发展的自然资源是有限的，本代人不能因为自己的需求和发展而损害人类世世代代需求的自然资源和自然环境，要给后代人利用自然资源以满足其需求的权利。

2. 可持续性原则

可持续性是指生态系统受到某种干扰时能保持其生产率的能力。资源的永续利用和生态系统的持续利用是人类可持续发展的首要条件，这就要求人类的社会经济发展不应损害支持地球生命的自然系统、不能超越资源与环境的承载能力。

社会对环境资源的消耗包括两方面：耗用资源及排放污染物。为保持发展的可持续性，对可再生资源的使用强度应限制在其最大持续收获量之内；对不可再生资源的使用速度不应超过寻求作为替代品的资源的速度；对环境排放的废物量不应超出环境的自净能力。

3. 共同性原则

不同国家、地区由于地域、文化等方面的差异及现阶段发展水平的制约，执行可持续的政策与实施步骤并不统一，但实现可持续发展这个总目标及应遵循的公平性及持续性两个原则是相同的，最终目的都是促进人类之间及人类与自然之间的和谐发展。

因此，共同性原则有两个方面的含义：一是发展目标的共同性，这个目标就是保持地球生态系统的安全，并以最合理的利用方式为整个人类谋福利；二是行动的共同性。因为生态环境方面的许多问题实际上是没有国界的，必须开展全球合作，而全球经济发展不平衡也是全世界的事。

1.4.3 可持续发展战略的实施途径

不论是对于人类还是对于世界各国的政府，可持续发展战略都是一个全新的革命性的发展战略。为了在国际国内的各项工作中对此项战略加以实施，必须解决一系列的问题，包括：①加强教育，改变人们的哲学观和发展观，特别是帮助人们建立环境伦理观；②制定国际条约和国内法规，用法律、行政、经济等各种手段约束和规范人们的行为；③制定可持续发展的行动纲领和实施计划，将经济发展规划与环境保护规划协调起来；④在工业和一切产业部门实施清洁生产，以最大限度地节约资源和最大限度地减少对环境的危害；⑤在农村大力发展生态农业，使人类的生产活动与自然实现和谐一致；⑥按照生态平衡的原理建设和管理城市，使城市成为可持续发展的人类居住区；⑦实现对能源和资源的可持续利用，尽可能地提高能源和资源的利用效率，采用可再生的能源和资源代替不可再生的能源和资源；⑧加强对各类废弃物的净化处理和综合利用，采用合理措施修复已被污染破坏的生态环境。

1.4.3.1 关于可持续发展的指标体系

目前，尽管可持续发展已被人们，尤其是各国政府所接受，但是，还有很多人认为可持续发展只是一个概念、理想，对于如何操作却并不明了，因此，很多学者和管理人员提出了建立可持续发展指标体系的问题，即通过一些指标测定和评价可持续发展的状态和程度。从前面的叙述我们知道，可持续发展是经济系统、社会系统以及环境系统和谐发展的象征，它所涵盖的范围包括经济发展与经济效益的实现、自然资源的有效配置和永续利用、环境质量的改善和社会公平与适宜的社会组织形式等。因此，可持续发展指标体系几乎涉及人类社会经济生活以及生态环境的各个方面。

1992年世界环境与发展会议召开以来，许多国家按大会要求，纷纷研究自己的可持续发展指标体系，目的是检验和评估国家的发展趋势是否可持续，并以此进一步促进可持续发展战略的实施。作为全球实施可持续发展战略的重大举措，联合国也成立了可持续发展委员会，其任务是审议各国执行《21世纪议程》的情况，并对联合国有关环境与发展的项目计划在高层次进行协调。为了对各国在可持续发展方面的成绩与问题有一个较为客观的衡量标准，该委员会制定了联合国可持续发展指标体系。

长期以来，人们采用国内生产总值来衡量经济发展的速度，并以此作为宏观经济政策分析与决策的基础。但是，从可持续发展的观点看，它存在着明显的缺陷，如忽略收入分配状况、忽略市场活动以及不能体现环境退化等状况。为了克服其缺陷，使衡量发展的指标更具科学性，不少权威的世界性组织和专家学者都提出了一些衡量发展的新思路。

1. 衡量国家(地区)财富的新标准

1995年，世界银行颁布了一项衡量国家(地区)财富的新标准。一国的国家财富由三个主要资本组成：人造资本、自然资本和人力资本。人造资本为通常经济统计和核算中的资本，包括机械设备、运输设备、基础设施、建筑物等人工创造的固定资产；自然资本指的是大自然为人类提供的自然财富，如土地、森林、空气、水、矿产资源等。可持续发展就是要保护这些财富，至少应保证它们在安全的或可更新的范围之内。很多人造资本是以大量消耗自然资本来换取的，所以应该从中扣除自然资本的价值。如果将自然资本的消耗计算在内，一些人造资本的生产未必是经济的。人力资本指的是人的生产能力，它包括了人的体力、受教育程度、身体状况、能力水平等各个方面，人力资本不仅与人的先天素质有关系，而且与人的教育水平、健康水平、营养水平有直接关系。因此人力资本是可以通过投入人造资本来获得增长的。从这一指标中我们可以看出，财富的真正含义在于：一个国家生产出来的财富，减去国民消费，再减去产品资产的折旧和消耗掉的自然资源；这就是说，一个国家可以使用和消耗本国的自然资源，但必须在使其自然生态保持稳定的前提下，能够高效地转化为人力资本和人造资本，保证人造资本和人力资本的增长能补偿自然资本的消耗。如果自然资源减少后，人力资本和人造资本并没有增加，那么，这种消耗就是一种纯浪费型的消耗。该方法更多地纳入了绿色国民经济核算的基本概念，特别是纳入了资源和环境核算的一些研究成果，通过对宏观经济指标的修正，试图从经济学的角度去阐明环境与发展的关系，并通过货币化度量一个国家或地区总资本存量(或人均资本存量)的变化，以此来判断一个国家或地区发展是否具有可持续性，能够比较真实地反映一个国家和地区的财富。

按照上述标准排列，中国在世界192个国家和地区中排在161位。人均财富6600美元，其中自然资本占8%，人造资本占15%，人力资本占77%。从人均财富相对结构来看，中国的自然资源相当贫乏；从人均财富的绝对量来看，中国拥有的各种财富的量也非常低，特别是高素质人才少，人力资本只有发达国家或地区的1/50。因此，今后如果仍一味地追求以自然资源高消耗、环境高污染为代价来换取经济高增长的模式，我国的人均财富不仅难以大幅度增长，而且还有可能下降。

2. 人文发展指数

联合国开发计划署(UNDP)于1990年5月在第一份《人类发展报告》中，首次公布了人类发展指数(HDI)，以衡量一个国家的进步程度。它由收入、寿命、教育三个衡量指标构成：收入是指人均国内生产总值的多少；寿命反映了营养和环境质量状况；教育是指公众受教育的程度，也就是可持续发展的潜力。收入通过估算实际人均国内生产总值的购买力来测算；寿命根据人口的平均预期寿命来测算；教育通过成人识字率(2/3权数)和大、中、小学综合入学率(1/3的权数)的加权平均数来衡量。虽然“人文发展指数”并不等同“可持续发展”，但该指数的提出仍有许多有益的启示。人文发展指数强调了国家发展应从传统的以物为中心转向以人为中心，强调了达到合理的生活水平而非追求对物质的无限占有，向传统的消费观念提出了挑战。人文发展指数将收入与发展指标相结合，人类在健康、教育等方面的社会发展是对以收入衡量发展水平的重要补充，倡导各国更好地投资于民，关注人们生活质量的改善，这些都是与可持续发展原则相一致的。

在这个报告中，中国的人文发展指数在世界173个国家中排名第94位，比人均国内生产总值(第143位)名次提高了49位。但我们却比朝鲜和蒙古国这些不发达的国家还要低，差距主要在于环境质量和教育水平，特别是学龄儿童入学率，人文发展指数进一步确认了一个经过多年争论并被世界初步认识到的道理："经济增长不等于真正意义上的发展，而后者才是正确的目标"。

3. 绿色国民账户

从环境的角度来看，当前的国民核算体系存在三个方面的问题：一是国民账户未能准确反映社会福利状况，没有考虑资源状态的变化；二是人类活动所使用自然资源的真实成本没有计入常规的国民账户；三是国民账户未计入环境损失。因此，要解决这些问题，有必要建立一种新的国民账户体系。近年来，世界银行与联合国统计委员会(UNSC)合作，试图将环境问题纳入当前正在修订的国民账户体系框架中，以建立经过环境调整的国内生产净值(NDP)和经过环境调整的净国内收入(EDI)统计体系。目前，已有一个试用性的联合国统计委员会框架问世，称为经过环境调整的经济账户体系(SEEA)。其目的在于：在尽可能保持现有国民账户体系的概念和原则的情况下，将环境数据结合到现存的国民账户信息体系中。环境成本、环境收益、自然资产以及环境保护支出均与以国民账户体系相一致的形式，作为附属账内容列出。简单说来，SEEA寻求在保护现有国民账户体系完整性的基础上，通过增加附属账户内容，鼓励收集和汇入有关自然资源与环境的信息。SEEA的一个重要特点在于，它能够利用其他测度的信息，如利用区域或部门水平上的实物资源账目。因此，附属账户是实现最终计算NDP和EDI的一个重大进展。

4. 国际竞争力评价体系

国际竞争力评价体系是由世界经济论坛和瑞士洛桑国际管理学院共同制定的。它清晰地描述了主要经济强国正在经历的变化，展示出未来经济发展的趋势。它不仅为各国制定经济政策提供重要参考，而且对整个社会经济的发展具有重要导向作用。

这套评价体系由8大竞争力要素、41个方面、224项指标构成。8大要素包括：国内经济实力、国际化程度、政府作用、金融环境、基础设施、企业管理、科技开发和国民素质。其中国民素质有人口、教育结构、生活质量和就业失业等7个要素；生活质量中包含医疗卫生状况、营养状况和生活环境等。这套评价体系比较全面地评价和反映了一个国家的整体水平，不仅包括现实的竞争能力，还预示潜在的竞争力，从而揭示未来的发展趋势。1996年，在参加评价的46个国家和地区中，中国大陆排名第26位，美国排在榜首，新加坡排名第二，中国香港排名第三，日本排名第四。在八大要素中，中国国内经济实力一项排名最好，位列第二；基础设施一项排名最差，位列第46位；国民素质一项排名第35位，其中生活质量排名第42位，劳动力状况与教育结构分别位居倒数第三位、第四位。由此表明，我国的教育状况和环境状况均是阻碍国民素质提高的主要因素。

5. 几种典型的综合型指标

综合型指标是通过系统分析方法，寻求一种能够从整体上反映系统发展状况的指标，从而对很多单个指标进行综合分析，为决策者提供有效信息。

(1) 货币型综合指标。

货币型指标以环境经济学和资源经济学为基础，其研究始于20世纪70年代的改良国民生产总值(GNP)运动。1972年，美国经济学家诺德豪斯(Nordhaus)和托宾(Tobin)提出"经济福利尺度"概念，主张通过对GNP的修正得到经济福利指标。这方面研究的代表还有英国伦敦大学环境经济学家皮尔斯，他在其著作《世界无末日》中，将可持续发展定义为：当发展能够保证当代人的福利增加时，也不应使后代人的福利减少。从该定义出发，形成测量可持续发展的判断依据：总资本存量的非递减是可持续性的必要前提，即只有当全部资本的存量随时间保持一定增长的时候，这种发展才有可能是可持续的。

(2) 物质流或能量流型综合指标。

以世界资源研究所的物质流指标为代表，寻求经济系统中物质流动或能量流动的平衡关系，反映可持续发展水平，也为分析经济、资源与环境长期协调发展战略提供了一种新思路。物质流或能量流的主要计量单位是能量单位"J"，所有的货币单位都通过特定的系数(能量强度)转化为能量单位。它通过分析自然资产消耗和生产资产增加之间的关系，在一定的政策、技术条件下，对一个国家的国民经济系统的潜力进行分析，这是可持续发展指标的一种定量分析方法。

1.4.3.2 全球《21世纪议程》

如前所述，1992年联合国环境与发展会议不仅在《地球宪章》中明确了可持续发展战略的方向，而且还制定了贯彻实施可持续发展战略的人类行动计划《21世纪议程》。这份文件虽然不具有法律的约束力，但它反映了环境与发展领域的全球共识和最高级别的政治承诺，提供了全球推进可持续发展的行动准则。

1. 全球《21世纪议程》的基本思想

全球《21世纪议程》深刻指出：人类正处于一个历史关键时刻，面对国家之间和各国内部长期存在的经济悬殊现象，贫困、饥荒、疾病和文盲有增无减，赖以维持生命的地球生态系统继续恶化。如果人类不想进入不可持续的绝境，就必须改变现行的政策，综合处理环境与发展问题，提高所有人特别是穷人的生活水平，在全球范围更好地保护和管理生态系统。要争取一个更为安全、更为繁荣、更为平等的未来，任何一个国家不可能仅依靠自己的力量取得成功，必须联合起来，建立促进可持续发展全球伙伴关系，只有这样才能实现可持续发展的长远目标。

《21世纪议程》的目的是促使全世界为21世纪的挑战做好准备。它强调圆满实施议程是各国政府必须负起的责任。为了实现议程的目标，各国的战略、计划、政策和程序至关重要。国际合作需要相互支持和各国的努力。同时，要特别注重转型经济阶段许多国家所面临的特殊情况和挑战。它还指出，议程是一个能动的方案，应该根据各国和各地区的不同情况、能力和优先次序来实施，并视需要和情况的改变不断调整。

2. 全球《21世纪议程》的主要内容

《21世纪议程》涉及人类可持续发展的所有领域，提供了21世纪如何使经济、社会与环境协调发展的行动纲领和行动蓝图，共计40多万字，整个文件分四部分。

第一部分，经济与社会的可持续发展。包括加速发展中国家可持续发展的国际合作和有关的国内政策、消除贫困、改变消费方式、关注人口动态与可持续能力、保护和促进人类健康、促进人类住区的可持续发展，将环境与发展问题纳入决策进程。

第二部分，资源保护与管理。包括保护大气层；统筹规划和管理陆地资源的方式；禁止砍伐森林、脆弱生态系统的管理——防沙治旱和山区发展;促进可持续农业和农村的发展;生物多样性保护;对生物技术的环境无害化管理;保护海洋,包括封闭和半封闭沿海区,保护、合理利用和开发其生物资源;保护淡水资源的质量和供应,对水资源的开发、管理和利用;有毒化学品的环境无害化管理,包括防止在国际上非法贩运有毒废料、危险废料的环境无害化管理,对放射性废料实行安全和环境无害化管理。

第三部分,加强主要群体的作用。包括采取全球性行动促进妇女的发展;青年和儿童参与可持续发展、确认和加强土著人民及其社区的作用;加强非政府组织作为可持续发展合作者的作用,支持《21世纪议程》地方当局的倡议;加强工人及工会的作用,加强工商界的作用,加强科学和技术界的作用,加强农民的作用。

第四部分,实施手段。包括财政资源及其机制;环境无害化(和安全化)技术的转让;促进教育、公众意识和培训,促进发展中国家的能力建设、国际体制安排;完善国际法律文书及其机制等。

1.4.3.3 中国可持续发展的战略措施

中国的社会经济正在蓬勃发展,充满生机与活力,但同时也面临着沉重的人口、资源与环境压力,隐藏着严重的危机,发展与环境的矛盾日益尖锐。表1-1列出的新中国成立60多年来的环境态势可以说明这一点。

表1-1 中国各时期的环境态势

项目	1949年以前的背景情况	60多年来的发展历程	当前存在的主要问题	目前仍沿用的决策偏好
人口	数量极大,素质低	人口数量增长快,人口素质提高滞后	人口数量压力,低素质困扰,老龄化压力,教育落后	重人口数量控制,轻人口素质提高,未及时重视老龄化隐患
资源	人均资源较缺乏	资源开发强度大,综合利用率低	土地后备资源不足,水资源危机加剧,森林资源短缺,多种矿产资源告急	对各种资源管理,重消耗,轻管理,重材料开发,轻综合管理,采富轻贫
能源	能源总储量大,但人均储量少,煤炭质量差	一次能源开发强度大,二次能源所占比例小	一次能源以煤为主,二次能源开发不足,煤炭大多不经洗选,能源利用率低,生物质能过度消耗	重总量增长,轻能源利用率的提高,重火电厂的建设,轻清洁能源的开发利用,重工业和城镇能源的开发,轻农村能源问题的解决
社会经济发展	社会、经济严重落后	经济总体增长率高,波动大,经济技术水平低,效益低	以高资源消耗和高污染为代价换取经济的高速增长,单位产值能耗、物耗高;产业效益低,亏损严重,财政赤字大	增长期望值极高,重速度,轻效益;重外延扩展轻内涵;重本位利益,轻全局利益;重长官意志,轻科学决策
自然环境	自然环境相对脆弱	生态环境总体恶化,环境污染日益突出,生态治理和污染治理严重滞后	自然生态破坏严重,生态赤字加剧;污染累计量递增,污染范围扩大,污染程度加剧	环境意识逐渐增强,环境法则逐渐健全,但执法不力,决策被动,治理投资空位,环境监督虚位

上述态势的发展,特别是自然生态环境的恶化,已成为社会、经济发展的重大障碍,也使经济领域的隐忧不断加剧,几十年来发展的传统模式已不能适应中国的社会、经济发展,迫切需

要新的发展战略，走可持续发展之路就成为中国未来发展的唯一选择，唯此才能摆脱人口、环境、贫困等多层压力，提高其发展水平，开拓更为美好的未来。

联合国环境与发展会议之后，中国政府重视自己承担的国际义务，积极参与全球可持续发展理论的建设和健全工作。中国制定的第一份环境与发展方面的纲领性文件就是1992年8月党中央、国务院批准转发的《环境与发展十大对策》。1994年3月，《中国21世纪议程》公布，这是全球第一部国家级的《21世纪议程》，把可持续发展原则贯穿各个方案领域。《中国21世纪议程》阐明了中国可持续发展的战略和对策，它将成为我国制定国民经济和社会发展中计划的一个指导性文件。

中国可持续发展战略的总体目标是：用50年的时间，全面达到世界中等发达国家的可持续发展水平，进入世界可持续发展能力的20名行列；在整个国民经济中科技进步的贡献率达到70%以上；单位能量消耗和资源消耗所创造的价值在2000年基础上提高10～12倍；人均预期寿命达到85岁；人文发展指数进入世界前50名；全国平均受教育年限在12年以上；能有效地克服人口、粮食、能源、资源、生态环境等制约可持续发展的瓶颈；确保中国的食物安全、经济安全、健康安全、环境安全和社会安全。2030年实现人口数量的"零增长"；2040年实现能源资源消耗的"零增长"；2050年实现生态环境退化的"零增长"，全面实现进入可持续发展的良性循环。

1. 环境与发展十大对策

1992年8月，我国按照联合国环境与发展会议精神，根据我国具体情况，提出了我国环境与发展领域应采取的10条对策和措施，这是我国现阶段和今后相当长一段时期内环境政策的集中体现，现将主要内容摘录如下。

1）实行可持续发展战略

(1) 人口战略。

中国要严格控制人口数量，加强人力资源开发、提高人口素质，充分发挥人们的积极性和创造性，合理地利用自然资源，减轻人口对资源与环境的压力，为可持续发展创造一个宽松的环境。

(2) 资源战略。

实行保护、合理开发利用、增殖并重的政策，依靠科技进步挖掘资源潜力，动用市场机制和经济手段促进资源的合理配制，建立资源节约型的国民经济体制。

(3) 环境战略。

中国要实现社会主义现代化就必须把国民经济的发展放在第一位，各项工作都要以经济建设为中心来进行。但是，生态环境恶化已经严重地影响着中国经济和社会的持续发展。因此防治环境污染和公害，保障公众身体健康，促进经济社会发展，建立与发展阶段相适应的环保体制是实现可持续发展的基本政策之一。

(4) 稳定战略。

要提高社会生产力，增强综合国力和不断提高人民生活水平，就必须毫不动摇地把发展国民经济放在地一位，各项工作都要紧紧围绕经济建设这个中心来开展。为此，必须从国家整体的角度上来协调和组织各部门、各地方、各社会阶层和全体人民的行动，才能保证在经济稳定增长的同时，保护自然资源和改善生态环境，实现国家长期、稳定发展。

社会可持续发展的内容包括：①人口、消费与社会服务；②消除贫困；③卫生与健康；④人类居住区可持续发展；⑤防灾减灾。经济可持续发展的内容包括：①可持续发展的经济政策；②工业与交通、通信业的可持续发展；③可持续的能源生产和消费；④农业与农村的可持续发展。坚持社会和经济稳定协调发展。

从总体上说，我国可持续发展战略重在发展这一主题，否定了我国传统的人口放任、资源浪费、环境污染、效益低下、分配不公、教育滞后、闭关锁国和管理落后的发展模式，强调了合理利用自然资源、维护生态平衡以及人口、环境与经济的持续、协调、稳定发展的观念和作用。

2）可持续发展的重点战略任务

(1) 采取有效措施，防治工业污染。

坚持“预防为主，防治结合，综合治理”等指导原则，严格控制新污染，积极治理老污染，推行清洁生产，主要措施如下。

①预防为主、防治结合。严格按照法律规定，对初建、扩建、改建的工业项目要先评价、后建设，严格执行“三同时”制度，技术起点要高。对现有工业结合产业和产品结构调整，加强技术改进，提高资源利用率，最大限度地实现“三废”资源化。积极引导和依法管理，防治乡镇企业污染，严禁对资源滥挖乱采。

②集中控制和综合管理。这是提高污染防治的规模效益的必由之路。综合治理要做到合理利用环境自净能力与人为措施相结合；生态工程与环境工程相结合；集中控制与分散治理相结合；技术措施与管理措施相结合。

③转变经济增长方式，推行清洁生产。走资源节约型、科技先导型、质量效益型道路，防治工业污染。大力推行清洁生产，全过程控制工业污染。

(2) 加强城市环境综合整治，认真治理城市“四害”。

城市环境综合整治包括加强城市基础设施建设，合理开发利用城市的水资源、土地资源及生活资源，防治工业污染、生活污染和交通污染，建立城市绿化系统，改善城市生态结构和功能，促进经济与环境协调发展，全面改善城市环境质量。当前主要任务是通过工程设施和管理措施，有重点地减轻和逐步消除城市“四害”（废气、废水、废渣和噪声）的污染。

(3)提高能源利用率，改善能源结构。

通过电厂节煤，严格控制热效率低、浪费能源的小工业锅炉的发展，推广民用型煤，发展城市煤气化和集中供热方式，逐步改变能源价格体系等措施，提高能源利用率，大力节约能源。调整能源结构，增加清洁能源比例，降低煤炭在中国能源结构中的比例。尽快发展水电、核电，因地制宜地开发和推广太阳能等清洁能源。

(4) 推广生态农业，坚持植树造林，加强生物多样性保护。

推广生态农业，提高粮食产量，改善生态环境。植树造林，确保森林资源的稳定增长。通过扩大自然保护区面积，有计划地建设野生珍稀物种及优良家禽、家畜、作物和药物良种的保护及繁育中心，加强对生物多样性的保护。

3）可持续发展的战略措施

(1) 大力推进科技进步，加强环境科学研究，积极发展环保产业。

解决环境与发展问题的根本出路在于依靠科技进步，加强可持续发展的理论和方法的研究，总量控制及过程控制理论和方法的研究，生态设计和生态建设的研究，开发和推广清洁生产技术的研究，提高环境保护技术水平，正确引导和大力扶持环保产业的发展，尽快把科技成果转化成防治污染的能力，提高环保产品质量。

(2) 运用经济手段保护环境。

应用经济手段保护环境,做到排污收费,资源有偿使用,资源核算和资源计价,环境成本核算。

(3) 加强环境教育,提高全民环保意识。

加强环境教育,提高全民的环保意识,特别是提高决策层的环保意识和环境开发综合决策能力,是实施可持续发展的重要战略措施。

(4) 健全环保法制,强化环境管理。

中国的实践表明,在经济发展水平较低,环境保护投入有限的情况下,健全管理机构,依法强化管理是控制环境污染和生态破坏的有效手段。建立健全使经济、社会与环境协调发展的法规政策体系,是强化环境管理,实现可持续发展战略的基础。

(5)实施循环经济。

发展知识经济和循环经济,是21世纪国际社会的两大趋势。知识经济就是在经济运行过程中智力资源对物质资源的替代,实现经济活动的知识化转向。自从20世纪90年代确立可持续发展战略以来,发达国家正在把发展循环经济、建立循环型社会看作是实施可持续发展战略的重要途径和实现方式。

2.《中国21世纪议程》

1)《中国21世纪议程》的主要内容

1994年3月25日中国国务院第16次常务会议讨论通过了《中国21世纪议程——中国21世纪人口、环境与发展白皮书》,制定了中国国民经济目标、环境目标和主要对策。《中国21世纪议程》共有20章,78个方案领域,主要内容分为四部分。

第一部分,可持续发展总体战略与政策。论述了中国实施可持续发展战略的背景和必要性,提出了中国可持续发展战略目标、战略重点和重大行动,建立了中国可持续发展法律体系,制定了促进可持续发展的经济技术政策,将资源和环境因素纳入经济核算体系,参与国际环境与发展合作的意义、原则立场和主要行动领域,其中特别强调了可持续发展能力建设,包括建立健全可持续发展管理体系、费用与资金机制、加强教育、发展科学技术,建立可持续发展信息系统,促使妇女、青少年、少数民族、工人和科学界人士及团体参与可持续发展。

第二部分,社会可持续发展。包括人口、居民消费与社会服务,消除贫困,卫生与健康,人类居住区可持续发展和防灾减灾等。其中最重要的是实行计划生育、控制人口数量、提高人口素质,包括引导建立适度和健康消费的生活体系。强调尽快消除贫困,提高中国人民的卫生和健康水平。通过正确引导城市化,加强城镇用地规划和管理,合理使用土地,加快城镇基础设施建设,促进建筑业发展,向所有的人提供住房,改善住区环境,完善住区功能,建立与社会主义经济发展相适应的自然灾害防治体系。

第三部分,经济可持续发展。把促进经济快速增长作为消除贫困、提高人民生活水平、增强综合国力的必要条件,其中包括可持续发展的经济政策,农业与农村经济的可持续发展,工业与交通、通信业的可持续发展,可持续能源和生产消费等部分。着重强调利用市场机制和经济手段推动可持续发展,提供新的就业机会,在工业活动中积极推广清洁生产,尽快发展环保产业,提高能源效率与节能,开发利用新能源和可再生能源。

第四部分,资源的合理利用与环境保护。包括水、土地等自然资源的保护与可持续利用,还包括生物多样性保护,防治土地荒漠化,防灾减灾,保护大气层,如控制大气污染和防治酸雨、固体废物无害化管理等。着重强调在自然资源管理决策下推行可持续发展影响评价制度,对重点区域和流域进行综合开发整治，完善生物多样性保护法规体系，建立和扩大国家自然保护区网络，建立全国土地荒漠化的监测和信息系统，开发消耗臭氧层物质的替代产品和替代技术，大面积造林，制定有害废物处置、利用的新法规和技术标准等。

2)《中国21世纪议程》的实施

自《中国21世纪议程》颁布以来，我国各级政府分别从计划、法规、政策、宣传、公众参与等方面推动实施，并取得不少成就。今后，在相当长的时期内，我国还要采取一系列举措来促进《中国21世纪议程》的实施。

具体的措施可归结为以下几条。

(1) 切实转变指导思想。

长期以来，在计划经济体制下，我们讲到发展往往只注重经济增长而忽视环境问题，这是不全面的也是不能持久的。因为经济发展是通过高投入、高消耗实现较高增长的，于是不可避免地为环境带来严重污染；资源也越来越难以支撑。今后，在建设社会主义市场经济体制的过程中，我国必须真正转变传统的发展战略，由单纯追求增长速度转变为以提高效益为中心，由粗放经营转变为集约经营。

为了持续发展，必须遵循经济规律和自然规律，遵循科学原则和民主集中制原则，在决策中要正确处理经济增长速度与综合效益(经济、环境、社会效益)之间的关系，要把保护环境和资源的目标明确列入国家经济、社会发展总体战略目标中，列入工业、农业、水利、能源、交通等各项产业的发展目标中，要调整和取消一些助长环境污染和资源浪费的经济政策等手段，以综合效益，而不是仅以产值来衡量地区、部门和企业的优劣，在制定经济发展速度时，一定要量力而行，要考虑到资源的承载能力和环境容量，不能吃祖宗饭，造子孙孽。要造就人与自然和谐、经济与环境和谐的良性局面。

(2)大力调整产业结构和优化工业布局。

今后，我国的人口还会继续增加，工业化进程将会进一步加快，必然给环境带来更大的压力，因此，经济发展要在提高科技含量和规模效益，增强竞争能力上下功夫，才能防止环境和生态继续恶化。

①制定和实施正确的产业政策，及时调整产业结构。要严格限制和禁止能源消耗高、资源浪费大、环境污染重的企业发展，优先发展高新技术产业。对现有的污染危害较大的企业和行业进行限期治理；推行清洁生产，提倡生态环境技术；大力支持企业开发利用低废技术、无废技术和循环技术，使企业降低资源消耗和废物排放量。

②根据资源优化配量和有效利用的原则，充分考虑环境保护的要求，制定合理的工业发展地区布局规划，并按规划安排工业企业的类型和规模，同时，依据自然地理的条件和特点，合理利用自然生态系统的自净能力。

③要改变控制污染的模式，由末端排放控制转为生产全过程控制；由控制排放浓度转为控制排污总量；由分散治理污染向集中控制转化(使有限的资金充分发挥效益)。通过建立区域性供热中心、热电联产等方式进行集中供热，有效控制小工业锅炉的盲目发展；通过建立区域性污水处理厂，实行污水集中处理；通过建立固体废物处理场、处置厂和综合利用设施，对固体废物进行有效集中控制。

(3) 加强农业综合开发，推行生态农业工程建设。

农业是国民经济的基础，合理开发土地资源、切实保护农村生态环境是农业发展的根本保证。因此，在发展农村经济时要注意以下几点。

① 加强土地管理，稳定现有耕地面积。

② 积极开发生态农业工程建设，不断提高农产品质量，发展绿色食品生产。生态农业是一种大农业生产，注重农、林、牧、副、渔全面发展，农工商综合经营。它能充分合理地利用农业资源，具有较强的抵抗外界干扰能力、较高的自我调节能力和持续稳定的发展能力。国内外一些生态农场的试验证明：生态农业是遵循生态学原理发展起来的一种新的生产体系，是一种持续发展的农业模式，也是一条保护生态环境的有效途径。

③进一步扩大退耕还林和退牧还草规模，加快宜林荒山荒地造林步伐，防止土地沙漠化的扩大和水土流失的加剧；改良土壤、改造中低产田；在大力发展旅游业的同时，注意加强风景名胜和旅游点的环境保护，以改善国土和农村生态环境。

④对乡镇企业和个体企业采取合理规划、正确引导、积极扶植、加强管理的方针，提高其生产和设备的科技水平，严格控制其对环境的污染。

(4) 加强对环境保护的投资。

同经济增长相适应，将公共投资重点向环境保护领域倾斜，并引导企业向环境保护投资。政府在清洁能源、水资源保护和水污染治理、城市公共交通、大规模生态工程建设的投资方面发挥主导作用，并利用合理收费和企业化经营的方式，引导其他方面的资金进入环境保护领域，使中国的环保投资保持在国内生产总值的1%～1.5%。

(5) 构筑可持续发展的法律体系。

把可持续发展原则纳入经济立法，完善环境与资源法律，加强与国际环境公约相配套的国内立法。

(6) 同政府体制改革相配套，建立廉洁、高效、协调的环境保护行政体系，加强其能力建设，使之能强有力地实施国家各项环境保护法律、法规。

(7) 加强环境保护教育，不断提高国民的环保意识。

要使走可持续发展道路的思想深入人心，要充分发挥妇女、工会、青少年等组织和科技界的作用，进一步扩大公众参与环境保护和可持续发展的范围和机会，加强群众监督，使环境保护深入到社会生活各个领域，成为政府和人民的自觉行动。

3. 中国走可持续发展道路的必然性

改革开放以来中国经济发展迅速，目前正处在工业化高速发展的起步阶段；经历了100多年贫穷、落后和受尽凌辱的中国人民，正以前所未有的气概实现着富国之梦。与世界其他国家相比，中国在人口、资源、环境方面所面临的问题更多，也更复杂。

1) 中国人口众多

我国人口已超过13亿，未来几十年，每年仍将以净增1000多万的速度增长。人口膨胀对资源和环境造成的巨大压力，成为我国实现资源、环境与经济协调发展的首要限制因子。

2) 资源相对短缺

虽然我国有广阔的国土和丰富的自然资源，但按人口平均就显得严重不足了，多种资源人均占有量远低于世界平均水平，如淡水、耕地、森林和草地资源的人均占有量均不足世界平均值的1/3，矿产资源人均占有量不足世界平均值的一半。资源的不合理开采与浪费，相对落后的生产工艺与生产水平，又加剧了资源的短缺。所以，资源不足成了我国经济可持续发展的硬的约束条件。

3) 生态条件恶化

人口持续增长和资源的不合理利用，造成生态环境的恶化，导致生态失衡，如我国有1/3

以上的国土受到水土流失的威胁，自然灾害频发，有4600多种植物和400多种动物处于濒危状态，自然生态环境的承载能力不断下降。

4）环境污染加剧

在全国600多座城市中，大气质量符合国家一级标准的不足1%；酸雨的程度在加重，范围也在日益扩大，已由几年前的华南、西南地区蔓延至华中、华东和华北地区；全国每年排放污水约360亿t，其中经过处理的工业污水和生活污水分别约为70%和10%，其余部分未经处理而直接排入江河湖海，致使水体质量严重恶化，在全国的七大水系中，近一半河段遭到不同程度的污染，北方重于南方，流经城市的河段有85%以上水质超标；城市垃圾和工业固体废物与日俱增，且大部分未做妥善处理，另外，生活垃圾围城的现象仍在发展之中。

5）资源利用效率低，技术经济水平与发达国家相比存在着明显的差距

中国发展经济的根本目的在于持续地最大限度地满足人民对物质和文化的需求，为全体人民创造一个安全、富庶、清洁、舒适的生活条件。中国的国情决定了经济建设不能采取资源粗放型、浪费型的发展模式，这是因为：第一，我国没有那么多的资源投入；第二，就是有资源投放，粗放、浪费式的发展会造成生态环境破坏的严重后果。所以，必须寻求一条使人口、资源、环境、经济和社会相互协调，兼顾当前与长远、当代人和后代人利益的发展道路，这就是可持续发展道路。走可持续发展道路是中国社会经济发展的必然选择。

复习与思考

1. 什么是环境、环境要素？环境要素有哪些属性？
2. 环境主要有哪些功能？
3. 什么是环境承载力？为什么要了解环境承载力？
4. 当前人类面临的主要环境问题有哪些？
5. 怎样理解环境科学的综合性、边缘性和交叉性等特点？
6. 什么是可持续发展？其内涵是什么？
7. 简述可持续发展的三个基本原则。
8. 可持续发展的指标体系有哪些新的思路？
9. 中国可持续发展战略包括哪些内容？
10. 试述中国走可持续发展道路的必然性。

第 2 章　自然资源的利用与保护

自然资源的开发利用是人类社会生存发展的物质基础，也是人类社会与自然环境之间物质流动的起点。当今世界上的许多环境问题都与自然资源的不合理开发利用密切相关。因此，对自然资源进行合理的开发利用，是环境保护的重要内容。

自然资源在环境社会系统及其物质流中具有极其特殊的地位与作用，其重要性体现在以下两个方面。

第一，自然资源是自然环境子系统中不可缺少的部分，同时又是人类社会子系统得以运行的不可缺少的要素，因此它是自然环境系统和人类社会系统之间的一个十分重要的界面。作为自然环境的一部分，自然资源如山、水、森林、矿藏等是组成自然环境的基本骨架。而作为人类社会经济活动的原材料，自然资源又是劳动的对象，是形成物质财富的源泉，是人类社会生存发展须臾不可或缺的物质。

第二，自然资源是人类社会活动最频繁的地方，也是作用于自然环境最强烈的地方。因为人们为了使自己的生存获得更大的保障，就要不断地开发自然资源。在工业文明的时代，一个国家开发自然资源的能力，几乎已不受怀疑地成了“国力强弱”和“发达与否”的唯一标尺。人类沿着这个方向努力了二三百年，结果导致了自然环境的严重恶化和毁坏。

由上所述可见，自然资源是人类社会系统和自然环境系统相互作用、相互冲突最严重的地方。因此，处理好自然资源的开发和保护的关系是处理好“人与环境”关系最关键的问题，是关系到人类社会持久、幸福生存的大问题，当然也是环境保护最重要的内容之一。

2.1　自然资源概述

2.1.1　自然资源的定义

自然资源又称资源。根据联合国环境规划署的定义，自然资源是指在一定时间条件下，能够产生经济价值以提高人类当前和未来福利的自然环境因素的总和，如土地、水、森林、草原、矿物、海洋、野生动植物、阳光、空气等。

自然资源的概念和范畴不是一成不变的，随着社会生产的发展和科学技术水平的提高，过去被视为不能利用的自然环境要素，将来可能变为有一定经济利用价值的自然资源。

2.1.2　自然资源的分类

按照不同的目的和要求，可将自然资源进行多种分类。但目前大多按照自然资源的有限性，将自然资源分为有限自然资源和无限自然资源，如图 2-1 所示。

(1) 有限自然资源。

有限自然资源又称耗竭性资源。这类资源是在地球演化过程中的特定阶段形成的，质与量有限定，空间分布不均。有限资源按其能否更新又可分为可更新资源和不可更新资源两大类。

①可更新资源又称可再生资源。这类资源主要是指被人类开发利用后，能够依靠生态系

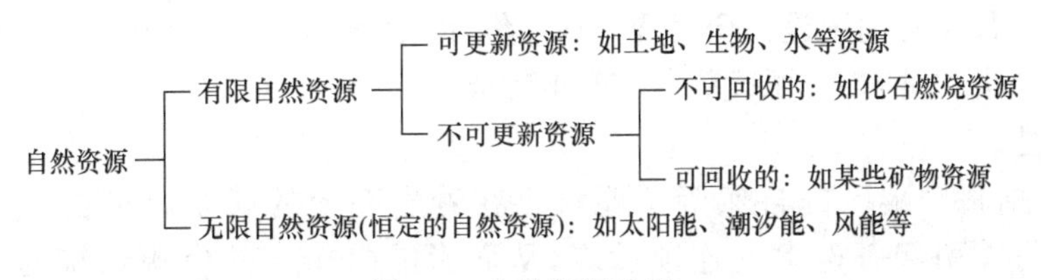

图 2-1　自然资源分类

统自身的运行力量得到恢复或再生的资源，如生物资源、土地资源、水资源等。只要其消耗速度不大于它们的恢复速度，借助自然循环或生物的生长、繁殖，这些资源从理论上讲是可以被人类永续利用的。但各种可更新资源的恢复速度不尽相同，如岩石自然风化形成 1cm 厚的土壤层需要 300～600 年，森林的恢复一般需要数十年至百余年。因此不合理的开发利用，也会使这些可更新的资源变成不可更新资源，甚至耗竭。

②不可更新资源又称不可再生资源。这类资源是在漫长的地球演化过程中形成的，它们的储量是固定的。被人类开发利用后，会逐渐减少以至枯竭，一旦被用尽，就无法再补充，如各种金属矿物、非金属矿物、化石燃料等。这些矿物都是由古代生物或非生物经过漫长的地质年代形成的，因而它的储量是固定的，在开发利用中，只能不断地减少，无法持续利用。

(2) 无限自然资源。

无限自然资源又称为恒定的自然资源或非耗竭性资源。这类资源随着地球形成及其运动而存在，基本上是持续稳定产生的，几乎不受人类活动的影响，也不会因人类利用而枯竭，如太阳能、风能、潮汐能等。

2.1.3　自然资源的属性

(1) 有限性。

有限性是自然资源最本质的特征。大多数资源在数量上都是有限的。资源的有限性在矿产资源中尤其明显，任何一种矿物的形成不仅需要特定的地质条件，还必须经过千百万年甚至上亿年漫长的物理、化学、生物作用过程，因此，相对于人类而言是不可再生的，消耗一点就少一点。其他的可再生资源如动物、植物，由于受自身遗传因素的制约，其再生能力是有限的，过度利用将会使其稳定的结构破坏而丧失再生能力，成为非再生资源。

资源的有限性要求人类在开发利用自然资源时必须从长计议，珍惜一切自然资源，注意合理开发利用与保护，决不能只顾眼前利益，掠夺式开发资源，甚至肆意破坏资源。

(2) 区域性。

区域性是指资源分布的不平衡，数量或质量上存在着显著的地域差异，并有其特殊分布规律。自然资源的地域分布受太阳辐射、大气环流、地质构造和地表形态结构等因素的影响，其种类特性、数量多寡、质量优劣都具有明显的区域差异。由于影响自然资源地域分布的因素是恒定的，在一定条件下必定会形成和分布着相应的自然资源区域，所以自然资源的区域分布也有一定的规律性。例如，我国的天然气、煤和石油等资源主要分布在北方，而南方则蕴藏着丰富的水资源。

自然资源区域性的差异制约着经济的布局、规模和发展。例如，矿产资源状况(矿产种类、数量、质量、结构等)对采矿业、冶炼业、机械制造业、石油化工业等都会有显著影响。而生物资源状况(种类、品种、数量、质量)对种植业、养殖业和轻、纺工业等有很大的制约作用。

因此，在自然资源开发过程中，应该按照自然资源区域性的特点和当地的经济条件，对资源的分布、数量、质量等情况进行全面调查和评价，因地制宜地安排各业生产，扬长避短，有效发挥区域自然资源优势，使资源优势成为经济优势。

(3) 整体性。

整体性是指每个地区的自然资源要素存在着生态上的联系，形成一个整体，触动其中一个要素，可能引起一连串的连锁反应，从而影响整个自然资源系统的变化。这种整体性在再生资源中表现得尤其突出。例如，森林资源除经济效益外，还具有涵养水分、保持水土等生态效益，如果森林资源遭到破坏，不仅会导致河流含沙量的增加，引起洪水泛滥，而且会使土壤肥力下降。土壤肥力的下降，又进一步促使植被退化，甚至沙漠化，从而又使动物和微生物大量减少。相反，如果在沙漠地区通过种草种树慢慢恢复茂密的植被，水土将得到保持，动物和微生物将集结繁衍，土壤肥力将会逐步提高，从而促进植被进一步优化及各种生物进入良性循环。

由于自然资源具有整体性的特点，因此对自然资源的开发利用必须持整体的观点，应统筹规划、合理安排，以保持生态系统的平衡。否则将顾此失彼，不仅使生态与环境遭到破坏，经济也难以得到发展。

(4) 多用性。

多用性是指任何一种自然资源都有多种用途，如土地资源既可用于农业，也可以用于工业、交通、旅游以及改善居民生活环境等。森林资源既可以提供木材和各种林产品，又作为自然生态环境的一部分，具有涵养水源、调节气候、保护野生动植物等功能，还能为旅游提供必要的场地。

自然资源的多用性只是为人类利用资源提供了不同用途的可能性，具体采取何种方式进行利用则是由社会、经济、科学技术以及环境保护等诸多因素决定的。

资源的多用性要求人们在对资源进行开发利用时，必须根据其可供利用的广度和深度，从经济效益、生态效益、社会效益等各方面进行综合研究，从而制定出最优方案实施开发利用，以做到物尽其用，取得最佳效益。

2.2　土地资源的利用与保护

2.2.1　土地资源的概念与特点

1. 土地及土地资源的概念

土地是构成自然环境的最重要要素之一，是人类赖以生存和发展的场所，是人类社会生产活动中最基础的生产资料，是一种重要的自然资源。

人们对土地的认识随着历史的发展而不断深化。不同的学科基于不同的目的和角度，形成了不同的土地概念。

广义的土地概念，是指地球表面陆地和陆内水域，不包括海洋，它是由大气、地貌、岩石、土壤、水文、地质、动植物等要素组成的综合体。

狭义的土地概念，是指地球表面陆地部分，不包括水域，它由土壤、岩石及其风化碎屑堆积组成。

土地资源是指地球表层土地中，现在和可预见的将来，能在一定条件下产生经济价值的部分。从发展的观点看，一些难以利用的土地，随着科学技术的发展，将会陆续得到利用，在这个意义上，土地资源与土地是同义语。

2. 土地资源的特性

土地资源是在自然力作用下形成和存在的，人类一般不能生产土地，只能利用土地，影响土地的质量和发展方向。

土地资源占据着一定的空间，存在于一定的地域，并与其周围的其他环境要素相互联系，具有明显的地域性。

土地资源作为人类生产、生活的物质基础，基本生产资源和环境条件，其基本用途和功能不能用其他任何自然资源来替代。

地球在形成和发展过程中，决定了现代全世界的土地面积。一般来说，土地资源的总量是个常量。

土地资源在人类开发利用过程中，其状态和价值具有一定程度的可塑性，可以被提升，也可能下降。

3. 土地资源的功能与作用

人类离不开土地。土地资源具备供所有动植物滋生繁衍的营养力，可借以生产出人类生存所必需的生活资料；土地资源是人类生产、生活活动的场所，是人类社会安身立命的载体。

土地资源为人类社会进行物质生产提供了大量的生产资料。土地本身就是农、林、牧、副、渔业的最基本的生产资料，同时也为人类生产金属材料、建筑材料、动力资源等提供生产资料；一些土地资源类型，自然和人文景观奇特，为人类提供了赏心悦目、陶冶情操的景观。

4. 我国土地资源的特点

我国地域辽阔，陆地总面积达 960 万 km^2，占世界陆地面积的 6.4%，仅次于前苏联和加拿大，居世界第三位。概括起来我国土地资源有以下几个特点。

(1) 土地资源绝对量多，人均占有量少。

我国土地总面积居世界第三位，但人口众多，人均占有的土地资源数量很少。根据联合国粮农组织的资料，我国人均占有土地只有 1.01hm^2，仅为世界人均占有量的 1/3。

(2) 土地类型复杂多样。

我国的土地，从平均海拔 50m 以下的东部平原，到海拔 4000m 以上的西部高原，形成平原、盆地、丘陵、山地等错综复杂的地貌类型。从水热条件看，我国的土地，南北距离长达 5000km，跨越 49 个纬度，经历了从热带、亚热带到温带的热量变化；我国的土地东西距离长达 5200km，跨越了 62 个经度，经历了从湿润、半湿润到半干旱的干湿度变化。在这广阔的范围内，不同的水热条件和复杂的地质、地貌条件，形成了复杂多样的土地类型。

(3) 山地多，平原少。

我国属多山国家，山地面积(包括丘陵、高原)占土地总面积的 69.23%，平原盆地约占土地总面积的 30.73%。山地坡度大，土层薄，如利用不当，则自然资源和生态环境易遭到破坏。

(4) 农用土地资源比例小，分布不平衡。

我国土地面积很大，但可以被农、林、牧、副各业和城乡建设利用的土地仅占土地总面积的 70%，且分布极不平衡。

(5) 后备耕地资源不足。

我国现有耕地面积占全国土地总面积的 10.4%，人均占有耕地的面积只有世界人均耕地面积的 1/4。在未利用的土地中，难利用的占 87%，主要是戈壁、沙漠和裸露石砾地，仅有

0.33 亿 hm^2 宜农荒地，能作为农田的不足 0.2 亿 hm^2，按 60%的垦殖率计算，可净增耕地 0.12 亿～0.14 亿 hm^2。所以，我国后备耕地资源很少。

(6) 人口与耕地的矛盾十分突出。

我国现有耕地面积约 1×10^8 hm^2，为世界总耕地面积的 7%。我国用占世界 7%的耕地养活着占世界 22%的人口，人口与耕地的矛盾相当突出。随着我国人口的增长，人口与耕地的矛盾将更加尖锐。据估计，21 世纪中叶，我国人均耕地将减少到国际公认的警戒线 (0.05hm^2)。

2.2.2 土地资源开发利用中的环境问题

开发利用土地资源造成的环境问题，主要是生态破坏和环境污染，其表现是土地资源生物或经济产量的下降或丧失。这一环境问题又称为土地资源的退化，是全球重要的环境问题之一。土地退化的最终结果，除了造成贫困外，还可能对区域和全球性安全构成威胁。据联合国环境规划署估计，全球有 100 多个国家和地区的 36×10^8 hm^2 土地资源受到土地退化的影响，由此造成的直接损失达 423 亿美元，而间接经济损失是直接经济损失的 2～3 倍，甚至 10 倍。

我国是全世界土地退化比较严重的国家之一，主要表现在如下几个方面。

1. 水土流失

过度的樵采、放牧，甚至毁林、毁草开荒，破坏了植被，造成了水土流失。另外，在工矿、交通、城建及其他大型工程建设中不注意水土保持，也是使水土流失加重的主要原因之一。

2005 年 7 月至 2008 年 11 月水利部、中国科学院和中国工程院联合开展的“中国水土流失与生态安全综合科学考察”取得的数据表明：全国现有土壤侵蚀面积达到 357 万 km^2，占国土面积的 37.2%。水土流失不仅广泛发生在农村，而且发生在城镇和工矿区，几乎每个流域、每个省份都有。从我国东、中、西三大区域分布来看，东部地区水土流失面积 9.1 万 km^2，占全国的 2.6%；中部地区 51.15 万 km^2，占全国的 14.3%；西部地区 296.65 万 km^2，占全国的 83.1%。

水土流失对我国经济发展的影响是深远的。因水土流失全国每年丧失的表土达 50 亿 t，其中耕地表土流失 33 亿 t。因水土流失引起的土地生物或经济产量明显下降或丧失的土壤资源约 37.8×10^4 km^2。

水土流失使土地资源的生产力迅速下降。据研究，无明显侵蚀的红壤分别为遭到强度侵蚀和剧烈侵蚀的红壤中所含的有机质总量的 4 倍和 18 倍，全氮含量为 39 倍和 40 倍，全磷含量为 4.6 倍和 16.7 倍。

水土流失后，地表径流将冲走大量泥沙，并在河流、湖泊、水库淤积，使河床抬高，并使一些河流缩短通航里程，一些水库库容减少，导致泥石流和滑坡，严重影响下游人民群众的生产和生活。例如，全国水土流失最严重的陕北高原，水库库容的平均寿命只有 4 年；长江三峡库区年入库泥沙达 4000 万 t，对三峡工程构成了严重的威胁；长江流域洪湖地区、洞庭湖等淤塞严重，湖面不断缩小，调节能力越来越降低。

2. 土地沙化

土地沙化是指地表在失去植被覆盖后，在干旱和多风的条件下，出现风沙活动和类似沙漠景观的现象。据国家林业局第二次沙化土地监测结果显示，截至 2005 年年底，我国沙化土地面积达 174.3 万 km^2，占国土面积的 18%，涉及全国 30 个省(区、市)841 个县(旗)。土地一旦沙化，其发展速度迅速加快。土地沙化后的生产力将急速下降甚至完全丧失。

土地沙化有自然的和人为的双重因素。但人为活动是土壤沙化的主导因子。这是因为：①人类经济的发展使水资源进一步萎缩，绿洲的开发、水库的修建使干旱地区断尾河进一步缩短、湖泊萎缩，加剧了土壤的干旱化，促进了土壤的可风蚀性；②农垦和过度放牧使干旱、半干旱地区植被覆盖率大大降低。

土地沙化对经济建设和生态环境危害极大。首先，土地沙化使大面积土壤失去农、牧生产能力，使有限的土地资源面临更为严重的挑战。其次，使大气环境恶化，由于土地大面积沙化，风挟带大量沙尘在近地面大气中运移，极易形成沙尘暴甚至黑风暴。例如，呼伦贝尔草原在1974年5月出现近代期间前所未有的沙尘暴，狂风挟带巨量尘土形成"火墙"，风速达14～19m/s，持续8h；鄂尔多斯每年沙尘暴日数有15～27天，往往在干旱的春、秋季，土地沙化使周边地区尘土飞扬。70年代以来，我国新疆也发生过多次黑风暴。

3. 土地盐渍化

盐渍化指土地中易溶盐分含量增高，并且超过作物的耐盐限度时，作物不能生长，土地丧失生产力的现象。由于不恰当的利用活动，潜在盐渍化土壤中盐分趋向于表层积聚的过程，称为土地次生盐渍化。据有关学者研究，引起土地次生盐渍化的原因是：①发展引水自流灌溉，导致地下水位上升超过其临界深度，从而使地下水和土体中的盐分随土壤毛管水流通过地面蒸发耗损而聚于表土；②利用地面或地下矿化水（尤其是矿化度大于3g/L时）进行灌溉，而又不采取调节土壤水盐运动的措施，导致灌溉水中的盐分积累于耕层中；③在开垦利用心底土具有积盐层土壤的过程中，过量灌溉下渗水流的蒸发耗损使盐分聚于土壤表层。

土地次生盐渍化问题是干旱、半干旱气候带土地垦殖中的老问题。据联合国粮农组织和联合国环境规划署估计，全世界约有50%的耕地因灌溉不当、受水渍和盐渍的危害，每年有数百万公顷灌溉地废弃。我国土地盐渍化主要发生在华北黄淮海平原、宁夏、内蒙古的引黄灌区，黑龙江、吉林两省西部，辽宁西部，内蒙古东部的灌溉农田。我国现有盐渍化土地$81.8\times10^4km^2$，其中次生盐渍化的土地面积达$6.33\times10^4km^2$。

4. 土壤污染

随着工业化和城市化的进展，特别是乡镇工业的发展，大量的"三废"物质通过大气、水和固体废物的形式进入土壤。同时由于农业生产技术的发展，人为地使用化肥和农药以及污水灌溉等，土壤污染日益加重。最新资料表明，我国每年农药的施用量达50万～60万t，而农药的有效利用率仅为20%～30%，全国至少有1300万～1600万hm^2的耕地受到了农药的污染。目前我国受重金属污染的耕地达2000万hm^2以上，每年生产重金属污染的粮食多达1200万t。

5. 非农业用地逐年扩大，耕地面积不断减少

城镇建设、住房建设及交通建设等都要占用大量的土地资源。我国城市建设1978～1998年增加了475个。上海郊区被占耕地达7.33万hm^2，相当于上海、宝山、川沙三县耕地面积的总和。据中国国土资源部的最新报告统计，"十五"期间，全国耕地面积净减少616.31万hm^2（9240万亩），由2000年10月底的1.28亿hm^2（19.24亿亩）减至2005年10月底的1.21亿hm^2（18.31亿亩），年均净减少耕地123.26万hm^2（1848万亩）。随着经济和城市化的发展以及人口的增长，耕地总量和人均量还将进一步下降。据初步预测，到2050年，我国非农业建设用地将比现在增加0.23亿hm^2，其中需要占用耕地约0.13亿hm^2。另外，煤炭开采，每年破坏土地1.2万～2万hm^2，砖瓦生产每年破坏耕地近1万hm^2。

2.2.3 土地资源保护的途径和方法

1. 土地资源环境保护的原则

根据我国严峻的土地资源形势，我国必须十分珍惜土地资源，合理利用土地资源，精心保护土地资源，并在利用中不断提高土地资源的质量。为此，应明确利用和保护土地资源的原则，制定土地资源保护办法和当前应采取的对策。具体原则如下：

(1) 以提高土地资源利用率为目标，全面规划，合理安排。在规划时要特别严格控制城乡建设用地的规模，注意土地使用的集约化程度和规模效益，保证农、林、牧等基本用地不被挤占。

(2) 以提高土地资源的质量为目标，合理调配土地利用的方向、内容和方式，保护和改善生态环境，保障土地的可持续利用。严禁过度的不合理的开发活动，防止土地退化，包括水土流失、沙漠化、盐碱化等各种形式的退化。要继续大力推进和加强防护林工程和水土流失工程建设，尤其要重视生态系统中自然绿地的建设(森林、草地的保护和建设)。

(3) 以防止土壤和水体的污染、破坏为目标，综合运用政策、经济和技术(包括污染源控制技术、污染土壤修复技术及生态农业技术)等手段，严格控制和消除土壤污染源，同时防止土壤中各种形态污染物向地下、地表水体转移及向地上作物转移。

(4) 以实现粮食基本自给，保持农村社会稳定为目标，守住 18 亿亩耕地红线，占用耕地与开发复垦耕地相平衡，从而保障中国粮食安全有基本的资源基础。

2. 开展土地利用现状调查和评价

土地利用现状调查的内容主要有：①土地利用状况调查。国家土地利用总体规划根据土地用途，将土地分为农用地、建设用地和未利用地。农用地是指直接用于农业生产的土地，包括耕地、林地、草地、农田水利用地、养殖水面等；建设用地是指建造建筑物、构筑物的土地，包括城乡住宅和公共设施用地、工矿用地、交通水利设施用地、旅游用地、军事设施用地等；未利用地是指农用地和建设用地以外的土地。②土地利用率和土地利用效率分析。土地利用率指已利用的土地面积与土地总面积之比；土地利用效率指单位用地面积所产出的产值或利税或功效。

土地利用评价的要点包括：①明确评价的目的。在实际工作中，土地利用评价的目的可以有很大的不同，如有的为制定土地利用规划服务；有的为确定土地税赋和防止流失使用；有的为地籍工作提供基础资料。由于目的不同，相应的评价原则与方法也不相同。②确定土地利用评价的原则。③选择土地利用评价的技术方法。

3. 制定在不同层次上科学、合理的土地利用规划体系

这里所说的层次和体系指在国家、省(自治区、直辖市)、县(区)、镇(乡)、村等不同级别上分别从宏观、中观和微观上制定出各类土地的使用安排。

各级人民政府应当依据国民经济和社会发展规划、国土整治和资源环境保护的要求、土地供给能力以及各项建设对土地的需求，组织编制土地利用总体规划和土地利用年度计划。下级土地利用总体规划应当依据上一级土地利用总体规划编制。省、自治区、直辖市人民政府编制的土地利用总体规划，应当确保本行政区域内耕地总量不减少。同时各级人民政府应当加强土地利用计划管理，实行建设用地总量控制。

制定土地利用规划的关键在于妥善处理好不同部门、不同项目在土地利用要求上的矛盾。这里要协调的有国家的利益(包括眼前的和长远的)、部门或地区的利益、企业单位的利益和公众(特别是农民)的利益。

4. 制定合理、有效的土地利用和管理保护的政策体系、运作机制和相应的制度体系

这里提到的政策、机制、制度三者是相辅相成有机联系的一个整体。其中政策是核心和灵魂。土地利用合理与否的标志有两个:一是土地利用的总效益、总效率是否高;二是土地利用的效益能否持续,即是否能在用好地的同时做到养好地。这就是说土地利用政策的方向必须正确。

一个好的土地利用政策能够调动各种开发利用土地资源主体的积极性,引导并激励他们自觉执行政策。因此土地利用政策要能恰当地协调政府部门、企业和公众三者的利益关系,其中特别要注意巧妙地运用经济、法律手段,保护公众尤其是广大农民的经济利益,因此多项政策必须构成一个完备的体系。

5. 制定、完善并有效推行保障土地资源合理利用的法律、法规体系

逐步完善和真正严格执行《中华人民共和国土地管理法》、《中华人民共和国环境保护法》等有关土地资源保护的法律和法规,依法保护土地资源,使土地管理纳入法制的轨道。县级以上人民政府土地行政主管部门对违反土地管理法律、法规的行为要进行监督检查,在监督检查工作中发现土地违法行为构成犯罪的,应当将案件移送有关机关,依法追究刑事责任;尚不构成犯罪的,应当依法给予行政处罚。

2.3 水资源的利用与保护

2.3.1 水资源的概念和特点

1. 水资源的概念

水是人类维系生命的基本物质,是工农业生产和城市发展不可缺少的重要资源。

地球上水的总量约有 $14\times10^8 km^3$,其中约有 97.3%是海水,淡水不及总量的 3%。其中还有约 3/4 以冰川、冰帽的形式存在于南北极地区,人类很难使用。与人类关系最密切又较易开发利用的淡水储量约为 $400\times10^4 km^3$,仅占地球上总水量的 0.3%。

水资源是指在目前技术和经济条件下,比较容易被人类直接或间接开发利用的淡水,主要包括河川、湖泊、地下水和土壤水等。

这里需要说明的是,土壤水虽然不能直接用于工业、城镇供水,但它是植物生长必不可少的,所以土壤水属于水资源范畴。至于大气降水,它是径流、地下水和土壤水形成的最主要,甚至唯一的补给来源。

直到 20 世纪 20 年代,人类才认识到水资源并非是用之不竭,取之不尽的。随着人口增长和经济的发展,对水资源的需求与日俱增,人类社会正面临水资源短缺的严重挑战。据联合国统计,全世界有 100 多个国家缺水,严重缺水的国家已达 40 多个。水资源不足已成为许多国家制约经济增长和社会进步的障碍因素。

2. 水资源的特点

(1) 循环再生性与总量有限性。水资源属可再生资源,在再生过程中通过形态的变换显示出它的循环特性。在循环过程中,由于要受到太阳辐射、地表下垫面、人类活动等条件的作用,因此每年更新的水量是有限的。这里需注意的是,水资源具有可循环再生的特性是从全球范围水资源的总体而言的。对于一个具体的水体,如一个湖泊、一条河流,它完全可能干涸而不能再生。因此在开发利用水资源过程中,一定要注意不能破坏自然环境的水资源再生能力。

(2) 时空分布的不均匀性。

(3) 功能的广泛性和不可替代性。水资源既是生活资料又是生产资料，更是生态系统正常维持的需要，其功能在人类社会的生存发展中发挥了广泛而又重要的作用，如保证人畜饮用、农业灌溉、工业生产使用、养鱼、航运、水力发电等。水资源这些作用和综合效益是其他任何自然资源无法替代的。不认识到这一点，就不能算是真正认识了水资源的重要性。

(4) 利弊两重性。由于降水和径流的地区分布不平衡和时程分配不均匀，往往会出现洪涝、旱碱等自然灾害。如果开发利用不当，也会引起人为灾害。例如，垮坝、水土流失、次生盐渍化、水质污染、地下水枯竭、地面沉降、诱发地震等。这说明水资源具有明显的利弊两重性。

3. 我国水资源的分布及特点

(1) 总量多、人均占有量少，属贫水国家。

我国陆地水资源总量为 $2.8\times10^{12}m^3$，列世界第 6 位。多年平均降水量为 648mm，年平均径流量为 $2.7\times10^{12}m^3$，地下水补给总量约 $0.8\times10^{12}m^3$，地表水和地下水相互转化和重复水量约 $0.7\times10^{4}m^3$。但人均占有量只有 $2632m^3$，约为世界平均占有量的1/4，位居世界第 110 位，已经被联合国列为 13 个贫水国家之一。

(2) 地区分配不均，水土资源组配不平衡。

总体上说来，我国陆地水资源的地区分布是东南多、西北少，由东南向西北逐渐递减，不同地区水资源量差别很大。

我国水土资源的组配是很不平衡的。平均每公顷耕地的径流量为 $2.8\times10^{4}m^3$。长江流域为全国平均值的 1.4 倍；珠江流域为全国平均值的 2.4 倍；淮河、黄河流域只有全国平均值的 20%；辽河流域为全国平均值的 29.8%；海河、滦河流域为全国平均值的 13.4%；长江流域及其以南地区，水资源总量占全国的 81%，而耕地只占全国的 36%；黄河、淮河、海河流域，水资源总量仅占全国的 7.5%，而耕地却占全国的 36.5%。

我国地下水的分布也是南方多，北方少。占全国国土 50%的北方，地下水只占全国的 31%。晋、冀、鲁、豫 4 省，耕地面积占全国的 25%，而地下水只占全国的 10%。从而形成了南方地表水多，地下水也多；北方地表水少，地下水也少的极不均衡的分布状况。

(3) 年内分配不均，年际变化很大。

我国的降水受季风气候的影响，故径流量的年内分配不均。长江以南地区 3～6 月(或4～7 月)的降水量约占全年降水量的 60%；而长江以北地区 6～9 月的降水量常占全年降水量的 80%，秋冬春则缺雪少雨。

我国降水的年际变化很大，多雨年份与少雨年份往往相差数倍。由于降水过分集中，造成雨期大量弃水，非雨期水量缺乏，总水量不能充分利用。由于降水年内分配不均，年际变化很大，我国的主要江河都出现过连续枯水年和连续丰水年。在雨季和丰水年，大量的水资源不仅不能充分利用，白白地注入海洋，而且造成许多洪涝灾害。在旱季或枯水年，缺水问题又十分突出，水资源不仅不能满足农业灌溉和工业生产的需要，甚至某些地方人畜用水也发生困难。

(4) 部分河流含沙量大。

我国平均每年被河流带走的泥沙约 $35\times10^{8}t$，年平均输沙量大于 $1000\times10^{4}t$ 的河流有 115 条。其中黄河年径流量为 $543\times10^{8}m^3$，平均含沙量为 $37.6kg/m^3$，多年平均年输沙量

为 16×10^8t，居世界诸大河之冠。水的含沙量大会造成河道淤塞、河床坡降变缓、水库淤积等一系列问题，同时，由于泥沙能吸附其他污染物，故增大了开发利用这部分水资源的难度。

(5) 水能资源丰富。

我国的山地面积广大，地势梯级明显，尤其在西南地区，大多数河流落差较大，水量丰富，所以我国是一个水能资源蕴藏量特别丰富的国家。我国水能资源理论蕴藏量约为6.8亿kW·h，占世界水能资源理论蕴藏量的13.4%，为亚洲的75%，居世界首位。已探明可开发的水能资源约为3.8亿kW·h，为理论蕴藏量的60%。我国能够开发的、装机容量在1万kW·h以上的水能发电站共有1900余座，装机容量可达3.57亿kW·h，年发电量为1.82万亿kW·h，可替代年燃煤10多亿t的火力发电站。

2.3.2 水资源开发利用中的环境问题

水资源开发利用中的环境问题，是指水量、水质、水能发生了变化，导致水资源功能的衰减、损坏以至丧失。我国水资源开发利用中的环境问题主要表现在以下几个方面。

(1) 水资源供需矛盾突出。

据住房与城乡建设部2006年公布的数据，全国668座城市中，有400多座城市供水不足，110座城市严重缺水；在32个百万人口以上的特大城市中，有30个城市长期受缺水困扰。北京、天津、青岛、大连等城市缺水最为严重；地处水乡的上海、苏州、无锡等城市出现水质型缺水。目前，中国城市的年缺少水量已远超过60亿m^3。

中国是农业大国，农业用水占全国用水总量的2/3左右。目前，全国有效灌溉面积约为0.481亿hm^2，约占全国耕地面积的51.2%，近一半的耕地得不到灌溉，其中位于北方的无灌溉地约占72%。河北、山东和河南缺水最为严重；西北地区缺水也很严重，而且区域内大部分为黄土高原，人烟稀少，改善灌溉系统的难度较大。

(2) 用水浪费严重加剧水资源短缺。

我国工农业生产中水资源浪费严重。农业灌溉工程不配套，大部分灌区渠道没有防渗措施，渠道漏失率为30%～50%，有的甚至更高；部分农田采用漫灌方法，因渠道跑水和田地渗漏，实际灌溉有效率为20%～40%，南方地区更低。而国外农田灌溉的水分利用率多在70%～80%。

在工业生产中用水浪费也十分惊人，由于技术设备和生产工艺落后，我国工业万元产值耗水比发达国家多数倍。工业耗水过高，不仅浪费水资源，同时也增大了污水排放量和水体污染负荷。在城市用水中，由于卫生设备和输水管道的跑、冒、滴、漏等现象严重，也浪费掉大量的水资源。

(3) 水资源质量不断下降，污染比较严重。

多年来，我国水资源质量不断下降，水环境持续恶化，由于污染所导致的缺水和事故不断发生，不仅使工厂停产、农业减产甚至绝收，而且造成了不良的社会影响和较大的经济损失，严重地威胁了社会的可持续发展，威胁了人类的生存。从地表水资源质量现状来看，我国有50%的河流、90%的城市水域受到不同程度的污染。地下水资源质量也面临巨大压力，根据水利部的调研结果，我国北方五省区和海河流域地下水资源，无论是农村（包括牧区）还是城市，浅层水或深层水均遭到不同程度的污染，局部地区（主要是城市周围、排污河两侧及污水灌区）和部分城市的地下水污染比较严重，污染呈上升趋势。

水污染使水体丧失或降低了其使用功能，造成了水质性缺水，更加剧了水资源的不足。

(4) 盲目开采地下水造成地面下沉。

目前，由于地下水的开发利用缺乏规范管理，开采严重超量，出现了水位持续下降、漏斗面积不断扩大和城市地下水普遍污染等问题。据统计，一些地区超量开采，形成大面积水位降落漏斗，地下水中心水位累计下降 10～30m。由于地下水位下降，十几个城市发生地面下沉，在华北地区形成了全世界最大的漏斗区，且沉降范围仍在不断扩展。沿海地区由于过量开采地下水，破坏了淡水与咸水的平衡，引起海水入侵地下淡水层，加速了地下水的污染。

(5) 河湖容量减少，环境功能下降。

我国是一个多湖的国家，长期以来，由于片面强调增加粮食产量，在许多地区过分围垦湖泽，排水造田，结果使许多天然小型湖泊从地面消失。号称"千湖之省"的湖北省，1949 年有大小湖泊 1066 个，2004 年只剩下 326 个。据不完全统计，近 40 年来，由于围湖造田，我国的湖面减少了 133.3 万 hm^2 以上，损失淡水资源 350 亿 m^3。许多历史上著名的大湖，也出现了湖面萎缩、湖容减少的情况。中外闻名的"八百里洞庭"，30 年内被围垦掉 3/5 的水面，湖容减少 115 亿 m^3。鄱阳湖 20 年内被垦掉一半水面，湖容减少 67 亿 m^3。围湖造田不仅损失了淡水资源，减弱了湖泊蓄水防洪的能力，也减少了湖泊的自净能力，破坏了湖泊的生态功能，从而造成湖区气候恶化、水产资源和生态平衡遭到破坏，进而影响到湖区多种经营的发展。

此外，由于水土流失，大量泥沙沉积使水库淤积、河床抬高，甚至某些河段已发展成地上河，严重影响了河湖蓄水行洪纳污的能力以及发电、航运、养殖和旅游等功能的开发利用。

2.3.3 水资源保护的途径和方法

水是生命之源、生产之要、生态之基，人多水少、水资源时空分布不均、水资源短缺、水污染严重、水生态环境恶化是我国的基本国情和水情，严重地制约了我国经济社会的可持续发展，因此，必须加强水资源的保护与管理。

1. 水资源环境保护的指导思想和基本原则

(1) 指导思想。

以水资源配置、节约和保护为重点，强化用水需求和用水过程管理，通过健全法规制度、落实责任、提高能力、强化监管，严格控制用水总量，全面提高用水效率，严格控制入河湖排污总量，加快节水型社会建设，促进水资源可持续利用和经济发展方式转变，推动经济社会发展与水资源水环境承载能力相协调，保障经济社会长期平稳较快发展。

(2) 基本原则。

坚持以人为本，着力解决人民群众最关心最直接最现实的水资源问题，保障饮水安全、供水安全和生态安全；坚持人水和谐，尊重自然规律和经济社会发展规律，处理好水资源开发与保护关系，以水定需、量水而行、因水制宜；坚持统筹兼顾，协调好生活、生产和生态用水，协调好上下游、左右岸、干支流、地表水和地下水关系；坚持改革创新，完善水资源管理体制和机制，改进管理方式和方法；健全水资源保护利用的政策法规，严格执法；坚持开源与节流相结合、节流优先和污水处理再利用的原则。

2. 加强法制，强化水资源管理

2002 年 8 月 29 日，第九届全国人大常委会第 29 次会议最终审议通过了《中华人民共和国水法(修正案)》(简称新《水法》)，新《水法》于 2002 年 10 月 1 日起施行。与原《水法》相比，新《水法》有了许多重大的变化。

新《水法》确立了所有权与使用权分离；确立了对水资源依法实行取水许可制度和有偿使用制度、国家对用水实行总量控制和定额管理相结合的制度；确立了对水资源实行流域管理与行政区域管理相结合的管理体制；确立了统一管理与分部门管理相结合，监督管理与具体管理相分离的新型管理体制；明确了流域规划与区域规划的法律地位。

2012年3月，结合我国水资源日益短缺的严峻形势，国务院又发布了《关于实行最严格水资源管理制度的意见》，其主要内容可概括为确定“三条红线”(含四项管理制度)：①水资源开发利用控制红线，即到2030年全国用水总量控制在7000亿 m^3 以内；②用水效率控制红线，即到2030年用水效率达到或接近世界先进水平，万元工业增加值用水量(以2000年不变价计，下同)降低到 $40m^3$ 以下，农田灌溉水有效利用系数提高到0.6以上；③水功能区限制纳污红线，即到2030年主要污染物入河湖总量控制在水功能区纳污能力范围之内，水功能区水质达标率提高到95%以上。

为实现“三条红线”的目标，提出了四项水资源管理制度：①用水总量控制制度；②用水效率控制制度；③水功能区限制纳污制度；④水资源管理责任和考核制度及其相应的实施办法。

因此，要按照新《水法》和国务院《关于实行最严格的水资源管理制度的意见》的要求，切实加强水资源管理，加强执法，加强责任考核，依法管理水资源是水资源保护的关键。

3. 制定科学合理的水资源开发利用规划

开发、利用、节约、保护水资源和防治水害，应当按照流域、区域统一制定规划。规划分为流域规划和区域规划。流域规划包括流域综合规划和流域专业规划；区域规划包括区域综合规划和区域专业规划。

综合规划是指根据经济社会发展需要和水资源开发利用现状编制的开发、利用、节约、保护水资源和防治水害的总体部署。专业规划是指防洪、治涝、灌溉、航运、供水、水力发电、渔业、水资源保护、水土保持、防沙治沙、节约用水等规划。流域范围内的区域规划应当服从流域规划，专业规划应当服从综合规划。制定规划时，必须进行水资源综合科学考察和调查评价。

4. 认真开展宣传教育工作，树立全民保护水资源和节约用水的意识

水资源属于可更新资源，可以循环利用，但是在一定的时间和空间内都有数量的限制。

目前，我国的总缺水量为300亿～400亿 m^3。2030年全国总需水量将近10 000亿 m^3，全国将缺水4000亿～4500亿 m^3，到2050年全国将缺水6000亿～7000亿 m^3。

在我国人口众多的情况下，提高全社会保护水资源、节约用水的意识和守法的自觉性，建立一个节水型社会，是实现水资源可持续开发利用的重要手段之一。因此，要广泛深入开展基本水情宣传教育，强化社会舆论监督，进一步增强全社会水忧患意识和水资源节约保护意识，形成节约用水、合理用水的良好风尚。

开展全面节水运动：工业方面主要通过改进生产工艺、调整产品结构、推行清洁生产，降低水耗，提高循环用水率；以及适当提高水价，以经济手段限制耗水大的行业和项目发展等措施节水。农业灌溉是我国最大的用水户，农业方面节水主要通过改进地面灌溉系统，采取渠道防渗或管道输送(可减少50%～70%水的损失)；制定节水灌溉制度，实行定额、定户管理；推广先进农灌技术如滴灌、雾灌和喷灌等措施节水。生活方面则通过强制推行节水卫生器具，控制城市生活用水的浪费；加强城市用水输水管道的维护工作，防止跑、冒、滴、漏等现象发生等措施节水。

5. 实行水污染物总量控制，推行许可证制度，实现水量与水质并重管理

水资源保护包含水质和水量两个方面，二者相互联系和制约。水资源的总量减少或质量降低，都必然会影响到水资源的开发利用，而且对人民的身心健康和自然生态环境造成危害。

大量的废水未经处理，直接排入水环境系统，严重污染了水质，降低了水资源的可利用度，加剧了水环境资源供需矛盾。因此必须采取措施综合防治水污染，恢复水质，解决水质性缺水问题。对此，在三次产业中应大力推广清洁生产，将水污染防治工作从末端处理逐步走向全过程管理，同时应加强集中式污水处理厂、污水处理站建设，全面实行排放水污染物总量控制，推行许可证制度；还要大力开展水循环利用系统和中水回用系统建设，使水资源能得到梯次利用和循环利用。要不断完善和加强水环境监测监督管理工作，实现水量与水质并重管理。

6. 加强水利工程建设，积极开发新水源

由于水资源具有时空分布不均衡的特点，必须加强水利工程的建设，如修建水库以解决水资源年际变化大，年内分配不均的情况，使水资源得以保存和均衡利用。跨流域调水则是调节水资源在地区分布上的不均衡性的一个重要途径。我国实施的具有全局意义的“南水北调”工程，是把长江流域一部分水量由东、中、西三条线路，从南向北调入淮河、黄河、海河，把长江、淮河、黄河、海河流域连成一个统一的水利系统，以解决西北、华北地区的缺水问题。但水利工程往往会破坏一个地区原有的生态平衡，因此要做好生态环境影响的评价工作，以避免和减少不可挽回的损失。

此外，还应积极进行新水源的开发研究工作，如海水淡化、抑制水面蒸发、雨水收集和污水资源化循环利用等。

7. 加强水面保护与开发，促进水资源的综合利用

开发利用水资源必须综合考虑，除害兴利，除满足工农业生产用水和生活用水外，还应充分认识到水资源在水产养殖、旅游、航运等方面的巨大使用价值以及在改善生态环境中的重要意义，使水利建设与各方面的建设密切结合、与社会经济环境协调发展，尽可能做到一水多用，以最少的投资取得最大的效益。

水面资源（特别是湖泊）是旅游资源的重要组成部分。在我国已公布的国家级风景名胜区中，有很多都属于湖泊类风景名胜区。搞好湖泊旅游资源开发，不仅能提高经济效益，还能带动其他相关产业的发展。

水面（特别是较大水面）的存在，对于调节空气温湿度、改善小气候、净化水质、防止洪涝灾害、维持水生态平衡等都具有重要的意义，是改善生态环境质量的重要措施之一。

2.4　矿产资源的利用与保护

矿产资源主要指埋藏于地下或分布于地表的、由地质作用所形成的有用矿物或元素，其含量达到具有工业利用价值的矿产。矿产资源可分为金属和非金属两大类。金属按其特性和用途又可分为铁、锰、铬、钨等黑色金属，铜、铅、锌等有色金属，铝、镁等轻金属，金、银、铂等贵金属，铀、镭等放射性元素和锂、铍、铌、钽等稀有、稀土金属；非金属主要是煤、石油、天然气等燃料原料(矿物能源),磷、硫、盐、碱等化工原料,金刚石、石棉、云母等工业矿物和花岗岩、大理石、石灰石等建筑材料。

2.4.1　矿产资源的特点

矿产资源主要有三个特点。

(1) 不可更新性。

矿产资源属不可更新资源,是亿万年的地质作用形成的,在循环过程中不能恢复和更新,但有些可回收重新利用,如铜、铁、石棉、云母、矿物肥料等;而另一些属于物质转化的自然资源,如石油、煤、天然气等则完全不能重复利用。因此在开发利用矿产资源过程中,一定要注意矿产资源不可更新性,节约使用。

(2) 时空分布的不均匀性。

矿产资源空间分布的不均衡是其自然属性的体现,是地球演化过程中自然地质作用的结果,它们都具有随机性和周期性,表现为在地区分布上很不均衡,因此在开发利用矿产资源时必须因地制宜,发挥区域资源优势。

(3) 功能的广泛性和不可替代性。

矿产资源是人类社会赖以生存和发展的不可缺少的物质基础。据统计,当今世界 95%以上的能源和 80%以上的工业原料都取自矿产资源。所以很多国家都将矿产资源视为重要的国土资源,当作衡量国家综合国力的一个重要指标。

1. 世界矿产资源的分布及特点

目前世界已知的矿产有 1600 多种,其中 80 多种应用较广泛。

世界上矿产资源的分布和开采主要在发展中国家,而消费量最多的是发达国家。

石油资源各地区储量及其所占世界份额差别很大。人口不足世界 3%、仅占全球陆地面积 4.21%的中东地区石油储量为 925 亿 t,占世界储量的 65%。

煤炭资源空间分布较为普遍。主要分布在三大地带:世界最大煤带是在亚欧大陆中部,从我国华北向西经新疆、横贯中亚和欧洲大陆,直到英国;北美大陆的美国和加拿大;南半球的澳大利亚和南非。

铁矿主要分布在俄罗斯、中国、巴西、澳大利亚、加拿大、印度等。欧洲有库尔斯克铁矿(俄罗斯)、洛林铁矿(法国)、基律纳铁矿(瑞典)和英国奔宁山脉附近的铁矿;美国的铁矿主要分布在五大湖西部;印度的铁矿主要集中在德干高原的东北部。

其他矿产资源中,铝土矿主要分布在南美、非洲和亚太地区;铜矿分布较普遍,但主要集中在南美和北美的东环太平洋成矿带上;世界主要产金国有南非、俄罗斯、加拿大、美国、澳大利亚、中国、巴西、巴布亚新几内亚、印度尼西亚等国家。

2. 我国矿产资源的分布及特点

(1) 矿产资源总量丰富,品种齐全,但人均占有量少。

我国矿产资源总量居世界第二位。我国已发现了 171 种矿产,查明有资源储量的矿产 159 种,已发现矿床、矿点 20 多万处,其中有查明资源储量的矿产地 1.8 万余处。煤、稀土、钨、锡、钽、钒、锑、菱镁矿、钛、萤石、重晶石、石墨、膨润土、滑石、芒硝、石膏等 20 多种矿产,无论在数量上或质量上都具有明显的优势，有较强的国际竞争能力。但是我国人均矿产资源拥有量少，仅为世界人均矿产资源拥有量的58%，列世界第53位，个别矿种甚至居世界百位之后。

(2) 大多矿产资源质量差，贫矿多，富矿少，可露天开采的矿山少。

与国外主要矿产资源国相比，中国矿产资源的质量很不理想。从总体上讲，中国大宗矿产，特别是短缺矿产的质量较差，在国际市场中竞争力较弱，制约其开发利用。

我国有相当一部分矿产，贫矿多，如铁矿石，储量有近500亿t，但含铁大于55%的富铁矿仅有10亿t，占2%；铜矿储量中含铜量大于1%的仅占1/3；磷矿中$P_2O_5>30\%$的富矿仅占7%，硫铁矿富矿(含S>35%)者仅占9%；铝土矿储量中的铝硅比大于7的仅占17%。

此外适于大规模露天开采的矿山少，如可露采的煤约占14%，铜、铝等矿露采比例更小；有些铁矿大矿，虽可露采，但因埋藏较深，剥采比大，采矿成本增多。

(3) 一些重要矿产短缺或探明储量不足，能源矿产结构性矛盾突出。

中国石油、天然气、铁矿、锰矿、铬铁矿、铜矿、铝土矿、钾盐等重要矿产短缺或探明储量不足，这些重要矿产的消费对国外资源的依赖程度比较大，2006年中国石油消费对进口的依赖程度已经达到47.3%。

2005年中国一次能源消费结构中，煤炭占68.7%，石油占21.2%，天然气占2.8%，水电占7.3%。煤炭消费所占比例过大，能源效率低，是我国大气环境污染的主要元凶。

(4) 多数矿产矿石组分复杂、单一组分少。

我国铁矿有三分之一，铜矿有四分之一，伴生有多种其他有益组分，如攀枝花铁矿中伴生有钒、钛、铬、镓、锰等13种矿产；甘肃金川的镍矿，伴生有铜、铂(族)、金、银、硒等16种元素；这一方面说明我国矿产资源综合利用大有可为，另一方面也增加了选矿和冶炼的难度。另外有一些矿，如磷、铁、锰矿都是一些颗粒细小的胶磷矿、红铁矿、碳酸锰矿石，选矿分离难度高，也使有些矿山长期得不到开发利用。

(5) 小矿多，大矿少，地理分布不均衡。

在探明储量的16 174处矿产地中，大型矿床占11 %，中型矿床占19%，小型矿床则占70%。例如，我国铁矿有1942处，大矿仅95个占4.9%，其余均为小矿。煤矿产地中，绝大部分也为小矿。

由于各地区地质构造特征不同，我国矿产资源分布不均衡，已探明储量的矿产大部分集中在中部地带。例如，煤的57%集中于山西、内蒙古；而江南九省仅占1.2%；磷矿储量的70%以上集中于西南和中南五省；云母、石棉、钾盐稀有金属主要分布于西部地区。这种地理分布不均衡，造成了交通运输的紧张，增加了运输费用。

(6) 矿产资源自给程度较高。

据对60种矿物产品统计(表2-1)，自给有余可出口的有36种，占60 %；基本自给的(有小量进出口的)为15种，占25%；不能自给的(需要进口的)或短缺的有9种，占15%，其自给率可达85%左右。

表 2-1　主要矿产品自给及进出口情况

分类 \ 矿种 \ 自给程度	自给有余可以出口的	基本自给有进、有出的	短缺或近期需要进口的
黑色金属	钒、钛		铁、铬、锰
有色金属	钨、锡、钼、铋、锑、汞	铅、锌、钴、镍、镁、镉、铝	铜
贵金属		金、银	铂(族)
能源矿产	煤	石油、天然气	铀
稀土、稀有金属	稀土、铍、锂、锶	镓	
非金属	滑石、石墨、重晶石、叶蜡石、萤石、石膏、花岗岩、大理石、板石、盐、膨润土、石棉、长石、刚玉、蛭石、浮石、焦宝石、麦饭石、硅灰石、石灰岩、芒硝、方解石、硅石	硫、磷、硼	天然碱、金刚石
合计/种	36	15	9
所占比例/%	60	25	15

但从铁、锰、铜、铅、锌、铝、煤、石油 8 种用量最多的大宗矿产来分析，仅有煤、铅、锌、铝能够自给，其余 4 种有的自给率仅达 50%。从这个意义上来说，我国主要矿产资源自给程度还存在一定局限性。

2.4.2　矿产资源开发利用中的环境问题

1. 资源总回收率①低，综合利用差

目前我国金属矿山采选回收率平均比国际水平低 10%～20%，约有 2/3 具有共生、伴生有用组分的矿山未开展综合利用，在已开展综合利用的矿山中，资源综合利用率仅为 20%，尾矿利用率仅达 10%。

2. 乱采滥挖，环境保护差

(1) 植被破坏、水土流失、生态环境恶化。

由于大量的采矿活动及开采后的复垦还田程度低，很多矿区的生态环境遭到严重破坏。许多地方矿石私挖滥采，造成水土严重流失，特别典型的是南方离子型稀土矿床，漫山遍野地露天挖矿，使山体植被与含有植物养分的腐殖土层及红色黏土层被大量剥光，原有的生态已严重失衡。

(2) 工业固体废弃物成灾。

矿产资源的开发利用过程中所产生的废石主要有煤矸石、冶炼渣、粉煤灰、炉渣、选矿生产中产生的尾矿等。现仅全国金属矿山堆存的尾矿就达到了 50 亿 t 。煤矿生产的矸石量约占产量 10% ，每年新产生矸石约 1 亿 t 。绝大多数小矿山没有排石场和尾矿库，废石和尾砂随意排放，不仅占用土地，还造成水土流失，堵塞河道和形成泥石流。

---

① 矿山资源回收率＝开采回收率×选矿回收率。

(3) 水污染比较严重。

一方面，矿山开采过程中对水源的破坏比较严重，由于矿山地下开采的疏干排水导致区域地下水位下降，出现大面积疏干漏斗，地表水和地下水动态平衡遭到破坏，以致水源枯竭或者河流断流。另一方面，矿山企业和选矿厂在生产过程中产生了大量的含有有毒污染物的废水，如有色金属选矿厂中排放的废水就含有重金属离子，对矿区周围的河流、湖泊、地下水和农田造成的危害极大。

3. 矿产资源二次利用率低，原材料消耗大

国外发达国家已将废旧金属回收利用作为一项重要再生资源。例如，1988 年美国再生铜和矿山铜比例约为各 50%，而我国再生铜仅占 20%。据统计，我国每年丢弃的可再生利用的废旧资源折合人民币 250 亿元。

4. 深加工技术水平不高

我国不少矿产品深加工技术水平低，因此，在国际矿产品贸易中，主要出口原矿和初级产品，经济效益低下，如滑石，出口初级品块矿每吨仅 45 美元，而在国外精加工后成为无菌滑石粉，为每千克 50 美元，价格相差 1000 倍。此外，优质矿没有优质优用，如山西优质炼焦煤，年产 5199 万 t，大量用于动力煤和燃料煤，损失巨大。

2.4.3 矿产资源保护的原则和方法

根据对我国矿情和矿产资源开发利用中存在的问题的辨证分析，从实际出发，在矿产资源开发利用中应遵循以下原则与方法。

1. 依法加强矿产资源开发的管理

新中国成立以来，我国一直致力于加强矿产资源立法的建设，通过了一系列法律和法规，1982 年，国务院发布了《中华人民共和国对外合作开采海洋石油资源条例》，1984 年 10 月发布了《中华人民共和国资源税条例(草案)》，1986 年 3 月全国人大通过了《中华人民共和国矿产资源法》，1994 年，国务院发布了《矿产资源补偿费征收管理规定》，1996 年 8 月，全国人大通过并颁布了《全国人民代表大会常务委员会关于修改〈中华人民共和国矿产资源法〉的决定》，但是这些法律和法规还不完善，在新的历史时期，应该加快推进资源保护的法律制度建设，重点是矿产资源规划制度、矿产开发监督管理制度、地质环境保护制度建设等。从法规制度入手，依法保护和管理矿产资源。

各级政府及有关资源管理部门应依法加强矿山开采过程中的生态环境恢复治理的管理。对矿产资源的勘查、开发实行统一规划，合理布局，综合勘查，合理开采和综合利用，严格勘查、开采审批登记，坚持“在保护中开发、在开发中保护”的原则，强化人们的矿区生态保护意识。整顿矿业秩序，坚决制止乱采滥挖、破坏资源和生态环境的行为，取缔无证开采，关闭开采规模小、资源利用率低、企业效益差的矿点，逐步使矿产资源开发活动纳入法制化轨道。

2. 运用经济手段保护矿产资源

一是按照“谁受益谁补偿，谁破坏谁恢复”的原则，开采矿产资源必须向国家缴纳矿产资源补偿费，并进行土地复垦和恢复植被；二是按照污染者付费的原则征收开采矿产过程中排放污染物的排污费，促进提高对矿山“三废”的综合开发利用水平，努力做到矿山尾矿、废石、矸石，以及废水和废气的“资源化”和对周围环境的无害化，鼓励推广矿产资源开发废弃物最小量化和清洁生产技术；三是制定和实施矿山资源开发生态环境补偿收费，以及土地复垦保证金制度，减少矿产资源开发的生态代价。

3. 对矿产资源开发进行全过程环境管理

新建矿山及矿区，应严格执行矿山地质环境影响评价和建设项目环境影响评价及“三同时”制度，先评价，后建设。而且防治污染和生态破坏及资源浪费的措施应与主体工程同时设计、同时施工、同时投入运营。对不符合规划要求的新建矿山一律不予审批，从根本上消除矿产资源开发利用过程中的生态环境影响问题，并进行生态环境质量跟踪监测。

4. 开源与节流并重，加强矿产资源的综合利用

矿产资源是不可更新的自然资源，为保证经济、社会持续发展，一方面要寻找替代资源（以可更新资源替代不可更新资源），加强勘查工作，发现探明新储量；另一方面要节约利用矿产资源，提高矿产资源利用效率。要加强矿产资源的综合利用或回收利用，积极发展矿产品深加工业，大力发展矿山环保产业，提高矿产资源开发利用的科学技术水平。要逐步实行改革强制化技术改造和技术革新政策，更新矿山设备和生产工艺，实施清洁生产，降低能耗，减少废弃物的排放，提高矿产资源开发利用的综合效益。

2.5　森林资源的利用与保护

2.5.1　森林资源的概念与特点

1. 森林资源的概念

根据《中华人民共和国森林法实施条例》(2000年1月29日)，森林资源包括森林、林木、林地以及依托森林、林木、林地生存的野生动物、植物和微生物。森林，包括乔木林和竹林。林木，包括树木和竹子。林地，包括郁闭度0.2以上的乔木林地以及竹林地、灌木林地、疏林地、采伐迹地、火烧迹地、未成林造林地、苗圃地和县级以上人民政府规划的宜林地。

森林分为以下五类。

(1) 防护林：以防护为主要目的的森林、林木和灌木丛，包括水源涵养林，水土保持林，防风固沙林，农田、牧场防护林，护岸林，护路林。

(2) 用材林：以生产木材为主要目的的森林和林木，包括以生产竹材为主要目的的竹林。

(3) 经济林：以生产果品，食用油料、饮料、调料，工业原料和药材等为主要目的的林木。

(4) 薪炭林：以生产燃料为主要目的的林木。

(5) 特种用途林：以国防、环境保护、科学实验等为主要目的的森林和林木，包括国防林、实验林、母树林、环境保护林、风景林，名胜古迹和革命纪念地的林木，自然保护区的森林。

森林是陆地生态系统的主体和自然界功能最完善的资源库、基因库、蓄水库。它不仅能提供大量的林木资源，而且还具有涵养水源、保持水土、调节气候、保护农田，减免水、旱、风、沙等自然灾害，净化空气，防治污染，庇护野生动植物，吸收二氧化碳，美化环境及生态旅游等多种功能和效益。

森林是可耗竭的可再生自然资源，只要合理利用就能自然更新，永续利用。反之，就会耗竭。由于森林再生产是生物的自然再生产，生长的时间长达几十年甚至更长的时间，因此必须在保护生态平衡的前提下进行木材和其他林副产品以及野生动植物资源的繁育和利用。只有这样才能充分发挥森林资源的多种功能，才能做到越用越好，“青山常在，绿水长流”。

2. 森林资源的特点

(1) 空间分布广，生物生产力高。森林占地球陆地面积约22%，森林的第一净生产力较陆地任何其他生态系统都高，如热带雨林年产生物量就达500t/hm²。从陆地生物总量来看，整个陆地生态系统中的总质量为1.8×10^{12}t，其中森林生物总量即达1.6×10^{12}t，占整个陆地生物总量的90%左右。

(2) 结构复杂，多样性高。森林内既包括有生命的物质，如动物、植物及微生物等，也包含无生命的物质，如光、水、热、土壤等，它们相互依存，共同作用，形成了不同层次的生物结构和多种多样的森林生态系统类型。

(3) 再生能力强。森林资源不但具有种子更新能力，而且还可进行无性系繁殖，实施人工更新或天然更新。同时，森林具有很强的生物竞争力，在一定条件下能自行恢复在植被中的优势地位。

3. 我国森林资源的特点

与世界发达国家相比，我国森林资源有以下特点。

(1) 自然条件好，树种丰富。

我国地域幅员辽阔，地形条件、气候条件多种多样，适合多种植物生长，故我国森林树种特别丰富。在我国广袤的林区和众多的森林公园里，具有丰富的动植物区系，分布着高等植物32 000种，其中特有珍稀野生动物就达10 000余种，林间栖息着特有野生动物100余种。种类的丰富程度仅次于马来西亚和巴西。另外，我国是木本植物最为丰富的国家之一，共有115科、302属、7000多种；世界上95%以上的木本植物属在我国都有代表种分布。还有，在我国的森林中，属于本土特有种的植物共有3科、196属、1000多种。因此，从物种总数和生物特有性的角度，我国被列为世界上12个“生物高度多样性”的国家之一。

(2) 森林资源绝对数量大，相对数量小，覆盖率低。

我国森林资源从总量上看比较丰富，有林地面积和蓄积量均居世界第七位。但是，从人均占有量和森林覆盖率看，我国则属于少林国家之一，人均有林面积0.13hm²，相当于世界人均有林面积的1/5，人均木材蓄积量9.05m³，为世界人均蓄积量72m³的1/8。2002年，全国森林覆盖率为16.55%，约为世界平均数的61%，与林业发达国家相比差距更大，如芬兰、日本、朝鲜、美国森林覆盖率分别为69%、66%、74%、33%。森林学家认为，一个国家要保障健康的生态系统，森林覆盖率必须超过20%。可见，森林稀少是我国生态环境恶化、自然灾害频繁的重要原因之一。

(3) 森林资源分布不均。

我国森林资源主要集中于东北和西南两区，其有林地面积和木材蓄积量分别占全国总数的50%和72%。中原10省市森林稀少，林地面积和蓄积量仅占全国的9.3%和2.8%。西北的宁、甘、青、新四省区及内蒙古中西部和西藏中西部广大地区，更是缺林少树，各省区的森林覆盖率均在5%以下。

(4) 森林资源结构不理想。

从林种结构看，在我国森林总面积中，用材林占林地面积的比例高达74.0%，防护林和经济林仅占8.8%和10.0 %。用材林比例过大，防护林和经济林比例偏低，不利于发挥森林的生态效益和提高总体经济效益。从林龄结构上看，比较合理的林龄结构其幼、中、成熟林的面积和蓄积比例大体上应分别为3∶4∶3和1∶3∶6，只有这样才能实现采伐量等于生长量的永续利用模式。就全国整体而言，林龄结构基本是合理的，但在地区分布上不够理想。

(5) 林地生产力低。

林业用地利用率低,残次林多,疏林地比例高是我国林地生产力低的主要原因。1996 年全国有林地面积仅占林业用地的 48.9%,有的省份甚至低于 30%,远低于世界平均水平,更低于林业发达国家的水平。例如,日本有林地面积占林业用地的 76.2%、瑞典 89%、芬兰几乎全部林业用地都覆盖着森林。我国森林的单位面积蓄积量和生长率低,平均每公顷蓄积量 $90m^3$,为世界平均数的 81%;林地生长率为 2.9%,每公顷年生长量仅 $2.4m^3$,也低于世界林业发达国家水平。

2.5.2 森林资源开发利用中的环境问题

就我国而言,长期以来存在着的毁林开荒、森林火灾、更新跟不上采伐以及森林病虫害等问题,使得我国森林资源不断遭到破坏,出现森林覆盖率下降、森林生物生产力锐减、生物多样性减少,以及森林生态系统日益脆弱、退化的现象,并在更大范围内引发出更多、更深刻复杂的环境问题。

从 2000 年开始,我国实施了以"天然林保护"、"退耕还林"为代表的中国林业发展的六大生态工程,开始了传统森林工业向生态林业的战略性转变,我国森林资源得到了有效保护,森林资源开发利用引发的环境问题正在明显减少,总体形势在向好的方向前进。

从世界范围来看,森林因其独有的经济与生态的双重属性,大多存在与我国类似的现象与环境问题,大致可以概括为以下几个方面。

1. 涵养水源能力下降,引发洪水灾害

印度和尼泊尔的森林破坏,很可能就是印度和孟加拉国近年来洪水泛滥成灾的主要原因。现在印度每年防治洪水的费用就高达 1.4 亿~7.5 亿美元。1988 年 5 月~9 月,孟加拉国遇到百年来最大的一次洪水,淹没了 2/3 的国土,死亡 1842 人,50 万人感染疾病;同年 8 月,非洲多数国家遭到水灾,苏丹喀土穆地区有 200 万人受害;11 月底,泰国南部又暴雨成灾,淹死数百人。1998 年我国长江流域发生了继 1954 年以来的又一次流域性大洪水,多个水文站出现了超历史记录的洪水位。据不完全统计,受灾人口超过 1 亿人,受灾农作物 1000 多万 hm^2,死亡 1800 多人,倒塌房屋 430 多万间,经济损失达 1500 多亿元。这些突发的灾难,虽有其特定的气候因素和地理条件,但科学家一致认为,最直接的因素是森林被大规模破坏。

2. 引发水土流失,导致土地沙化

由于森林的破坏,每年有大量的肥沃土壤流失。哥伦比亚每年损失土壤 4 亿 t,埃塞俄比亚每年损失土壤 10 亿 t,印度每年损失土壤 60 亿 t,我国每年表土流失量达 50 亿 t。近年来,我国长江上游森林的大量砍伐使长江干流和支流含沙量迅速增加。据长江宜昌站的资料统计,近几年来长江的平均含沙量由过去的 $1.16kg/m^3$,增加到 $1.47kg/m^3$,年输沙量由 5.2 亿 t 增加到 6.6 亿 t,增加了 27%。

水土流失加速了土地沙漠化的进程。目前世界上平均每分钟就有 $10hm^2$ 土地变成沙漠。

3. 调节能力下降,引发气候异常

空气中二氧化碳的增加,虽然主要是人类大量使用化石燃料的结果,但森林的破坏降低了自然界吸收二氧化碳的能力,也是加剧温室效应的一个重要原因。例如,$1hm^2$ 的阔叶林每天就能吸收 1000kg 二氧化碳,产生 730kg 氧气。另外,森林资源的破坏,还降低了森林生态系统调节水分、热量的能力,致使有些地区缺雨少水,有些地区连年干旱,严重影响人类的生产、生活。

4. 野生动植物的栖息地丧失,生物多样性锐减

森林是许多野生动植物的栖息地,保护森林就保护了生物物种的家园,也就保护了生物多样性。当前森林的破坏已使得动植物失去了栖息繁衍的场所,使很多野生动植物数量大大减少,甚至濒临灭绝。

5. 人工林问题突出

以我国为例,人工林树种单一,杉木、马尾松、杨树等3个树种面积所占比例达59.41%,人工林每公顷木材蓄积量为46.59m^3,只相当于林分平均水平的55%。

人工林生物区系过分贫乏,对一些病虫缺乏制约机制,使其成为病虫的主要进攻对象。目前,全国松毛虫发生面积年均约330万hm^2,约占全国森林害虫总面积的一半。

我国杉木及落叶松人工林中还普遍发生地力衰退现象,尤以杉木林最为严重。杉木林土壤养分含量随连栽代数增加而明显下降,二代比一代下降10%～20%,三代比一代下降40%～50%,从而导致人工林产量逐代下降。

人工林生态系统树种单一,结构简单,因而生态系统较为脆弱,不能充分发挥森林的功能,致使综合效益不高。

6. 森林资源管理基础薄弱,监测体系不健全

以我国为例,森林资源管理、监测等工作的装备手段落后,全国80%以上的县级森林资源管理部门没有执法交通、现代通信和办公设备。监测力量分散、效率不高、共享性差,没有建立统一的国家森林资源监测中心和信息管理系统,难以形成综合监测能力,这种状况已严重不适应新时期森林资源发展和保护管理的要求。

2.5.3 森林资源保护的原则与方法

1. 森林资源保护利用的原则

(1) 生态功能与经济功能相结合的原则。森林既有生态功能,又有经济功能,它在向社会提供以林木为主的物质产品的同时,也向社会提供良好的环境服务。在原理上,森林的这两个功能应是统一的,但在实际生活中二者常常是矛盾的。针对这一特殊情况,森林资源保护和利用的原则必须是将上述两个功能结合起来。

(2) 行政手段与市场运作手段相结合的原则。森林是自然环境系统的要素和生态屏障,保护森林资源的生态功能是全民的利益,因此政府有责任用行政手段来限制对森林资源的破坏性利用。另外,森林又是社会经济系统的重要生产要素,是人群生产、生活所必不可少的原材料,是形成国家财富的一个重要组成部分。它必须按市场经济规律运作才能获得应有的经济效益。因此,森林资源保护、利用的原则必须是行政手段与市场手段的结合。

(3) 坚持"生态优先、采育平衡、多种经营、综合利用",尊重自然规律和经济规律的原则。

2. 改革林业经营与管理的机制

森林资源的破坏往往是利用不当造成的。因此,森林资源的利用和保护是密不可分的,为了保护森林资源必须改革林业的经营管理机制。

个体承包制的实施使森林资源的利用和保护发生了可喜的变化,但随着改革的不断深入,千家万户使用权分散的做法与山地开发需要适度规模经营发生了矛盾,因此还需要进一步改革完善。通过租赁、兑换等形式使森林资源经营权重组,可能是一个值得探索的新做法。另外,在山区实行山林经营股份合作制,把山林所有权与经营权分离,引导林农形成利益风险共同体,走集约化经营的道路,不但可以开辟多种融资渠道,减少保护森林对国家财政的压力,而且可以融利用和保护为一体。其具体实现方式可根据山脉水系，以现有大片林区和林业重点县为基础，以分散的国有林场和乡村林场为依托，实行国家与集体、集体与集体、集体与个人的横向联合。集体投山，农户投劳、部门投资、国家补助、林业科研单位出技术，形成宏大的社会系统工程。与此同时，还可以通过创办山地开发型实体，进一步改革行政管理体制，有效地转变机关工作职能。

3. 制定林业发展长远规划

林业发展长远规划应当包括下列内容：①林业发展目标；②林种比例；③林地保护利用规划；④植树造林规划。

地方各级林业发展长远规划由县级以上地方人民政府林业主管部门会同其他有关部门编制，报本级人民政府批准后施行。下级林业发展长远规划应当根据上一级林业发展长远规划编制。全国林业发展长远规划由国务院林业主管部门会同其他有关部门编制，报国务院批准后施行。制定规划时，必须以现有的森林资源为基础，以保护生态环境和促进经济的可持续发展为总目标，并与土地利用总体规划、水土保持规划、城市规划、村庄和集镇规划相协调。

4. 禁止采伐天然林，保护生态环境

实行天然林保护政策，全面停止采伐天然林；积极筹措资金、落实好财政补助政策，大力发展多种经营，拓展新的接续产业，逐步走上“不砍树也能富”的路子。通过落实封育管护、退耕还林等有关政策和措施，调动各方的积极性，保护生态环境，要坚持“谁退耕、谁还林；谁经营、谁得利”和“50 年不变”的原则，对毁林开垦地和超坡耕种地实行还林。

5. 加强林区建设，大力营造防护林，积极发展经济林和薪炭林

(1) 提高林地利用率，扩大森林面积和资源蓄积量。尽管林区可采森林蓄积量在减少，但目前主要林区发展林业生产尚有很大潜力可挖。我国东北、内蒙古、西南和西北四大国有林区有林地面积只占林业用地的 41.5%，约有宜林荒地 4200 万 hm^2，通过改造可由低产幼林变为高产林的疏林地和灌木林地还有 2540hm^2。因此，开发宜林荒地，扩大森林面积，积极抚育中幼林，改造低产林，缩短林木生长周期，是实现森林资源永续利用的主要措施之一。

(2) 及时更新造林，做到采伐量不超过生长量和年采伐限额，当年采伐，当年更新。

(3) 积极开展多种经营，大力发展木材加工与综合利用。据估算，国有林区每年生产木材的剩余物资约有 1000 万 m^3，这些剩余物可用于人造板和造纸生产。因此，大力发展木材综合加工利用不仅对减少森林资源消耗具有重要意义，而且对缓解木材供需矛盾，提高企业经济效益具有重要作用。

(4) 充分利用优越的自然条件，发展速生丰产用材林。我国地域辽阔，速生树种多，自然条件优越，特别是我国南方雨水充足，气温较高，宜林地资源丰富。

(5) 加速防护林体系建设，建立稳固的森林生态屏障体系，可提高森林改善自然环境和维护生态平衡的作用。建设防护林体系，必须遵循生态与经济相结合的原则，在保护、培育好现有防护林的基础上，通过现有林区林种规划，增加林种，调整布局，加大防护林比例。选择好搭配树种，调整树种比例，实行乔灌草结合，提高防护林的质量。

(6) 由于薪炭林比例偏低，难以满足需求，人们必然要向其他林种索取而毁坏森林。因此，发展薪炭林不仅是满足广大农村燃料的需要，还可提高森林覆盖率，对维护生态平衡起到一定的作用。

6. 利用森林景观优势，发展森林旅游

在当今社会，越来越多的人向往大自然，希望到大森林、大自然中，去调节精神、消除疲劳，探奇览胜，丰富生活，达到增进身心健康、愉悦精神的目的。因此森林旅游已成为世界各国旅游业发展的一个热点，同时也给森林资源的利用与保护提供了一个良好的契机。

自美国 1872 年建立起世界上第一个国家森林公园后，各国相继建立起自己的森林公园。澳大利亚是世界上森林公园最多、面积最大的国家之一，森林公园总面积达 $1673\times10^4\,hm^2$；泰国建立自然保护区 265 个，其中大部分都开展森林旅游业务；日本建立的森林公园占全国森林面积的 15%，每年有 8 亿人次涌向森林公园。走向大森林，观赏大自然，已成为这些国家旅游活动的重要内容。

我国是有 5000 年历史的文明古国，有众多名山大川和丰富的森林景观。我国五岳历史悠久，闻名于世。在这些名山保留的文物古迹中，留下了历代帝王、文人墨客的优秀诗篇与碑刻。一般名山的森林资源都保护得较好，一座名山就是一片林海。森林中奇峰怪石、奇花异草荟萃，是林业、地质、水文、天文、地理、生物等科学家考察的好地方，同时也是摄影家、文学家、画家、艺术家汲取艺术营养的园地。这些自然和人文景观为我国发展森林旅游提供了良好的条件。

发展森林旅游业在满足人类回归自然要求的同时，也带来可观的经济收益。我国湖南张家界、九寨沟等国家森林公园，发展前景极为广阔。森林旅游业的发展还将带动商业、酒店、食品加工及运输业的发展。

森林旅游在促进当地经济发展的同时，也为森林资源的保护与利用筹集了资金，为森林利用补偿机制的建立提供了保证。森林旅游业可以把森林资源的利用与保护有机地结合起来，寓管理于利用，既发挥了森林的生态、景观作用，又可以利用旅游收益来加强管理，增加投入，更好地保护和更新森林资源。

7. 严格落实责任，规范执法人员的行为

要严格按照《关于违反森林资源管理规定造成森林资源破坏的责任追究制度的规定》和《关于破坏森林资源重大行政案件报告制度的规定》的要求，规范森林资源管理人员及公安人员的行为，严格依法管理森林资源，依法打击破坏森林资源行为。特别是在森林破坏案件中管理不到位、打击避重就轻、单位违法犯罪严重的情况下，要尽快建立责任追究制度。

8. 完善森林资源的监测、监察体系

森林资源的监测与监察工作是科学有效地进行森林资源资产保护的基础。为适应我国林业建设发展的需要，全面有效地进行森林资源管理与保护，必须利用现代的信息采集技术和地理信息系统应用技术，完善森林资源监测体系，实现森林资源全面动态监测，及时准确地掌握森林资源消长情况和森林生态环境变化的情况及森林病虫害的测报情况，定期发布长期、中期、短期森林病虫害预报，并及时提出防治方案。

复习与思考

1. 什么是自然资源？自然资源有哪些属性？
2. 什么是土地资源？土地资源有哪些特性？
3. 土地资源开发利用中存在哪些环境问题？
4. 进行土地资源保护应遵循哪些原则？采取哪些途径和方法？
5. 什么是水资源？我国水资源有哪些特点？
6. 针对我国水资源开发利用中的环境问题，进行水资源保护应遵循哪些原则？采取哪些途径和方法？
7. 什么是矿产资源？简述我国矿产资源的分布及其特点。
8. 针对我国矿产资源开发利用中的环境问题，如何进行矿产资源的保护？
9. 什么是森林资源？我国森林资源有哪些特点？
10. 我国森林资源开发利用中存在哪些环境问题？如何进行森林资源的保护？

第3章　生态学基础

随着人口的增长和工业的快速发展，人类正以前所未有的规模和强度影响着环境。人类赖以生存的自然环境在退化，生存的基本条件受到严重的破坏。全球性环境问题日益突出，如人口膨胀、资源枯竭、环境污染、生态失衡等。这些问题的解决，都有赖于生态学理论的指导。

3.1　生　态　学

3.1.1　生态学的概念

生态学(ecology)一词源于希腊文 oikos，其意为“住所”或“栖息地”。从字义上讲，生态学是关于居住环境的科学。1866年德国生物学家海克尔(E. Haeckel)在《普通生物形态学》一书中第一次正式提出生态学的概念，并将生态学定义为：生态学是研究生物与其环境关系的科学。

我国著名生态学家马世骏教授定义生态学为：研究生物与环境之间相互关系及其作用机理的科学。目前，最为全面和大多数学者所采用的定义为：生态学是一门研究生物与生物、生物与其环境之间的相互关系及其作用机理的科学。

3.1.2　生态学的发展

综观生态学的发展，可分为两个阶段。

1. 生物学分支学科阶段

20世纪60年代以前，生态学基本上局限于研究生物与环境之间的相互关系，隶属于生物学的一个分支学科。初期的生态学主要是以各大生物类群与环境相互关系为研究对象，因而出现了植物生态学、动物生态学、微生物生态学等。进而以生物有机体的组织层次与环境的相互关系为研究对象，出现了个体生态学、种群生态学和生态系统生态学。

个体生态学就是研究各种生态因子对生物个体的影响。各种生态因子包括阳光、大气、水分、温湿度、土壤、环境中的其他相关生物等。各种生态因子对生物个体的影响，主要表现在引起生物个体生长发育、繁殖能力和行为方式的改变等。

种群是指同一时空中同种生物个体所组成的集合体，种群生态学主要是研究种群与其生存环境相互作用下，种群的空间分布和数量变动的规律。

生态系统生态学主要是研究生物群落与其生存环境相互作用下，生态系统结构和功能的变化及其稳定性(生物群落是指同一时空中多个生物种群的集合体)。

2. 综合性学科阶段

20世纪50年代后半期以来，由于工业发展、人口膨胀，导致粮食短缺、环境污染、资源紧张等一系列世界性环境问题的出现，迫使人们不得不以极大的关注去寻求协调人类与自然的关系，探求全球可持续发展的途径，人们寄希望于集中全人类的智慧，更期望生态学能做出自己的贡献，这种社会需求推动了生态学的发展。

近代系统科学、控制论、计算机技术和遥感技术等的广泛应用，为生态学对复杂系统结构的分析和模拟创造了条件，为深入探索复杂系统的功能和机理提供了更为科学和先进的手段，这些相邻学科的"感召效应"也促进了生态学的高速发展。

随着现代科学技术向生态学的不断渗透，生态学被赋予了新的内容和动力，突破了原有生物科学的范畴，成为当代最为活跃的领域之一。生态学在基础研究方面，已趋于向定性和定量相结合、宏观与微观相结合的方向发展，并进一步研究生物与环境之间的内在联系及其作用机理，使生态学原有的个体生态学、种群生态学和生态系统生态学等各个分支学科，均有不同程度的提高，达到了一个新的水平。同时，由于生态学与相邻学科的相互交融，也产生了若干个新的学科生长点，如生态学与数学相结合，形成了数学生态学。数学生态学不仅为阐明复杂生态系统提供了有效的工具，而且数学的抽象和推理也将有助于对生态系统复杂现象的解释和有关规律的探求，这必将导致生态学新理论和新方法的出现。生态学与化学相结合，形成化学生态学。化学生态学不仅可以揭示生物与环境之间相互作用关系的实质，而且在探求对有害生物防治方面(如农药的使用)也提供了有效的手段。

随着经济建设和社会的发展，出现了一些违背生态学规律的现象，如人口膨胀、资源浪费、环境污染、生态破坏等，引发了一系列经济问题和社会问题，迫使人们在运用经济规律解决问题的同时，也去积极主动地探索对生态规律的应用。此时，生态学与经济学、社会学相互渗透，使生态学出现了突破性的新进展。生态学不仅限于研究生物圈内生物与环境的辩证关系及其相互作用的规律和机理，也不仅限于研究人类活动(主要是经济活动)与自然环境的关系，而是研究人类与社会环境的关系。

研究人类与其生存环境的关系及其相互作用的规律，形成了人类生态学；研究人类与各类人工环境的关系及其相互作用的规律，就构成了人类生态学的众多分支学科。例如，研究人类与社会环境的关系及其相互作用的规律形成了社会生态学；研究人类与经济、政治、教育环境的关系则分别形成了经济生态学、政治生态学和教育生态学等；研究城市居民与城市环境的关系及其相互作用的规律形成了城市生态学；研究人类与工业环境的关系及其相互作用的规律形成了工业生态学；研究人类与农业环境的关系及其相互作用的规律形成了农业生态学等。

目前，生态学正以前所未有的速度，在原有学科理论和方法的基础上，与自然科学和社会科学相互渗透，向纵深发展并不断拓宽自己的研究领域。生态学将以生态系统为中心，以生态工程为手段，为协调人与人、人与自然的复杂关系，探求全球走可持续发展之路、建设和谐社会，做出重要的贡献。

3.2 生态系统

3.2.1 生态系统的概念

生态系统的概念是英国植物群落学家坦斯莱(A. G. Tansley)在 20 世纪 30 年代首先提出的。由于生态系统的研究内容与人类的关系十分密切，对人类的活动具有直接的指导意义，所以，很快得到了人们的重视。20 世纪 50 年代已得到广泛传播，60 年代以后逐渐成为生态学研究的中心。

生态系统是生态学中最重要的一个概念，也是自然界最重要的功能单位。生态系统就是在一定的空间中共同栖居着的所有生物(即生物群落)与其环境之间由于不断地进行物质和能量流动过程而形成的统一整体。如果将生态系统用一个简单明了的公式概括，可表示为：生态系统＝生物群落＋非生物环境。

生态系统的范围可大可小，通常可以根据研究的目的和对象而定。小的如一片森林、一块草地、一个池塘都可以看作是一个生态系统。小的生态系统联合成大的生态系统，简单的生态系统组合成复杂的生态系统，而最大、最复杂的生态系统就是地球生态系统，它是由生物圈和非生物圈(大气圈、水圈、岩石-土壤圈)所构成的。

3.2.2 生态系统的组成和结构

1. 生态系统的组成

所有的生态系统，不论陆生的还是水生的，都可以概括为两大部分或四种基本成分。两大部分是指非生物部分和生物部分，四种基本成分包括非生物环境和生产者、消费者与分解者三大功能类群(图 3-1)。

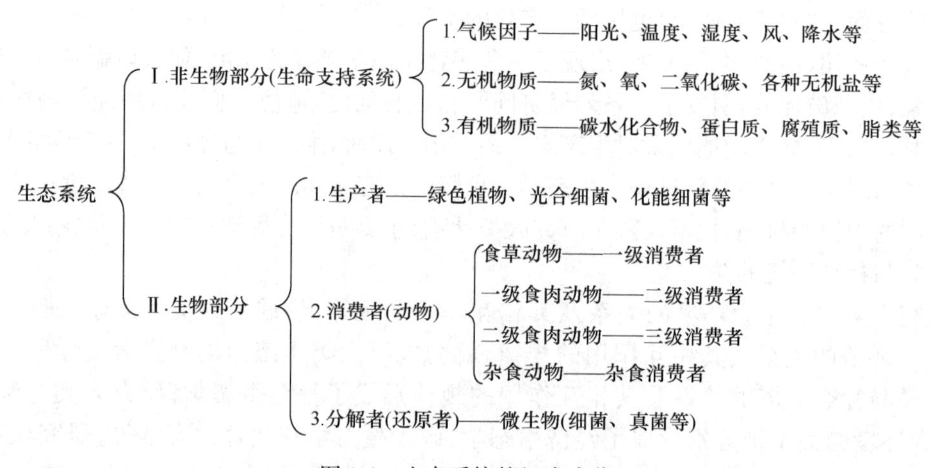

图 3-1 生态系统的组成成分

1) 非生物部分

非生物部分是指生物生活的场所，是物质和能量的源泉，也是物质和能量交换的地方，非生物部分具体包括：①气候因子，如光照、热量、水分、空气等；②无机物质，如氮、氧、碳、氢及矿物质等；③有机物质，如碳水化合物、蛋白质、腐殖质及脂类等。非生物成分在生态系统中的作用，一方面是为各种生物提供必要的生存环境，另一方面是为各种生物提供必要的营养元素，可统称为生命支持系统。

2) 生物部分

生物部分由生产者、消费者和分解者构成。

(1) 生产者。

生产者主要是绿色植物，包括一切能进行光合作用的高等植物、藻类和地衣。这些绿色植物体内含有光合作用色素，可利用太阳能把二氧化碳和水合成有机物，同时释放出氧气。除绿色植物以外，还有利用太阳能和化学能把无机物转化为有机物的光能自养微生物和化能自养微生物。

生产者在生态系统中不仅可以生产有机物，而且也能在将无机物合成有机物的同时，把太阳能转化为化学能，储存在生成的有机物当中。生产者生产的有机物及储存的化学能，一方面供给生产者自身生长发育的需要，另一方面，也用来维持其他生物全部生命活动的需要，是包括人类在内的其他生物类群食物和能源的供应者。

(2) 消费者。

消费者由动物组成，它们以其他生物为食，自己不能生产食物，只能直接或间接地依赖于生产者所制造的有机物获得能量。根据不同的取食地位，消费者可分为：一级消费者（又称初级消费者），直接依赖生产者为生，包括所有的食草动物，如牛、马、兔、池塘中的草鱼以及许多陆生昆虫等；二级消费者（又称次级消费者），是以食草动物为食的食肉动物，如鸟类、青蛙、蜘蛛、蛇、狐狸等。食肉动物之间又是“弱肉强食”，由此，可以进一步分为三级消费者、四级消费者，这些消费者通常是生物群落中体型较大、性情凶猛的种类。另外，消费者中最常见的是杂食消费者，是介于草食性动物和肉食性动物之间，即食植物又食动物的杂食动物，如猪、鲤鱼、大型兽类中的熊等。

消费者在生态系统中的作用之一，是实现物质和能量的传递。例如，草原生态系统中的青草、野兔和狼，其中，野兔就起着把青草制造的有机物和储存的能量传递给狼的作用。消费者的另一个作用是实现物质的再生产，如草食动物可以把草本植物的植物性蛋白再生产为动物性蛋白。所以，消费者又可称为次级生产者。

(3) 分解者。

又称还原者，主要包括细菌、真菌、放线菌等微生物以及土壤原生动物和一些小型无脊椎动物。这些分解者的作用，就是把生产者和消费者的残体分解为简单的物质，最终以无机物的形式归还到环境中，供给生产者再利用。所以，分解者对生态系统中的物质循环具有非常重要的作用。

2. 生态系统的结构

构成生态系统的各个组成部分，各种生物的种类、数量和空间配置，在一定时期均处于相对稳定的状态，使生态系统能够各自保持一个相对稳定的结构。对生态系统结构的研究，目前着眼于形态结构和营养结构。

1) 形态结构

生态系统的形态结构指生物成分在空间、时间上的配置与变化，即空间结构和时间结构。

(1) 空间结构。

空间结构是生物群落的空间格局状况，包括群落的垂直结构（成层现象）和水平结构（种群的水平配置格局）。例如，一个森林生态系统，在空间分布上，自上而下具有明显的成层现象，地上有乔木、灌木、草本植物、苔藓植物，地下有深根系、浅根系及根系微生物和微小动物。在森林中栖息的各种动物，也都有其相对的空间位置，如在树上筑巢的鸟类、在地面行走的兽类和在地下打洞的鼠类等。在水平分布上，林缘 、林内植物和动物的分布也有明显的不同。

(2) 时间结构。

时间结构主要指同一个生态系统，在不同的时期或不同的季节，存在着有规律的时间变化。例如，长白山森林生态系统，冬季满山白雪覆盖，到处是一片林海雪原；春季冰雪融化，绿草如茵；夏季鲜花遍野，五彩缤纷；秋季又是果实累累，气象万千。不仅在不同季节有着不同的季相变化，就是昼夜之间，其形态也会表现出明显的差异。

2) 营养结构

生态系统各组成部分之间，通过营养联系构成了生态系统的营养结构，其一般模式可用图3-2表示。

生产者可向消费者和分解者分别提供营养，消费者也可向分解者提供营养，分解者则把生

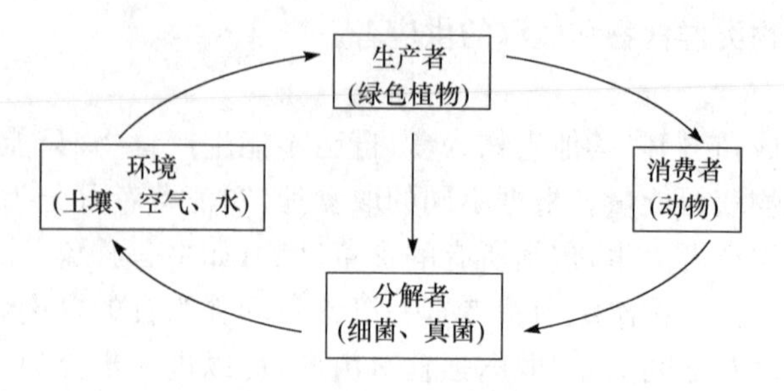

图 3-2 生态系统的营养结构

产者和消费者以动植物残体形式提供的营养分解为简单的无机物质归还给环境，由环境再供给生产者利用。这既是物质在生态系统中的循环过程，也是生态系统营养结构的表现形式。由于不同生态系统的组成成分不同，其营养结构的具体表现形式也会因之各异。例如，鱼塘生态系统的生产者是藻类、水草，消费者是鱼类，分解者是鱼塘微生物，环境则是水、水中空气和底泥。而森林生态系统的生产者是森林、草本植物，消费者是栖息在森林中的各种动物，分解者是森林微生物，环境则是森林土壤、空气和水。

3.2.3 生态系统的类型

自然界中的生态系统是多种多样的，为了方便研究，人们从不同角度将生态系统分成了若干的类型。

(1) 按照生态系统的生物成分，可将生态系统分为：①植物生态系统，如森林、草原等生态系统；②动物生态系统，如鱼塘、畜牧等生态系统；③微生物生态系统，如落叶层、活性污泥等生态系统；④人类生态系统，如城市、乡村等生态系统。

(2) 按照环境中的水体状况，可将生态系统划分为陆生生态系统和水生生态系统两大类。陆生生态系统可进一步划分为荒漠生态系统、草原生态系统、稀树干草原和森林生态系统等。水生生态系统也可进一步划分为淡水生态系统和海洋生态系统。而淡水生态系统又包括江、河等流水生态系统和湖泊、水库等静水生态系统；海洋生态系统则包括滨海生态系统和大洋生态系统等(表 3-1)。

表 3-1 地球上的生态系统类型

陆生生态系统	水生生态系统
荒漠：干荒漠、冷荒漠	淡水
苔原	静水：湖泊、水库等
极地	流水：河流、溪流等
高山	湿地：沼泽
草地：湿草地、干草原	海洋
稀树干草原	远洋
温带针叶林	珊瑚礁
亚热带常绿阔叶林	浅海(大陆架)
热带雨林：雨林、季雨林	河口
	海峡
	海岸带

(3) 按照人为干预的程度划分，可将生态系统分为自然生态系统、半自然生态系统和人工

生态系统。自然生态系统指没有或基本没有受到人为干预的生态系统，如原始森林、未经放牧的草原、自然湖泊等；半自然生态系统指虽然受到人为干预，但其环境仍保持一定自然状态的生态系统，如人工抚育过的森林、经过放牧的草原、养殖的湖泊等；人工生态系统指完全按照人类的意愿，有目的、有计划地建立起来的生态系统，如城市、工厂、乡村等。

随着城市化的发展，人类面临人口、资源和环境等问题都直接或间接地关系到经济发展、社会进步和人类赖以生存的自然环境三个不同性质的问题。实践要求把三者综合起来加以考虑，于是产生了自然—经济—社会复合生态系统的新概念。这种系统是最为复杂的，它把生态、社会和经济多个目标一体化，使系统复合效益最高、风险最小、活力最大。

城市是一个典型的以人为中心的自然—经济—社会复合生态系统。它不仅包括大自然生态系统所包含的所有生物要素与非生物要素，而且还包含人类最重要的社会及经济要素。在整个城市生态系统中又可分为三个层次的亚系统，即自然亚系统、经济亚系统和社会亚系统。自然亚系统包括城市居民赖以生存的基本物质环境，它以生物与环境协同共生及环境对城市活动的支持、容纳、缓冲及净化为特征。经济亚系统以资源为核心，由工业、农业、建筑、交通、贸易、金融、信息、科教等部门组成，它以物质从分散向集中的高密度运转，能量从低质向高质的高强度聚集，信息从低序向高序的连续积累为特征。社会亚系统是以人为核心，以满足城市居民的就业、居住、交通、供应、文娱、医疗、教育及生活环境等需求为目标，为经济亚系统提供劳力和智力，并以高密度的人口和高强度的生活消费为特征(图 3-3)。

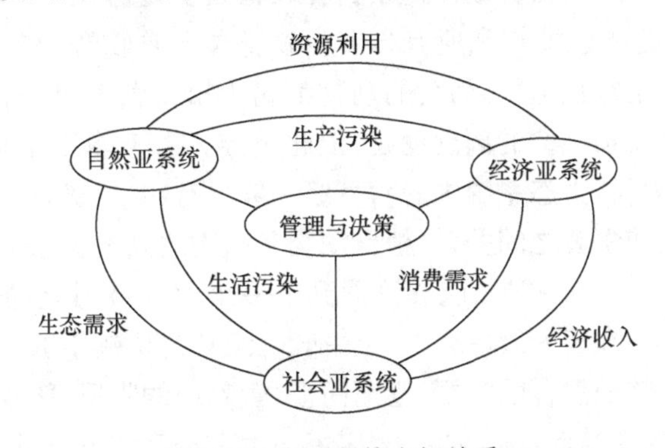

图 3-3　各子系统之间关系

上述各个亚系统除内部自身的运转外，各亚系统之间的相互作用，相互制约，构成一个不可分割的整体。各亚系统的运转或系统间的联系，如果失调，便会造成整个城市系统的紊乱和失衡，因此，就需要城市的相关部门制定政策，采取措施，发布命令，对整个城市生态系统的运行进行调控。

3.2.4　生态系统的功能

生态系统的功能主要表现在生态系统具有一定的能量流动、物质循环和信息传递。食物链(网)和营养级是实现这些功能的保证。

1. 食物链(网)和营养级

1) 食物链(网)

生态系统中各种生物以食物为联系建立起来的链锁，即称为食物链。按照生物间的相互关系，一般食物链可分为下述三种类型。

捕食性食物链，以生产者为基础，其构成形式为植物→食草动物→食肉动物，后者捕食前者。例如，在草原上，青草→野兔→狐狸→狼；在湖泊中，藻类→甲壳类→小鱼→大鱼。

腐食性食物链，以动植物遗体为基础，由细菌、真菌等微生物或某些动物对其进行腐殖质化或矿化。例如，植物遗体→蚯蚓→线虫类→节肢动物。

寄生性食物链，以活的动植物有机体为基础，再寄生以寄生生物，前者为后者的寄主。例如，牧草→黄鼠→跳蚤→鼠疫病菌。

在各种类型的生态系统中，三种食物链几乎同时存在，各种食物链相互配合，保证了能量流动在生态系统内畅通。

实际上，生态系统中的食物链很少是单条、孤立出现的（除非食物性都是专一的），它往往是交叉链锁，形成复杂的网络结构，即食物网。例如，田间的田鼠可能吃好几种植物的种子，而田鼠也是好几种肉食动物的捕食对象，每一种肉食动物又以多种动物为食等。

食物网是自然界普遍存在的现象。生产者制造有机物，各级消费者消耗这些有机物，生产者和消费者之间相互矛盾，又相互依存。不论是生产者还是消费者，其中某一种群数量突然发生变化，必然牵动整个食物网，在食物链上反映出来。生态系统中各生物成分间，正是通过食物网发生直接或间接的联系，保持着生态系统结构和功能的稳定性。食物链上某一环节的变化，往往会引起整个食物链的变化，从而影响生态系统的结构。

2）营养级

食物链上的各个环节称为营养级。一个营养级指处于食物链某一环节上的所有生物的总和。例如，作为生产者的绿色植物和所有自养生物都位于食物链的起点，共同构成第一营养级；所有以生产者（主要是绿色植物）为食的动物都属于第二营养级，即草食动物营养级；第三营养级包括所有以草食动物为食的肉食动物，依此类推。由于能流在通过营养级时会急剧减少，所以食物链不可能太长，生态系统中的营养级一般只有四、五级，很少有超过六级的。

通过对捕食者和被捕食者之间关系、植食动物和植物之间的关系进行研究，发现在输入一个营养级的能量中，只有10%～20%能够流通到下一个营养级，其余的则为呼吸所消耗。能量通过营养级逐渐减少。在营养级序列上，上一营养级总是依赖于下一营养级，下一营养级只能满足上一营养级中少数消费者的需要，逐渐向上，营养级的物质、能量呈阶梯状递减，于是形成一个底部宽，上部窄的尖塔形，称为生态金字塔。生态金字塔可以是能量（生产力）、生物量，也可以是数量。在寄生性食物链上，生物数量往往呈倒金字塔；在海洋中的浮游植物与浮游动物之间，其生物量也往往呈倒金字塔形（图 3-4）。

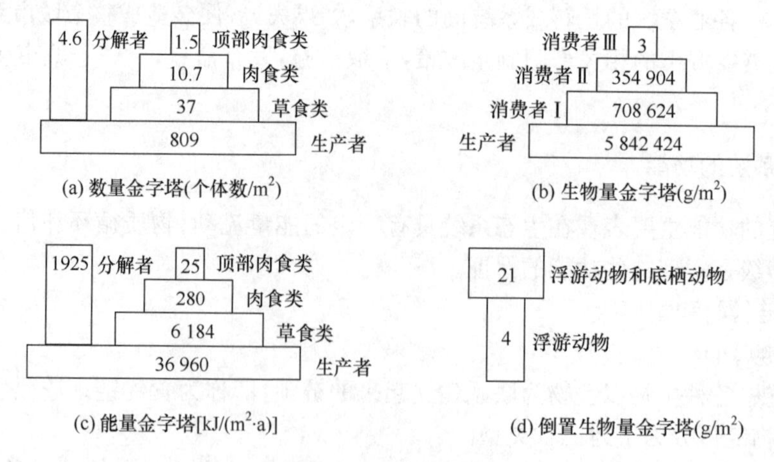

图 3-4　生态金字塔

2. 生态系统的三大功能

1）能量流动

能量是生态系统的动力，是一切生命活动的基础。一切生命活动都需要能量，并且伴随着能量的转化，否则就没有生命，没有有机体，也就没有生态系统，而太阳能正是生态系统中能量的最终来源。能量有两种形式：动能和潜能。动能是生物及其环境之间以传导和对流的形式相互传递的一种能量，包括热和辐射。潜能是蕴藏在生物有机分子键内处于静态的能量，代表着一种做功的能力和做功的可能性。太阳能正是通过植物光合作用而转化为潜能并储存在有机分子键内的。

从太阳能到植物的化学能，然后通过食物链的联系，使能量在各级消费者之间流动，这样就构成了能流。能流是单向性的，每经过食物链的一个环节，能流都有不同程度的散失，食物链越长，散失的能量就必然越多。由于生态系统中的能量在流动中是层层递减的，所以需要由太阳不断地补充能流，才能维持下去。

(1) 能量流动的过程。

生态系统中全部生命活动所需要的能量最初均来自太阳。太阳能被生物利用，是通过绿色植物的光合作用实现的。光合作用的化学方程式为

$$6CO_2 + 6H_2O \xrightarrow[\text{光合作用}]{2817.8\text{kJ}} C_6H_{12}O_6 + 6O_2$$

绿色植物的光合作用在合成有机物的同时将太阳能转变成化学能，储存在有机物中。绿色植物体内储存的能量，通过食物链，在传递营养物质的同时，依次传递给食草动物和食肉动物。动植物的残体被分解者分解时，又把能量传递给分解者。此外，生产者、消费者和分解者的呼吸作用都会消耗一部分能量，消耗的能量被释放到环境中去。这就是能量在生态系统中的流动(图 3-5)。

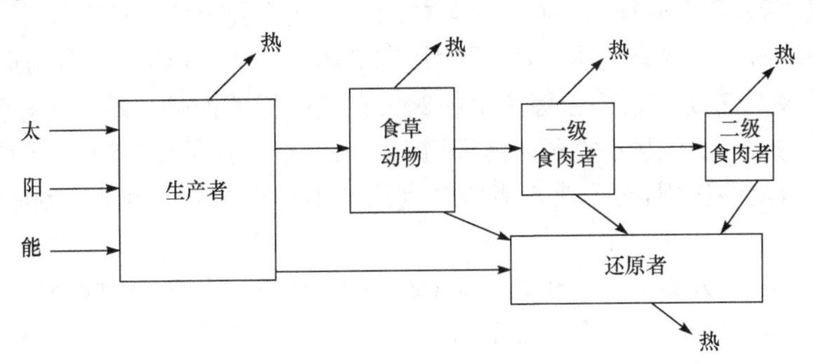

图 3-5　生态系统的能量流动

(2) 能量流动的特点。

能量流动的特点包括：①就整个生态系统而言，生物所含能量是逐级减少的；②在自然生态系统中，太阳是唯一的能源；③生态系统中能量的转移受各类生物的驱动，它们可直接影响能量的流速和规模；④生态系统的能量一旦通过呼吸作用转化为热能，散逸到环境中去，就不能再被生物所利用。因此，系统中的能量呈单向流动，不能循环。

在能量流动过程中，能量的利用效率称为生态效率。能量的逐级递减基本上是按照“十分之一定律”进行的，也就是说，从一个营养级到另一个营养级的能量转化率为 10%，能量流动过程中有 90%的能量损失掉了，这就是营养级一般不能超过四级的原因。

2）物质循环

生命的维持不仅需要能量，还依赖于物质的供应。如果说生态系统中的能量来源于太阳，那么物质则由地球供应。物质是由化学元素组成的，人类现已发现了109种化学元素，其中有30～40种化学元素是生物有机体所需要的，如碳(C)、氢(H)、氧(O)、氮(N)、磷(P)、钾(K)、钙(Ca)、镁(Mg)、硫(S)、铁(Fe)、钠(Na)等。其中C、H、O占生物总质量的95%左右，需要量最大，最为重要，称为能量元素；N、P、K、Ca、Mg、S、Fe、Na称为大量元素。生物对硼(B)、铜(Cu)、锌(Zn)、锰(Mn)、钼(Mo)、钴(Co)、碘(I)、硅(Si)、硒(Se)、铝(Al)、氟(F)等的需要量很小，称它们为微量元素。这些元素对生物来说缺一不可，作用各不相同。生物所需要的碳水化合物虽然可以通过光合作用利用H_2O和CO_2来合成，但是还需要其他一些元素如N、P、K、Ca、Mg等参与更为复杂的有机物质的合成。

物质在生态系统中起着双重作用，既是维持生命活动的物质基础，又是能量的载体。没有物质，能量就不可能沿着食物链进行传递。因此，生态系统中的物质循环和能量流动是紧密联系的，它们是生态系统的两个基本功能。

当前人类社会所面临的诸多全球性环境与生态系统问题都与人类影响下的生态系统物质循环有关，研究生态系统的物质循环，有利于理解和正确处理当今人类面临的全球性环境问题，并有助于改善人类的生存环境。

(1) 物质循环的基本概念。

生态系统中的绿色植物从地球的大气、水体和土壤等环境中获得营养物质，通过光合作用合成有机质，被消费者利用，物质流向消费者，动植物残体被微生物分解利用后，又以无机物的形式归还给环境，供生产者再利用，这就是物质循环。物质循环又称生物地球化学循环。这种循环可以发生在不同层次、不同大小的生态系统内，乃至生物圈中。一些循环可能沿着特定的途径从环境到生物体，再到环境中。生命必需元素的循环通常称为营养物质循环。

物质循环包括地质大循环和生物小循环的内容。地质大循环是指物质或元素经生物体的吸收作用，从环境进入生物有机体内，然后生物有机体以死体、残体或排泄物形式将物质或元素返回环境，进入大气、水、岩石-土壤和生物四大自然圈层的循环。地质大循环的时间长，范围广，是闭合式的循环。生物小循环是指环境中元素经生产者吸收，在生态系统中被多层次利用，然后经过分解者的作用，再为生产者吸收利用。生物小循环时间短，范围小，是开放式的循环。

过去一百多年中，人类活动已经显著地干扰了碳、氮、磷、硫等物质的物质循环。其影响已达到全球范围，并随之带来了一系列复杂的生态环境问题，如全球碳平衡的破坏，已导致全球气候变暖；氮、磷、硫等物质循环的破坏已产生酸雨、水体富营养化等全球或区域性的环境问题。

在生态系统物质循环的研究中常用到以下几个概念。

①库。

库是指某一物质在生物或非生物环境暂时滞留(被固定或储存)的数量。生态系统中各个组分都是物质循环的库，可分为植物库、动物库、大气库、土壤库和水体库。在物质循环中，根据库容量的不同以及各种营养元素在各库中的滞留时间和流动速率的不同，可把物质循环的库分为储存库和交换库。前者一般为非生物成分，如岩石、沉积物等，其特点是库容量大，元素在库中滞留的时间长，流动速度慢；后者的特点是库容量小，元素在库中滞留的时间短，流动速度快，一般为生物成分，如植物库、动物库等。例如，在一个水生生态系统中，水体和浮游生物体内均含有磷，水体是磷的储存库，浮游生物是磷的交换库。

②流与流通率。

生态系统中的物质在库与库之间的交换称为流。对于任何一种元素，存在一个或多个储存与交换库，物质在生态系统中的循环实际上就是物质在这些库与库之间流通。例如，在水生生态系统中，水体中的磷是一个库，浮游生物体内的磷是第二个库，在底泥中的磷又是一个库，磷在这些库与库之间的流动就构成了该生态系统中的磷循环。生态系统中单位时间、单位面积(或体积)内物质流动的量[$kg/(cm^2 \cdot t)$]称为流通率。

③周转率。

周转率是指某物质出入一个库的流通率与库量之比，即

$$周转率=流通率/库中该物质的量 \tag{3-1}$$

④周转时间。

周转时间是周转率的倒数。周转时间表示移动库中全部营养物质所需要的时间，周转率越大，周转时间就越短。例如，大气圈中二氧化碳的周转时间是1年左右(光合作用从大气圈中移走二氧化碳)；大气圈中分子氮的周转时间则需100万年(主要是生物的固氮作用将氮分子转化为氨氮为生物所利用)；而大气圈中水的周转时间为10.5天，也就是说，大气圈中的水分一年要更新大约34次。在海洋中，硅的周转时间约为800年，钠约2.06亿年。

物质循环的速率在空间和时间上有很大的变化，影响物质循环序列最重要的因素有：①循环元素的性质，即循环速率由循环元素的化学特性和被生物有机体利用的方式不同决定；②生物的生长速率，这一因素影响着生物对物质的吸收速度，以及物质在食物和食物链中的运动速度；③有机物分解的速率，适宜的环境有利于分解者的生存，并使有机体很快分解，迅速将生物体内的物质释放出来，重新进入循环。

(2) 物质循环的类型。

物质循环可分为三种类型，即水循环、气体型循环和沉积型循环。

①水循环。

水循环的主要储存库是水体，元素在水体中以液态形式出现，如氢的循环。水循环是物质循环的核心，是生态系统中物质运动的介质，生态系统中的所有物质循环都是在水循环的推动下完成的。也就是说，没有水循环就没有物质循环，就没有生态系统的功能，也就没有生命。

②气体型循环。

气体型循环的储存库主要是在大气圈和水圈中，气体型循环是相当完善的系统，因为大气或海洋储存库的局部变化，很快就会分摊开来，各种元素过分集聚或短缺的现象都不会发生，具有明显的全球性特点。凡属于气体型循环的物质，其分子或某些化合物常以气体的形式参与循环过程。属于这一类循环的物质有碳、氮和氧等，如C是作为CO_2的构成物而存在，O是以O_2和H_2O的构成物而存在，而N_2则占大气成分的79%。

③沉积型循环。

沉积型循环的储存库主要是岩石、沉积物和土壤，循环物质分子或化合物主要通过岩石的风化作用和沉积物的溶解作用，才能转变成可供生态系统利用的营养物质。循环过程缓慢，循环是非全球性的。属于沉积型循环的物质有如磷、硫、钠、钾、钙、镁、铁、铜、硅等。沉积型循环大都是不很完善的循环，一种元素的局部过量或短缺经常发生。

(3) 物质循环的实例。

①水循环。

水由氢和氧组成,是生命过程氢的主要来源,一切生命有机体的主要成分都是水。水又是生态系统中能量流动和物质循环的介质,整个生命活动就是处在无限的水循环之中。

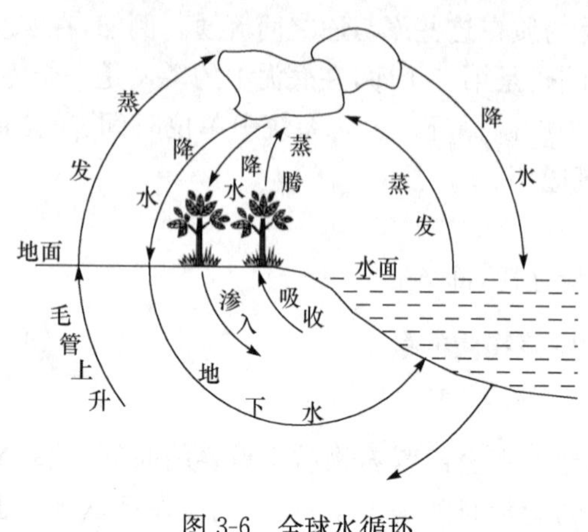

图 3-6　全球水循环

水循环的动力是太阳辐射。水循环主要是在地表水的蒸发与大气降水之间进行的。海洋、湖泊、河流等地表水通过蒸发进入大气;植物吸收到体内的大部分水分通过蒸发和蒸腾作用也进入大气。在大气中水分遇冷,形成雨、雪、雹,重新返回地面,一部分直接落入海洋、河流和湖泊等水域中;一部分落到陆地表面,渗入地下,形成地下水,供植物根系吸收;另一部分在地表形成径流,流入河流、湖泊和海洋(图 3-6)。

②碳循环。

碳是一切生物体中最基本的成分,有机体干种的 45%以上是碳。在无机环境中,碳主要以二氧化碳和碳酸盐的形式存在。碳的主要循环形式是从大气的二氧化碳储存库开始,经过生产者的光合作用,把碳固定,生成糖类,然后经过消费者和分解者,在呼吸和残体腐败分解后,再回到大气储存库中。

植物通过光合作用,将大气中的二氧化碳固定在有机体中,包括合成多糖、脂肪和蛋白质,而储存于植物体内。食草动物吃了以后经消化合成,通过一个一个营养级,再消化再合成。在这个过程中,部分碳又经过呼吸作用回到大气中;另一部分成为动物体的组分,动物排泄物和动植物残体中的碳,则由微生物分解为二氧化碳,再回到大气中。

除了大气,碳的另一个储存库是海洋,它的含碳量是大气的 50 倍,更重要的是海洋对调节大气中的含碳量起着重要的作用。在水体中,同样由水生植物将大气中扩散到水上层的二氧化碳固定转化为糖类,通过食物链经消化合成,各种水生动植物呼吸作用又释放 CO_2 到大气。动植物残体埋入水底,其中的碳也可以借助于岩石的风化和溶解、火山爆发等返回大气圈。有的则转化为化石燃料,燃烧过程使大气中的 CO_2 含量增加(图 3-7)。

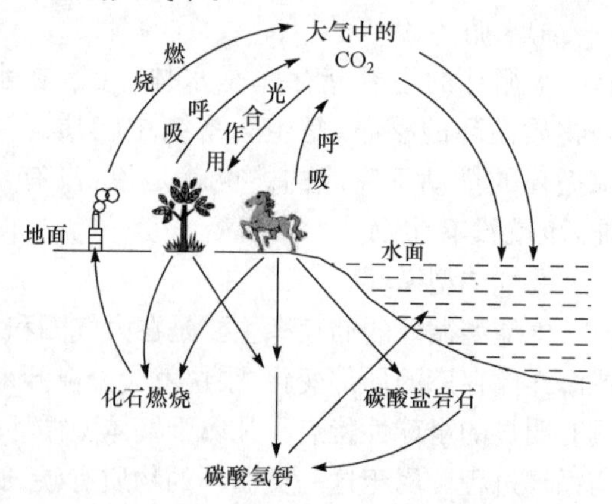

图 3-7　生态系统中的碳循环

近百年来,由于人类活动对碳循环的影响,一方面森林大量砍伐,另一方面在工业发展中大量化石燃料的燃烧,大气中 CO_2 的含量呈上升趋势。CO_2 对来自太阳的短波辐射有高度的透过性,而对地球反射出来的长波辐射有高度的吸收性,这就有可能导致大气层低处的对流层变暖,而高处的平流层变冷,这一现象称为温室效应。由温室效应而导致地球气温逐渐上升,引起未来的全球性气候改变,促使南北极冰雪融化,海平面上升,将会淹没许多沿海城市和广大陆地，对地球上生物的影响同样不可忽视。

③氮循环。

氮也是生命的重要元素之一。虽然大气化学成分中氮的含量非常丰富，有 78%为氮，然而氮是一种惰性气体，植物不能直接利用。因此，大气中的氮对生态系统来讲，不是决定性库。必须通过固氮作用经游离氮与氧结合成为硝酸盐或亚硝酸盐，或与氢结合成氨才能为大部分生物所利用，参与蛋白质的合成。因此，氮被固定后，才能进入生态系统，参与循环。

固氮作用主要通过三种途径实现：一是生物固氮，是最重要的固氮途径，大约占地球固氮的 90%。能够进行固氮的生物主要是固氮菌，与豆科植物共生的根瘤菌和蓝藻等自养和异养微生物。在潮湿的热带雨林中生长，树叶和附着在植物上的藻类和细菌也能固定相当数量的氮，其中一部分固定的氮为植物本身所利用。二是工业固氮，是人类通过工业手段，将大气中的氮合成氨和铵盐，即合成氮肥，供植物利用。三是通过闪电、宇宙射线、陨石和火山爆发活动等的高能固氮，其结果形成氨或硝酸盐，随着降雨到达地球表面。

氮在环境中循环可用图 3-8 来表示。植物从土壤中吸收无机态的氮，主要是硝酸盐，用作合成蛋白质的原料。这样，环境中的氮进入了生态系统。植物中的氮一部分为草食动物所取食，合成动物蛋白质。在动物代谢过程中，一部分蛋白质分解为含氮的排泄物（尿酸、尿素），再经过细菌的作用，分解释放出氮。动植物死亡后经微生物等分解者的分解作用，使有机态氮转化为无机态氮，形成硝酸盐。硝酸盐再为植物所利用，继续参与循环，也可被反硝化细菌作用，形成氮气，返回大气库中。因此，含氮有机物的转化和分解过程主要包括有氨化作用、硝化作用和反硝化作用。

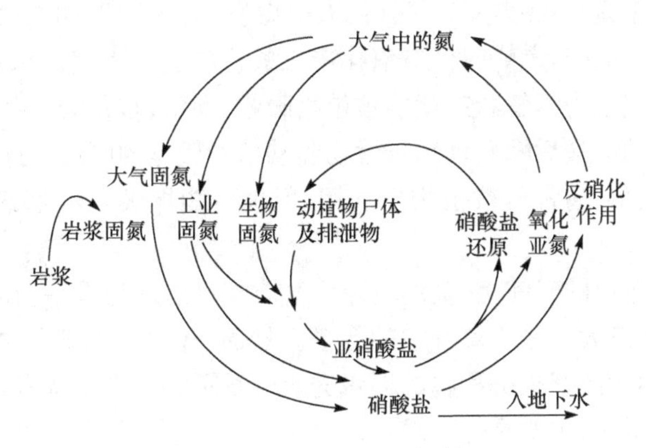

图 3-8　生态系统中的氮循环

自然生态系统中，一方面通过各种固氮作用使氮素进入物质循环，另一方面又通过反硝化作用、淋溶沉积等作用使氮素不断重返大气，从而使氮的循环处于一种平衡状态。

在氮循环中，由于人类活动的影响使停留在地表的氮进入了江河湖泊或沿海水域，是造成地表水体出现富营养化的重要原因之一。另外，在大气圈中有一部分氮氧化物与碳氢化物等经光化学反应形成光化学烟雾，对生物和人类造成危害。

④硫循环。

硫在有机体内含量较少，但却十分重要。硫是蛋白质的造型原料，是基本成分，没有硫就不可能形成蛋白质。

硫循环既属沉积型，也属气体型。硫的主要储存库是岩石，以硫化亚铁（FeS_2）的形式存在。硫循环有一个长期沉积阶段和一个较短的气体阶段。在沉积阶段中硫被束缚在有机和无机的沉积物中，只有通过风化和分解作用才能被释放出来，并以盐溶液的形式被携带到陆地和水生生态系统。在气体阶段，可在全球范围内进行流动(图 3-9)。

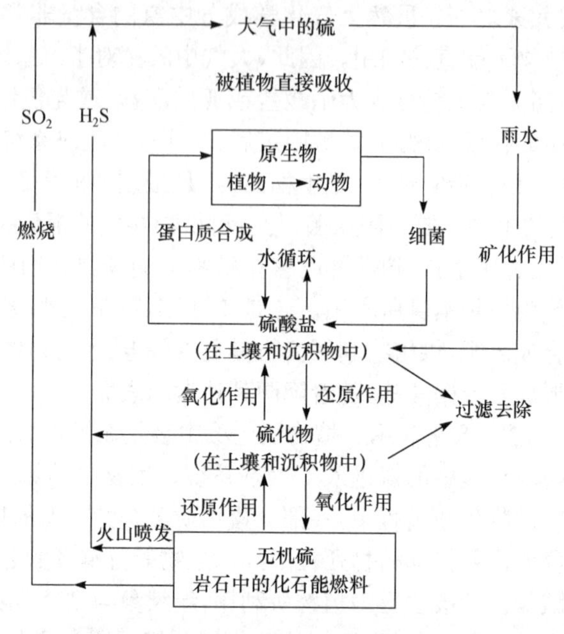

图 3-9　生态系统中的硫循环

硫进入大气有几条途径：燃烧矿石燃料、火山爆发、海面散发和在分解过程中释放气体。煤和石油中都含有较多的硫，燃烧时硫被氧化成二氧化硫进入大气。SO_2 可溶于水，随降水到达地面成为弱硫酸。硫成为溶解状态就能被植物吸收、利用，转化为氨基酸的成分。然后以有机形式通过食物链移动。最后随着动物排泄物和动植物残体的腐烂、分解，硫酸盐又被释放出来，回到土壤或水体底部，通常可被植物再利用，但也可能被厌氧水生细菌还原成 H_2S，把硫释放出来。

由于硫在大气中滞留的时间短，硫的全年大气收支可以认为是平衡的。也就是说，在任何一年间，进入大气的数量大致等于离开它的数量。然而，硫循环的非气体部分，在目前还处于不完全平衡的状态，因为经有机沉积物的埋藏进入岩石圈的硫少于从岩石圈输出的硫。

人类对硫循环的干扰，主要是化石燃料的燃烧，向大气排放了大量的 SO_2。据统计，人类每年向大气输入的 SO_2 达 1.47×10^8 t，其中 70％来源于煤的燃烧。硫进入大气，不仅对生物和人体健康带来直接危害，而且还会形成酸雨，使地表水和土壤酸化，对生物和人类的生存造成更大的威胁。

3) 信息传递

信息是指系统传输和处理的对象。在生态系统的各组成部分之间及各组成部分的内部，存在着各种形式的信息联系，这些信息使生态系统联系成为一个有机的统一整体。生态系统中的信息形式主要有物理信息、化学信息、行为信息和营养信息。

(1) 物理信息及其传递。

生态系统中以物理过程为传递形式的信息称为物理信息，生态系统中的各种光、声、热、电和磁等都是物理信息。例如，某些鸟的迁徙，在夜间是靠天空间星座确定方位的，这就是借用了其他恒星所发出的光信息；昆虫可以根据花的颜色判断花蜜的有无。以浮游藻类为食的鱼类，由于光线越强，食物越多，所以光可以传递有食物的信息。动物更多的是靠声信息确定食物的位置或发现敌害存在的。在磁场异常地区播种小麦、黑麦、玉米、向日葵及一年生牧草，其产量比正常地区低；动物对电也很敏感，特别是鱼类、两栖类，皮肤有很强的导电力，其中组织内部的电感器灵敏度更高。

（2）化学信息及其传递。

生态系统的各个层次都有生物代谢产生的化学物质参与传递信息、协调各种功能，这种传递信息的化学物质统称为信息素。信息素虽然量不多，但涉及从个体到群落的一系列生物。化学信息是生态系统中信息流的重要组成部分。在个体内，通过激素或神经体液系统协调各器官的活动。在种群内部，通过种内信息素协调个体之间的活动，以调节受纳动物的发育、繁殖和行为，并可提供某些情报储存在记忆中。某些生物具有的自身毒物或自我抑制物以及动物密集时累积的废物，具有驱避或抑制作用，使种群数量不致过分拥挤。在群落内部，通过种间信息素调节种群之间的活动。种间信息素在群落中有重要作用，已知结构的这类物质 3000 多种，主要是次生代谢物生物碱、萜类、黄酮类和非蛋白质有毒氨基酸，以及各种苷类、芳香族化合物等。

①动植物之间的化学信息。

植物的气味是由化合物构成的，不同的动物对植物气味有不同的反应。蜜蜂取食和传粉，与植物花的香味、花粉和蜜的营养价值密切相关，也与许多花蕊中含有昆虫的性信息素成分有关。植物的香精油成分类似于昆虫的性信息素。可见植物吸引昆虫的化学性质，正是昆虫应用的化学信号。除一些昆虫外，差不多所有哺乳动物，甚至包括鸟类和爬行类，都能鉴别滋味和识别气味。

植物体内含有的某些激素是抵御害虫的有力武器，如某些裸子植物具有昆虫的蜕皮激素及其类似物；有些金丝桃属植物，能分泌一种引起光敏性和刺激皮肤的化合物——海棠素，使误食的动物变盲或致死，故多数动物避开这种植物。

②动物之间的化学信息。

动物通过外分泌腺体向体外分泌某些信息素，它携带着特定的信息，通过气流或水流的运载，被种内的其他个体嗅到或接触到，接受者能立即产生某些行为反应，或活化了特殊的受体，并产生某种生理改变。动物可利用信息素作为种间、个体间的识别信号，还可用信息素刺激性成熟和调节生殖率。哺乳动物释放信息素的方式，除由体表释放到周围环境为受纳动物接受外，还可将信息素寄存到一些物体或生活的基质中，建立气味标记点，然后再释放到空气中被其他个体接纳。例如，猎豹等猫科动物有着高度特化的尿标志的信息，它们总是仔细观察前兽留下来的痕迹，并由此传达时间信息，避免与栖居同一地区的对手相互遭遇。

动物界利用信息素标记所表现的领域行为是常见的。群居动物通过群体气味与其他群体相区别。一些动物通过气味识别异性个体。某些高等动物以及社会性及群居性昆虫，在遇到危险时，能释放出一种或数种化合物作为信号，以警告种内其他个体有危险来临，这类化合物称为报警信息素。鼬遇到危险时，由肛门排出有强烈恶臭味的气体，它既是报警信息素又有防御功能。有些动物在遭到天敌侵扰时，往往会迅速释放报警信息素，通知同类个体逃避。例如，七星瓢虫捕食棉蚜虫时，被捕食的蚜虫会立即释放警报信息，于是周围的蚜虫纷纷跌落。与此相反，小蠹甲在发现榆树或松树的寄生植物时，会释放聚集信息素，以召唤同类来共同取食。

许多动物能向体外分泌性信息素。能在种内两性个体之间起信息交流作用的化学物质称为性信息素。凡是雌雄异体又能运动的生物都有可能产生性信息素。显著的例子是啮齿类，雄鼠的气味对幼年雌鼠的性成熟有明显的影响，接受成年雄鼠气味的幼年雌鼠的性成熟期大大提前。

③植物之间的化学信息。

在植物群落中，一种植物通过某些化学物质的分泌和排泄而影响另一种植物的生长甚至生存的信息是很普遍的。一些植物通过挥发、淋溶、根系分泌或残株腐烂等途径，把次生代谢物释放到环境中，促进或抑制其他植物的生长或萌发，影响竞争能力，从而对群落的种类结构和空间结构产生影响。人们早就注意到，有些植物分泌化学亲和物质，使其在一起相互促进，如作物中的洋葱与食用甜菜、马铃薯和菜豆、小麦和豌豆种在一起能相互促进；有些植物分泌植物毒素使其对邻近植物产生毒害，如胡桃树能分泌大量胡桃醌，对苹果起毒害作用，榆树、白桦和松树也有相互拮抗的现象。

(3) 行为信息及其传递。

许多植物的异常表现和动物异常行动传递的某种信息，可统称为行为信息。蜜蜂发现蜜源时，就有舞蹈动作的表现，以"告诉"其他蜜蜂去采蜜。蜂舞有各种形态和动作，表示蜜源的远近和方向，如蜜源较近时，作圆舞姿态，蜜源较远时，作摆尾舞等。其他工蜂则以触觉来感觉舞蹈的步伐，得到正确飞翔方向的信息。地鹘是草原中一种鸟，当发现敌情时，雄鸟就会急速起飞，扇动两翼，给在孵卵的雌鸟发出逃避的信息。

(4) 营养信息及其传递。

在生态系统中生物的食物链就是一个生物的营养信息系统，各种生物通过营养信息关系连成一个互相依存和相互制约的整体。食物链中的各级生物要求一定的比例关系，即生态金字塔规律。根据生态金字塔，养活一只草食动物需要几倍于它的植物，养活一只肉食动物需要几倍数量的草食动物。前一营养级的生物数量反映出后一营养级的生物数量。例如，在草原牧区，草原的载畜量必须根据牧草的生长量而定，使牲畜数量与牧草产量相适应。如果不顾牧草提供的营养信息，超载过牧，就必定会因牧草饲料不足而使牲畜生长不良和引起草原退化。

3.3 生态平衡

3.3.1 生态平衡的概念

生态平衡是指一个生态系统在特定时间内的状态，在这种状态下，其结构和功能相对稳定，物质与能量输入输出接近平衡，在外来干扰下，通过自调控能恢复到最初的稳定状态。也就是说，生态平衡应包括三个方面，即结构上的平衡，功能上的平衡以及物质输入与输出数量上的平衡。

生态系统可以忍受一定程度的外界压力，并且通过自我调控机制而恢复其相对平衡，超出此限度，生态系统的自我调节机制就降低或消失，这种相对平衡就遭到破坏甚至使系统崩溃，这个限度就称为生态阈值。生态阈值的大小与生态系统的成熟性有关，系统越成熟，生物种类越多，营养结构越复杂，稳定性越大，阈值越高；反之，系统结构越简单、功能效率不高，对外界压力的反应越敏感，抵御剧烈生态变化的能力较脆弱，阈值就越低。另外，还与外界干扰因素的性质、方式及作用的持续时间等因素密切相关。生态平衡阈值的确定是自然生态系统资源开发利用的重要参量，也是人工生态系统规划与管理的理论依据之一。

3.3.2 生态平衡的破坏

1. 生态平衡破坏的标志

生态平衡破坏的标志主要体现在两个方面:结构上的标志和功能上的标志。

生态平衡破坏首先表现在结构上,包括一级结构缺损和二级结构变化。一级结构指的是生态系统的各组成成分,即生产者、消费者、分解者和非生物成分组成的生态系统的结构。当组成一级结构的某一种成分或几种成分缺损时,即表明生态平衡失调。例如,一个森林生态系统由于毁林开荒,森林这一生产者消失,造成各级消费者因栖息地被破坏,食物来源枯竭,必将被迫转移或者消失;分解者也会因生产者和消费者残体大量减少而减少,甚至会因水土流失加剧被冲出原有的生态系统,则该森林生态系统将随之崩溃。

生态系统的二级结构是指生产者、消费者、分解者和非生物成分各自所组成的结构。例如,各种植物种类组成生产者的结构,各种动物种类组成消费者的结构等。二级结构变化即指组成二级结构的各种成分发生变化。例如,一个草原生态系统经长期超载放牧,使得嗜口性的优质草类大大减少,有毒的、带刺的劣质草类增加,草原生态系统的生产者种类发生改变,并由此导致该草原生态系统载畜量下降,持续下去,该草原生态系统将会崩溃。

生态平衡破坏表现在功能上的标志,包括能量流动受阻和物质循环中断。能量流动受阻是指能量流动在某一营养级上受到阻碍,如森林被砍伐后,生产者对太阳能的利用会大大减少,即能量流动在第一个营养级受阻,森林生态系统会因此而失衡。物质循环中断是指物质循环在某一环节上中断,如草原生态系统,枯枝落叶和牲畜粪便被微生物分解后,把营养物质重新归还给土壤,供生产者利用,是保持草原生态系统物质循环的重要环节。但如果枯枝落叶和牲畜粪便被用作燃料烧掉,其营养物质不能归还土壤,造成物质循环中断,长期下去土壤肥力必然下降,草本植物的生产力也会随之降低,草原生态系统的平衡就会遭到破坏。

2. 破坏生态平衡的因素

生态平衡遭到破坏,主要有两个因素:自然因素和人为因素。

自然因素如火山喷发、海陆变迁、雷击火灾、海啸地震、洪水和泥石流以至地壳变迁等,这些都是自然界发生的异常现象,它们对生态系统的破坏是严重的,甚至可使其彻底毁灭,并具有突发性的特点。但这类因素常是局部的,出现的频率并不高。

在人类改造自然界能力不断提高的当今时代,人为因素才是生态平衡遭到破坏的主要因素。主要体现在以下三点。

(1) 环境污染和资源破坏。

人类的生产和生活活动一方面向环境中输入了大量的污染物质,如向大气中输入的污染物 SO_2 和 NO_x 所形成的酸雨可使森林、草原、湖泊等生态系统严重失衡。

另一方面,对自然和自然资源的不合理利用,如过度砍伐森林、过度放牧和围湖造田等,都会使森林、草原和湖泊生态系统失衡。

(2) 使生物种类发生改变。

在一个生态系统中增加一个物种,有可能使生态平衡遭受破坏。例如,美国在 1929 年开凿的韦兰运河,把内陆水系和海洋水系沟通,海洋水系的八目鳗进入了内陆水系,使内陆水系鳟鱼年产量由 0.2 亿 kg 减少到 5000kg,严重地破坏了内陆水系的水产资源。这是增加一个物种所造成的生态失衡。在一个生态系统中减少一个物种,也可能使生态平衡遭受破坏。例如,我国 20 世纪 50 年代曾大量捕杀过麻雀,致使有些地区出现了严重的虫害,这就是由于害虫的天敌——麻雀被捕杀所带来的直接后果。

(3) 信息系统的破坏。

各种生物种群依靠彼此的信息联系，才能保持集群性，才能正常地繁殖。如果人为向环境中施放某种物质，破坏了某种信息，生物之间的联系将被切断，就有可能使生态平衡遭受破坏。例如，有些雌性动物在繁殖时将一种体外激素——性激素排放于大气中，有引诱雄性动物的作用。如果人们向大气中排放的污染物与这种性激素发生化学反应，性激素将失去引诱雄性动物的作用，动物的繁殖就会受到影响，种群数量就会下降，甚至消失，从而导致生态失衡。

3.3.3 生态平衡的重建

由于人类对物质生活和精神生活要求的水准是无止境的，这就必然要不断地向自然界索取，对自然界进行干预。随着科学技术的发展，利用自然与自然资源的能力会不断提高，对自然与自然资源的干预程度也会越来越大，要使生态系统永远保持现在的平衡状态是不可能的，也是不现实的。人们的任务应该是运用经济学和生态学的观点，在现有生态平衡的基础上，使生态系统向有利于人类的方向发展，或者有计划、有目的地去建立新的生态系统或新的生态平衡。对已被破坏的生态平衡，必须设法使其恢复或再建，但要恢复到原来的状态往往是困难的。所以，应该把恢复和再建统一起来。而再建，就应该再建成一个更有利于人类的生态系统。

多级氧化塘、土地处理系统、矿山复垦系统等生态工程以及生态农场、生态村的建立等，为生态平衡的恢复与重建展现了广阔的前景。

3.4 生态学在环境保护中的应用

生态学是环境科学重要的理论基础之一。环境科学在研究人类生产、生活与环境的相互关系时，就常用生态学的基础理论和基本规律。以生态学基础理论为指导建立的生物监测、生物评价是环境监测与环境评价的重要组成部分；以生态学基础理论为指导建立的生物工程净化措施，也是环境治理的重要手段。城市与农村生态规划的制定和建设，也必须以生态学的基础理论为指导。

3.4.1 对环境质量的生物监测与生物评价

生物监测是利用生物个体、种群或群落对环境污染状况进行监测，生物在环境中所承受的是各种污染因子的综合作用，它能更真实、更直接地反映环境污染的客观状况。

凡是对污染物敏感的生物种类都可作为监测生物，如地衣、苔藓和一些敏感的种子植物可监测大气；一些藻类、浮游动物、大型底栖无脊椎动物和一些鱼类可监测水体污染；土壤节肢动物和螨类可监测土壤污染。生物所发出的各种信息，即生物对各种污染物的反应，包括受害症状、生长发育受阻、生理功能改变、形态解剖变化以及种群结构和数量变化等，通过这些反应的具体体现，可以判断污染物的种类，通过反应的受害程度可以确定污染等级。

生物评价是指用生物学方法按一定标准对一定范围内的环境质量进行评定和预测。大气污染的生物评价就是从生物学的角度来评价大气环境质量的好坏，植物长期生活在大气环境中，其生理功能与形态特征，常受大气污染作用而改变，大气中某些污染物还可以被植物叶片吸收，在叶片中积累。所有这些变化都可以在一定程度上指示大气污染状况，如用综合生态指标评价法可以划分大气污染等级。表3-2是根据树木生长和叶片症状划分的大气污染等级。

表3-2　大气污染的生物学分级

污染水平	主要表现
清洁	树木生长正常,叶片面积含铅量接近清洁对照区指标
轻污染	树木生长正常,但所选指标叶片面积含量明显高于清洁对照区
中污染	树木生长正常,但可见典型受害症状
重污染	树木受到明显伤害,秃尖,受害叶面积可达50%

同理,水体受到污染后,必然会对生存在其中的水生生物产生影响,水生生物对水环境污染后的反应和变化可以作为水环境质量评价的一种指标。常用的方法有指示生物法、生物指数法和种类多样性指数法等。

指示生物法主要根据对水体中有机污染物或某种特定污染物敏感的或有较高耐量的生物种类的存在或流失,来指示水体中有机物或某种特定污染物的含量与污染程度,把水质变化引起的对生物群落的生态效应用数学方法表达出来,可得到群落结构的定量数值,就是生物指数,如硅藻指数法等。另外,水体环境条件变化之后,会造成其生物群落结构的明显变化。例如,环境污染之后,会导致被污染水体生物群落内总的生物种类数减少,而耐污染种类的个体数却显著增加。因此,种类多样性指数也可以用来评价水环境质量的优劣,如拉立松(Gleason)多样性指数、森普松(Simpson)多样性指数等。

利用细胞学、生物化学、生理学和毒理学等手段进行评价的方法,也在逐渐推广和完善。生物评价的范围可以是一个厂区,一座城市,一条河流,或一个更大的区域。

生物监测和生物评价具有的优点是:①综合性和真实性;②长期性;③灵敏性;④简单易行。

3.4.2　对污染环境的生物净化

生物与污染环境之间,也存在着相互影响和相互作用的关系。在污染环境作用于生物的同时,生物也同样作用于环境,使污染环境得到一定程度的净化,提高环境对污染物的承载负荷,增加环境容量。人们正是利用这种生物与环境之间的相互关系,充分发挥生物的净化能力。

1. 大气污染物的生物净化

大气污染物的生物净化是利用生态学原理,协调生物与污染大气环境之间的关系,通过大量栽植具有净化能力的乔木、灌木和草坪,建立完善的城市防污绿化体系,包括街道、工厂和庭院的防污绿化,以达到净化大气污染的目的。大气污染的生物净化包括利用植物吸收大气中的污染物、滞尘、消减噪音和杀菌等几个方面。

(1) 植物对大气中化学污染物的净化作用。

大气中的化学污染物包括二氧化硫、二氧化氮、氟化氢、氯气、乙烯、苯、光化学烟雾等无机和有机气体,以及汞、铅等重金属蒸气等。

据报道,每公顷臭椿和白毛杨每年可分别吸收SO_2 13.02kg和14.07kg,1kg柳杉树叶在生长季节中每日可吸收3g SO_2,女贞叶中含硫量可占叶片干物质的2%。每公顷蓝桉阔叶林叶片干重2.5t,在距离污染源400～500m,每年可吸收氯气几十千克。植物对氟化物也具有极高的吸收能力，桑树叶片中含氟量可达对照区的 512 倍。每公顷臭椿每年可吸收 46g 与 0.105g 的 Pb 与 Hg，桧柏则分别为 3 g 与 0.021g。

(2) 植物对大气物理性污染的净化作用。

大气污染物除有毒气体外，也包括大量粉尘，据估计地球上每年由于人为活动排放的降尘为 3.7×10^5t。利用植物吸尘、减尘常具有满意效果。

①植物对大气飘尘的去除效果。植物除尘的效果与植物的种类、种植面积、密度、生长季节等因素有关。一般情况下，高大、树叶茂密的树木较矮小、树叶稀少的树木吸尘效果好，植物的叶型、着生角度、叶面粗糙等也对除尘效果有明显的影响。山毛榛林吸附灰尘量为同面积云杉的 2 倍，而杨树的吸尘量仅为同面积榆树的 1/7，后者的滞尘量可达 $12.27g/m^3$。据测定，绿化较好的城市的平均降尘只相当于未绿化好的城市的 1/9～1/8。

②植物对噪声的防治效果。由于植物叶片、树枝具有吸收声能与降低声音振动的特点，成片的林带可在很大程度上减少噪声量。经测试，由绿化较好的绿篱、乔灌林及草皮组成的结构，每 10m 可减少 3.5%～4.6%，有人用 3kg 硝基甲苯炸药试验，在林区只能传播 400m，而在空旷地带则可传播 4000m。

(3) 植物对大气生物污染的净化作用。

空气中的细菌借助空气中的灰尘等漂浮传播，由于植物有阻尘、吸尘作用，因而也减少了空气病原菌的含量和传播。同时，许多植物分泌的气体或液体也具有抑菌或杀菌作用。研究表明，茉莉、黑胡桃、柏树、柳树、松柏等均能分泌挥发性杀菌或抑菌物质，绿化较差的街道较之绿化较好的街道空气中的细菌含量高出 1～2 倍。

2. 水体污染的生物净化

水体污染的生物净化是利用生态学原理，协调水生生物与污染水体环境之间的关系，充分利用水生生物的净化作用，使污染水体得到净化。

例如，利用藻菌共生系统建立的氧化塘，可以有效地去除以需氧有机物(BOD_5)为主的生活污水和工业废水，达到净化水质的目的。在耗氧塘中，耗氧微生物可以把污水中的有机物分解成 CO_2、H_2O、NH_4^+、和 PO_4^{3-} 等无机营养元素供藻类生长繁殖利用，藻类光合作用释放出的氧气提供了耗氧微生物生存的必要条件，而其残体又被耗氧微生物分解利用。

再如，污水土地处理系统是在人工调控下利用土壤-微生物-植物组成的生态系统使污水中的污染物得到净化的处理方法。它是利用土地以及其中的微生物和植物根系对污染物的净化能力来处理经过预处理的污水，同时利用其中的水分和肥分促进农作物、牧草或树木生长的工程措施。它将环境工程与生态学基本原理相结合，具有投资少、能耗低、易管理和净化效果好的特点。土地处理系统通常是污水三级处理的代用方法，它接受二级处理出水对其做进一步的处理。

3.4.3 制定区域生态规划，建设生态型城市

按照复合生态系统理论，区域是一个由社会、经济、自然三个亚系统构成的复合生态系统，通过人的生产与生活活动，将区域中的资源、环境与自然生态系统联系起来，形成人与自然、生产与资源环境的相互作用关系与矛盾。这些相互作用与矛盾决定了区域发展的特点。

可以认为，区域一切环境问题的产生都是这一复合生态系统失调的表现，所以对区域环境问题的防治必须从合理规划这一复合生态系统着手。

区域生态规划是按生态学原理，对某一地区的社会、经济、技术和环境所制定的综合

规划，其目的就是运用生态学及生态经济学原理，调控区域社会、经济与自然亚系统及其各组分的生态关系，使之达到资源利用、环境保护与经济增长的良性循环，区域社会经济的持续发展。

城市是一个典型的区域人工复合生态系统，城市生态规划可以指导生态型城市的建立。

生态型城市的内涵主要包括技术与自然的融合；人类创造力、生产力的最大限度发挥；环境清洁、优美、舒适；经济发展、社会进步和环境保护三者高度和谐，综合效益最高；城市复合生态系统稳定、协调和可持续发展。简单地说，生态城市是指符合生态规律、结构合理、功能高效和生态关系协调的城市。

我国国家环境保护总局于 2007 年 12 月发布了《生态县、生态市、生态省建设指标（修订稿）》。该指标体系分成 3 大块：即经济发展、环境保护和社会进步，这是由城市生态系统是一个自然—经济—社会复合系统的特性所决定的。生态市（含地级行政区）建设指标见表 3-3。

表 3-3　生态市（含地级行政区）建设指标

<table>
<tr><th></th><th>序号</th><th>名称</th><th>单位</th><th>指标</th><th>说明</th></tr>
<tr><td rowspan="5">经济发展</td><td>1</td><td>农民年人均纯收入
经济发达地区
经济欠发达地区</td><td>元/人</td><td>≥8000
≥6000</td><td>约束性指标</td></tr>
<tr><td>2</td><td>第三产业占 GDP 比例</td><td>%</td><td>≥40</td><td>参考性指标</td></tr>
<tr><td>3</td><td>单位 GDP 能耗</td><td>t 标煤/万元</td><td>≤0.9</td><td>约束性指标</td></tr>
<tr><td>4</td><td>单位工业增加值新鲜水耗
农业灌溉水有效利用系数</td><td>m³/万元</td><td>≤20
≥0.55</td><td>约束性指标</td></tr>
<tr><td>5</td><td>应当实施强制性清洁生产企业通过验收的比例</td><td>%</td><td>100</td><td>约束性指标</td></tr>
<tr><td rowspan="8">生态环境保护</td><td>6</td><td>森林覆盖率
山区
丘陵区
平原地区
高寒区或草原区林草覆盖率</td><td>%</td><td>≥70
≥40
≥15
≥85</td><td>约束性指标</td></tr>
<tr><td>7</td><td>受保护地区占国土面积比例</td><td>%</td><td>≥17</td><td>约束性指标</td></tr>
<tr><td>8</td><td>空气环境质量</td><td>—</td><td>达到功能区标准</td><td>约束性指标</td></tr>
<tr><td>9</td><td>水环境质量
近岸海域水环境质量</td><td>—</td><td>达到功能区标准，且城市无劣 V 类水体</td><td>约束性指标</td></tr>
<tr><td>10</td><td>主要污染物排放强度
化学需氧量（COD）
二氧化硫（SO_2）</td><td>kg/万元（GDP）</td><td><4.0
<5.0
不超过国家总量控制指标</td><td>约束性指标</td></tr>
<tr><td>11</td><td>集中式饮用水源水质达标率</td><td>%</td><td>100</td><td>约束性指标</td></tr>
<tr><td rowspan="2">12</td><td>城市污水集中处理率</td><td rowspan="2">%</td><td>≥85</td><td rowspan="2">束性指标</td></tr>
<tr><td>工业用水重复率</td><td>≥80</td></tr>
</table>

续表

	序号	名称	单位	指标	说明
生态环境保护	13	噪声环境质量	—	达到功能区标准	约束性指标
	14	城镇生活垃圾无害化处理率 工业固体废物处置利用率	%	≥90 ≥90 且无危险废物排放	约束性指标
	15	城镇人均公共绿地面积	m^2/人	≥11	约束性指标
	16	环境保护投资占 GDP 的比例	%	≥3.5	约束性指标
社会进步	17	城市化水平	%	≥55	参考性指标
	18	采暖地区集中供热普及率	%	≥65	参考性指标
	19	公众对环境的满意率	%	>90	参考性指标

生态城市是一种理想的城市模式，它旨在建设一种“人和自然和谐”的理想环境，也就是说按生态学原理建立起一种自然、经济、社会协调发展，物质、能量、信息高效利用，生态良性循环的人类聚居地。目前，世界各国普遍接受了生态城市的思想，并用其指导城市生态规划与管理。大多数国际化大城市都将生态城市作为自己的发展目标。

3.4.4 发展生态农业

生态农业是根据生态学、生态经济学的原理，在中国传统农业精耕细作的基础上，依据生态系统内物质循环和能量转化的基本规律，应用现代科学技术建立和发展起来的一种多层次、多结构、多功能的集约经营管理的综合农业生产体系。

生态农业的生产结构能使初级生产者的产物沿着食物链的各个营养级进行多层次循环利用和转化，没有废弃物的排放；生态农业强调施用有机肥和豆科植物轮作，化肥只作为辅助肥料；强调利用生物控制技术和综合控制技术防治农作物病虫害，尽量减少化学农药的使用。所以生态农业即具有经济效益又具有环境效益，它实现了农业经济发展和环境保护的双赢。

菲律宾的马雅农场被视为生态农业的一个典范，马雅农场把农田、林地、鱼塘、畜牧场、加工厂和沼气池巧妙地连接成一个有机整体，使能源和物质得到充分利用，把整个农场建成一个高效、和谐的农业生态系统。在这个农业生态系统中，农作物和林木生产的有机物经过三次重复利用，通过两个途径完成物质循环。用农作物生产的粮食和秸秆、林木生产的枝叶喂养牲畜，是对营养物质的第一次利用；用牲畜粪便和肉食加工厂的废水生产沼气，是对营养物质的第二次利用；沼液经过氧化塘处理，被用来养鱼、灌溉，沼渣生产的肥料肥田，生产的饲料喂养牲畜，是对营养物质的第三次利用。农作物、森林→粮食、秸秆、枝叶→喂养牲畜→粪便→沼气池→沼渣→肥料→农作物、森林，构成第一个物质循环途径；牲畜→粪便→沼气池→沼渣→饲料→牲畜，构成第二物质循环途径。这种巧妙地安排，既充分利用了营养物质，创造了更多的财富，增加了收入，又不向环境排放废弃物，防止了环境污染，保护了环境。

在这个农业生态系统中，农作物和林木通过光合作用把太阳能转化成化学能，储存在有机物质中，这些化学能又通过沼气发电转化成电能，在加工厂中用电开动机械，电能又转化成机械能，用电照明，电能又转化成光能，实现了能量的传递和转化，使能量得到充分利用。马雅农场农业生态模式如图 3-10 所示。

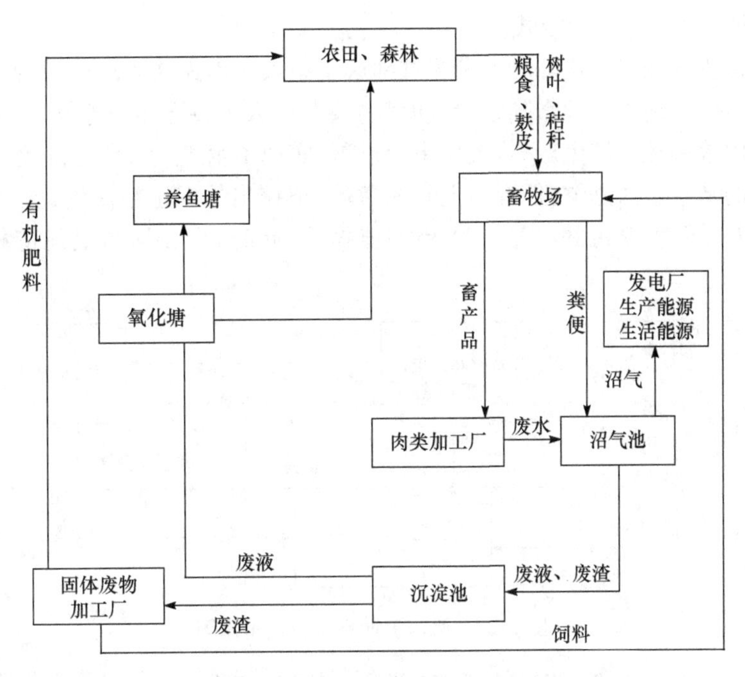

图 3-10　马雅农场生态系统示意图

生态农业是一种适合中国国情的可持续农业形式。下面介绍中国生态农业的两种典型模式。

(1) 北方“四位一体”生态农业模式。

这一模式是辽宁省开发的成功的生态农业模式。如图 3-11 所示，它将沼气池、猪舍、蔬菜栽培组装在日光温室中，三者相互利用、相互依存。温室为沼气池、猪禽、蔬菜创造良好的温、湿度条件，猪的活动过程也能为温室提高温度。猪的呼吸和沼气燃烧为蔬菜提供二氧化碳气肥，可使果菜类增产 20%，叶菜类增产 30%。一般一户每年可养猪 10 头、种植大棚蔬菜 150 m^2，年产沼气 300 m^3，户年均增收 3500 元。目前，“四位一体”生态农业模式在北方地区得到领导的重视和群众的欢迎，“四位一体”生态农业模式在辽宁省已发展到 17.2 万户，全国已推广了 21 万户。

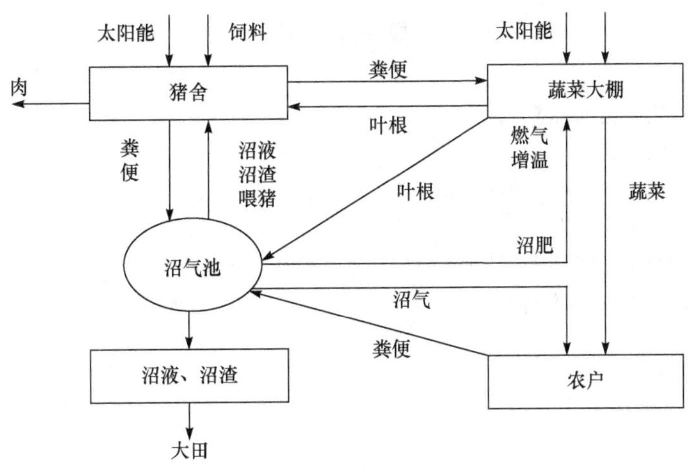

图 3-11　北方庭院生态系统——四位一体示意图

(2) 南方典型的生态农业模式。

桑基鱼塘是我国珠江三角洲和太湖流域地区生态农业模式的典范,其将农、林、牧、渔有机结合起来,互惠互利,构成一种水陆结合、动植物共存的人工复合生态系统。该系统对提高农业资源转化利用效率和系统生产力,效果十分显著,实现了生态效益和经济效益的统一。

桑基鱼塘的基本做法是:在低湿地上开挖鱼塘,把挖出的泥土垫高塘边形成基,在基上可种植桑树,在塘中积水养鱼并种植一些浮游植物等,同时,可在塘边上建造猪舍、沼气池等(图 3-12)。

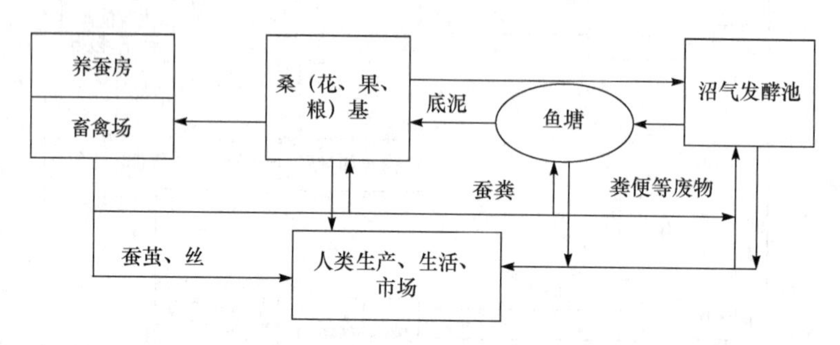

图 3-12　桑基鱼塘系统模式示意图

在我国南方的生态模式中除了经典的"桑基鱼塘系统"模式外,在现代生态农业中又发展了"猪—沼—果(稻—菜—鱼)"模式,这一模式是以养殖业为龙头,以沼气建设为中心,联动粮食、甘蔗、烟叶、蔬菜、果业、渔业等产业,广泛开展沼气综合利用的生态农业模式。其核心是建一口沼气池,利用人畜粪便下池产生的沼气作燃料和照明、能源,利用沼渣和沼液种果、养鱼、喂猪、种菜。例如,江西赣州的"猪—沼—果"模式、南方地区的" 猪—沼—稻"、"猪—沼—菜"模式。每户"猪—沼—果(稻—菜—鱼)"生态农业模式每年可提供 300m^3 沼气燃料,节支 150 元,通过增产和提高农产品品质可使农户增收 1500 元,同时通过施用沼肥可以节约肥料、农药等生产资料,每年可节支成本 350 元,综合计算,采用生态农业模式以后,每年可使农户纯收入增加 2000 元左右。目前,"猪—沼—果(稻—菜—鱼)"生态农业模式在南方地区得到了广泛推广,仅在江西赣南地区就有"猪—沼—果"生态工程示范户 24.48 万户、示范村 1053 个、示范乡 107 个,已经成为当地农民脱贫致富奔小康的重要途径。

复习与思考

1. 什么是生态系统?它的基本组成是什么?
2. 简述生态系统的三大功能。
3. 什么是生态平衡?试举出所知的破坏生态平衡的例子。
4. 举例说明污染环境的生物净化。
5. 复合生态系统的理论是如何指导区域生态规划和生态型城市建设的?
6. 生态农业是如何体现生态学原理的?

第4章　能源与清洁能源

能源是人类进行生产、发展经济的重要物质基础和动力来源，是人类赖以生存不可缺少的重要资源，是经济发展的战略重点之一。

现代化工业生产是建立在机械化、电气化、自动化基础上的高效生产，所有这些过程都要消耗大量能源；现代农业的机械化、水利化、化学化和电气化也要消耗大量能源，而且，现代化程度越高，对能源质量和数量的要求也就越高。然而，当人类大量使用和消耗能源时，却带来了许多环境问题，如温室效应、酸雨、臭氧层破坏和热污染等。此外，由于能源消费量与日俱增，地球上目前所拥有的能源到底能维持供应多久，是当前人类所关心的问题。

4.1　能源的定义和分类

4.1.1　能源的定义

目前有多种关于能源的定义：①《科学技术百科全书》认为："能源是可从其获得热、光和动力之类能量的资源"；②《大英百科全书》认为："能源是一个包括所有燃料、流水、阳光和风的术语，人类用适当的转换手段便可让它为自己提供所需的能量"；③《日本大百科全书》认为："在各种生产活动中，我们利用热能、机械能、光能、电能等来做功，可利用来作为这些能量源泉的自然界中的各种载体，称为能源"；④《能源百科全书》认为："能源是可以直接或经转换提供人类所需的光、热、动力等任一形式能量的载能体资源"。可见，能源是一种呈多种形式的、且可以相互转换的能量的源泉。确切而简单地说，能源是自然界中能为人类提供某种形式能量的物质资源。

4.1.2　能源的分类

能源种类繁多，根据不同的划分方式，可分为不同的类型。但目前主要有以下六种分法。

1. 按来源划分

(1) 来自地球以外的太阳能。太阳能除直接辐射被人类利用外，还能为风能、水能、生物能和矿物能源等的产生提供基础。人类所需能量的绝大部分都直接或间接地来自太阳，故太阳有"能源之母"之称。各种植物通过光合作用把太阳能转变成化学能在植物体内储存下来。煤炭、石油、天然气等化石燃料也是由古代埋在地下的动植物经过漫长的地质年代形成的。它们实质上是由古代生物固定下来的太阳能。

(2) 地球自身蕴藏的能量。主要是指地热能资源以及原子核能燃料等。据估算，地球以地下热水和地热蒸气形式储存的能量，是煤储能的1.7亿倍。地热能是地球内放射性元素衰变辐射的粒子或射线所携带的能量。地球上的核裂变燃料(铀、钍)和核聚变燃料(氘、氚)是原子能的储能体。

(3) 地球和其他天体引力相互作用而产生的能量。主要是指地球和太阳、月亮等天体间有规律运动而形成的潮汐能。潮汐能蕴藏着极大的机械能，潮差常达十几米，非常壮观，是雄厚的发电原动力。

2. 按能源的产生方式划分

可分为一次能源(天然能源)和二次能源(人工能源)。一次能源是指自然界中以天然形式存在并没有经过加工或转换的能量资源,如煤炭、石油、天然气、风能、地热能等。

为了满足生产和生活的需要,有些能源通常需要加工以后再加以使用。由一次能源经过加工转换成另一种形态的能源产品称为二次能源,如电力、焦炭、煤气、蒸气及各种石油制品(汽油、柴油等)和沼气等能源都属于二次能源。大部分一次能源都转换成容易输送、分配和使用的二次能源,以适应消费者的需要。二次能源经过输送和分配,在各种设备中使用,即为终端能源。终端能源最后变成有效能。

3. 按能源性质划分

可分为燃料型能源和非燃料型能源。属于燃料型能源的有矿物燃料(如煤炭、石油、天然气),生物燃料(如柴薪、沼气、有机废物等),化工燃料(如甲醇、乙醇、丙烷以及可燃原料铝、镁等),核燃料(如铀、钍、氘)共四类。非燃料型能源多数具有机械能,如水能、风能等;有的含有热能,如地热能、海洋热能等;有的含有光能,如太阳能、激光等。

4. 按能源消耗后能否造成污染划分

可分为污染型能源和清洁型能源,污染型能源包括煤炭、石油等,清洁型能源包括水力、电力、太阳能、风能等。

5. 按能源能否再生划分

可分为可再生能源和不可再生能源两大类。可再生能源是指能够不断再生并有规律地得到补充的能源,如太阳能、水能、生物能、风能、潮汐能和地热能等。它们可以循环再生,不会因长期使用而减少。不可再生能源是须经地质年代才能形成而短期内无法再生的一次能源,如煤炭、石油、天然气等。随着大规模地开采利用,其储量越来越少,总有枯竭之时。

6. 按能源使用的历史划分

可分为常规能源和新能源。常规能源是指已经大规模生产和广泛使用的能源,如煤炭、石油、天然气、水能和核能等。新能源是指正处在开发利用中的能源,如太阳能、风能、海洋能、地热能、生物质能等。新能源大部分是天然和可再生的,是未来世界持久能源系统的基础。

目前,人类仍主要依靠煤炭、石油、天然气和水力等一些常规能源。随着科学和技术的进步,新能源(如太阳能、风能、地热能、生物质能等)将不同程度地替代一部分常规能源。氢能及核聚变能等将逐步得到发展和利用。

各种能源形式可以互相转化,在一次能源中,风、水、洋流和波浪等是以机械能(动能和位能)的形式提供的,可以利用各种风力机械(如风力机)和水力机械(如水轮机)转换为动力或电力。煤、石油和天然气等常规能源一般是通过燃烧将化学能转化为热能。热能可以直接利用,但大部分是将热能通过各种类型的热力机械(如内燃机、汽轮机和燃气轮机等)转换为动力,带动各类机械和交通运输工具工作;或是带动发电机产生电力,满足人们生活和工农业生产的需要。电力和交通运输需要的能源占能量总消费量的很大比例。

一次能源中转化为电力部分的比例越大,表明电气化程度越高,生产力越先进,生活水平越高。

4.2 我国能源的特点与存在的问题

4.2.1 我国能源的特点

我国作为世界上发展最快的发展中国家,目前是世界上第二大能源生产国和消费国。我国能源资源主要有以下七个特点。

1. 能源资源总量比较丰富

2006年我国一次能源生产量为10.9亿t标准煤，是世界第二大能源生产国。其中原煤产量9.08亿t，居世界第1位；原油产量达到1.63亿t，居世界第5位；天然气产量为277亿m^3，居世界第20位；发电量13 500亿kW·h，是世界上仅次于美国的电力生产大国。

2. 人均能源资源拥有量较低

虽然我国的能源资源总量大，但由于人口众多，人均能源资源相对不足，是世界上人均能耗最低的国家之一。中国人均煤炭探明储量只相当于世界平均水平的50%，人均石油可采储量仅为世界平均水平的10%。中国能源消耗总量仅低于美国居世界第2位，但人均耗能水平很低，2006年我国人均一次商品能源消耗仅为世界平均水平的1/2，是工业发达国家的1/5左右。

3. 能源资源赋存分布不均衡

我国能源资源分布广泛但不均衡。煤炭资源主要赋存在华北、西北地区，水力资源主要分布在西南地区，石油、天然气资源主要赋存在东、中、西部地区和海域。我国主要的能源消费地区集中在东南沿海经济发达地区，资源赋存与能源消费地域存在明显差别。大规模、长距离的北煤南运、北油南运、西气东输、西电东送，是我国能源流向的显著特征和能源运输的基本格局。

4. 能源结构以煤为主

在我国的能源消耗中，煤炭仍然占有主要地位，煤炭的消费量在一次能源消费总量中所占的比例约为66 %；石油、天然气、水电、核电、风能、太阳能等所占比例约为34 %。洁净能源的迅速发展，优质能源比例的提高，为提高能源利用效率和改善大气环境发挥了重要的作用。

5. 能源资源开发难度较大

与世界相比，我国煤炭资源地质开采条件较差，大部分储量需要井工开采，极少量可供露天开采。石油天然气资源地质条件复杂，埋藏深，勘探开发技术要求较高。未开发的水力资源多集中在西南部的高山深谷，远离负荷中心，开发难度和成本较大。非常规能源资源勘探程度低，经济性较差，缺乏竞争力。

6. 工业部门消耗能源占有很大的比例

与发达国家相比，我国工业部门耗能比例很高，而交通运输和商业民用的消耗较低。我国的能耗比例关系反映了我国工业生产中的工艺设备落后，能源管理水平低。

7. 农村能源短缺，以生物质能为主

我国农村使用的能源以生物质能为主，特别是农村生活用的能源更是如此。在农村能源消费中，生物质能占55%。目前，一年所生产的农作物秸秆只有4.6亿t，除去饲料和工业原料，作为能源的仅为43.9%，全国农户平均每年缺柴2～3个月。

4.2.2　我国能源存在的问题

我国能源存在的问题突出表现在以下三个方面。

1. 资源约束突出，能源效率偏低

我国优质能源资源相对不足，制约了供应能力的提高；能源资源分布不均，也增加了持续稳定供应的难度；经济增长方式粗放、能源结构不合理、能源技术装备水平低和管理水平相对落后，导致单位国内生产总值能耗和主要耗能产品能耗高于主要能源消费国家平均水平，进一步加剧了能源供需矛盾。单纯依靠增加能源供应，难以满足持续增长的消费需求。

2. 能源消费以煤为主，环境压力加大

煤炭是我国的主要能源，以煤为主的能源结构在未来相当长时期内难以改变。相对落后的煤炭生产方式和消费方式，加大了环境保护的压力。煤炭消费是造成煤烟型大气污染的主要原因，也是温室气体排放的主要来源。

据历年的资料估算，我国燃煤排放的二氧化硫占各类污染源排放的87%，颗粒物占60%，氮氧化物占67%。我国大气污染造成的损失每年达130亿元人民币。

随着我国机动车保有量的迅速增加，部分城市大气污染已经变成煤烟与机动车尾气混合型。这种状况持续下去，将给生态环境带来更大的压力。

3. 市场体系不完善，应急能力有待加强

我国能源市场体系有待完善，能源价格机制未能完全反映资源稀缺程度、供求关系和环境成本。能源资源勘探开发秩序有待进一步规范，能源监管体制尚待健全。煤矿生产安全欠账比较多，电网结构不够合理，石油储备能力不足，有效应对能源供应中断和重大突发事件的预警应急体系有待进一步完善和加强。

自1993年起，我国由能源净出口国变成净进口国，能源总消费已大于总供给，能源需求的对外依存度迅速增大。煤炭、电力、石油和天然气等能源在我国都存在缺口，其中，石油需求量的大增以及由其引起的结构性矛盾日益成为我国能源安全所面临的最大难题。

4.3　能源开发利用对环境的影响

各种能源的开发利用对环境都会产生不同程度的影响。煤炭开采会造成地面塌陷，矿井水、洗煤水的污染，煤矸石的堆积，煤炭燃烧供热和发电会产生大气污染、热污染和灰渣排放等；水力资源开发会产生库区淹没、库坝安全等问题；生物质能的利用会造成森林破坏、水土流失、土地肥力减退、生态平衡破坏等；核能的开发利用则能产生放射性的“三废”污染等。许多的生态环境问题都直接或间接与能源的开采利用有关。

下面就化石燃料在开采、储运、加工、转化和利用过程中的环境影响进行探讨。

1. 煤炭

(1) 煤炭开采。

由于煤田地质情况不同，煤炭开采分为地下矿井开采和露天开采。煤炭地下开采会造成地表沉陷，沉陷深度最大可达采出煤层总厚度的80%。我国抚顺、鹤岗等特厚煤层矿区沉陷深度已超过10m。地表陷落导致相应范围内地面建筑、供水管道、供电线路、铁路公路和桥梁等设施变形以致破坏，土地河流水系状态发生变化，各层地下水漏失、混合和遭污染。沉降还会威胁到井下安全。

煤炭开采主要是占地和破坏地表植被，同时能排出矿坑废水，对地表水和地下水产生影响。占地的多少与剥采比关系大，因而为恢复土地投入的复田费变化也大，一般每采1t煤的复田费为煤炭价格的5%左右。

煤炭开采还有生产事故及职业性伤亡、粉尘及噪声等危害。

(2) 洗煤水和酸性废水污染。

洗煤水中的主要污染物是粒度小于0.5mm的煤泥。据全国105个洗煤厂统计，年入洗原煤 1.1 亿 t，排出洗煤废水 5000～80 000t，流失煤泥 150 万 t。有浮选工艺的炼焦煤洗煤水中，还含有少量轻柴油、酚、甲醇等有害物质，高硫煤洗煤水中含有较多的硫化物。洗煤水排入河流，会影响水质、填高河床和影响鱼类生存。

煤炭含硫量大于 5%时，矿井水的 pH 可能小于 6，还含有其他有害物质，这部分水的排放会造成水体的污染和土壤酸化。例如，美国阿巴拉契亚地区 17 000m 的河流有 10 000m 被井下与露天的酸性矿坑水所污染，影响水生物的生长，甚至致其死亡。

(3) 矿井瓦斯排放污染。

矿井瓦斯是井下煤体和围岩涌出及生产过程产生的气体，主要成分是甲烷。我国多数矿井为瓦斯矿，含有一定浓度瓦斯的空气遇火能引起燃烧爆炸。我国每年都会发生煤矿瓦斯逸出的矿难事故。瓦斯排出地面不仅浪费能源且污染大气，应合理开发利用。

(4) 煤矸石对环境的影响。

采煤和洗选中，排放占原煤产量 10%～20%的煤矸石，全国每年排放 2 亿～3 亿 t。除部分利用，历年积存数十亿吨，再加上露天矿排矸，占用了大面积的土地。矸石还会发生自燃，释放出大量 SO_2、CO 和烟尘等污染物质，造成大气污染。国内外广泛开展矸石应用研究，热值高($\geqslant 8\times10^3$kJ)的可作为沸腾炉燃烧和造气；有的可用于建材生产，在生产过程中可进一步利用其可燃成分。

(5) 煤炭储运造成的污染。

煤炭储运过程中，常在矿区、车站和码头造成自燃，细煤会随风飞扬，降雨会淋洗煤堆，进而对水系产生危害。在装卸和运输过程中，也会产生煤尘，污染大气。使用管道密相输送，可较好解决此问题。

(6) 煤炭的焦化、气化和液化对环境的影响。

煤炭是一种优质的化工资源，其综合利用价值很高。煤炭的转化是合理综合利用煤炭的重要途径。在煤炭转化过程中，煤的部分硫(焦化过程中)或绝大部分硫(气化和液化过程中)以 H_2S 的形式被除去并制成为含硫产品，能获得宝贵的化工原料。转化过程中因控制水平等原因，排放气体中含有烃类、H_2S、CO 等污染物。其中多环芳烃是危害最大的致癌物质。

排放的污水成分复杂，含焦油、酚、氰等毒害大的物质，应闭路循环或加以深度处理。此外，转化过程还有一定的废渣污染。

2. 石油

石油开采过程中，污染环境的有泥浆、含油污水和洗井污水。泥浆中含有碱、铬酸盐等试剂，含油污水中的酸、碱、盐、酚、氰等污染物，都需经处理后才能排放。

此外，井喷会造成严重的环境污染，原油外泄会污染土地，影响植物生长。在海上采油，一旦发生井喷等事故，就会对海洋环境造成严重污染，影响水生物生长，破坏海洋生态平衡。例如，2010 年 4 月 20 日夜间英国石油公司在美国墨西哥湾租用的海上钻井平台“深水地平线”发生爆炸并引发大火后沉入墨西哥湾，事故造成 11 名工作人员死亡，7 人重伤。钻井平台底部油井自 24 日起漏油不止，泄漏的原油 30 日开始飘到路易斯安那州沿岸。约 7.8 亿 L 原油泄入墨西哥湾，造成了严重的海洋污染和沿岸、海洋生态环境的破坏，引发了美国历史上最严重的漏油事件。一年后，漏油使许多地方土壤受害，植被退化，海滩上会不时出现裹满油污的海豚尸体和原油球块，某些海洋生物会因此而灭绝。英国石油公司因漏油事件损失约 629 亿美元。

石油加工过程中，会排出含油、硫、碱和盐，以及酚类、硫醇等有机物的废水。炼油厂废气含有烃类、CO及氧化沥青尾气等。炼油厂废渣中毒性大的主要是石油添加剂废渣。其中污水影响最大，每加工1t原油需耗水2～5t。石油加工或炼制的"三废"排放比煤气化和液化时多10倍以上。

石油储存中油品漏失、油船压舱水和清舱水、特别是石油漏油，会严重影响海洋环境。我国近海域油类污染突出，应引起重视。石油运输环境影响比煤炭更为严重。

3. 天然气

天然气蕴藏在地下多孔隙岩层中，是一种多组分混合气体，主要成分是烷烃。其中甲烷占绝大部分，另有少量的乙烷、丙烷和丁烷，此外一般还含有硫化氢、二氧化碳、氮气和水蒸气，以及微量的惰性气体，如氦和氩等。在标准状况下，甲烷～丁烷以气体状态存在，戊烷以上的以液体形式存在。

天然气是古生物遗骸长期沉积于地下，经过漫长的转化及变质裂解过程而产生的气态碳氢化合物，具可燃性，多存在于油田(开采原油时伴随而出)或天然气气田。天然气比空气轻，具有无色、无味、无毒之特性。天然气公司皆需遵照政府规定添加臭剂(四氢噻吩)，以资用户嗅辨。天然气在空气中的含量达到一定浓度后会使人窒息，当浓度达到5%～15%时，遇明火会发生爆炸。这个浓度范围即为天然气的爆炸极限。爆炸会在瞬间产生高温、高压，其破坏力极大。

天然气根据蕴藏状态，可分为构造性天然气、水溶性天然气、煤层天然气等三种。构造性天然气又可分为伴随原油的湿性天然气、不含液体成分的干性天然气。天然气开采重点的污染物主要是硫化氢和伴生盐水的污染，需要进行处理。

天然气可用来发电，降低煤炭的发电比例，是改善环境污染的有效途径。天然气作为化工原料，可用于制氢、制造氮肥等，具有投资少、成本低、污染少等特点。天然气占氮肥生产的比例，世界平均为80%左右。天然气还广泛用于城市居民生活用气。随着人们生活水平的提高及环保意识的增强，大部分城市对天然气的需求增大。压缩或液化天然气可代替汽油，具有价格低、污染少等优点。

目前人们的环保意识逐渐提高，世界对清洁能源的需求越来越大。天然气是清洁的能源之一，因此，在未发现真正的替代能源前，天然气需求量在不断增加。

4.4 清洁能源

清洁能源指对能源清洁、高效、系统化应用的技术体系。含义主要有三点：①清洁能源不是对能源的简单分类，而是指能源利用的技术体系；②清洁能源不但强调清洁性，同时也强调经济性；③清洁能源的清洁性指的是符合一定的排放标准。

我国目前发展的较为广泛的清洁能源包括：洁净煤技术、核电、太阳能、生物质能、水能、风能、地热能、潮汐能、煤层气、氢能等。其中，发展最为迅速的清洁能源是太阳能和风能，太阳能已经在我国得到较大范围的使用，风能在我国的利用也较为成熟。

1. 洁净煤技术

传统意义上的洁净煤技术主要是指煤炭的净化技术及一些加工转换技术，即煤炭的洗选、配煤、型煤以及粉煤灰的综合利用技术。而目前意义上洁净煤技术是指高技术含量的洁净煤技术，发展的主要方向是煤炭的气化、液化、煤炭高效燃烧与发电技术等。它是旨在减少污染和提高效率的煤炭加工、燃烧、转换和污染控制新技术的总称，是当前世界各国解决环境问题的主导技术之一，也是高新技术国际竞争的一个重要领域。

洁净煤技术工艺包括两个方面，一是直接烧煤洁净技术，二是煤转化为洁净燃料技术。

(1) 直接烧煤洁净技术。

直接烧煤洁净技术又包括燃烧前、燃烧中、燃烧后煤洁净技术。

① 燃烧前的净化加工技术，主要是洗选、型煤加工和水煤浆技术。

原煤洗选采用筛分、物理选煤、化学选煤和细菌脱硫等方法，可以除去或减少灰分、矸石、硫等杂质；型煤加工是把散煤加工成型煤，由于成型时加入石灰固硫剂，可减少二氧化硫排放，减少烟尘，还可节煤；水煤浆是用优质低灰原煤制成，可以代替石油。

② 燃烧中的净化燃烧技术，主要是流化床燃烧技术和先进燃烧器技术。

流化床又称沸腾床，有泡床和循环床两种，由于燃烧温度低可减少氮氧化物排放量，煤中添加石灰可减少二氧化硫排放量，炉渣可以综合利用，能烧劣质煤，这些都是它的优点；先进燃烧器技术是指改进锅炉、窑炉结构与燃烧技术，减少二氧化硫和氮氧化物的排放技术。

③ 燃烧后的净化处理技术，主要是消烟除尘和脱硫脱氮技术。

消烟除尘技术很多，静电除尘器效率最高，可达 99%以上，电厂一般都采用。脱硫有氨水吸收法，其脱硫效率可达 93%～97%，石灰乳浊液吸收法，其脱硫效率可达 90%以上。还有其他一些方法。

(2) 煤转化为洁净燃料技术。

煤转化为洁净燃料技术主要包括煤的气化技术、煤的液化技术、煤气化联合循环发电技术。

① 煤的气化技术。

有常压气化和加压气化两种，它是在常压或加压条件下，保持一定温度，通过气化剂(空气、氧气和蒸气)与煤炭反应生成煤气，煤气中主要成分是一氧化碳、氢气、甲烷等可燃气体。用空气和蒸气作气化剂，煤气热值低；用氧气作气化剂，煤气热值高。煤在气化中可脱硫除氮，排去灰渣，因此煤气就是洁净燃料。

② 煤的液化技术。

有间接液化和直接液化两种。间接液化是先将煤气化，然后再把煤气液化，如煤制甲醇，可替代汽油，我国已有应用。直接液化是把煤直接转化成液体燃料，如直接加氢将煤转化成液体燃料，或煤炭与渣油混合成油煤浆反应生成液体燃料，我国已开展研究。

③ 煤气化联合循环发电技术。

先把煤制成煤气，再用燃气轮机发电，排出高温废气烧锅炉，再用蒸汽轮机发电，整个发电效率可达 45%，我国正在开发研究中。

2. 核电

核能俗称原子能，它是原子核里的核子——中子或质子，重新分配和组合时释放出来的能量。核能分为两类：一类是裂变能，一类是聚变能。

核能有巨大威力。1kg 铀原子核全部裂变释放出来的能量，约等于 2700t 标准煤燃烧时所放出的化学能。一座 100 万 kW · h 的核电站，每年只需 25～30t 低浓度铀核燃料，运送这些核燃料只需 10 辆卡车；而相同功率的煤电站，每年则需要 300 多万吨原煤，运输这些煤炭，要 1000 列火车。核聚变反应释放的能量则更巨大。据测算 1kg 煤只能使一列火车开动 8m；1kg 核裂变原料可使一列火车开动 4 万 km；而 1kg 核聚变原料可以使一列火车行驶 40 万 km，相当于地球到月球的距离。

3. 太阳能

太阳能是一种清洁的、可再生的能源，取之不尽，用之不竭。人类大约在3000年以前就开始利用太阳能，但对太阳能进行大规模的开发利用，是近30多年的事。

太阳能的利用有光热利用、太阳能发电、光化学利用和光生物利用四种类型。

(1) 光热利用。

基本原理是将太阳辐射能收集起来，通过与物质的相互作用转换成热能加以利用。目前使用最多的太阳能收集装置，主要有平板型集热器、真空管集热器和聚焦集热器等，如太阳能热水器、太阳能干燥器、太阳能蒸馏器、太阳灶、太阳炉就属于光热利用。

(2) 太阳能发电。

太阳能发电主要有两种方式：热发电和光发电。

① 太阳能热发电。

太阳能热发电技术是利用太阳能产生热能，再转换成机械能与电能。太阳热发电系统是由集热系统、热传输系统、蓄热器热交换系统以及汽轮机、发电机系统组成。与一般火力发电站相比，太阳能发电站只是把锅炉换成太阳能集热系统。

② 太阳光发电。

太阳光发电就是利用光电效应将光能有效地转换成电能，它的基本装置是太阳能电池。现在实际使用的太阳能电池，大多是以硅作为原料制成的，如单晶硅电池、多晶硅电池、硅化镉电池等。

(3) 光化学利用。

这是一种利用太阳辐射能直接分解水制氢的光化学转换方式。它包括光电化学作用、光敏化学作用及光分解反应。

(4) 光生物利用。

通过植物的光合作用来实现将太阳能转换成为生物质能的过程。目前主要有速生植物(如薪炭林)、油料作物和巨型海藻等。

4. 水能

水能是一种可再生能源，是清洁能源，水体是指水体的动能、势能和压力能等能量资源。水能主要用于水力发电，其优点是成本低、可连续再生、无污染，缺点是分布受水文、气候、地貌等自然条件的限制大。

水力发电是利用水的高度位差冲击水轮机，使之旋转，从而将水能转化为机械能，然后再由水轮机带动发电机旋转，切割磁力线产生交流电，因此需要建设水坝拦截水，以保护一定的水位差用以发电。水坝的建设有利和害双重特性。其有利的方面是：调控水位，防止洪涝和干旱；利用水位差发电以供应廉价的电能。其不利方面是：建设水坝将阻断河流内动物的回游路线，影响河流生态平衡；大水坝建设可能对地质产生影响，使地震发生率增加；水电站对上游的流沙如何疏导也是一个较大的技术问题。因此，人类如何合理、有效地开发利用水力发电而又不至于破坏或少破坏生态平衡，是一个需要慎重研究和解决的问题。

5. 风能

风能来自太阳能。太阳能照射到地球表面，地球表面各处受热不同产生温差，从而产生大气的对流运动，风能是地球表面大量空气流动所产生的动能。

风能的利用主要有以风能作动力和风力发电两种形式，其中又以风力发电为主。丹麦是风力发电大国，现有6300座风力发电机，提供13%的电力需求。以风能为资源的电力开发对环境的影响很小，在风能转换成电能的过程中，只降低了气流速度，没有给大气造成任何污染，具有显著的环境友好特性，是典型的清洁能源。在四级风区(20～21.4km/h)，一座750kW的风电机，与同规模的热电厂相比，平均每年减少热电厂1179t的CO_2、6.9t的SO_2排放。

以风能作动力，就是利用风来直接带动各种机械装置，如带动水泵提水等，这种风力发动机的优点是投资少、工效高、经济耐用。

6. 生物质能

生物质能是太阳能以化学能形式储存在生物中的一种能量形式，一种以生物质为载体的能量，它直接或间接地来源于植物的光合作用。在各种可再生能源中，生物质是独特的，它是储存的太阳能，更是一种唯一可再生的碳源，可转化成常规的固态、液态和气态燃料。例如，我国科学家于1965年培育的能源甜高粱系列品种，耐涝、耐旱、耐盐碱，适合从海南岛到黑龙江地区种植，含糖度在18%～23%，每4亩甜高粱秸秆可生产1t无水生物乙醇。我国汽油中的甜高粱生物乙醇比例占10%。

生物质能有四个特点。

(1) 可再生性。生物质能属可再生资源，生物质能由于通过植物的光合作用可以再生，因此资源丰富，可保证能源的永续利用。

(2) 低污染性。生物质的硫含量、氮含量低、燃烧过程中生成的SO_x、NO_x较少；生物质作为燃料时，由于它在生长时需要的二氧化碳相当于它排放的二氧化碳的量，因而对大气的二氧化碳净排放量近似于零，可有效地减轻温室效应。

(3) 广泛分布性。缺乏煤炭的地域，可充分利用生物质能。

(4) 生物质燃料总量十分丰富。生物质能是世界第四大能源，仅次于煤炭、石油和天然气。根据生物学家估算，地球陆地每年生产1000亿～1250亿t生物质；海洋每年生产500亿t生物质。

生物质能利用技术主要包括直接燃烧发电技术、沼气技术及沼气发电、生物质气化技术、生物质液化技术。

(1) 直接燃烧发电技术。

直接燃烧生物质发电，已经在一些国家广泛利用。用于直接燃烧发电的生物质主要是秸秆，也有用木屑、蔗渣以及谷壳作燃料的。秸秆燃烧发电在欧洲一些国家已成功运用了10多年。目前，以生物质为燃料的小型热电联产(装机容量为1万～2万kW)已成为瑞典和丹麦的重要发电和供热方式。丹麦在可再生能源利用中生物质所占比例为81%。生物质燃烧发电技术现已被联合国列为重点推广项目。目前我国也在山东、河北、江苏等地区建设了秸秆发电示范项目。

(2) 沼气技术及沼气发电。

沼气是各种有机物在适宜的温度、湿度条件下，经过厌氧菌等微生物的发酵作用而产生的一种可燃性气体，主要成分为甲烷，含量可达60%～80%，是一种较高热值(20 800～23 600 kJ/m^3)的气体，发展中国家以农作物秸秆和禽畜粪便为原料生产沼气。沼气通常可以供农家烧饭、取暖和和照明。

沼气发电的主要原理是利用沼气推动内燃机或汽轮机发电。该项技术在发达国家已较成熟，百千瓦量级的沼气发电机组的发电量可达1.4～2.6$kW \cdot h/m^3$，发电效率高达38%。美国在沼气发电技术和工程方面处于世界领先水平，全美国现有 61 个垃圾填埋场建有沼气发电装置，沼气发电装机总容量达 340MW。

（3）生物质气化技术。

生物质气化装置主要由两部分组成：一部分为气化炉；另一部分为燃气净化装置。气化炉是生物质气化的主要设备，生物质在气化炉中发生热解反应、燃烧反应及气化反应，产生气化气。

生物质气化技术的发明是生物质能利用方式上的一个重大突破，将固态的生物质转化为可燃性气体后成为一种清洁、高效的新能源，扩大了利用范围，并可替代煤气等常规气体燃料。主要应用于：①生物质气化集中供气，就是将转化的可燃性气体，通过管道输送到用户，作为居民炊事、取暖等生活用气；②生物质气化发电，把生物质转化为可燃气体后，再利用可燃气体推动燃气发电设备进行发电。

目前，发达国家的生物质气化技术和设备的研制已达到了较高水平。美国在生物质气化发电技术方面处于世界领先地位，全美国有 350 多座生物质气化发电站，装机容量超过 10 000 MW。

（4）生物质液化技术。

生物质液化是指将生物质转化为液体燃料的过程。生物质液体燃料可以作为清洁燃料直接代替汽油等石油燃料，并可应用于燃油发电机进行发电，目前主要有三种生物质液化技术。

① 热解液化制取生物油技术。

热解液化制取生物油技术是在完全缺氧或有限供氧的情况下，使生物质受热降解为液态生物油的一种技术。其生产成本已可与常规的化石燃料相竞争。

② 生物化学法生产燃料乙醇技术。

即把木质纤维素水解制取葡萄糖，然后将葡萄糖发酵生成燃料乙醇的技术。纤维素水解只有在催化剂存在的情况下才能显著地进行，常用的催化剂是无机酸和纤维素酶，由此分别形成了酸水解工艺和酶水解工艺。目前世界大规模生产乙醇的原料主要有玉米、小麦和含糖作物等。但从原料供给及社会经济环境效益来看，用含纤维素较高的农林废弃物生产乙醇是比较理想的工艺路线。

乙醇作为汽油代替品早已为世界许多国家所重视。巴西是发展燃料乙醇工业最快的国家，也是世界上唯一不供应纯汽油的国家。巴西用甘蔗渣生产燃料乙醇，年产量达到 1000 万 t，其中 97%用于汽车燃料，约占该国汽车燃料的 50%；美国是居世界第二位的燃料乙醇生产国，目前美国 70%的汽车燃料是“乙醇汽油”（乙醇 10%，汽油 90%）。

③ 生物柴油。

生物柴油又称脂肪酸甲酯，以植物果实、种子、植物导管乳汁或动植物脂肪油、废弃的食用油等作原料，与醇类（甲醇、乙醇）经交酯反应获得。生物柴油有两大优点：一是可生物降解，无毒性残留；二是具有可再生性，可以从大豆、油菜子、棉籽等油料作物，茶籽、油棕等油料林木果实以及动物油脂、食用废油等生物的油脂中再生提取利用。

美国是最早研究生物柴油的国家，目前总生产能力达 30 万 t/a。欧盟则将生物柴油作为实现减少空气污染和温室效应的重要手段加以推广，2003 年欧盟各国生物柴油年产量达到 230 万 t。

4.5 能源发展战略及其趋势

4.5.1 我国能源发展战略和主要对策

1. 我国能源发展战略

我国能源发展战略可概括为六句话、三十六个字，即保障能源安全，优化能源结构，提高能源效率，保护生态环境，继续扩大开放，加快西部开发。

(1) 保障能源安全。第一，继续坚持能源供应基本立足国内的方针，以煤为主的一次能源结构不会发生大的变化。第二，逐步建立和完善石油储备制度，形成比较完备的石油储备体系。第三，鉴于煤炭在我国能源结构中的重要地位，并结合可持续发展的需要，煤炭洁净燃烧、煤炭液化等技术的开发利用将成为一项战略任务。

(2) 优化能源结构。随着供需矛盾的缓和，我国能源发展将进一步加大结构调整力度，努力增加洁净能源的比例。

(3) 提高能源效率。在坚持合理利用资源的同时，努力提高能源生产、消费效率，以促进经济增长和提高人民生活质量。

(4) 保护生态环境。能源的生产、消费都要满足环境质量的要求，积极开发与应用先进能源技术，大力促进可再生能源的开发利用，实现能源、经济和环境的协调发展。

(5) 继续扩大开放。从1979年开始，经过多年的发展，我国能源领域对外开放进展很快。今后我国能源领域将继续对外开放，招商引资环境将会更加完善。

(6) 加快西部开发。我国西部地区有丰富的煤炭、水力、石油、天然气以及丰富的风能和太阳能资源，具有很大的资源优势和良好的开发前景。国家正在实施西部能源开发的专项规划，"西气东输""西电东送" 是西部能源开发的重点。

2. 主要对策

(1) 加快改革步伐，逐步建立科学的能源管理体制，为能源工业发展提供体制保证。建立和完善能源发展宏观调控体系。要在继续深化煤炭、石油天然气工业改革的同时，重点抓好电力体制改革。根据国际上电力体制改革的成功经验，结合我国的具体情况，对电力行业进行重组，初步建成竞争开放的区域电力市场，健全合理的电价形成机制。

(2) 建立和完善能源发展宏观调控体系。建立健全环境保护法规体系，并适当提高现有与能源生产和消费有关的排污收费标准。在电力、煤炭、石油、天然气等方面进行价格及收费政策改革的同时，还要通过有利于体现国家产业政策、促进经济结构调整的税收政策，研究制定一些新的税收及贴息政策。

(3) 积极研究制定加快中西部能源开发的政策措施，保证和促进"西部大开发"战略部署的实现。要研究制定针对中西部地区的具体优惠政策，吸引外资和东部地区的资金向中西部转移。同时，要运用经济和行政手段促进中西部能源向东部地区的输送。

(4) 进一步落实《中华人民共和国节约能源法》，提高能源效率。我国能源利用率约30%，发达国家为40%以上，其中美国达57%。因此，我国能源的利用具有极大的"能效"潜力。应加大科研投入，研究、示范与推广节能技术。制定和实施新增能源的设备能效标准，制定主要民用耗能产品的能效标准。实施大型的节能示范工程，对节能成效比较显著的设备和产品推行政府采购。

(5) 积极开发新能源。我国新能源蕴藏量丰富，要大力开发新能源，鼓励新能源开发研究，逐步提高新能源在能源结构中的比例，走出一条适合我国国情的新能源开发之路。

4.5.2 世界的能源需求和发展趋势

目前全球能源结构中石油仍居主导地位。世界能源委员会发布的2005年世界能源统计报告表明，石油占能源消费总量的36.8%，煤炭占27.2%，天然气占23.7%，有三足鼎立之势，核能与水电分别仅占6.1%和6.2%。人类社会要用清洁能源和可再生能源取代传统能源，还需经历漫长的过程。

美国能源信息署(EIA)最新统计预测表明，随着世界经济、社会的发展，世界能源消费量将不断增大，预计2020年世界能源需求量将达到128.89亿t油当量，2025年将达到136.50亿t油当量，欧洲和北美洲两个发达地区的能源消费占世界消费的比例将呈下降趋势，亚洲、中东、中南美洲等地区呈上升趋势。其主要原因为：①发达国家的经济发展已进入后工业阶段，经济向低能耗、高产出的产业结构发展，高能耗的制造业逐步转向发展中国家；②发达国家高度重视节能与提高能源使用效率。

世界能源发展呈现如下四个趋势。

(1) 多元化。

世界能源结构先后经历了以薪柴为主、以煤为主和以石油为主的时代，现在正在向以天然气为主转变，同时，水能、核能、风能、太阳能也正得到更广泛的利用。可持续发展、环境保护、能源供应成本和供应能源的结构变化，决定了全球能源多样化发展的格局。在欧盟2013年可再生能源发展规划中，风电要达到4500万kW·h，水电要达到13亿kW·h。英国的可再生能源发电量占英国发电总量的比例将由2010年的10%提高到2020年的20%。

(2) 清洁化。

随着世界能源新技术的进步及环境保护标准的日益严格，未来世界能源将进一步向清洁化的方向发展，清洁能源在能源总消费中的比例也将逐步增大。在世界消费能源结构中，煤炭所占的比例将由目前的26.47%下降到2025年的21.72%，而天然气将由目前的23.94%上升到2025年的28.40%，石油的比例将维持在37.60%～37.90%的水平。同时，煤炭和薪柴、秸秆、粪便等传统能源的利用将向清洁化方面发展，洁净煤技术(如煤液化技术、煤气化技术和煤脱硫、脱尘技术)、沼气技术、生物质能技术等将取得突破并得到广泛应用。一些国家(如法国、奥地利、比利时、荷兰等)已经关闭其国内的所有煤矿而发展核电，因核电具有高效、清洁的特征，并能够解决温室气体排放问题。

(3) 高效化。

世界能源加工和消费的效率差别较大，能源利用效率提高的潜力巨大。随着世界能源新技术的进步，未来世界能源利用效率将日趋提高，能源强度将逐步降低。例如，2001年世界的能源强度为3.121t油当量/万美元，2010年降为2.759t油当量/万美元，预计2025年将降为2.375t油当量/万美元。但是，世界各地区能源强度差异较大。例如，2001年世界发达国家的能源强度仅为2.109t油当量/万美元，2001～2025年发展中国家的能源强度预计是发达国家的2.3～3.2倍，可见世界的节能潜力巨大。

(4) 全球化。

由于世界能源资源分布及需求分布的非均衡性，世界各个国家和地区已经越来越难以依靠本国的资源来满足其国内的需求。以石油贸易为例，世界石油贸易量由1985年的12.2亿t增加到2003年的21.8亿t，年均增长率约为3.46%。初步估计，世界石油净进口量将逐渐增加，预计 2020 年日进口量将达 4080 万桶，2025 年日进口量将达到 4850 万桶。世界能源供应与消费的全球化进程将加快，世界主要能源生产国和能源消费国将积极加入到能源供需市场的全球化进程中。

总之，世界能源总的发展趋势是从高碳走向低碳，从低效走向高效，从不清洁走向清洁，从不可持续走向可持续。

复习与思考

1. 什么是能源？能源是如何划分的？
2. 我国的能源特点与存在的问题是什么？
3. 以化石燃料为例，试述能源开发利用过程中对环境的影响。
4. 什么是清洁能源？清洁能源主要包括哪些种类？
5. 简述中国能源发展战略和主要对策。
6. 世界能源发展呈现哪些趋势？

第5章　大气污染及其防治

5.1　大气污染概述

大气是包围地球的空气，通常又称为大气层或大气圈。像鱼类生活在水中一样，我们人类生活在地球大气的底部，并且一刻也离不开大气。大气为地球生命的繁衍和人类的发展提供了理想的环境。大气环境的状态和变化，时时处处影响着人类的生存、活动以及人类社会的发展。由于工业、交通的迅速发展，人口的急剧增加和城市化进程的加快，人类正不断地面临着大气污染的困扰。从早期工矿区和城市地区的大气污染，发展到目前全球性大气环境问题，特别是随着人们对生活质量要求的不断提高，对大气环境质量的要求也越来越高，大气环境污染防治已成为当代人类的一项重要工作。

5.1.1　大气污染的定义和大气污染源

1. 大气污染的定义

国际标准化组织(ISO)的定义是："大气污染通常是指由于人类活动或自然过程引起某些物质进入大气中，呈现出足够的浓度，达到足够的时间，并因此危害了人体的舒适、健康和福利，或危害了环境的现象。"人体舒适、健康的危害，包括人体正常生理机能的影响，引起急性病、慢性病，甚至死亡等，而福利，则包括与人类协调并共存的生物、自然资源，以及财产、器物等。

"定义"指明了造成大气污染的原因是人类活动和自然过程。自然过程包括火山活动、森林火灾、海啸、土壤和岩石的风化、雷电、动植物尸体的腐烂以及大气圈空气的运动等。但是，由自然过程引起的空气污染，通过自然环境的自净化作用(如稀释、沉降、雨水冲洗、地面吸附、植物吸收等物理、化学及生物机能)，一般经过一段时间后会自动消除，能维持生态系统的平衡，因而，大气污染主要是由于人类的生产与生活活动向大气中排放的污染物质，在大气中积累，超过了环境的自净能力而造成的。

"定义"还指明了形成大气污染的必要条件，即污染物在大气中要含有足够的浓度，并在此浓度下对受体作用足够的时间。在此条件下对受体及环境产生了危害，造成了后果。大气中有害物质的浓度越高，污染就越重，危害也就越大。污染物在大气中的浓度，除了取决于排放的总量外，还同排放源高度、气象和地形等因素有关。

按照大气污染的范围，大气污染可分为下列三种类型。

(1) 局地性的大气污染：即在较小的空间尺度内(如厂区，或者一个城市)产生的大气污染问题，在该范围内造成影响，并可以通过该范围内的控制措施加以解决的局部污染。

(2) 区域性的大气污染：即跨越城市乃至国家的行政边界的大气污染，需要通过各行政单元间相互协作才能解决的大气环境问题，如北美洲、欧洲和东亚地区的酸沉降、大气棕色云等。

(3) 全球性的大气污染：即涉及整个地球大气层的大气环境问题，如臭氧层被破坏以及温室效应等。

2. 大气污染源

大气污染源可分为两类：天然源和人为源。天然源是指自然界自行向大气环境排放物质的场所。人为源是指人类的生产活动和生活活动所形成的污染源。自然环境具有的物理、化学和生物功能（自然环境的自净作用），能够使自然过程所造成的大气污染经过一定时间后自动消除，大气环境质量能够自动恢复。一般而言，大气污染主要是人类活动造成的。

为了满足污染调查、环境评价、污染物治理等不同方面的需要，对人工源进行了多种分类。

(1) 按污染源存在形式分。

固定污染源：排放污染物的装置、所处位置固定，如火力发电厂、烟囱、炉灶等。

移动污染源：排放污染物的装置、所处位置是移动的，如汽车、火车、轮船等。

(2) 按污染物的排放形式分。

点源：集中在一点或在可当作一点的小范围内排放污染物，如烟囱。

线源：沿着一条线排放污染物，如汽车、火车等的排气。

面源：在一个大范围内排放污染物，如成片的民用炉灶、工业炉窑等。

(3) 按污染物排放空间分。

高架源：在距地面一定高度上排放污染物，如烟囱。

地面源：在地面上排放污染物。

(4) 按污染物排放时间分。

连续源：连续排放污染物，如火力发电厂的排烟。

间断源：间歇排放污染物，如某些间歇生产过程的排气。

瞬时源：无规律地短时间排放污染物，如事故排放。

(5) 按污染物发生类型分。

工业污染源：主要包括工业用燃料燃烧排放的废气及工业生产过程的排气等。

农业污染源：农用燃料燃烧的废气、某些有机氯农药对大气的污染，施用的氮肥分解产生的 NO_x。

生活污染源：民用炉灶及取暖锅炉燃煤排放的污染物，焚烧城市垃圾的废气，城市垃圾在堆放过程中由于厌氧分解排出的有害污染物。

交通污染源：交通运输工具燃烧燃料排放的污染物。

5.1.2 大气污染物及其危害

大气污染物是指由于人类活动或自然过程排入大气，并对人和环境产生有害影响的物质。

大气污染物种类很多，按其来源可分为一次污染物与二次污染物。一次污染物是指直接从污染源排出的原始物质，进入大气后其性质没有发生变化，如 SO_2、CO 等。若由污染源直接排出的一次污染物与大气中原有成分，或几种一次污染物之间，发生了一系列的化学变化或光化学反应，形成了与原污染物性质不同的新污染物，则所形成的新污染物称为二次污染物，如硫酸烟雾和光化学烟雾。

大气污染物按其存在的形态则可分为两大类：颗粒污染物与气态污染物。

1. 颗粒污染物及其危害

进入大气的固体粒子和液体粒子均属于颗粒污染物。对颗粒污染物可作如下分类：

(1) 粉尘。粉尘是指悬浮于气体介质中的小固体颗粒，受重力作用能发生沉降，但在一段时间内能保持悬浮状态。它通常是由于固体物质的破碎、研磨、分级、输送等机械过程，或土壤、岩石的风化等自然过程形成的。颗粒的状态往往是不规则的。颗粒的尺寸范围一般为1～200μm。属于粉尘类的大气污染物的种类很多，如黏土粉尘、石英粉尘、粉煤、水泥粉尘、各种金属粉尘等。

(2) 烟。烟一般是指由冶金过程形成的固体颗粒气溶胶。它是由熔融物质挥发后生成的气态物质的冷凝物，在生成过程中总是伴有诸如氧化之类的化学反应。烟颗粒的尺寸很小，一般为0.01～1μm。产生烟是一种较为普遍的现象，如有色金属冶炼过程中产生的氧化铅烟、氧化锌烟，在核燃料后处理场中的氧化钙烟等。

(3) 飞灰。飞灰是指随燃料燃烧产生的烟气排出的分散较细的灰分。

(4) 黑烟。黑烟一般是指由燃料燃烧产生的能见气溶胶。

(5) 雾。雾是气体中液滴悬浮体的总称。在气象中指造成能见度小于1km的小水滴悬浮体。

在我国的环境空气质量标准中，根据颗粒物粒径的大小，将颗粒态污染物分为总悬浮颗粒物(TSP)、可吸入颗粒物(PM_{10})和细颗粒物($PM_{2.5}$)三种类型。总悬浮颗粒物指悬浮在空气中，空气动力学当量直径≤100μm的颗粒物。可吸入颗粒物指悬浮在空气中，空气动力学当量直径≤10μm的颗粒物。细颗粒物指悬浮在空气中，空气动力学当量直径≤2.5μm的颗粒物。

颗粒物对人体健康危害很大，其危害主要取决于大气中颗粒物的浓度和人体在其中暴露的时间。研究数据表明，因上呼吸道感染、心脏病、支气管炎、气喘、肺炎、肺气肿等疾病而到医院就诊人数的增加与大气中颗粒物浓度的增加是相关的。患呼吸道疾病和心脏病老人的死亡率，在颗粒物浓度一连几天异常高的时期内会有所增加。暴露在合并有其他污染物(如SO_2)的颗粒物中所造成的健康危害，要比分别暴露在单一污染物中严重得多。表5-1中列举了颗粒物浓度与其产生的影响之间关系的有关数据。

表5-1 观察到的颗粒物的影响

颗粒物浓度/(mg/m^3)	测量时间及合并污染物	影响
0.06～0.18	年度几何平均，SO_2和水分	加快钢和锌板的腐蚀
0.15	相对湿度<70%	能见度缩短到8km
0.10～0.15		直射日光减少1/3
0.08～0.10	硫酸盐水平30mg/(cm^2·月)	50岁以上的人死亡率增加
0.10～0.13	SO_2>0.12mg/m^3	儿童呼吸道发病率增加
0.20	24h平均值，SO_2>0.25mg/m^3	工人因病未上班人数增加
0.30	24h最大值，SO_2>0.63mg/m^3	慢性支气管炎患者可能出现急性恶化的症状
0.75	24h平均值，SO_2>0.715mg/m^3	患者数量明显增加，可能发生大量死亡

颗粒物粒径大小是危害人体健康的另一重要因素，它主要表现在两个方面。

(1) 粒径越小，越不易沉积，长时间漂浮在大气中容易被吸入体内，且容易深入肺部。一般粒径在100μm以上的尘粒会很快在大气中沉降，10μm以上的尘粒可以滞留在呼吸道中；5～10μm的尘粒大部分会在呼吸道沉积，被分泌的黏液吸附，可以随痰排出；小于5μm的尘粒能深入肺部，0.01～0.1μm的尘粒，50%以上将沉积在肺腔中，引起各种尘肺病。

(2) 粒径越小，粉尘比表面积越大，物理、化学活性越高，加剧生理效应的发生与发展。此外，尘粒的表面可以吸附空气中的各种有害气体及其他污染物，而成为它们的载体，如可以承载致癌物质苯并[a]芘及细菌等。

2. 气态污染物及其危害

(1) 一次污染物。

以气体形态进入大气的污染物称为气态污染物。气态污染物种类极多,按其对我国大气环境的危害大小,主要分为五种类型。

①含硫化合物。含硫化合物主要是指 SO_2、SO_3 和 H_2S 等,其中以 SO_2 的数量最多,对人类和环境危害也最大,SO_2 是形成酸雨的重要污染气体,是影响大气质量的最主要的气态污染物。

SO_2 在空气中的浓度达到 0.3～1.0ppm 时,人们就会闻到一种气味。包括人类在内的各种动物,对 SO_2 的反应都表现为支气管收缩。一般认为,空气中 SO_2 浓度在 0.5ppm 以上时,对人体健康已有某种潜在性影响,1～3ppm 时多数人开始受到刺激,10ppm 时刺激加剧,个别人还会出现严重的支气管痉挛。

当大气中 SO_2 氧化形成硫酸和硫酸烟雾时,即使其浓度只相当于 SO_2 的 1/10,其刺激和危害也将显著增加。动物实验表明,硫酸烟雾引起的生理反应要比单一 SO_2 气体强 4～20 倍。

在自然界里,火山爆发能喷出大量的 SO_2,森林火灾也能使一定量的 SO_2 进入大气,但人为活动仍是大气中 SO_2 的主要来源。城市及其周围地区大气中 SO_2 主要来源于含硫燃料的燃烧。其中约有 60%来自煤的燃烧,30%左右来自石油燃烧和炼制过程。

②含氮化合物。含氮化合物种类很多,其中最主要的是 NO、NO_2、NH_3 等。

NO 毒性不大,但进入大气后可被缓慢地氧化成 NO_2,当大气中有 O_3 等强氧化剂存在时,或在催化剂作用下,其氧化速度会加快。NO 结合血红蛋白的能力比 CO 还强,容易造成人体缺氧。NO_2 是棕红色气体,其毒性约为 NO 的 5 倍,对呼吸器官有强烈的刺激作用。据实验表明,NO_2 会迅速破坏肺细胞,可能是哮喘病、肺气肿和肺癌的一种病因。环境空气中 NO_2 浓度低于 0.01ppm 时,儿童(2～3 周岁)支气管炎的发病率有所增加;NO_2 浓度为 1～3ppm 时,可闻到臭味;浓度为 13ppm 时,眼、鼻有急性刺激感;在浓度为 17ppm 的环境下,呼吸 10min,会使肺活量减少,肺部气流阻力增加。NO_x(NO、NO_2)与碳氢化合物混合时,在阳光照射下发生光化学反应生成光化学烟雾。光化学烟雾的成分是 PAN、O_3、醛类等光化学氧化剂,它的危害更加严重。

NO_x 是形成酸雨的主要物质之一,是大气环境中的另一个重要污染物。

天然排放的 NO_x 主要来自土壤、海洋中的有机物分解。人为活动排放的 NO_x 主要来自化石燃料的燃烧。燃烧过程产生的高温使氧分子(O_2)热解为原子,氧原子和空气中的氮分子(N_2)反应生成 NO。城市大气中的 NO_x 一般有 2/3 来自汽车等流动源的排放,1/3 来自固定源的排放。无论是流动源还是固定源,燃烧产生的 NO_x 主要是 NO,占 90%以上;NO_2 的数量很少,占 0.5%～10%。在适宜的条件下,NO 可以转化为 NO_2。

③ 碳氧化合物。污染大气的碳氧化合物主要是 CO 和 CO_2。

CO 是一种窒息性气体,进入大气后,由于大气的扩散稀释作用和氧化作用,一般不会造成危害。但在城市冬季采暖季节或在交通繁忙的十字路口,当气象条件不利于排气扩散时,CO 的浓度有可能达到危害人体健康的水平。如在 CO 浓度 10～15ppm 下暴露 8h 或更长时间,有些人对时间间隔的辨别力就会受到损害。这种浓度范围是白天商业区街道上的普遍现象。在 30ppm 浓度下暴露 8h 或更长时间,会造成损害,出现呆滞现象。一般认为,CO 浓度为

100ppm 是一定年龄范围内健康人暴露 8h 的工业安全上限。CO 浓度达到 100ppm 以上时，多数人感觉眩晕、头痛和倦怠。

大气中的 CO 主要来源于内燃机的排气和锅炉中化石燃料的燃烧。缺氧燃烧会生成大量的 CO，供氧量越低，产生的 CO 量就越大。汽车尾气排放的 CO 约占全球 CO 排放总量的 50%。

CO_2 是无毒气体，但当其在大气中的浓度过高时，会使氧气含量相对减少，对人会产生不良影响。在大气污染问题中，CO_2 之所以引起人们的普遍关注，原因在于 CO_2 是一种重要的温室气体，能够导致温室效应的发生，从而引发一系列全球性的气候变化。CO_2 的主要来源是生物的呼吸作用和化石燃料的燃烧过程。

④ 碳氢化合物。此处主要是指有机废气。有机废气中的许多组分构成了对大气的污染，如烃、醇、酮、酯、胺等。

大气中的挥发性有机化合物（VOC），一般是 C_1～C_{10}化合物，它不完全等同于严格意义上的碳氢化合物，因为它除含有碳原子和氢原子以外，还常含有氧、氮和硫的原子。甲烷被认为是一种非活性烃，所以人们总以非甲烷烃类（NMHC）的形式来报道环境中烃的浓度。特别是多环芳烃（PAH）中的苯并[a]芘（B[a]P）是强致癌物质，因而成为大气受 PAH 污染的依据。苯并[a]芘主要通过呼吸道侵入肺部，并引起肺癌。实验数据表明，肺癌与大气污染、苯并[a]芘含量的相关性是显著的。从世界范围看，城市肺癌死亡率约比农村高 2 倍，有的城市高达 9 倍。

大气中大部分碳氢化合物来自于植物的分解作用，人类活动的主要来源是石油燃料的不充分燃烧和化工生产过程等，其中汽车尾气是碳氢化合物主要的来源之一。

⑤ 卤素化合物。对大气构成污染的卤素化合物，主要是含氯化合物及含氟化合物，如 HCl、HF、SiF_4 等。HCl 和 HF 都是强酸性气体，无论是对人体健康还是对生态环境都会造成不利的影响，但其在环境中造成影响的范围是有限的，因此其危害性也是局限的。

（2）二次污染物。

气态污染物从污染源排入大气，可以直接对大气造成污染，同时还经过反应形成二次污染物。主要气态污染物和其所形成的二次污染物种类见表 5-2。

表 5-2　气体状态大气污染物的种类

污染物	一次污染物	二次污染物	污染物	一次污染物	二次污染物
含硫化合物	SO_2、H_2S	SO_3、H_2SO_4、MSO_4	碳氢化合物	C_mH_n	醛、酮等
含氮化合物	NO、NO_2	NO_2、HNO_3、MNO_3、O_3	卤素化合物	HF、HCl	无
碳氧化合物	CO、CO_2	无			

注：M 代表金属离子。

二次污染物中危害最大，也最受人们普遍重视的是硫酸烟雾和光化学烟雾。

①硫酸烟雾。因为其最早发生在英国伦敦，也称为伦敦型烟雾。硫酸烟雾是还原型烟雾是大气中的 SO_2 等硫氧化物，在有水雾、含有重金属的悬浮颗粒物或氮氧化物存在时，发生一系列化学或光化学反应而生成的硫酸雾或硫酸盐气溶胶。这种污染一般发生在冬季、气温低、湿度高和日光弱的天气条件下。硫酸烟雾引起的刺激作用和生理反应等危害要比 SO_2 气体大得多。

②光化学烟雾。1946 年美国洛杉矶首先发生严重的光化学烟雾事件，故又称洛杉矶型烟

雾。光化学烟雾是氧化型烟雾,是在阳光照射下,大气中的氮氧化物和碳氢化合物等污染物发生一系列光化学反应而生成的蓝色烟雾(有时带些紫色或黄褐色)。其主要成分有臭氧、过氧乙酰硝酸酯(PAN)、酮类和醛类等。光化学烟雾的刺激性和危害比一次污染物强烈得多。

5.2　大气污染物的扩散

大气污染物自污染源排出后,在到达受体之前,要经过大气输送和稀释扩散过程。排入大气中的有害物质可以向大气中低浓度区域迁移,从而使有害物质浓度不断降低。由污染源排放到大气中的污染物在迁移和扩散过程中要受到各种因素的影响,主要有污染源参数、气象条件和下垫面状况等。

源参数是指污染源排放污染物的数量、组成、排放源的密集程度及位置等。它是影响大气污染的重要因素,它决定了进入大气的污染物的量和所涉及的范围。气象条件决定大气对污染物的稀释扩散速率和迁移转化的途径。下垫面是指大气底层接触面的性质、地形及建筑物的构成情况。下垫面状况不同会影响到气流的运动,同时也直接影响当地的气象条件,因此同样会对大气污染物的扩散造成影响。

在大气污染监测工作中,经常发现源参数不变的同一污染源,在有利于稀释扩散的气象条件下,不会造成太大的污染问题;而在不利于污染物扩散的气象条件下,则会产生严重的大气污染。20世纪几次著名的大气污染事件都是在特定的、不利于污染物稀释扩散的气象条件下发生的。因此,了解并掌握污染物在大气中迁移扩散的规律及影响因素,对于大气污染综合防治、大气环境规划与评价等工作都具有重要意义。

5.2.1　影响大气污染物扩散的气象因素

影响大气扩散稀释能力的主要因素有气象动力因子和气象热力因子。

1. 气象动力因子

气象动力因子主要是指风和湍流,风和湍流对污染物在大气中的扩散和稀释起着决定性作用。

(1) 风。

大气的水平运动称为风,风是向量,以风向和风速两个基本要素来描述。风可使污染物向下风向输送、扩散和稀释。风速和风向都能影响到大气污染物的扩散。一般,风速越大,对污染物的输送、扩散能力越强。但另一方面,风速越大,烟羽的抬升高度越低,反而会增加地面污染物浓度,同时风速增大还可能增加开放性污染源的源强,所以风速对大气污染物环境浓度具有双向影响。风向决定迁移运动的方向,在污染源下风向污染总是要重一些,所以风向也是影响大气污染物扩散的重要因素。为了反映风向和风速的联合作用,通常以污染系数(风向频率/平均风速)来分析当地各水平方向上的扩散能力,也可绘制污染系数玫瑰图来直观表达(图5-1)。污染系数越大说明该风向的下风向扩散能力越差,可能造成严重污染。

(2) 湍流。

大气除了整体水平运动以外,还存在着不同于主流方向的各种不同尺度的次生运动或漩涡运动,我们把这种极不规则的大气运动称为湍流。大气湍流与大气的热力因子如大气的垂直稳定度有关,又与近地面的风速和下垫面等机械因素有关。前者所形成的湍流称为热力湍流,后者所形成的湍流称为机械湍流,大气湍流就是这两种湍流综合作用的结果。大气湍流以近地层大气表现最为突出。

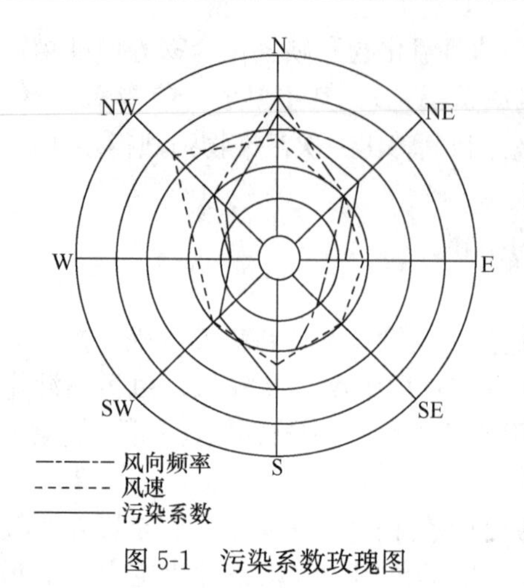

图 5-1　污染系数玫瑰图

大气的湍流运动造成湍流场中各部分之间的强烈混合。当污染物由污染源排入大气中时,高浓度部分污染物又与湍流混合,不断被清洁空气渗入,同时又无规则地分散到其他方向,使污染物不断地被稀释、冲淡。

风和湍流是决定污染物在大气中扩散状况的最直接的因子,也是最本质的因子,是决定污染物扩散快慢的决定性因素。风速越大,湍流越强,污染物扩散稀释的速率就越快。因此凡是有利于增大风速、增强湍流的气象条件,都有利于污染物的稀释扩散,否则,将会使污染加重。

2. 气象热力因子

气象热力因子主要是指大气的温度层结及大气稳定度等。

(1) 大气的温度层结与逆温。

大气的温度层结是指在地球表面上方大气的温度随高度变化的情况,或者说是在垂直地球表面方向上的气温分布。气温的垂直分布决定着大气的稳定度,而大气的稳定度又影响着湍流的强度,因而温度层结与大气污染有十分密切的联系。

在大气圈的对流层内,气温垂直变化的规律是随高度的增加而逐渐降低。这是因为,大气直接吸收太阳辐射能造成的增温没有地面辐射造成的增温显著,地面是大气的主要增温热源,所以在正常的气象条件时,近地面的温度比上层高。此外,对于吸收地面辐射能较强的水蒸气和固体颗粒物,在大气中的分布是随高度的增加而减少,这也是近地面层的温度比上层高的原因。

气温随高度的变化通常用气温垂直递减率(γ)来表示(图 5-2 中的实线所示)。气温垂直递减率的含义是:在垂直于地球表面方向上,高度每增加 100m 气温的变化值。对于标准大气状况下对流层中的 γ 值,下层为 0.3～0.4℃/100m;中层为 0.5～0.6℃/100m;上层为 0.65～0.75℃/100m。整个对流层的气温垂直递减率平均值约为 0.65℃/100m。但实际上,近地面低层大气的气温垂直变化比标准大气状况要复杂得多。由于气象条件不同,气温垂直递减率可大于零、等于零或小于零。大于零表示气温随高度增加而降低;等于零表示气温不随高度增加而变化(或称等温层);小于零表示气温随高度增加而增加,简称逆温。出现逆温的大气层称为逆温层,逆温层至地面的距离下限称为逆温高度,上下限的温度差称为逆温强度。

根据逆温层出现的高度不同,可分为接地逆温层和上层逆温层(图 5-2)。根据逆温层发生的原因可分为辐射性逆温、下沉逆温、平流性逆温、锋面逆温、地形逆温五种类型。

① 辐射性逆温。

一般来说,在晴朗、少云、风小的夜间,地面强烈的辐射使地面和近地面的大气层迅速降温,而上层大气降温较慢,出现了从地面起上高下低的温度分布,形成逆温。这种逆温是地面辐射形成的因而称为辐射性逆温。日出后,太阳辐射逐渐增强,地面逐渐增温,空气也自下而上增温,逆温也会逐渐消失。辐射性逆温全年都可出现,它的厚度可从几米到二三百米。

② 下沉逆温。

下沉逆温是由于空气的下沉压缩增温形成的。下沉逆温持续时间长、范围宽、厚度大,特别是在冬季,若与辐射性逆温结合在一起,会形成很厚的逆温层,对高架污染源污染物的扩散影响很大。

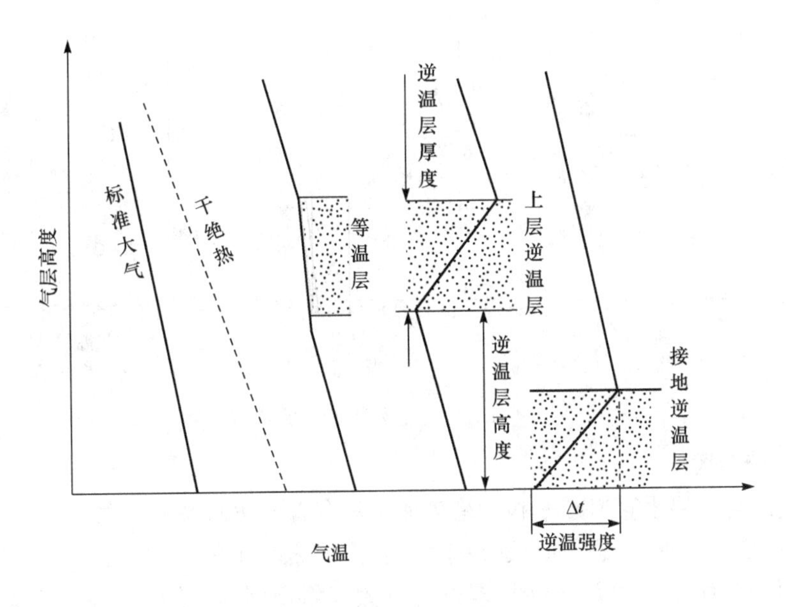

图5-2　气温垂直递减率

③ 平流性逆温。

当暖空气平流到冷空气上面时，会形成下低上高的温度分布而形成逆温，这种逆温称为平流性逆温。

④ 锋面逆温。

在对流层中，冷暖空气相遇时，暖空气密度小，会爬升到冷空气的上面，形成倾斜的过渡区，称为锋面。锋面处冷暖空气温度差较大，即可在冷气团范围内的不同高度处形成逆温，称为锋面逆温。

⑤ 地形逆温。

地形逆温是由于局部地区的地形而形成的。这种逆温常发生在盆地、谷地中。日落后由于山坡散热较快，使坡面上的大气温度比盆地、谷地中的大气温度低。坡面上的冷空气沿坡下沉，使盆地、谷地中温度较高的暖空气抬升，从而形成逆温。

逆温的出现将阻止气团的上升运动，使逆温层以下的污染物不能穿过逆温层，只能在其下方扩散，因此可能造成高浓度污染。很多空气污染事件都发生在有逆温的静风的条件下，故对逆温现象必须予以高度重视。

(2) 气温的干绝热递减率。

在物理学上，若一系统在与周围物体没有热量交换而进行状态变化时，称为绝热变化。状态变化所经历的过程称为绝热过程。在绝热过程中系统的状态变化及对外做功是靠系统的内能变化来达到的。系统某状态时的内能与绝对温度成正比，一定状态下的内能可由温度来度量。若取大气中一气块做垂直运动，气块因上升或下降而引起膨胀、压缩，由膨胀或压缩所引起的温度变化，比和外界交换热量所引起的温度变化大得多。理论和实践都证明，对于一个干燥或未饱和的湿空气气块，在大气中绝热上升每100m要降温0.98℃，气块在大气中下降100m，气块升温0.98℃，通常可近似取为1℃/100m。而这个现象与周围的温度无关，并被称为气温的干绝热递减率，用γ_d(1℃/100m)表示，如图5-3中虚线所示。

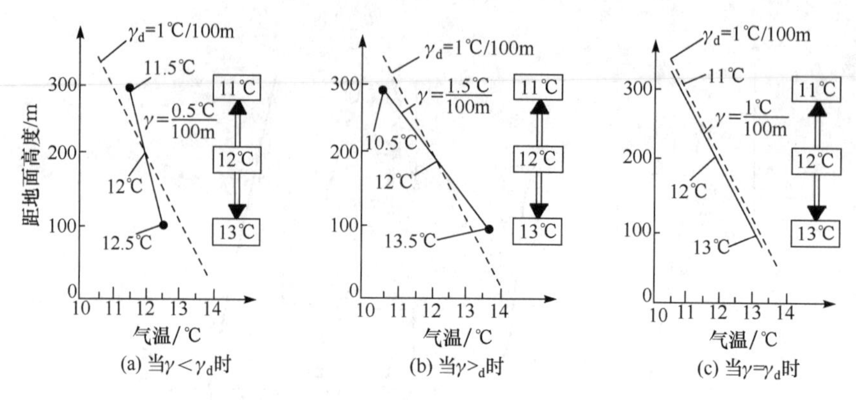

图 5-3　大气稳定度判断图

(3) 大气稳定度。

大气稳定度与气温垂直递减率和干绝热递减率有着密切的关系。大气垂直运动的增强或减弱,即大气稳定度取决于气温垂直递减率(γ)和干绝热递减率(γ_d)之对比。

下面以图 5-3 为例,用气块(气团)理论讨论大气稳定度的判别问题。用气块理论判别大气稳定度就是在大气中假想割取出与外界绝热密闭的气块,根据其受外力作用产生垂直方向运动时,此气块在大气中所处的运动状态来判别大气的稳定度。

首先判断当 $\gamma<\gamma_d$ 时大气稳定度。如图 5-3(a)所示。已知距地面 100m 高度处的大气温度为 12.5℃,200m 处为 12℃,300m 处为 11.5℃[即 γ(0.5℃/100m)<γ_d(1℃/100m)]。假如由于某种气象因素作用,迫使大气做垂直运动,如把 200m 处割取的绝热气块(此气块温度为 12℃)推举到 300m 处,由于上升气块的内部压强大于外部大气的压强,所以气块在上升过程中不断地进行绝热膨胀,气块内部的温度将按 γ_d=1℃/100m 的递减率下降到 11℃。则此时,在 300m 处气块内部温度为 11℃,气块外部的大气温度为 11.5℃。气块内部的气体密度大于外部大气的密度,于是气块的重力大于外部的浮升力。也就是说,受外力推举上升的气块总是要下沉,力争恢复到原来的位置。同理,在上述条件下,假定由于某种气象因素,迫使大气向下运动,如把 200m 处割出的气块压下到 100m 处,由于压下的气块内部压强小于外部大气的压强,所以在向下运动过程中,不断地受到绝热压缩,气块内部的温度将以 γ_d=1℃/100m 升温率上升到 13℃。这时气块内部温度为 13℃,而气块外部的大气温度为 12.5℃,气块内部的气体密度小于外部大气的密度,气块将受外部大气浮升力的影响,将气块推回到原来的位置。从上面的分析不难看出,当 $\gamma<\gamma_d$ 时,无论有哪种气象因素使大气做垂直上下运动,它都是力争恢复到原来状态。大气的这种状态称为稳定状态。

图 5-3(b)表示当 $\gamma>\gamma_d$ 时的大气稳定状态,如果使气块受外力作用,从 200m 上升到 300m 时,气块比周围大气轻,因受气块外部的大气浮升力作用,使它继续上升;反之,当气块受外力作用下降到 100m 处,由于气块内部的温度低于外部的大气温度,气块将继续下降。总之,在 $\gamma>\gamma_d$ 时,无论由哪种气象因素使大气做垂直上下运动,它的运动趋势总是远离平衡位置。大气的这种状态称为不稳定状态。

图 5-3(c)表示当 $\gamma=\gamma_d$ 时的大气稳定状态,气块因受外力作用上升或下降,气块内的温度与外部的大气温度始终保持相等,气块被推到哪里就停留在哪里。这时的大气状态称为中性状态。

当大气处于稳定状态时湍流受到抑制,大气对污染物的扩散稀释能力弱;当大气处于不稳定状态时,湍流得到充分发展,扩散稀释能力增强。

(4) 稳定度的判断。

近地层大气垂直稳定度可简单用下述方法来判断：

$\gamma>0$ 时，即大气的垂直温度随高度增加而降低时，大气为不稳定状态。

$\gamma<0$ 时，即大气的垂直温度随高度增加而增加时，呈现出逆温，这时大气是稳定的。温度随高度增加得越剧烈，则大气越稳定。

$\gamma=0$ 时，大气的温度不随高度而变化，可认为大气处于中性状态。

大气的污染状况与大气稳定度有着密切的关系。为了能直观地说明大气稳定度对污染物扩散的影响，可举一个高架源连续排放烟云的例子作一说明。高架源排烟的烟云可有 5 种类型，如图 5-4 所示。这些烟云发生的原因和特点见表 5-3。

表 5-3　烟型及其发生原因和特点

烟型	特点	大气状况	发生条件	与风湍流关系	地面污染状况
翻卷型(波浪型)	烟云由连续及孤立的烟团所组成 烟云在上下左右方向上摆动很大，扩散速度较快、烟云呈剧烈翻卷，烟团向下风向输送	$\gamma>0$ $\gamma>\gamma_d$ 大气处于不稳定状态，对流强烈	多出现于太阳光较强的晴朗中午	伴随较强的热扩散、微风	由于扩散速度快，靠近污染源地区污染物落地浓度高，对附近居民有害，一般不会造成烟雾事件
锥型	烟云离开排放口一定距离后，云轴仍基本上保持水平，外形似一个椭圆锥，烟云比翻卷型规则，扩散能力比翻卷型弱	$\gamma>0$ $\gamma=\gamma_d$ 大气处于中性或弱稳定状态	多出现于多云或阴天的白天，强风的夜晚或冬季夜间	高空风较大，扩散主要靠热和动力因子的作用	扩散速度比翻卷型低，落地浓度也比翻卷型低，污染物输送得较远
扇型(长带型)	烟云在垂直方向上扩散速度很小，烟云的厚度在风向方向上变化不大，在水平方向上有缓慢扩散	$\gamma<0$ $\gamma<\gamma_d$ 出现逆温层，大气处于稳定状态	多出现于弱晴朗的夜晚和早晨	微风，几乎无湍流发生	污染物可传送到较远的地方，遇山或高大建筑物阻拦时，污染物不易扩散稀释，在逆温层下的污染物浓度较大
屋脊型(上扬型)	烟云的下侧边缘清晰，呈平直状，而其上部出现湍流扩散	排出口上方：$\gamma>0$，$\gamma>\gamma_d$ 大气处于不稳定状态 排出口下方：$\gamma<0$，$\gamma<\gamma_d$ 大气处于稳定状态	多出现于日落后，因地面有辐射逆温，大气稳定。高空受冷空气影响大气不稳定	排出口上方有微风，伴有湍流；排出口下方，几乎无风，无湍流	如烟囱高度处于不稳定层时，烟气中污染物不向下扩散，只向上方扩散，这种烟型对地面污染较小
漫烟型(熏烟型)	与屋脊型相反，烟云上侧边缘清晰，呈平直状，烟云的下部有较强的湍流扩散，烟云上方有逆温层，从烟囱排出的烟云上升到一定程度就受到逆温层的控制	排出口上方：$\gamma<0$，$\gamma<\gamma_d$ 大气处于稳定状态 排出口下方：$\gamma>0$，$\gamma>\gamma_d$ 大气处于不稳定状态	日出后，地面低层空气被日照加热，使逆温自下而上逐渐破坏，但上部仍保持逆温	烟云的下部有明显的热扩散，烟云的上部热扩散很弱，风在烟云之间流动	当烟囱高度不能超过上部稳定气层时，烟云就好像被盖子盖住，烟云只能向下部扩散，像烟熏一样直扑地面，在靠近污染源附近污染物的浓度很高，地面污染严重

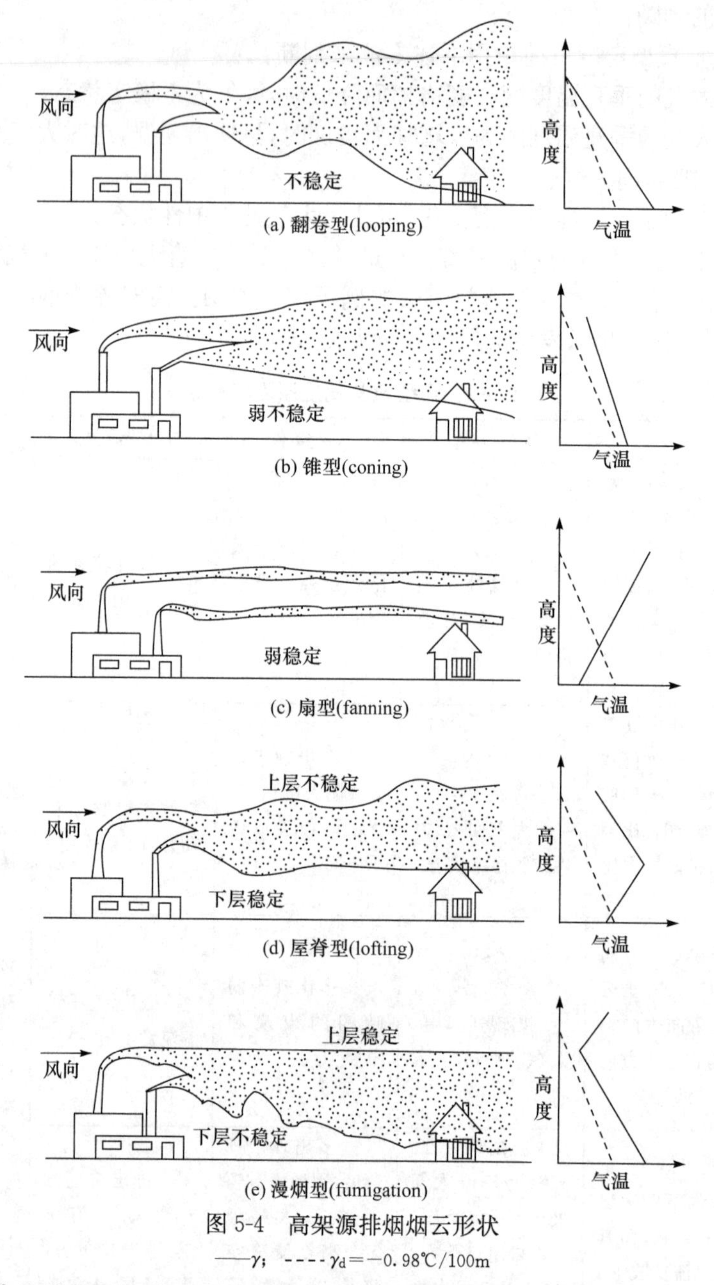

图 5-4　高架源排烟烟云形状

——γ；---- $\gamma_d=-0.98$℃/100m

5.2.2　大气污染物扩散与下垫面的关系

地形或地面情况的不同，即下垫面情况的不同，会影响该地区的气象条件，形成局部地区的热力环流，表现出独特的局地气象特征。除此之外，下垫面本身的机械作用也会影响气流的运动，如下垫面粗糙，湍流就可能较强，下垫面光滑平坦，湍流就可能较弱。因此下垫面通过影响该地的气象条件影响着污染物的扩散，同时也通过本身的机械作用，影响着污染物的扩散。

1. 城市下垫面的影响

城市下垫面以两种基本方式改变着局地的气象特征：一个是城市的热力效应，即城市热岛效应；一个是城市粗糙地面的动力效应。

（1）城市热岛效应。

城市是人口、工业高度集中的地区，由于人的活动和工业生产，城市温度比周围郊区温度高，这一现象称为城市热岛效应。由于城区温度比农村高，特别是低层空气温度比四周郊区空气温度高，于是城市地区热空气上升，并在高空向四周辐散，而四周郊区较冷的空气流过来补充，形成了城市特有的热力环流——热岛环流。这种现象在夜间、在晴朗平稳的天气下，表现得最为明显。图 5-5 就是这种环流的示意图。

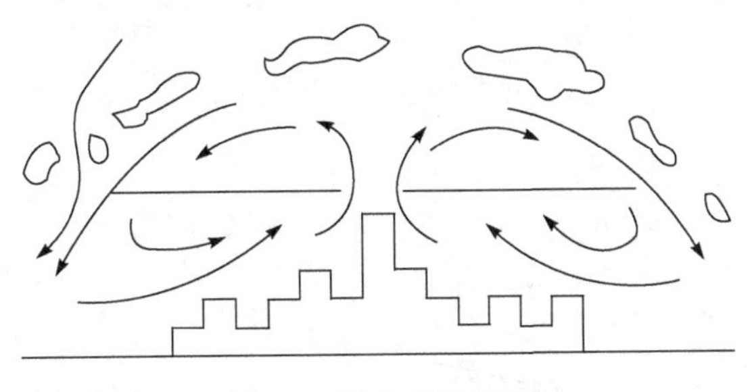

图 5-5　城市热岛环流

由于热岛环流的存在，城市郊区工厂所排放的污染物可由低层吹向市区，使市区污染物浓度升高。因此，在城市四周布置工业区时，要考虑热岛环流存在这一特点。

（2）动力效应。

城市下垫面粗糙度大，对气流产生了阻挡作用，使得气流的速度与方向变得很复杂，而且还能造成小尺度的涡流，阻碍烟气的迅速传输，不利于烟气扩散。这种影响的大小与建筑物的形状、大小、高矮及烟囱高度有关，烟囱越矮，影响越大。

2. 山区下垫面的影响

山区地形复杂，日照不均匀，使得各处近地层大气的增热与冷却的速度不同，因而形成了山区特有的局地热力环流，它们对大气污染物的扩散影响很大。

（1）过山气流。

气流过山时，在山坡迎风面造成上升气流，山脚处形成反向涡流；背风面造成下沉气流，山脚处形成回流区。污染源在山坡上风侧时，对迎风坡会造成污染，而在背风侧，污染物会被下沉气流带至地面，或在回流区内回旋积累，无法扩散出去，很容易造成高浓度污染。

（2）坡风和谷风。

晴朗的夜晚，由于坡地辐射冷却快，贴近山坡的冷而重的空气顺坡滑向谷底，形成下坡风。下坡风可将污染物带至地面，或聚集谷底、低地，形成厚而强的逆温层，阻滞污染物的扩散，形成严重的局地污染。

山谷各处的下坡风汇集谷底，形成一股速度较大、层次较厚的气流，流向平原或谷地下游，形成山风。白日情况与此相反，风从平原吹向山谷，形成谷风；从谷底吹向山坡，形成上坡风。

山谷风具有明显的日变化，如图 5-6 所示，大气污染也就具有了明显的日变化。

3. 水陆交界区的影响

水陆交界处（沿海、沿湖地带），经常出现海陆风。白天，地表受热后，陆地增温比海面快，因此陆地上的气温高于海面上的气温。陆地上的暖空气上升，并在上层流向海洋。而下层海面上的空气则由海洋流向陆地，形成海风。夜间，陆地散热快，海洋散热慢，形成和白天相反的热力环流，上层空气由海洋吹向陆地，而下层空气由陆地吹向海洋，即为陆风，如图 5-7 所示。

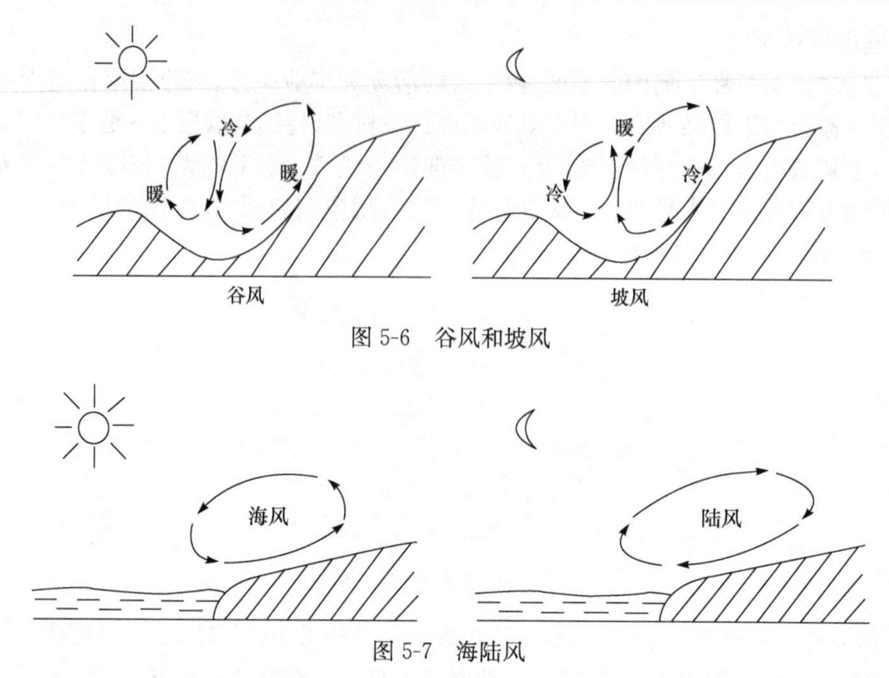

图 5-6　谷风和坡风

图 5-7　海陆风

海陆风的环状气流不能把污染物完全输送、扩散出去，当海陆风转换时，原来被陆风带走的污染物会被海风带回原地，形成重复污染。

5.3　大气污染综合防治

大气污染一般是由多种污染源造成的，其污染程度受该地区的地形、植被面积、气象条件、工业结构和布局、能源构成、交通管理等自然因素和社会因素所影响。因此，大气污染防治具有区域性、整体性和综合性的特点，在制定大气污染防治对策时，要充分考虑地区的环境特征，从地区的生态系统出发，对影响大气质量的多种因素进行系统的综合分析，找出最佳的对策和方案。

5.3.1　减少大气污染物的产生量和排放量

1. 实施清洁生产

很多污染是由生产工艺不能充分利用资源引起的。改进生产工艺是减少污染物产生的最经济有效的措施。生产中应从清洁生产工艺方面考虑，尽量采用无害或少害的原材料、清洁燃料，革新生产工艺，采用闭路循环工艺，提高原材料的利用率。加强生产管理，减少跑、冒、滴、漏等，容易产生扬尘的生产过程要尽量采用湿式作业、密闭运转。粉状物料的加工应尽量减少高差跌落和气流扰动。液体和粉状物料要采用管道输送，并防止泄漏。有条件的地方可以建立综合性工业基地，开展综合利用和“三废”资源化，减少污染物排放总量。

2. 调整能源结构，提高能源利用效率

煤炭、石油等污染型能源的消费是影响大气环境质量的最重要的因素。在我国，煤炭的消费量在一次能源消费总量中所占的比例约为 66.0%。煤炭消费是造成煤烟型大气污染的主要原因。据历年的资料估算，我国燃煤排放的二氧化硫占各类污染源排放的 87%，颗粒物占 60%，氮氧化物占 67%。随着我国机动车保有量的迅速增加，部分城市大气污染已经变成煤烟与机动车尾气混合型。因此，调整能源结构、增加清洁能源比例，是改善大气环境质量首先要考虑的重要方面。

我国目前发展的较为广泛的清洁能源包括：核电、太阳能、生物质能、水能、风能、地热能、潮汐能、煤层气、氢能等。因此可以逐步改变我国以煤为主的能源结构，因地制宜地建设水电、风电、太阳能发电、生物质能发电和核电等。在调整能源结构的同时，还要积极开展型煤、煤炭气化和液化、煤气化联合循环发电等煤炭清洁利用技术的应用。还应提高电力在能源最终消费中的份额，特别是把煤炭转化为电力后消费，对提高能源利用率和保护大气环境极为有利。

另外，中国能源利用效率低，单位产品能耗高，节能潜力很大，这也是减轻污染很有效的措施。因此，要采取有力措施，提高广大群众的节能意识，认真落实国家鼓励发展的通用节能技术：①推广热电联产、集中供热，提高热电机组的利用率，发展热能梯级利用技术，热、电、冷联产技术和热、电、煤气三联供技术，提高热能综合利用效率；②发展和推广适合国内煤种的流化床燃烧、无烟燃烧技术，通过改进燃烧装置和燃烧技术，提高煤炭利用效率，鼓励使用大容量、高参数、高效率、低能耗、低排放的节能环保型燃煤发电机组。

3. 调整优化产业结构，淘汰落后产能

应加大推动服务业特别是现代服务业发展力度，加快金融、物流、商贸、文化、旅游等产业发展，把推进产业结构调整与提高经济增长的质量和效益相结合，与改善大气环境质量相结合。由于经济结构发生重大转变，经济增长对能源需求的强度将会逐渐下降，可从产业结构调整上减排大气污染负荷。

在产业结构调整中，关停、并转高污染、高能耗和高危险企业或生产线，建立新开工项目管理部门联动机制和项目审批问责制，严格控制高耗能、高排放和产能过剩行业新上项目，进一步提高行业准入门槛。制定水泥、化工、石化、有色、造纸等行业落后产能淘汰计划并实施严格退出。对未按期淘汰的企业，依法吊销排污许可证、生产许可证和安全生产许可证。

严格落实《产业结构调整指导目录》，加快运用高新技术和先进适用技术改造提升传统产业，促进信息化和工业化深度融合，重点支持对产业升级带动作用大的重点项目和重污染企业搬迁改造。调整《加工贸易禁止类商品目录》，提高加工贸易准入门槛，促进加工贸易转型升级。合理引导企业兼并重组，提高产业集中度。

4. 对污染源进行治理

集中的污染源，如火力发电厂、大型锅炉、窑炉等，排气量大，污染物浓度高，设备封闭程度较高，废气便于集中处理后进行有组织地排放，比较容易使污染物对近地面的影响控制在允许范围内。主要的治理方法如下。

1）利用除尘装置去除废气中的烟尘和各种工业粉尘

除尘器种类繁多，依照除尘的主要机制可将其分为机械式除尘器、过滤式除尘器、湿式除尘器、静电除尘器四大类。

（1）机械式除尘器。

机械式除尘器是通过质量力的作用达到除尘目的的除尘装置。质量力包括重力、惯性力和离心力，主要除尘器形式为重力沉降室、惯性力除尘器和离心式除尘器。

① 重力沉降室。重力沉降室是利用粉尘与气体的密度不同，使含尘气体中的尘粒依靠自身的重力从气流中自然沉降下来，达到净化目的的一种装置。

重力沉降室是各种除尘器中最简单的一种，只能捕集粒径较大的尘粒，只对 50μm 以上的尘粒具有较好的捕集作用，因此除尘效率较低，只能作为初级除尘手段。

② 惯性力除尘器。利用粉尘与气体在运动中的惯性力不同，使粉尘从气流中分离出来的方法为惯性力除尘。常用方法是使含尘气流冲击在挡板上，气流方向发生急剧改变，气流中的

尘粒惯性较大，不能随气流急剧转弯，便从气流中分离出来(图 5-8)。

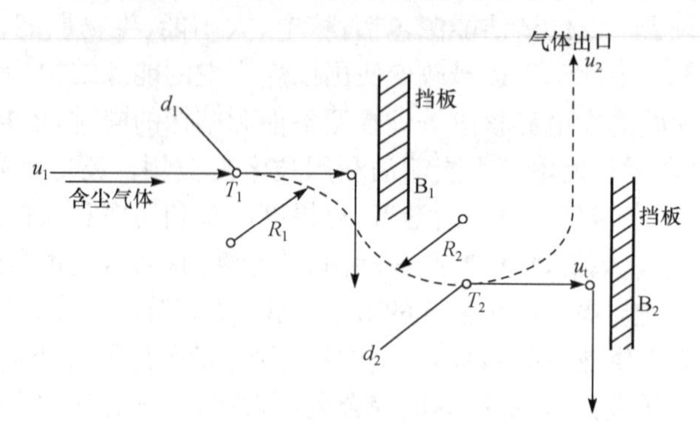

图 5-8　惯性力除尘器的分离机理

一般情况下，惯性力除尘器中的气流速度越高，气流方向转变角度越大，气流转换方向次数越多，对粉尘的净化效率越高，但压力损失也越大。

惯性除尘器适于非黏性、非纤维性粉尘的去除，设备结构简单，阻力较小，但其分离效率较低，为 50%～70%，只能捕集 10～20μm 的粗尘粒，故只能用于多级除尘中的第一级除尘。

③ 离心式除尘器。使含尘气流沿某一方向做连续的旋转运动，粒子在随气流旋转中获得离心力，使粒子从气流中分离出来的装置为离心式除尘器，也称为旋风除尘器(图 5-9)。

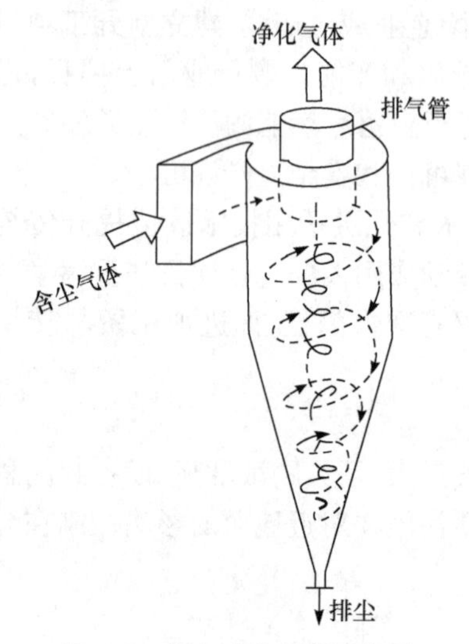

图 5-9　离心式除尘器示意图

在机械式除尘器中，离心式除尘器是效率最高的一种。它适用于非黏性、非纤维性粉尘的去除，对大于 5μm 以上的颗粒具有较高的去除效率，属于中效除尘器，除尘效率在 85%左右，且可用于高温烟气的净化，因此是应用广泛的一种除尘器。它多应用于锅炉烟气除尘、多级除尘及预除尘。它的主要缺点是对细小尘粒(<5μm)的去除效率较低。

(2) 过滤式除尘器。

过滤式除尘是使含尘气体通过多孔滤料，把气体中的尘粒截留下来，使气体得到净化的方法，有内部过滤与外部过滤两种形式。内部过滤是把松散多孔的滤料填充在框架内作为过滤层，尘粒是在滤层内部被捕集，如颗粒层过滤器就属于内部过滤器(图 5-10)。外部过滤是用纤维织物、滤纸等作为滤料，通过滤料的表面捕集尘粒。这种除尘方式的最典型的装置是袋式除尘器(图 5-11)，它是过滤式除尘器中应用最广泛的一种。

用棉、毛、有机纤维、无机纤维的纱线织成滤布，用此滤布做成的滤袋是袋式除尘器中最主要的滤尘部件，滤袋的捕尘是通过以下机制完成的。

① 筛滤作用。尘粒粒径大于滤料纤维的孔隙时，会被滤料拦截，从气流中筛滤出来；特别是粉尘在滤料上沉积到一定厚度后，形成了“粉尘初层”，这使得筛滤作用更为显著。粉尘层的存在是保证高除尘效率的关键因素。随着粉尘层的增厚，除尘效率不断提高，但气流通过阻力也不断加大，当粉尘积累到一定厚度后要进行清灰，以减少通过阻力。

② 惯性碰撞作用。粒径在 1μm 以上的粒子有较大的惯性。当气流遇到滤料等障碍物产生绕流时，粒子仍会因本身的惯性按原方向运动，与滤料相碰而被捕集。

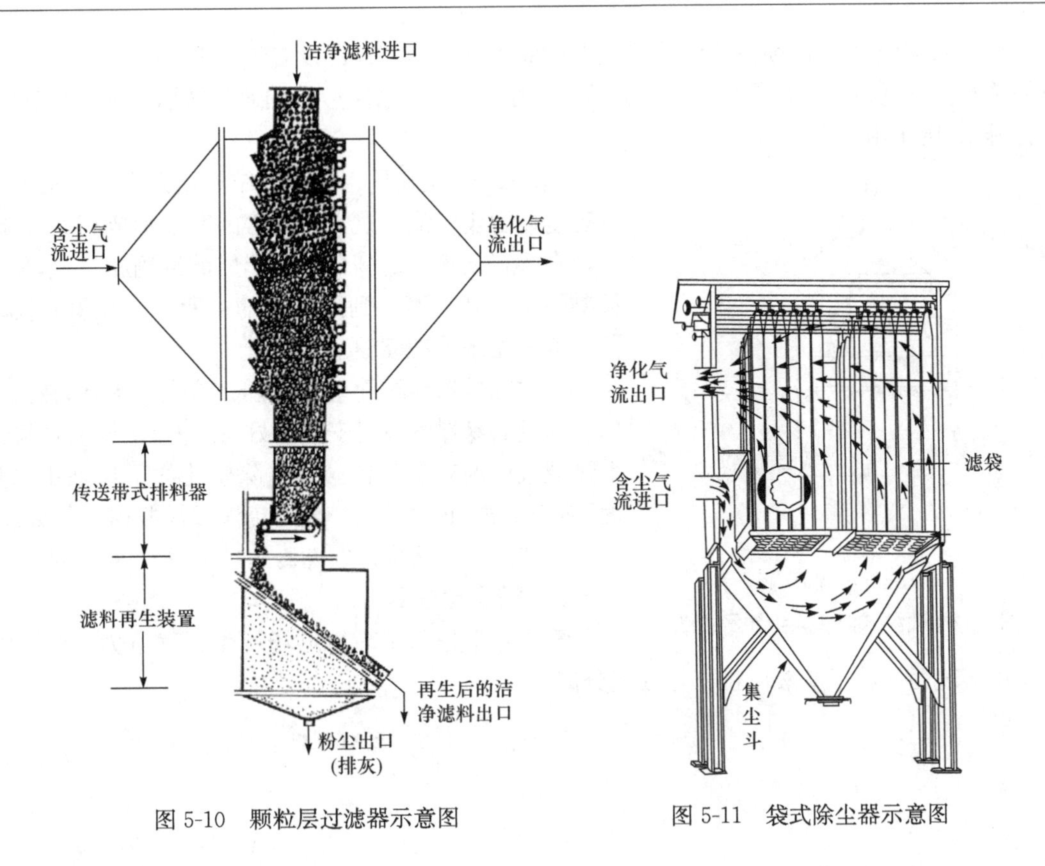

图 5-10　颗粒层过滤器示意图　　　　图 5-11　袋式除尘器示意图

③ 扩散作用。气流中粒径小于 1μm 的小尘粒，由于布朗运动或热运动与滤料表面接触而被捕集。

④ 静电作用。当滤布和粉尘带有电性相反的电荷时，由于静电引力，尘粒可被吸引到纤维上而捕获，但会影响到滤料的清扫。

⑤ 重力沉降作用。含尘气流进入除尘器后，因气流速度降低，大颗粒由于重力作用而沉降下来。

在袋式除尘器中，集尘过程的完成是上述各机制综合作用的结果。由于粉尘性质的不同、装置结构的不同及运行条件的不同，各种机理所起作用的重要性也就不会相同。

袋式除尘器广泛应用于各种工业废气除尘中，它属于高效除尘器，除尘效率大于 99%，对细粉尘有很强的捕集作用，对颗粒性质及气量适应性强，同时便于回收干料。袋式除尘器不适于处理含油、含水及黏结性粉尘，同时也不适于处理高温含尘气体，一般情况下被处理气体温度应低于 100℃。在处理高温烟气时需预先对烟气进行冷却降温。

(3) 湿式除尘器。

湿式除尘也称为洗涤除尘。该方法是利用液体所形成的液膜、液滴或气泡来洗涤含尘气体，尘粒随液体排出，气体得到净化。

由于洗涤液对多种气态污染物具有吸收作用，因此它既能净化废气中的固体颗粒物，又能同时脱除废气中的气态有害物质，这是其他类型除尘器所无法做到的。某些洗涤器也可以单独充当吸收器使用。

湿式除尘器种类很多，常用的有各种形式的喷淋塔、填料洗涤除尘器、泡沫除尘器和文丘里管洗涤器等。

图 5-12 给出典型的喷淋式湿式除尘器的装置示意图。顶部设有喷水器(也有的在塔身中下部装几排喷淋器),含尘气体由下方进入,与喷头洒下的水滴逆向相遇而被捕集,净化气体由上方排出,废水由下方排出。

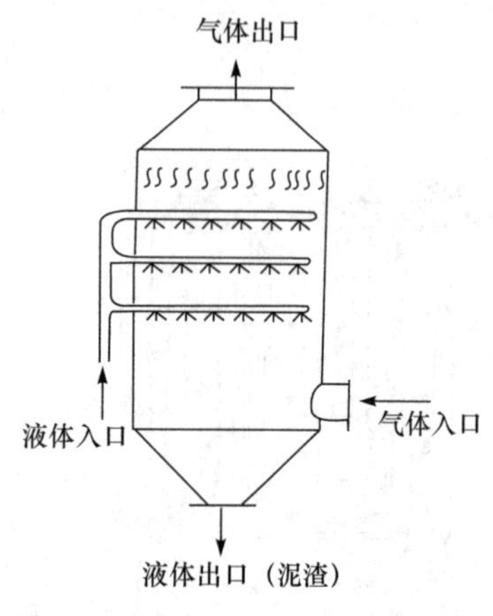

图 5-12　喷淋式湿式除尘器示意图

图 5-13 为文丘里管洗涤器结构示意图。它的除尘机理是使含尘气流经过文丘里管的喉径形成高速气流,并与在喉径处喷入的高压水所形成的液滴相碰撞,使尘粒黏附于液滴上而达到除尘目的。所以文丘里管洗涤器又称加压水式洗涤器。

湿式除尘器结构简单,造价低、除尘效率高,在处理高温、易燃、易爆气体时安全性好,在除尘的同时还可以去除废气中的有害气体。湿式除尘器的不足是用水量大,易产生腐蚀性液体,产生的废液或泥浆需进行处理,并可能造成二次污染。在寒冷地区和季节,易结冰。

(4) 静电除尘器。

静电除尘是利用高压电场产生的静电力(库仑力)的作用实现固体粒子或液体粒子与气流分离的方法。

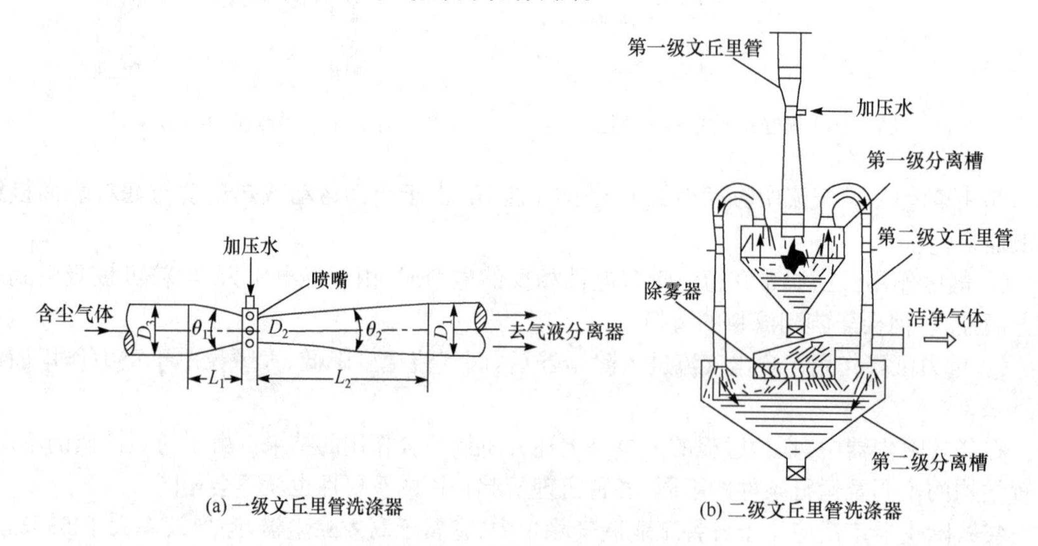

图 5-13　文丘里管洗涤器示意图

常用的静电除尘器有管式与板式两大类型,均是由放电极与集尘极组成。图 5-14 为管式电除尘器示意图。放电极为一用重锤绷直的细金属线,与直流高压电源相接;金属圆管的管壁为集尘极,与地相接。

含尘气体进入静电除尘器后,通过三个阶段达到除尘目的。

① 粒子荷电。在放电极与集尘极间施以很高的直流电压时,两极间形成一不均匀电场,放电极附近电场强度很大,集尘极附近电场强度很小。在电压加到一定值时,发生电晕放电,故放电极又称为电晕极。电晕放电时,生成的大量电子及阴离子在电场作用下,向集尘极迁移。在迁移过程中,中性气体分子很容易捕获这些电子或阴离子形成负气体离子,当这些带负电荷的气体离子与气流中的尘粒相撞并附着其上时,就使尘粒带上了负电荷,实现了粉尘粒子的荷电。

② 粒子沉降。荷电粉尘在电场中受库仑力的作用被驱往集尘极，经过一定时间到达集尘极表面，尘粒上的电荷便与集尘极上的电荷中和，尘粒放出电荷后沉积在集尘极表面。

③ 粒子清除。集尘极表面上的粉尘沉积到一定厚度时，用机械振打等方法，使其脱离集尘极表面，沉落到灰斗中。

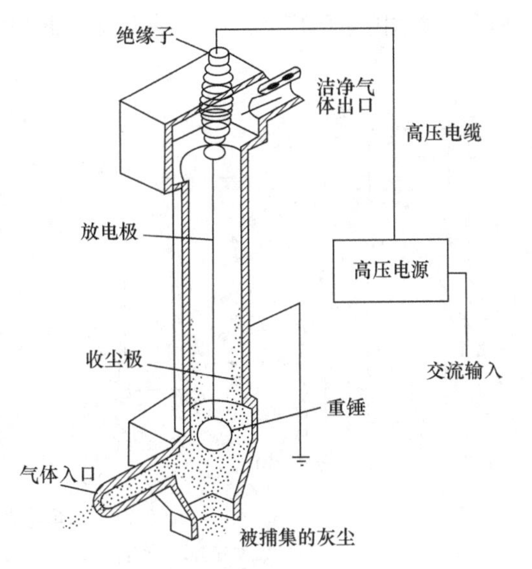

图 5-14　管式电除尘器示意

电除尘器是一种高效除尘器，对细微粉尘及雾状液滴捕集性能优异，除尘效率达 99％以上，对于<0.1μm 的粉尘粒子，仍有较高的去除效率；静电除尘器的气流通过阻力小，处理气量大；由于所消耗的电能是通过静电力直接作用于尘粒上，因此能耗也低；静电除尘器还可应用于高温、高压的场合，因此被广泛用于工业除尘。静电除尘器的主要缺点是设备庞大，占地面积大，因此一次性投资费用高，同时不易处理有爆炸性的含尘气体。

表 5-4 比较了各种除尘装置的实用性能。

表 5-4　各种除尘装置的实用性能比较

类型	粒度/μm	压力降/mmH_2O	除尘效率/％	一次性投资	运行费用
重力沉降	50～1000	10～15	40～60	小	小
惯性力除尘	10～100	30～70	50～70	小	小
旋风除尘	3～100	50～150	85～95	中	中
湿式文丘里除尘	0.1～100	300～1000	80～95	中	大
袋式除尘	0.1～20	100～200	90～99	中以上	中以上
静电除尘	0.05～20	10～20	85～99.9	大	小～大

注：$1mmH_2O=9.80665Pa$。

在进行烟尘治理时，往往采用多种除尘设备组成一个净化系统。一般的烟尘净化系统有如图 5-15 所示的几种基本形式。图 5-15(a)为最简单的形式，适于烟气温度和烟尘浓度都不太高，或者对排放要求不高的场合。当烟气温度高，需要冷却时，采用图 5-15(b)所示的系统。当烟气温度和烟尘浓度均较高时采用图 5-15(c)所示的系统。如烟气温度和烟尘浓度高，且含有较多可燃性组分时，可增加燃烧装置，采用如图 5-15(d)所示的系统。

锅炉排放烟尘的控制技术已基本完善，只要选用合适的除尘器就能达到烟尘排放的环境标准要求。现以锅炉烟尘净化系统为例说明。

锅炉烟气的污染物是烟尘和 SO_2 气体。烟尘主要包括未能完全燃烧的炭粒，由灰粒和固体可燃物微粒组成的飞灰。对不同形式的锅炉应设置不同的除尘系统。对中小型锅炉，主要采用旋风除尘器。对于电站的大型锅炉，由于烟气量大、粉尘浓度高、颗粒细，宜采用二级净化系统；第一级选用旋风除尘器，第二级一般采用静电除尘器和布袋除尘器、文丘里管洗涤器等。静电除尘器和布袋除尘器的初期投资较高，湿式除尘器存在腐蚀和形成水污染问题。

随着环境标准对烟尘排放浓度的限制越来越严，除尘器的选用也逐步向高效除尘器发展。

在许多发达国家已广泛地使用静电除尘器和袋式除尘器,旋风除尘器已很少采用。

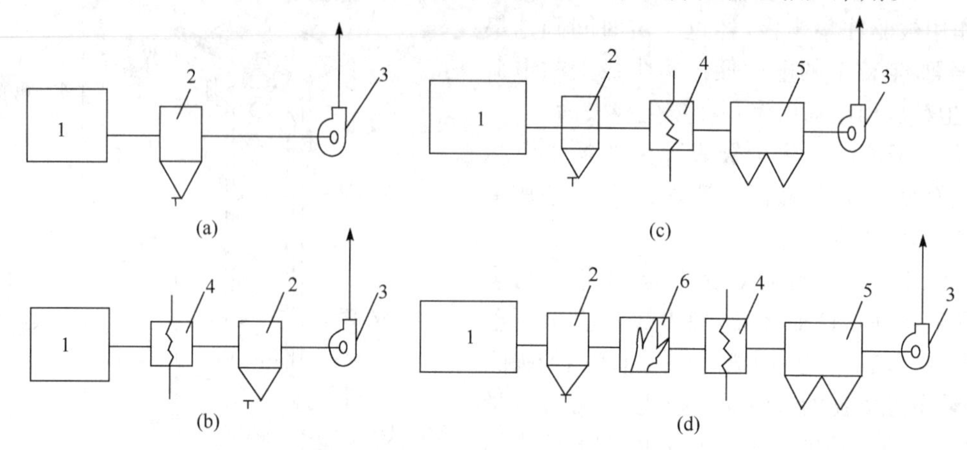

图 5-15　烟尘净化系统的几种基本形式

1. 炉窑;2. 一级除尘;3. 风机;4. 冷却器;5. 二级除尘;6. 燃烧室

2) 有害气体净化

工业生产、交通运输和人类生活活动中所排放的有害气态物质种类繁多,依据这些物质不同的化学性质和物理性质,需要采用不同的技术方法进行治理。

(1) 吸收法。

吸收法是采用适当的液体作为吸收剂,使含有有害物质的废气与吸收剂接触,废气中的有害物质被吸收于吸收剂中,使气体得到净化的方法。用于吸收污染物的液体称为吸收剂,被吸收剂吸收的气体污染物称为吸收质。吸收过程中,依据吸收质与吸收剂是否发生化学反应,可将吸收分为物理吸收与化学吸收。在处理以气量大、有害组分浓度低为特点的各种废气时,化学吸收的效果要比单纯物理吸收好得多,因此在用吸收法治理气态污染物时,多采用化学吸收法进行。

吸收过程是在吸收塔内进行的。吸收设备有喷淋塔、填料塔、泡沫塔、文丘里管洗涤器等。吸收法的一般工艺如图 5-16 所示。其中图 5-16(a)为最简单的逆流工艺;图 5-16(b)为循环的逆流工艺;图 5-16(c)为多级串联逆流工艺。

吸收法几乎可以处理各种有害气体,也可回收有价值的产品,但工艺比较复杂,吸收效率一般不高。吸收液必须经过处理以免引起处理液废水的二次污染。

(2) 吸附法。

吸附法治理废气即使废气与大表面多孔性固体物质相接触,将废气中的有害组分吸附在固体表面上,使其与气体混合物分离,达到净化有害气体的目的。具有吸附作用的固体物质称为吸附剂,被吸附的有害气体组分称为吸附质。

当吸附进行到一定程度时,为了回收吸附质以及恢复吸附剂的吸附能力,须采用一定的方法使吸附质从吸附剂上解脱下来,称为吸附剂的再生。吸附法治理气态污染物应包括吸附及吸附剂再生的全部过程。

吸附净化法的净化效率高,特别是对低浓度气体具有很强的净化能力。因此,吸附法特别适用于排放标准要求严格或有害物浓度低,用其他方法达不到净化要求的气体净化。因此常作为深度净化手段或联合应用几种净化方法时的最终控制手段。吸附效率高的吸附剂如活性炭、分子筛等,价格一般都比较昂贵,因此必须对失效吸附剂进行再生,重复使用吸附剂,以降低吸附的费用。常用的再生方法有升温脱附、减压脱附、吹扫脱附等。再生的操作比较烦琐，这一点限制了吸附方法的应用。另外由于一般吸附剂的吸附容量有限，因此对高浓度废气的净化，不宜采用吸附法。

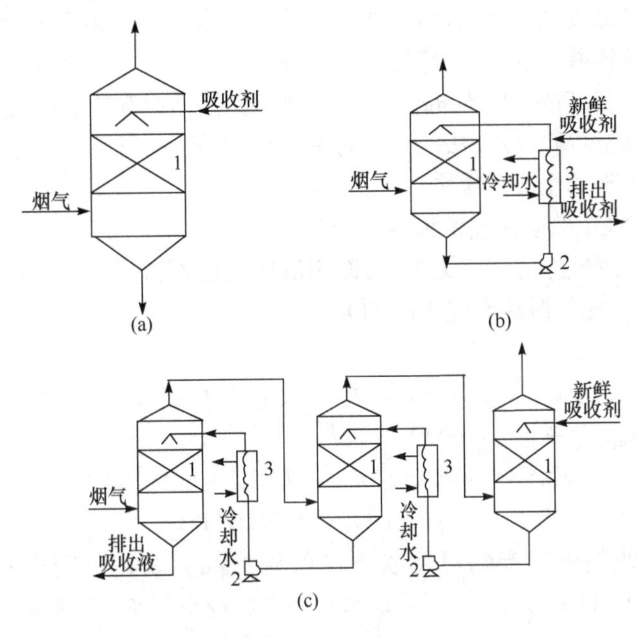

图 5-16　吸收过程的一般工艺

1. 填料层；2. 循环泵；3. 热交换器

(3) 催化法。

催化法净化气态污染物是利用催化剂的催化作用，使废气中的有害组分发生化学反应并转化为无害物或易于去除物质的一种方法。

催化方法净化效率较高，净化效率受废气中污染物浓度影响较小，而且在治理过程中，无需将污染物与主气流分离，可直接将主气流中的有害物转化为无害物，避免了二次污染。但所用催化剂价格比较贵，操作上要求较高，废气中的有害物质很难作为有用物质进行回收等是该法存在的缺点。

(4) 燃烧法。

燃烧法是对含有可燃有害组分的混合气体进行氧化燃烧或高温分解，从而使这些有害组分转化为无害物质的方法。燃烧法主要应用于碳氢化合物、一氧化碳、恶臭、沥青烟、黑烟等有害物质的净化治理。实用中的燃烧净化方法有三种，即直接燃烧、热力燃烧与催化燃烧。催化燃烧方法前面已有介绍，此处不再赘述。

直接燃烧法是把废气中的可燃有害组分当作燃料直接燃烧，因此只适用于净化含可燃组分浓度高或有害组分燃烧时热值较高的废气。直接燃烧是有火焰的燃烧，燃烧温度高(>1000℃)，一般的窑、炉均可作为直接燃烧的设备。热力燃烧是利用辅助燃料燃烧放出的热量将混合气体加热到要求的温度，使可燃的有害物质进行高温分解变为无害物质。热力燃烧一般用于可燃有机物含量较低的废气或燃烧热值低的废气治理。热力燃烧为无火焰燃烧，燃烧温度较低(760～820℃)，燃烧设备为热力燃烧炉，在一定条件下可用一般锅炉进行。直接燃烧与热力燃烧的最终产物均为二氧化碳和水。

燃烧法工艺比较简单，操作方便，可回收燃烧后的热量；但不能回收有用物质，并容易造成二次污染。

(5) 冷凝法。

冷凝法是采用降低废气温度或提高废气压力的方法，使一些易于凝结的有害气体或蒸气态的污染物冷凝成液体并从废气中分离出来的方法。

冷凝法只适于处理高浓度的有机废气，常用作吸附、燃烧等方法净化高浓度废气的前处理，以减轻这些方法的负荷。冷凝法的设备简单，操作方便，并可回收到纯度较高的产物，因此也成为气态污染物治理的主要方法之一。

下面以 SO_2 和 NO_x 的净化技术为例进行介绍。

目前我国工业上脱硫方法主要为湿法，即用液体吸收剂洗涤烟气，吸收所含的 SO_2；其次为干法，用吸附剂或催化剂脱除废气中的 SO_2。

(1) 氨液吸收法。

氨液吸收法是用氨水($NH_3 \cdot H_2O$)来吸收烟气中的 SO_2，其中间产物为亚硫酸铵[$(NH_4)_2SO_3$]和亚硫酸氢铵[NH_4HSO_3]。

$$2NH_3 \cdot H_2O + SO_2 \longrightarrow (NH_4)_2SO_3 + H_2O$$

$$(NH_4)_2SO_3 + SO_2 + H_2O \longrightarrow 2NH_4HSO_3$$

采用不同方法处理中间产物可回收不同的副产品。如在中间产物(吸收液)中加入 $NH_3 \cdot H_2O$，可使 NH_4HSO_3 转化为$(NH_4)_2SO_3$，然后经空气氧化、浓缩、结晶等过程即可回收硫酸铵[$(NH_4)_2SO_4$]。如再添加石灰或石灰石乳浊液，经反应后得到石膏。反应生成的 NH_3 被水吸收重新返回作为吸收剂。如将$(NH_4)_2SO_3$ 溶液加热分解，再以 H_2S 还原，即可得到单体硫。

氨液吸收法工艺成熟，流程设备简单，操作方便，副产品很有用，是一种较好的方法，适用于处理硫酸生产的尾气，但由于氨易挥发，吸收剂消耗量大，在缺乏氨源的地方不宜采用。

(2) 石灰-石膏法(又称钙法)。

采用石灰石、生石灰(CaO)或消石灰[$Ca(OH)_2$]的乳浊液来吸收 SO_2，并得到副产品石膏。通过控制吸收液的 pH，可得到副产品半水亚硫酸钙，是一种用途很广的钙塑材料。此法的优点在于原料易得、价格低廉，回收的副产品用途大，它是目前国内外所采用的主要方法之一。存在的主要问题是吸收系统易结垢堵塞，同进石灰乳循环量大，设备体积庞大，操作费时。

(3) 双碱法(又称钠碱法)。

先用氢氧化钠、碳酸钠或亚硫酸钠(第一碱)吸收 SO_2，生成的溶液再用石灰或石灰石(第二碱)再生，可生成石膏。因为该法具有对 SO_2 吸收速度快、管道和设备不易堵塞等优点，所以应用比较广泛。

双碱法主要化学反应如下：

第一碱吸收

$$2NaOH + SO_2 \longrightarrow Na_2SO_3 + H_2O$$

$$Na_2CO_3 + SO_2 \longrightarrow Na_2SO_3 + CO_2$$

$$Na_2SO_3 + SO_2 + H_2O \longrightarrow 2NaHSO_3$$

第二碱用石灰再生

$$Ca(OH)_2 + 2NaHSO_3 \longrightarrow CaSO_3 + Na_2SO_3 \cdot 1/2H_2O + 3/2\ H_2O$$

$$Ca(OH)_2 + Na_2SO_3 \cdot 1/2H_2O \longrightarrow 2NaOH + CaSO_3 \cdot 1/2H_2O(s)$$

若加石灰石：

$$CaCO_3 + 2NaHSO_3 \longrightarrow NaSO_3 + CaSO_3 \cdot 1/2H_2O(s) + 1/2H_2O + CO_2$$

除了回收固态的半水亚硫酸钙，还可将含有 Na_2SO_3 的吸收液直接送至造纸厂代替烧碱煮纸浆，这是一种综合利用的措施。也可以把含有 Na_2SO_3 的吸收液经过浓缩、结晶和脱水后回收 Na_2SO_3 晶体。

还可做进一步的后处理——氧化处理，生成芒硝 Na_2SO_4。

$$2Na_2SO_3 + O_2 \longrightarrow 2Na_2SO_4$$

脱除硫酸盐，生成石膏。

$$Na_2SO_4 + Ca(OH)_2 + 2H_2O \longrightarrow 2NaOH + CaSO_4 \cdot 2H_2O(s)$$

$$Na_2SO_4 + 2CaSO_3 \cdot 1/2H_2O(s) + H_2SO_4 + H_2O \longrightarrow 2NaHSO_3 + 2CaSO_4 \cdot 2H_2O(s)$$

回收硫：将吸收液中的 $NaHSO_3$ 加热分解后可获得高浓度的 SO_2，如再经接触氧化后即可制得硫酸，也可用 H_2S 还原制成单体硫。

(4) 催化氧化法。

催化氧化法处理硫酸尾气技术成熟，已成为制酸工艺的一部分，同时在锅炉烟气脱硫中也得到实际应用。此法所用的催化剂是以 SiO_2 为载体的五氧化二钒（V_2O_5）。处理时，将烟气除尘后进入催化转换器，在催化剂作用下，SO_2 被氧化为 SO_3，转化效果可达 80%～90%。然后烟气经过省煤器、空气预热器放热，保证出口烟气温度达 230℃左右，防止酸露腐蚀空气预热器。烟气进入吸收塔后，用稀硫酸洗涤吸收 SO_3，等到气体冷却到 104℃时便获得浓度为 80%的硫酸。

烟气排放中的氮氧化物主要是 NO。净化的方法也分为干法和湿法两类。干法有选择性催化还原法（selective catalytic reduction, SCR）、非选择性催化还原法（NSCR）、分子筛或活性炭吸附法等，湿法有氧化吸收法、吸收还原法以及分别采用水、酸、碱液吸收法等。

(1) 选择性催化还原法。

选择性催化还原法是以铂或铜、铬、铁、矾、镍等的氧化物（以铝矾土为载体）为催化剂，以氨、硫化氢、氯-氨及一氧化碳为还原剂，选择最适当的温度范围（一般为 250～450℃，视所选用的催化剂和还原剂而定），使还原剂只是选择性地与废气中的 NO_x 发生反应，不与废气中 O_2 发生反应。

如氨催化还原法，是以氨为还原剂，铂为催化剂，反应温度控制在 150～250℃。主要反应为

$$6NO + 4NH_3 \xrightarrow{Pt,150\sim250^\circ C} 5N_2 + 6H_2O$$

$$6NO_2 + 8NH_3 \longrightarrow 7N_2 + 12H_2O$$

用此法还可同时除去烟气中的 SO_2。

(2) 非选择性催化还原法。

非选择性催化还原法利用铂（或钴、镍、铜、铬、锰等金属的氧化物）为催化剂，以氢或甲烷等还原性气体作还原剂，将烟气中的 NO_x 还原成 N_2，在此反应中，不仅把烟气中的 NO_x 还原成 N_2，而且还原剂还与烟气中过剩的氧起作用，故称为非选择性催化还原法。

由于该法中氧也参与了反应，故放热量大，应设有余热回收装置，同时在反应中使还原剂过量并严格控制废气中的氧含量，选取的温度范围为 400～500℃。

(3) 吸收法。

吸收法是利用某些溶液作为吸收剂，对 NO_x 进行吸收。根据吸收剂的不同分为碱吸收

法、硫酸吸收法及氢氧化镁吸收法等。

碱吸收法常采用的碱液为 $NaOH$、Na_2CO_3、$NH_3 \cdot H_2O$ 等，吸收设备简单，操作容易，投资少。但吸收效率较低。特别对 NO 的吸收效果差，只能消除 NO_2 所形成的黄烟。若采用"漂白"的稀硝酸来吸收硝酸尾气中的 NO_x，可以净化排气，回收的 NO_x 用于制硝酸，一般用于硝酸生产过程中，应用范围有限。

(4) 吸附法。

吸附法采用的吸附剂为活性炭与沸石分子筛。

活性炭对低浓度 NO_x 具有很高的吸附能力，经解吸后回收浓度高的 NO_x。温度高时活性炭有燃烧的可能，给吸附和再生造成困难，限制了该法的使用。

丝光沸石分子筛是一种极性很强的吸附剂。对被吸附的硝酸和 NO_x 可用水蒸气置换法将其脱附下来。脱附后的吸附剂经干燥冷却后，可重新用于吸附操作。分子筛吸附法适于净化硝酸尾气，可将浓度为 1500～3000μL/L 的 NO_x 降低至 50μL/L 以下，回收的 NO_x 用于硝酸的生产，是一种很有前途的方法。主要缺点是吸附剂吸附容量小，需频繁再生，因此用途也不广。

3) 汽车排气净化

汽车尾气排放已经成为我国城市大气环境污染的主要污染源之一，必须采取有效措施，减少汽车尾气的排放，并对尾气进行净化处理。汽车尾气净化，主要有以下三种途径。

(1) 前处理净化技术。

前处理净化技术主要是燃油处理技术，在混合气进入气缸前，通过改善汽油品质，在汽油内加入添加剂，或使用清洁能源(液化石油气、压缩天然气以及醇类燃料)等，使发动机燃烧更充分，以减少污染物排放。

在世界大部分国家汽油实现无铅化之后，生产低硫及超低硫汽油进而实现汽油无硫化正逐渐为人们所关注。目前，欧、美等国家和地区汽油标准的硫质量分数已由原来的 200μg/g 降至 50μg/g，甚至提出了硫质量分数为 5～10μg/g 的"无硫汽油"的建议。我国车用汽油国家标准从 2005 年起执行汽油硫质量分数不大于 500μg/g 的规定，与国外的现行标准相比尚有一定的差距。

另外，世界各国都在对汽油中影响排放的成分开展研究，努力通过提高汽油品质来减少污染物排放。汽油中掺入 15%以下的甲醇燃料或者采用含 10%水分的水-汽油燃料，都能在一定程度上减少或者消除 CO、NO_x 和 HC 的排放。选用恰当的润滑添加剂也能达到减少污染物排放的效果。例如，在机油中添加一定量(比例为 3%～5%)的石墨、二硫化钼、聚四氟乙烯粉末等固体添加剂，可节约发动机燃油 5%左右，同时可使汽车发动机气缸密封性能大大改善，气缸压力增加，燃烧完全，使尾气排放中 CO 和 HC 含量下降。

(2) 机内净化技术。

机内净化技术主要是指通过改进发动机本身的设计，优化发动机燃烧过程来降低污染物排放。主要措施有燃烧系统优化、闭环电子控制技术、汽油机直喷技术、可变进排气系统和废气再循环控制系统等。这些措施大多需要发动机精确的电控系统来实现。

①燃烧系统优化。

燃烧系统优化技术包括改善气缸内气流运动、优化燃烧室形状等。提高气缸内混合气的湍流程度，有助于混合气快速和完全燃烧。燃烧室形状优化原则是尽可能紧凑，面容比要小；火花塞装在燃烧室中央位置，以缩短火焰的传播距离。紧凑的燃烧室可使燃烧时间缩短，提高热效率，降低 CO 和 HC 的排放。

② 闭环电子控制技术。

闭环电子控制技术是通过电子控制系统精确控制空(气)燃(料)比和点火，是目前汽油发动机排放控制的主流技术。稀薄燃烧条件下发动机燃烧效率高，生成的 HC 和 CO 浓度低；富燃时燃烧不完全，生成的 HC 和 CO 较多。NO_x 的产生量在理论空燃比附近最高，这是因为燃烧温度较高。电子控制燃油系统可以精确控制空燃比，从而使污染物的生成总量达到理想目标。

③ 汽油机直喷技术。

汽油机直喷技术是将汽油直接喷到燃烧室内与空气混合、燃烧。汽油机直喷技术和稀薄燃烧技术是相结合的，直喷技术使均匀燃烧和分层燃烧成为现实，可以极大地提高混合气的混合程度，更精确地控制燃烧过程的空燃比，从而达到完全燃烧，有效降低未燃 HC 的排放。汽油机直喷技术可增大发动机的压缩比，提高发动机的热效率，节能 30%以上。

④ 可变进排气系统。

采用多气门技术，减少进气阻力，提高充量系数。采用气门连续可变正时控制和升程控制技术实现发动机随转速和工况的变化达到最佳的充气效率。这是使尾气排放达到欧Ⅳ排放限值的重要技术。

⑤ 废气再循环控制系统。

废气再循环技术是一项广泛应用的技术，用来降低 NO_x。主要是通过使一部分废气流回进气管来降低最高燃烧温度，抑制 NO_x 的生成。但再循环率过大会使燃烧恶化，燃油消耗率增大，HC 排放上升。电子控制废气再循环系统可实现非线性控制，控制范围和自由度大，更符合净化的实际需要。

(3) 机外净化技术。

机外净化技术也称汽车尾气排放后处理技术，是指在发动机的排气系统中进一步消减污染物排放的技术。常见的排气后处理装置有氧化型催化转化器、还原型催化转化器、三元催化转化器等。目前应用最广泛的是三元催化转化器(图 5-17)。

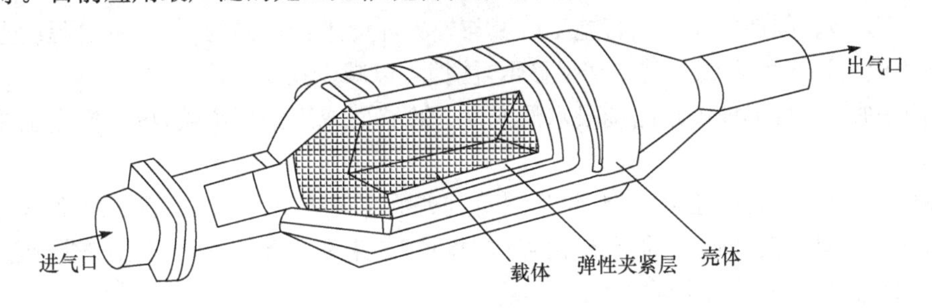

图 5-17 三元催化转化器结构示意图

三元催化转化器主要由外壳、入口和出口锥段、弹性夹紧材料、催化剂等几部分组成，其中催化剂作为三元催化转化器的技术核心，包括载体和涂层两部分。壳体一般由不锈钢材料制成，为了保证催化剂的反应温度，壳体多做成双层结构，壳体外表面还装有隔热罩。弹性夹紧层一般是膨胀垫片或钢丝网垫，起密封、保温和固定载体的作用，同时可以防止壳体受热变形造成对载体的伤害。载体基本材料多数为陶瓷，也有少数采用金属材料。载体使用的目的是提供承载催化剂涂层的惰性物理结构。为了在较小的体积内有较大的催化表面，载体表面多制成蜂窝状。在载体表面涂敷有一层极松散的活性层，它以金属氧化物 γ-Al_2O_3 为主。由于表面十分粗糙，大大增加了三元催化转化器的活性表面。在活性层外部涂敷有含有铂(Pt)、钯(Pd)、铑(Rh)三种贵金属的催化剂。

在催化剂的作用下，三元催化转化器能将发动机产生的3种主要污染物CO、HC和NO_x转化为CO_2、H_2O和N_2，其发生的主要化学反应如下：

$$2CO+O_2 \longrightarrow 2CO_2$$

$$CO+H_2O \longrightarrow CO_2+H_2$$

$$C_mH_n+\left(m+\frac{n}{4}\right)O_2 \longrightarrow mCO_2+\frac{n}{2}H_2O$$

$$2CO+2NO \longrightarrow 2CO_2+N_2$$

$$2NO_2 \longrightarrow N_2+2O_2$$

$$2NO+2H_2 \longrightarrow 2H_2O+N_2$$

$$2H_2+O_2 \longrightarrow 2H_2O$$

由于汽油中的铅能使催化剂永久中毒，所以应用三元催化转化器的前提条件是必须使用无铅汽油。随着无铅汽油在世界范围内的推广，三元催化转化器得到了广泛应用。

4) 对于开放源如道路扬尘、施工场地、料堆扬尘和裸露地面扬尘等的控制措施

(1) 降低道路负荷，控制交通扬尘。

如采用先进的吹吸式道路清扫车进行清扫，其扫净率可以达到90%以上。对运送土、渣、灰的车辆要采取密封的运输方式，以减少道路遗撒。车辆黏附的泥土也是造成较大道路负荷的一个重要来源，对于这一污染源的治理主要依靠道路铺装或对沾土车辆进行清洗，以此降低道路负荷，控制交通扬尘。

(2) 施工场地、料堆扬尘和裸露地面扬尘要加强管理和控制。

① 严格施工工地开工申报管理。即建立施工工地无组织排放申报制度。施工单位需要向有关部门提交施工扬尘治理措施的具体落实清单，不符合环保要求的施工单位不能进行施工。应在环境监察单位设立专门的施工场地检查部门，负责其扬尘治理措施的具体落实情况，对于治理不利的施工场地，该部门有权责令其停工整改。

② 施工围挡。围挡的作用是将施工区域与外界环境进行适当的隔离，一定程度上避免挖掘出的泥土成为扬尘的尘源。监测结果显示，围挡可以减少扬尘10%左右。

③ 道路硬化。将工地内道路铺设水泥或(柏油)路面或用钢板覆盖，可使扬尘削减率达到15%～20%。

④ 覆盖。覆盖就是用遮盖织物、化学覆盖剂或洒水等方式，对裸露黄土或堆积的物料表面进行遮盖或处理。对于施工的土方和拆迁的现场，如果在24h内无法运出或进行继续施工，则必须加以覆盖以防止产生扬尘。

⑤ 治理裸露地面扬尘。控制裸露地面扬尘的主要措施包括：绿化、地面硬化与铺装、采用土壤保水调理剂、表面土壤凝结剂覆盖等。其中铺装主要用于城区；绿化和使用表面土壤凝结剂覆盖等措施适用于城区和郊区的各类裸露地面。

5.3.2 合理利用大气环境容量

污染物的环境容量是指某一环境单元所允许承纳污染物质的最大数量，是一个变量，它包括两个组成部分即基本环境容量(或称差值容量)和变动环境容量(或称同化容量)。前者可通过拟定的环境标准减去环境本底值求得，后者是指环境单元的自净能力。

大气环境容量 E_A 是一个取决于自然要素、污染性质、气象参数等条件的函数，即 $E_A=f$（自然要素、污染性质、气象参数）。式(5-1)是一个基本大气环境容量模型：

$$E_A=V_A\cdot(S_A-B_A)+C_A \tag{5-1}$$

式中，V_A 为大气总体积；S_A 为大气环境质量标准；B_A 为大气环境本底值；C_A 为大气自净能力。

污染物在大气环境中因发生稀释扩散、沉降和衰减现象，而使大气中污染物浓度降低的能力称为大气自净能力。充分利用大气环境容量可以减少污染物的削减，降低治理费用。

有些城市大气环境容量的利用很不合理，一方面局部地区"超载"严重；另一方面相当一部分地区容量没有合理利用，这种现象是造成城市大气污染的重要根源。合理利用大气环境容量要做到以下两点。

(1) 科学利用大气环境容量。

根据大气自净规律(如稀释扩散、降水洗涤、氧化、还原等)，定量(总量)、定点(地点)、定时(时间)地向大气中排放污染物，在保证大气中污染物浓度不超过要求值的前提下，合理利用大气环境容量资源。在制定大气污染综合防治措施时，应首先考虑这一措施的可行性。

(2) 结合工业布局调整，合理利用大气环境容量。

工业布局不合理是造成大气环境容量使用不合理的直接因素。例如，大气污染源分布在城市上风向使大气环境容量被过度使用，而城郊及广大农村上空的大气环境容量未被利用。再如污染源在某一小的区域内密集，必然造成局部污染严重，并可能导致污染事故的发生。因此应该从调整工业布局入手。

5.3.3 完善绿地系统，发展植物净化

利用植物净化大气污染是主要的生态治理措施。在利用植物对大气污染进行生态治理时，应根据植物的生物学和生态学特性，选出花期长，花大、花形奇特，花期分开，生长快，寿命长，萌芽能力强，能适应各种环境条件的树种，用来净化大气污染，并与城市道路绿化、公园小区绿化相结合，与工厂防污绿化相结合。

1. 植物的大气净化作用

植物在净化空气方面的作用主要体现在以下几个方面。

(1) 吸收二氧化碳，制造氧气。

二氧化碳是产生温室效应的主要气体。植物的光合作用，能大量吸收二氧化碳并放出氧。其呼吸作用虽也放出二氧化碳，但是植物白天的光合作用所制造的氧比呼吸作用所消耗的氧多20倍。1个城市居民只要有10m^2 的森林绿地面积，就可以吸收其呼出的全部二氧化碳，事实上，加上城市生产建设所产生的二氧化碳，则城市每人必须有30～40m^2 的绿地面积。

(2) 吸收大气污染物。

绿色植物被称为"生物过滤器"，在一定的浓度范围内，有许多植物种类对空气中最主要的污染物如二氧化硫、氯气、氟化氢以及汞、铅蒸气等具有吸收和净化作用。植物净化气态污染物的作用，主要是通过叶片吸收大气中的有毒物质，减少大气中的有毒物质含量；同时，还能使某些毒物在体内分解、转化为无毒物质。

植物叶片吸收大气中有毒物质的能力是相当大的，以植物叶片硫积累量增值为例，其增值的大小，在很大程度上代表了植物净化 SO_2 能力的大小。因此要使绿地发挥较大的净化效果，首先要选择吸收污染物量较大、在体内转化分解能力强的种类，如杨树、水曲柳、刺槐、白

蜡、水杉、女贞、香椿、柳杉、垂柳、夹竹桃等。

据报道，每公顷白毛杨每年可吸收 SO_2 14.07kg；SO_2 在通过高宽分别为 15m 的林带后，其浓度可下降 25%～75%。另外女贞、泡桐等有较强的吸氟能力，紫荆、木槿等有较强的吸氯能力，夹竹桃、桑树等能在汞蒸气中生长良好。一些植物如百里香油、丁香酚、柠檬油、天竺葵油等可以分泌如乙醇、有机酸等具有强大杀菌能力的挥发性物质，大大减少空气中的含菌量。

(3) 吸滞烟灰和粉尘。

植物，特别是树木，对大气中的颗粒物有明显的阻挡、过滤和吸附作用，能减轻大气颗粒态污染物的污染。植物吸滞尘粒的效果与植物的种类、种植面积、密度、生长季节等因素有关。一般情况下，高大、树叶茂密的树木较矮小、树叶稀少的树木滞尘效果好，植物的叶型、着生角度、叶面粗糙等也对滞尘效果有明显的影响。

例如，女贞、广玉兰、雪松等都具有较强的滞尘能力。国外的研究资料表明，公园能过滤掉 80%的污染物，林荫道的树木能过滤掉 70%的污染物，树木的叶面、枝干能拦截空中的颗粒，即使在冬天落叶树也仍然能保持 60%的过滤效果。

2. 加强绿地系统建设

(1) 建设和保护大块绿地，保证足够的绿地面积。

相关研究表明，面积大、分布均匀的绿地空间结构能更有效地发挥绿地的生态功能。绿地系统规划中，要考虑功能区、人口密度、绿地服务半径、城市环境状况等需求进行布局，大气污染比较严重的地段和区域应建立大面积绿地，发挥绿地的规模效应，降低人为干扰强度和边缘效应，形成大面积绿地占优势地位的景观格局，同时应该防止大面积绿地的减少，严禁绿地蚕食。

一般认为绿地覆盖率必须达到 30%以上，才能起到改善大气环境质量的作用。世界上许多国家的城市都比较重视城市绿化，公共绿地面积保持较高的指标。因此，要发挥绿地改善环境的作用，就必须保证城市拥有足够的绿地面积。在大气中污染物影响范围广、浓度比较低的情况下，保证城市拥有足够的绿地面积，进行植物净化是行之有效的方法。

(2) 选择合适的树种，注重植被配置形式。

树种的选择应该考虑适地适树，根据大气污染物种类、状况进行选择，以增加绿化、净化环境效果。因此要特别注意选择修复能力强、生长旺盛、繁殖迅速、耐贫瘠、抗病虫害、适应性强等的树种。

如果植物层次单调、配置简单，植物净化环境效果就会较差。因此要建立多层次的林分结构，增加绿量，植物配置以乔灌藤草结合，以多层种植为主，尤其增加垂直结构绿量，如墙面、斜坡可考虑栽植藤本植物。

(3) 加强绿带建设。

工业区与居民区间绿带建设：在工业区和居民区之间布置绿化隔离带，可以减少工业区对居民区的大气污染。绿化隔离带的距离应根据当地的气象、地形条件、环境质量要求、有害物质的危害程度、污染源排放的强度及治理的状况，通过扩散公式或风洞实验来确定。一般情况下污染源高烟囱排放时，强污染带主要位于烟囱有效高度的 10～20 倍的地区，在此设置绿化隔离带，对阻挡、滞留和吸附污染物的作用相当有效。

道路绿带建设：行道树、公路两旁的防护林带如能有机联络各类绿地，使其组合成一个整体的绿地系统，将会对交通污染起到有效的净化作用。为解决道路绿地用地紧张的矛盾，可采取多种措施，如垂直绿化、增加分布带面积等，以增加道路植物生物量，达到较好的改善环境质量效果。

5.3.4　严格大气环境管理

从各国大气污染控制的实践来看，国家及地方的立法管理对大气环境的改善起着十分重要的作用，各发达国家都有一套严格的环境管理体制和制度。环境管理体制通常是由环境立法、环境监测机构、环境法的执行机构三者所构成的总体。

为了实现我国区域大气污染防治规划的目标和任务，必须要建立健全规划实施的组织机构，把大气污染防治目标和任务层层分解，层层落实，实施目标责任制管理，并将其纳入各级政府绩效考评体系。建立完善的污染源在线自动监控系统和污染源执法监察系统，不断提高大气污染源的监督管理水平。制定大气污染控制、拆除小锅炉、推进集中供热、发展清洁能源、实施洁净煤技术的有关技术经济政策，确保大气污染控制系统的高效运行。

2000 年，我国修订通过的《中华人民共和国大气污染防治法》表明，我国大气污染控制从浓度控制向总量控制转变，并明确了总量控制、排污许可证、按排污总量收费等几项大气管理制度，因此，还应将区域大气环境规划的实施与大气环境执法和各项大气环境管理制度相结合。

复习与思考

1. 什么是大气污染？形成大气污染的条件是什么？
2. 什么是大气污染源？人为大气污染源是如何分类的？
3. 什么是大气污染物？它们是如何分类的？
4. 举例说明大气污染物的危害。
5. 什么是二次污染物？它们是如何产生的？
6. 试述四种常用除尘器的除尘机制。
7. 试述气体污染物净化的主要方法。
8. SO_2 的净化技术有哪些？
9. NO_x 的净化技术有哪些？
10. 汽车排气污染物与一般气态污染物的治理有何异同？
11. 简述大气环境综合防治的一般措施。

第6章　水体污染及其防治

6.1　水体污染概述

6.1.1　水体污染的定义和水体污染源

地球素有“水的星球”之称，正是由于水的存在，地球上才有生命。水是人类赖以生存和发展必不可少的物质。地球上任何一个地区，只要有人类的日常生活和生产活动存在，就需要从各种天然水体中取用大量的水，并经过或简单或复杂的工艺处理后供生活和生产使用。这些纯净的水在经过使用以后，改变了其原来的物理或化学成分，甚至丧失了某种使用价值，成为含有不同种类杂质的废水。废水中的污染物种类繁多，因原水使用方式的不同，或主要含有有机污染物，或主要含有无机污染物，抑或含有病原微生物等，更可能多种污染物并存。这些废水如果未经任何处理直接排放到水环境中，就不可避免地造成水环境不同性质或不同程度的污染，从而危害人类身心健康，妨碍工农业生产，制约人类社会和经济的可持续发展。因此，人类必须寻求各种办法来处理废水和回用污水，以解决水资源短缺和水环境污染加剧问题。

1. 水体污染的定义

水体一般是指河流、湖泊、沼泽、水库、地下水、海洋的总称；在环境科学领域中则把水体当作包括水中的悬浮物、溶解物质、底泥和水生生物等完整的生态系统或完整的综合自然体来看。

水体按类型可划分为海洋水体和陆地水体，其中陆地水体又包括地表水体（如河流、湖泊等）和地下水体；按区域划分是按某一具体的被水覆盖的地段而言的，如长江、黄河、珠江。

在研究环境污染时，区分“水”与“水体”的概念十分重要。例如，重金属污染物易于从水中转移到底泥中，水中重金属的含量一般都不高，若只着眼于水，似乎未受到污染，但从水体看，可能受到较严重的污染。因此，研究水体污染主要研究水污染，同时也研究底质（底泥）和水生生物体污染。

水体污染是指排入水体的污染物，使水体的感官性状（如色度、味、浑浊度等）、物理化学性质（如温度、电导率、氧化还原电位、放射性等）、化学成分（有机物和无机物）、水中的生物组成（种群、数量）以及底质等发生变化，从而影响水的有效利用，危害人体健康或者破坏生态环境，造成水质恶化的现象。

2. 水体污染源

向水体排放或释放污染物的来源或场所，称为水体污染源。通常是指向水体排入污染物或对水体产生有害影响的场所、设备和装置。水体污染源可分为自然污染源和人为污染源两大类：自然污染源是指自然界自发向环境排放有害物质、造成有害影响的场所，人为污染源则是指人类社会经济活动所形成的污染源。

随着人类活动范围和强度的不断扩大与增强，人类生产、生活活动已成为水体污染的主要来源。人为污染源又可按照排放方式的不同分为点污染源和面污染源。

（1）点污染源。

点污染源的排污形式为集中在一点或一个可当作一点的小范围，最主要的点污染源有工业废水和生活污水。

工业废水是水体最重要的一个大点污染源。随着工业的迅速发展，工业废水的排放量大，污染范围广，排放方式复杂，污染物种类繁多，成分复杂，在水中不易净化，处理也比较困难。表 6-1 给出了一些工业废水中所含的主要污染物及废水特点。

表 6-1　一些工业废水中的主要污染物及废水特点

工业部门	废水中主要污染物	废水特点
化学工业	各种盐类、Hg、As、Cd、氰化物、苯类、酚类、醛类、醇类、油类、多环芳香烃化合物等	有机物含量高，pH 变化大，含盐量高，成分复杂，难生物降解，毒性强
石油化学工业	油类、有机物、硫化物	有机物含量高，成分复杂，水量大，毒性较强
冶金工业	酸、重金属 Cu、Pb、Zn、Hg、Cd、As 等	有机物含量高，酸性强，水量大，有放射性，有毒性
纺织印染工业	染料、酸、碱、硫化物、各种纤维素悬浮物	带色，pH 变化大，有毒性
制革工业	铬、硫化物、盐、硫酸、有机物	有机物含量高，含盐量高，水量大，有恶臭
造纸工业	碱、木质素、酸、悬浮物等	碱性强，有机物含量高，水量大，有恶臭
动力工业	冷却水的热污染、悬浮物、放射性物质	高温，酸性，悬浮物多，水量大，有放射性
食品加工工业	有机物、细菌、病毒	有机物含量高，致病菌多，水量大，有恶臭

城市生活污水是另一个大点污染源，主要来自家庭、商业、学校、旅游、服务行业及其他城市公用设施，包括粪便水、洗浴水、洗涤水和冲洗水等。生活污水中物质组成不同于工业废水，99.9%以上为水，固体物质小于 0.1%，污染物质主要是悬浮态或溶解态的有机物(如纤维素、淀粉、脂肪、蛋白质及合成洗涤剂等)、氮、磷营养物质、无机盐类、泥沙等，其中的有机物质在厌氧细菌的作用下，易生成恶臭物质，如 H_2S、硫醇等。此外，生活污水中还含有多种致病菌、病毒和寄生虫卵等。

(2) 面污染源。

面污染源指溶解的和固态的污染物从非特定的地点，在降水(或融雪)冲刷作用下，通过径流过程而汇入受纳水体(包括河流、湖泊、水库和海湾等)并引起水体的富营养化或其他形式的污染。面污染源的排放一般分散在一个较大的区域范围，多为人类在地表上活动所产生的水体污染源。面污染源又称为非点源，其分布广泛，物质构成与污染途径十分复杂，如地表水径流、村中分散排放的生活污水及乡镇工业废水、含有农药化肥的农田排水、畜禽养殖废水以及水土流失等；又如城市交通中，汽车尾气排放出的重金属物质，随降雨或融雪后的地面径流，经城市排水系统而进入河流，造成水体污染。与点污染源相比，它具有很大的随机性、不稳定性和复杂性，受外界气候、水文条件的影响很大。根据面源污染发生区域和过程的特点，一般将其分为农业面源污染和城市面源污染两大类。

农业面源污染是指在农业生产活动中，农田中的泥沙、营养盐、农药及其他污染物，在降水或灌溉过程中，通过农田地表径流、壤中流、农田排水和地下渗漏，进入水体而形成的面源污染。这些污染物主要来源于农田施肥、农药、畜禽及水产养殖和农村居民。农业面源污染是最为重要且分布最为广泛的面污染源，农业生产活动中的氮素和磷素等营养物、农药以及其他有机或无机污染物，通过农田地表径流和农田渗漏形成地表和地下水环境污染。土壤中未被作物吸收或土壤固定的氮和磷通过人为或自然途径进入水体是引起水体污染的一个因素。农业面源污染是目前中国农村环境质量下降的主要原因，对生态系统功能、人类健康和经济发展等造成了严重的后果，尤其是导致流域水环境和水资源的恶化，从而影响到人类赖以生存的淡水资源。因为农业面源污染随机性大、时空范围广、潜伏周期长、成因复杂，其成为近年来国内环境领域普遍关注的一个重要问题。

城市面源污染主要是由降雨径流的淋洗和冲刷作用产生的，特别是在暴雨初期，由于降雨径流将地表的、沉积在下水管网的污染物，在短时间内，突发性冲刷汇入受纳水体而引起水体污染。据观测，在暴雨初期(降雨前 20min)污染物浓度一般都超过平时污水浓度，城市面源具有突发性、高流量和重污染等特点。

目前，非点源对水体的污染随着点源控制力度的加大，已逐渐成为水体水质恶化的主要原因。

6.1.2　水体中的主要污染物及其危害

(1) 悬浮物。

悬浮物是指悬浮在水中的细小固体或胶体物质，颗粒直径为 0.1～1.0μm 的称为细分散性悬浮物，粒径在 1.0μm 以上的称为粗分散性悬浮固体。这些微粒主要是由泥沙、黏土、原生动物、藻类、细菌、病毒，以及高分子有机物等组成，常常悬浮在水流之中，水产生的浑浊现象，也都是由此类物质所造成。主要来自水力冲灰、矿石处理、建筑、冶金、化肥、化工、纸浆和造纸、食品加工等工业废水和生活污水。

悬浮物除了使水体浑浊，从而影响水生植物的光合作用外，悬浮物的沉积还会窒息水底栖息生物，淤塞河流或湖库。此外，悬浮物中的无机和有机胶体物质较容易吸附营养物、有机毒物、重金属、农药等，形成危害更大的复合污染物。

(2) 耗氧有机物。

天然水中的有机物一般指天然的腐殖质及水生生物的生命活动产物。生活废水、食品加工和造纸等工业废水中，含有大量的有机物，如碳水化合物、蛋白质、油脂、木质素、纤维素等。有机物的共同特点是这些物质直接进入水体后，通过微生物的生物化学作用而分解为简单的无机物质——二氧化碳和水，在分解过程中需要消耗水中的溶解氧，而在缺氧条件下污染物就发生腐败分解、恶化水质，因此常称这些有机物为耗氧有机物。水体中耗氧有机物越多，耗氧量越大，水质也越差，说明水体污染越严重。

在标准状况下，水中溶解氧约 9mg/L，当溶解氧降至 4mg/L 以下时，将严重影响鱼类和水生生物的生存；当溶解氧降低到 1mg/L 时，大部分鱼类会窒息死亡；当溶解氧降至零时，水中厌氧微生物占据优势，有机物将进行厌氧分解，产生甲烷、硫化氢、氨和硫醇等难闻、有毒气体，造成水体发黑发臭，影响城市供水及工农业生产用水和景观用水。耗氧有机物是当前全球最普遍的一种水污染物，清洁水体中耗氧有机物的含量应低于 3mg/L，耗氧有机物超过 10mg/L 则表明水体已受到严重污染。由于耗氧有机物成分复杂、种类繁多，一般常用综合指标如生化需氧量(BOD)、化学需氧量(COD)等表示。

耗氧有机物常出现在生活废水及部分工业废水中，如有机合成原料、有机酸碱、油脂类、高分子化合物、表面活性剂、生活废水等。它的来源多，排放量大，所以污染范围广。

(3) 植物营养物。

植物营养物主要是指氮、磷及其化合物。从农作物生长的角度看，适量的氮、磷为植物生长所必需，但过多的营养物质进入天然水体，将使水体质量恶化，影响渔业的发展和危害人体健康。

过量的植物营养物质主要来自三个途径。

① 来自化肥，也是主要方面。施入农田的化肥只有一部分为农作物所吸收，以氮肥为例，在一般情况下，未被植物利用的氮肥超过50%，有的甚至超过80%。这么多的未被植物利用的氮化合物绝大部分被农田排水和地表径流携带至地下水与地表水中。

② 来自生活污水的粪便(氮的主要来源)和含磷洗涤剂。由于近年来大量使用含磷洗涤剂，生活污水中含磷量显著增加，如美国生活污水中50%～70%的磷来自洗涤剂。

③ 由于雨、雪对大气的淋洗和对磷灰石、硝石、鸟粪层的冲刷，使一定量的植物营养物质汇入水体。

过量的植物营养物质排入水体，刺激水中藻类及其他浮游生物大量繁殖，导致水中溶解氧下降，水质恶化，鱼类和其他水生生物大量死亡，称为水体的富营养化。当水体出现富营养化时，大量繁殖的浮游生物往往使水面呈现红色、棕色、蓝色等颜色，这种现象发生在海域时称为赤潮，发生在江河湖泊则称为水华。水体富营养化一般都发生在池塘、湖泊、水库、河口、河湾和内海等水流缓慢、营养物容易聚积的封闭或半封闭水域。

藻类死亡后，沉入水底，在厌氧条件下腐烂、分解。又将氮、磷等营养物重新释放进入水体，再供给藻类利用。这样周而复始，形成了氮、磷等植物营养物质在水体内部的物质循环，使植物营养物质长期保存在水体中。所以缓流水体一旦出现富营养化，即使切断外界营养物质的来源，水体还是很难恢复，这是水体富营养化的重要特征。

(4) 重金属。

作为水污染物的重金属，主要是指汞、镉、铅、铬以及类金属砷等生物毒性显著的元素。

重金属以汞毒性最大，镉次之，铅、铬、砷也有相当毒害，有人称之为“五毒”。采矿和冶炼是向环境水体中释放重金属的最主要污染源。

重金属污染物最主要的特性是：在水体中不能被微生物降解，而只能发生各种形态之间的相互转化，以及分散和富集的过程。

从毒性和对生物体、人体的危害方面看，重金属的污染有以下几个特点：

① 在天然水体中只要有微量浓度即可产生毒性效应，如重金属汞、镉产生毒性的浓度范围为0.001～0.01mg/L。

② 通过食物链发生生物放大、富集，在人体内不断积蓄造成慢性中毒。例如，日本的“骨痛病”事件就是由镉积累过多引起的，其危害症状为关节痛、神经痛和全身骨痛，最后骨骼软化，饮食不进，在衰弱疼痛中死去。此病潜伏期很长，可达10～30年。

③ 水体中的某些重金属可在微生物的作用下转化为毒性更强的金属化合物，如汞的甲基化(无机汞在水环境或鱼体内由微生物的作用转化为毒性更强的有机汞——甲基汞)。著名的日本水俣病就是由甲基汞所造成的，主要是破坏人的神经系统，其危害症状为口齿不清，步态不稳，面部痴呆，耳聋眼瞎，全身麻木，最后精神失常。

(5) 难降解有机物。

难降解有机物是指难以被自然降解的有机物，它们大多为人工合成化学品，如有机氯化合物、有机芳香胺类化合物、有机重金属化合物以及多环有机物等。它们的特点是能在水中长期稳定地存留，并在食物链中进行生物积累，其中一部分化合物即使在十分低的含量下仍具有致癌、致畸、致突变作用，对人类的健康产生远期影响。

(6) 石油类。

水体中石油类污染物质主要来源于船舶排水、工业废水、海上石油开采及大气石油烃沉降。水体中油污染的危害是多方面的：含有石油类的废水排入水体后形成油膜，阻止大气对水的复氧，并妨碍水生植物的光合作用；石油类经微生物降解需要消耗氧气，造成水体缺氧；石油类黏附在鱼鳃及藻类、浮游生物上，可致其死亡；石油类还可抑制水鸟产卵和孵化。此外，石油类的组成成分中含有多种有毒物质，食用受石油类污染的鱼类等水产品，会危及人体健康。

(7) 酚类和氰化物。

酚是一类含苯环化合物，可分单元酚和多元酚；也可按其性质分为挥发性酚和非挥发性酚。水中酚类主要来源是炼焦、钢铁、有机合成、化工、煤气、制药、造纸、印染以及防腐剂制造等工业排出的废水。

酚虽然易被分解，但水体中酚负荷超量时亦会造成水体污染。水体低浓度酚影响鱼类生殖回游，仅0.1～0.2mg/L时，鱼肉就有异味，降低食用价值；浓度高时可使鱼类大量死亡，甚至绝迹。人类长期饮用被酚污染的水源，可出现头昏、出疹、搔痒、贫血及各种神经系统症状，甚至中毒。

氰化物分两类：一类为无机氰，如氢氰酸及其盐类如氰化钠、氰化钾等；另一类为有机氰或腈，如丙烯腈、乙腈等。氰化物在工业中应用广泛，但由于是剧毒物质，因而其污染问题引起人们充分的重视。

氰化物对鱼类及其他水生生物的危害较大，水中氰化物含量折合成氰离子（CN^-），浓度达0.04～0.1mg/L时，就能使鱼类致死。对于浮游生物和甲壳类生物，氰离子最大容许浓度为0.01mg/L。

(8) 酸碱及一般无机盐类。

酸性废水主要来自矿山排水、冶金、金属加工酸洗废水和酸雨等。碱性废水主要来自碱法造纸、人造纤维、制碱、制革等废水。酸、碱废水彼此中和，可产生各种盐类，它们分别与地表物质反应也能生成一般无机盐类，所以酸和碱的污染，也伴随着无机盐类污染。

酸、碱废水破坏水体的自然缓冲作用，消灭或抑制细菌及微生物的生长，妨碍水体的自净功能，腐蚀管道和船舶、桥梁及其他水上建筑。酸碱污染不仅能改变水体的pH，而且可大大增加水中的一般无机盐类和水的硬度，对工业、农业、渔业和生活用水都会产生不良的影响。

(9) 病原体。

主要来自生活污水和医院废水，制革、屠宰、洗毛等工业废水，以及牧畜污水。病原体有病毒、病菌、寄生虫三类，可引起霍乱、伤寒、胃炎、肠炎、痢疾及其他多种病毒传染疾病和寄生虫病。病原微生物的水污染危害历史悠久，至今仍是危害人类健康和生命的重要水污染类型。1848年、1854年英国两次霍乱流行，各死亡万余人，1892年德国汉堡霍乱流行，死亡7500余人，都是由水中病原体引起的。洁净的天然水一般含细菌是很少的，病原微生物就更少，受病原微生物污染后的水体，微生物激增，其中许多是致病菌、病虫卵和病毒，它们往往与其他细菌和大肠杆菌共存，所以通常规定用细菌总数和菌指数为病原微生物污染的间接指标。

病原体的特点是数量大、分布广、存活时间较长、繁殖速度很快、易产生抗药性，很难消灭。因此，此类污染物实际上通过多种途径进入人体，并在体内生存，一旦条件适合，就会引起人体疾病。

(10) 热污染。

由工矿企业排放高温废水引起水体的温度升高，称为热污染。热污染的主要危害有以下几点：

① 由于水温升高，使水体溶解氧浓度降低，大气中的氧向水体传递的速率也减慢；另外，

水温升高会导致生物耗氧速度加快，促使水体中的溶解氧更快被耗尽，水质迅速恶化，造成异色和水生生物因缺氧而死亡。

② 水温升高会加快藻类繁殖，从而加快水体富营养化进程。

③ 水温升高可导致水体中的化学反应加快，使水体的物理和化学性质如离子浓度、电导率、腐蚀性发生变化，从而引起管道和容器的腐蚀。

④ 水温升高会加速细菌生长繁殖，增加后续水处理的费用。

(11) 放射性物质。

主要来自核工业部门和使用放射性物质的民用部门。放射性物质污染地表水和地下水，影响饮水水质，并且通过食物链对人体产生内照射，可出现头痛、头晕、食欲下降等症状，继而出现白细胞和血小板减少，超剂量的长期作用可导致肿瘤、白血病和遗传障碍等。

6.2 水体自净

进入水体的污染物通过物理、化学和微生物等方面的作用，使污染物的浓度逐渐降低，经过一段时间后将恢复到受污染前的状态，这一现象就称为水体的自净作用。水体的自净作用是有限度的。影响水体自净作用的因素很多，主要有水体的地形和水文条件、水中微生物的种类和数量、水温和水中溶解氧恢复(复氧)状况和污染物的性质和浓度等。水体自净包括以下几个过程。

6.2.1 物理过程

水体自净的物理自净过程主要指的是污染物在水体中通过稀释、扩散、沉淀和混合等作用，使污染物在水中的浓度降低的过程。沉淀作用指的是排入水体的污染物中含有微小的颗粒，如颗粒态的重金属、虫卵等由于流速较小而逐渐沉入水底。污染物沉淀对水质来说是净化，但对底泥来说污染物反而增加。混合稀释作用只能降低水中污染物的浓度，不能减少其总量。水体的混合稀释作用是由水流的紊动扩散作用、推流作用和离散作用等引起的，是主要的物理净化过程。

6.2.2 化学和物理化学过程

废水的化学和物理化学过程是指由于氧化、还原、分解、化合、吸附、凝聚和中和等反应而引起水体中污染物质浓度降低的过程。

氧化还原反应是水体中主要的化学净化过程。流动的水流通过水面波浪不断将大气中的氧气溶入，氧化其中的污染物，如某些重金属离子可因氧化生成难溶物(如铁、锰等)而沉降析出；硫化物可氧化为硫代硫酸盐而被净化。还原作用对水体净化也有作用，但这类反应多在微生物作用下进行。天然水体中含有各种各样的胶体，如硅、铝、铁等的氢氧化物、黏土颗粒和腐殖质等，由于有些微粒具有较大的表面积，另有一些物质本身就是凝聚剂，这就是天然水体所具有的混凝沉淀作用，从而使有些污染物随着这些作用从水中去除。

6.2.3 生物化学过程

有机污染物进入水体后在微生物的氧化分解作用下分解为无机物，而使污染物质浓度降低的过程，称为生物化学过程。水体的生物自净过程需要消耗溶解氧，因此生化自净过程实际上包括了氧的消耗和氧的补充（复氧）两方面的过程。

水体自净过程中物理、化学和生物净化过程是同时起作用的。认识水体的自净过程，可以对水体的自净能力和纳污能力以及水体环境质量的变化做出比较客观的评价。

图 6-1 表示有机物的生化降解过程。以某条受污染的河流为例，0 点为废水进入水体的起始点。上游未受污染的清洁河段 BOD_5（5 日生化需氧量）很低，DO（溶解氧）接近饱和点。废水流入水体后，废水中的有机物在微生物的作用下氧化分解，BOD_5 逐渐降低。有机物的微生物氧化分解过程要耗氧，由于大量有机物的分解，耗氧速率大于复氧速率，DO 也随之下降，当河水流至河流下游的某一段，DO 降至最低点。此时耗氧速率与复氧速率处于动态平衡。经过最低点后，耗氧速率因有机物浓度的降低而小于复氧速率，DO 开始回升，最后恢复到废水流入水体前的 DO 水平。

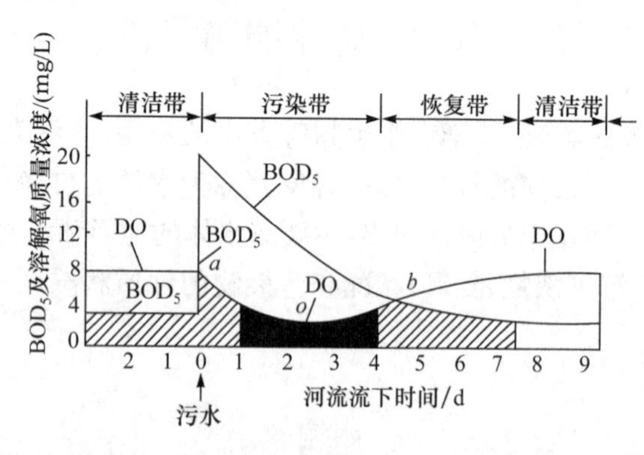

图 6-1 河流中 BOD_5 和 DO 的变化曲线图

图 6-1 中的曲线又称为氧垂曲线。曲线的变化反映废水排入河流后溶解氧的变化和河流的自净过程，以及最缺氧点距离受污点的位置，可作为控制河流污染的基本数据和制定治污方案的依据。

6.3 水体污染综合防治

水体污染综合防治的途径大致为：源头控制，减少污染物排放负荷；提高或充分利用水体自净能力；水体污染源控制工程技术等。

6.3.1 源头控制，减少污染物的排放负荷

污染减排是调整经济结构、转变发展方式、改善环境质量、解决区域性环境问题的重要手段。因此，调整经济结构和增长方式，淘汰落后产能，加强水体污染物减排力度，从源头上控制污染物的产生和排放，是改善水环境质量的重要手段。

1. 清洁生产

清洁生产（cleaner production）在不同的发展阶段或者不同的国家有不同的叫法，如废物减量化、无废工艺、污染预防等。但其基本内涵是一致的，即对产品和产品的生产过程、产品及服务采取预防污染的策略来减少污染物的产生。

实施清洁生产的途径很多，其中包括：不断改进设计；使用清洁的能源和原料；采用先进的

工艺技术与设备；综合利用；从源头削减污染，提高资源利用效率；减少或者避免生产、服务和产品使用过程中污染物的产生和排放，必要的末端治理及加强管理等。在水环境规划中，拟采取的详细的清洁生产措施要根据具体的规划对象来确定，如改革生产用水工艺，降低耗水定额，提高循环用水率，对用水大户要采用节水型工艺设备，形成节水型工艺体系，利用工业废水和生活污水代替新鲜水，大力发展二次水回用技术，缓解用水矛盾。严禁规划和建设高耗水、重污染项目。加强重点企业的清洁生产审核及评估验收，把清洁生产审核作为环保审批、环保验收、核算污染物减排量的重要因素，提升清洁生产水平。化工、冶金、造纸、酿造、石油、印染等行业以及有严重污染隐患的企业应实行严格的清洁生产审核。

2. 节水

节约用水，减少新鲜水耗量，提高水的重复利用率是源头控制的重要手段之一。

(1) 工业节水。城市是工业的主要集中地，在我国城市用水量中工业用水量占60%～65%。工业用水量大、供水比较集中，节水潜力相对较大且易于采取节水措施。因此，工业用水是城市节约用水的重点。我国工业用水效率的总体水平还较低，目前，我国万元工业增加值取水量是发达国家的3.5～7倍。企业之间单位产品取水量相差甚殊，一般相差几倍，有的达十几倍，个别的甚至超过40倍。减少工业用水量不仅意味着可以减少排污量，而且还可以减少工业用新鲜水量。因此，发展节水型工业不仅可以节约水资源，缓解水资源短缺和经济发展的矛盾，同时对于减少水污染和保护水环境也具有十分重要的意义。一般而言，工业节水可分为技术性和管理性两类。其中技术性措施包括：第一，建立和完善循环用水系统，其目的是提高工业用水重复率。用水重复率越高，取用水量和耗水量也越少，工业污水产生量也相应降低，从而可大大减少水环境的污染，减缓水资源供需紧张的压力。第二，改革生产工艺和用水工艺，其中主要技术包括采用省水新工艺或采用无污染或少污染技术等。

陈庆久等学者提出工业节水的两个评估指标：工业取水量和工业节水指数。

工业取水量是一个地区或城市的各工业行业结构系数与参考万元产值取水量的乘积的代数和。该指标是基于各工业行业参考万元产值取水量而定的一个万元产值取水量，该万元产值取水量的大小取决于被评价地区或城市的工业结构。

工业节水指数是用于比较一组城市相互之间工业节水水平的相对指标，定义为某城市的工业取水量与所比较城市组平均的工业取水量之比值。工业节水指数反映了评价对象的工业结构与平均工业结构对工业用水的影响程度的差距。当工业节水指数大于1时，表示该城市工业结构节水水平低于对比标准；当工业结构节水指数小于1时，表示该城市工业结构节水水平高于对比标准。

(2) 农业节水。农业是水资源消耗大户，农业也是面源污染的大户。农业节水不仅有利于农业生产的发展，也有利于水环境保护。农业节水的措施很多，可以归纳为两个方面：改变种植结构和改进灌溉方式和灌溉技术。据统计，$1hm^2$水稻田的灌溉用水量是$10\ 000m^3/a$左右，$1hm^2$小麦灌溉用水量大约是$5000m^3/a$，种植玉米的灌溉用水量是水稻的1/3～1/4。很显然，在水资源紧缺地区调整农作物种植结构是节水的有效措施。

灌溉技术随着农业的现代化不断发展变化。传统的漫灌、沟灌、畦灌逐渐发展为管灌、滴灌、喷灌、微喷等。其中管灌可节水20%～30%，喷灌可节水50%，微灌可节水60%～70%，滴灌和渗灌可节水80%以上，而且有利于提高农业机械化。除去灌溉条件的改进与革新，在灌溉技术上也有许多进步，如推广水稻种植的“湿润灌溉”制度和“薄露灌溉”技术，可以做到节水、节能、增产。

6.3.2 提高或充分利用水体自净能力

自然界各种水体都具有一定的自净能力，如果在减少污染物排放的同时，积极采取措施，提高水体的自净能力，将更有利于水资源的保护和利用。

1. 人工复氧

河内人工复氧(artificial instream aeration)是改善河流水质的重要措施之一。人工复氧是通过人工控制的方法借助机械设备来提高河水中的溶解氧含量来恢复水体环境生态功能，改善水质的一种水处理技术，在溶解氧含量较低的河段采用此方法尤为见效。20 世纪 60 年代起，人工复氧强化技术就被应用于河道治理。国内外的运行表明，在污染河道中进行人工曝气复氧能改变污染水体感官的黑臭状况，使河道上层底泥中还原性物质被氧化降解。曝气能在河底沉积物表层形成一个以兼性菌及好氧菌为主的生态环境，并使沉积物表层具备了好氧菌生长刺激的条件，从而能在较短时间内降低水体中有机污染物，提高水体溶解氧，增强水体的自净作用，使水体水质得到有效改善。欧美国家的成功经验和我国已经开展的一些试验结果表明，人工复氧是治理河流污染的一种有效的工程措施。

近年来，北京、上海等城市进行了一定规模的河道人工曝气复氧实验，研究结果表明：即使严重黑臭的水体，在有氧条件下 20h 后臭味基本消除，水体颜色明显改观，COD_{Cr}(采用重铬酸钾作为氧化剂测定出的化学耗氧量)、BOD_5都有大幅度(30%～50%)降低。无疑，通过人工复氧，可以使天然水体逐步恢复自然的生态功能，自净能力得到较大的提升。

人工复氧技术的最大优点是见效快，在运行短期内可消除河水的黑臭，提高水体透明度，恢复水体感官的视觉和嗅觉功能。但该技术的缺点也很突出，复氧设备影响河道的景观功能；设备运行时噪声较大，单台曝气机的噪声达 80dB；电耗高；河道流动性差，导致河道的自然复氧能力受到限制等。

2. 污水调节

在河流同化容量低的时期(如河流枯水期)用蓄污池将污水暂时蓄存起来，待河流的纳污容量高的时候(如河流丰水期)将其有序排放，该方法更合理地利用了河流的同化容量，从而提高了河流的枯水期水质，这项措施称为污水调节。污水在存蓄的过程中，还可以利用原水中的微生物实现一部分有机物的降解。污水调节法的主要费用集中在修建蓄污池的基础费用上，若有现成的坑塘，则费用更为低廉。但该方法的缺点也很突出：污水量较大的情况下，蓄污池需要的占地面积相对较大，处置不当极易造成蓄污池周边土壤及地下水的污染，且存放有机物含量较高的污水极易产生恶臭污染。

3. 河流流量调控

很多河流的径流量年内分配不均，枯水期与丰水期的流量差异较大，流量小的枯水期期间水质严重恶化，欲达到水质目标则需对排入河流的污水进行较深度的处理。而在流量较大的丰水期，河流的环境容量得不到充分的利用，造成了河流自净能力的浪费，与枯水期的自净能力不足形成鲜明的对比。因此，就这类河流而言，利用水利设施有效地控制河流的丰水期枯水期的流量变化，可以达到改善枯水期水质的目的，这项措施称为河流流量调控。

以浑河为例，每年枯水期浑河沈阳段的天然流量仅为 $5.0m^3/s$ 左右，而沈阳城区废水量则达 $17m^3/s$ 左右，很显然进入浑河的污水量大于浑河天然水量，所以河流不存在对废水的混合稀释能力。按浑河沈阳城区段水域功能分区和水质控制目标，该河段水质应达到地面水Ⅳ类水质标准。但由于枯水期浑河流量远小于污水量，即使经过城市污水处理厂处理后的废水 COD 仍达 60mg/L，也不能保证浑河实现Ⅳ类水体控制目标，唯一办法是增加浑河沈阳段枯水期流量，通过利用上游的大伙房水库在枯水期适当放流，以保证浑河沈阳段能够达到相应的控制目标。

实行流量调控可利用现有的水利设施，也可新建水利工程。利用现有的水利工程是行之有效的方法，但必须要对水利工程项目因提高河流枯水流量而造成的损失进行预估，这部分的费用主要来自于放流水量用于其他有益用途的收益的相对减少量。而对于新建水利工程，进行经济论证时，除考虑实现控制水质的环境收益外，还应同时考虑水利设施所具备的防洪、发电、灌溉和娱乐等多方面的功能。

6.3.3　水体污染源控制工程技术

6.3.3.1　污水处理方法

污水处理的基本方法就是采用各种技术手段将污水中所含有的污染物质分离去除、回收利用，或将其转化为无害物质，使水得到净化的过程。

现代污水处理技术，按照原理的不同可分为物理处理法、生物处理法和物理化学及化学处理法三类。

1. 物理处理法

物理处理法的基本原理是利用物理作用使悬浮状态的污染物与废水分离。在处理过程中污染物质不发生变化，即使废水得到一定程度的澄清，又可回收分离下来的物质加以利用。该法最大的优点是简单、易行、效果良好，并且十分经济。常用的有过滤法、沉淀法、浮选法等。

1）过滤法

(1) 格栅与筛网。

在排水过程中，废水通过下水道流入水处理厂，首先经过斜置在渠道内的一组金属制的呈纵向平行的框条（格栅）、穿孔板或过滤网（筛网），这是废水处理流程的第一道设施，用以截阻水中粗大的悬浮物和漂浮物。此步属废水的预处理，其目的在于回收有用物质；初步澄清废水以利于以后的处理，减轻沉淀池或其他处理设备的负荷；保护水泵和其他处理设备免受到颗粒物堵塞而发生故障。

按照形状的不同，格栅可分为平面格栅和曲面格栅。栅条截面多为 10mm×40mm，栅条空隙为 15～76mm（15～35mm 的空隙称为细隙，36～76mm 的空隙称为粗隙）。清渣方法有机械清渣（图 6-2）和人工清渣（图 6-3）两种。栅渣应及时清理和处理。

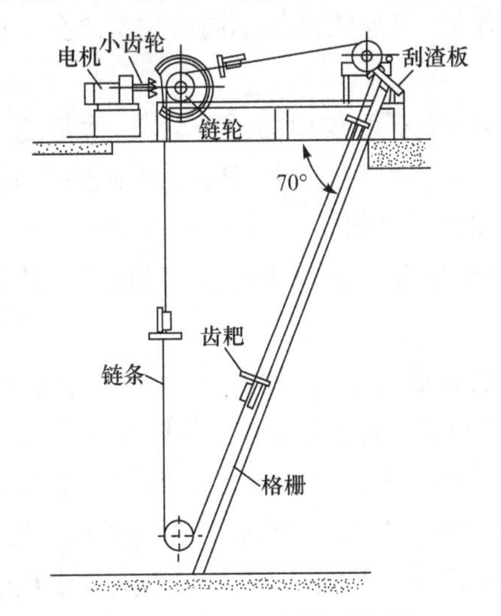

图 6-2　链条式机械清渣格栅

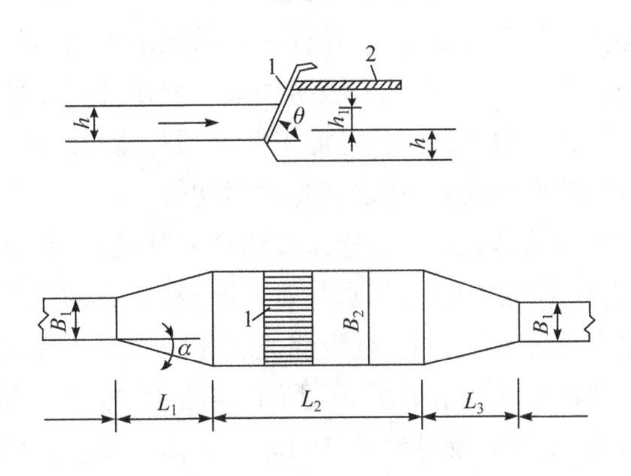

图 6-3　平面格栅结构尺才

1. 平面格栅；2. 清渣工作平台

毛纺、化纤、造纸等工业废水含有大量的长为1～20mm的纤维类杂物。这种呈悬浮状的细纤维不能通过格栅去除。如不清除，则可能堵塞排水管道和缠绕水泵叶轮，破坏水泵的正常工作。这类悬浮物可用筛网去除，筛网通常用金属丝或化学纤维编制而成，或用穿孔钢板，孔径一般小于5mm，最小可为0.2mm。筛网主要用于截留粒度在数毫米到数十毫米的细碎悬浮态杂物如纤维、纸浆、藻类等，筛网过滤装置有转鼓式、旋转式、转盘式、固定式振动斜筛(图6-4)等。不论何种结构，既要能截留污物，又要便于卸料及清理筛面。

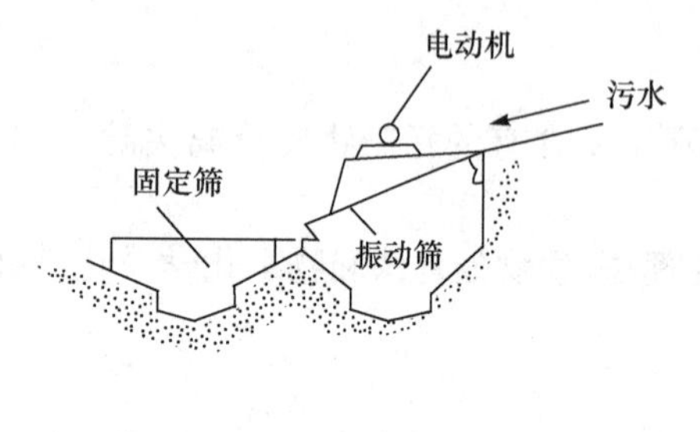

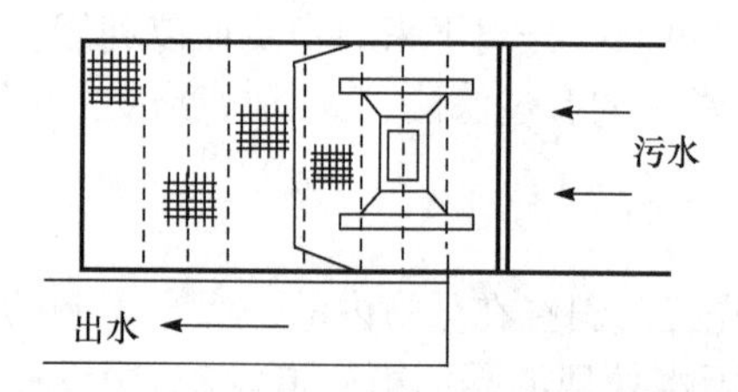

图6-4 振动式筛网示意图

(2) 粒状介质过滤。

废水通过粒状滤料(如石英砂)床层时，其中细小的悬浮物和胶体就被截留在滤料的表面和内部空隙中。这种通过粒状介质层分离不溶性污染物的方法称为粒状介质过滤(又称砂滤、滤料过滤)。其过滤机理如下：

① 阻力截留。当废水自上而下流过粒状滤料层时，粒径较大的悬浮颗粒首先被截留在表层滤料的空隙中，从而使此层滤料空隙越来越小，逐渐形成一层主要由被截留的固体颗粒构成的滤膜，并由它起主要的过滤作用，这种作用属于阻力截留或筛滤作用。

② 重力沉降。废水通过滤料层时，众多的滤料表面提供了巨大的沉降面积。据估计，$1m^3$粒径为0.5mm的滤料中就有$400m^2$不受水力冲刷影响而可供悬浮物沉降的有效面积，形成无数的小“沉淀池”，悬浮物极易在此沉降下来。

③ 接触絮凝。由于滤料具有巨大的表面积，它与悬浮物之间有明显的物理吸附作用。此外，砂粒在水中常常带有表面负电荷，能吸附带正电荷的铁、铝等胶体，从而在滤料表面形成带有正电荷的薄膜，并进而吸附带负电荷的黏土和多种有机物等胶体，在砂粒上发生接触絮凝。

在实际过滤过程中，上述三种机理往往同时起作用，只是依条件不同有主次之分而已。

(3) 过滤工艺过程。

过滤是目前城镇给水处理系统保证净化水质中一个不可缺少的重要环节，而且随着废水处理要求的日益提高，以及处理后的废水再利用的需要，过滤在废水深度处理中也逐渐被广泛利用。例如，用于活性炭吸附和离子交换等深度处理过程之前作为预处理、化学混凝和生化处理之后作为后处理等。过滤工艺包括过滤和反洗两个阶段。过滤即截留污物；反洗即把污染物从滤料层中洗去，使之恢复过滤功能。

滤池的形式多种多样。按滤料的种类分，有单层滤池、双层滤池和多层滤他；按作用水头分，有重力式滤池(作用水头4～5m)和压力滤池(15～20m)；按进、出水及反冲洗水的供给与排除方式分有快滤池、虹吸滤池和无阀滤池。各种滤池的基本构造和工作过程是相似的。

快滤池的构造如图6-5所示，由池体、进出水管、冲洗水管及排水管等附件组成，池内设有滤料层、承托层及排水系统和冲洗水排水槽。滤料层是滤池的核心；承托层是用于承托滤料层的；排水系统用于收集滤后水，更重要的是用于均匀分配反冲洗水；冲洗水排水槽即洗水槽，用于均匀地收集反洗废水和分配进水。

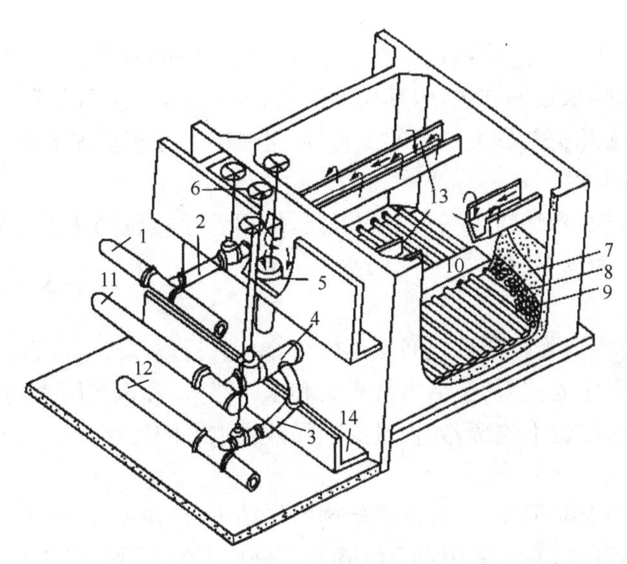

图 6-5　普通快滤池构造剖视图(箭头表示冲洗时水流方向)

1. 进水总管;2. 进水支管;3. 清水支管;4. 冲洗水支管;5. 排水阀;6. 排水渠;7. 滤料层;
8. 承托层;9. 配水支管;10. 配水干管;11. 冲洗水总管;12. 清水总管;13. 排水槽;14. 废水渠

快滤池的工作过程是由进水管进水,通过排水槽分布于滤池,过滤后的水自排水系统收集经排水管排出。当滤料层被悬浮物所阻塞,水头损失增大至一个极限值,或是出水水质不符合要求时,反冲水自反冲洗水管通过排水系统进入滤料层,使滤料流化,滤料之间相互摩擦、碰撞,滤料表面附着的悬浮物质被冲刷下来,由反洗废水带入排水槽,经废水渠排走。

普通快滤池是敞口的,靠水层本身的重力克服滤层阻力进行过滤。作用水头在 40～50kPa 范围内,而压力滤池则是将滤料填于密闭的压力容器内,利用外加压力克服滤池阻力进行过滤,作用水头达 150～250kPa。由于在较高的最终水头损失下操作,过滤周期长,反洗次数少,运行管理都比较方便,特别适用于水量较小而悬浮物浓度又相对较高的场合。

立式压力滤池如图 6-6 所示,它和普通快滤池的主要区别在于用排水斗代替了洗水槽;滤料的粒径和滤层厚度都比普通滤池的大,分别为 0.6～0.1mm和 1.1～1.2m;滤速常在 8～10m/h;配水系统多采用小阻力系统中的缝隙式滤头。过滤时,原水由进入管进入排水斗中,由此溢流并分布在整个滤池断面上。水通过滤层后,滤过水由集水系统收集,经清水管排出。操作压力一般为 150～250 kPa。反洗时,冲洗水由配水系统进入,向上穿过滤层,并溢入排水斗中,再由废水管排出。压力滤池的反洗常用空气助洗和压力水反洗的混合冲洗方式,先用水和气混合冲洗 10～15min,再用水反洗 5min,水压 70～200kPa,冲洗强度 10～20 L/(m² · s),气压 60～100LPa,冲洗强度为 20～30L/(m² · s)。

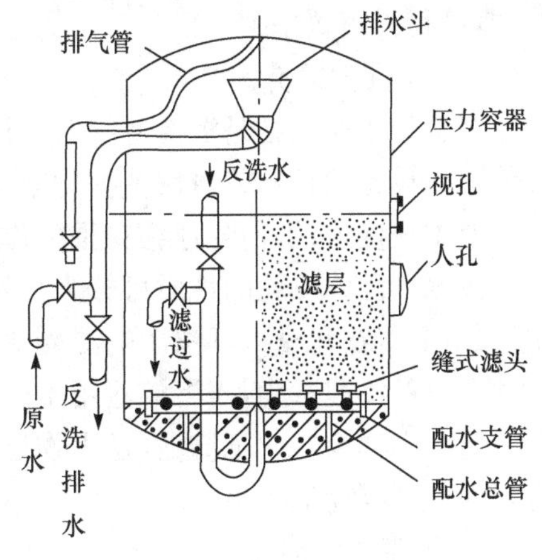

图 6-6　立式压力滤池构造示意图

2）沉淀法

沉淀法是利用废水中的悬浮颗粒和水的相对密度不同的原理，借助重力沉降作用将悬浮颗粒从水中分离出来的水处理方法，因其简便易行，效果良好，应用非常广泛。在各种类型的污水处理系统中，沉淀几乎是不可缺少的工艺，而且在同一处理系统中可能多次采用。

（1）沉淀的基本类型。

由于水质的多样性，悬浮颗粒在水中的沉淀，根据悬浮颗粒的浓度及絮凝特性（即彼此黏结、团聚的能力）可分为以下四种。

① 分离沉降。

分离沉降又称自由沉降。颗粒之间互不聚合，单独进行沉降。在沉淀过程中，颗粒呈离散状态，只受到本身在水中的重力（包括本身重力和水的浮力）和水流阻力的作用，其形状、尺寸、质量均不改变，下降速度也不改变，如含量少的泥沙在水中的沉淀。

② 混凝沉降。

混凝沉降（或称为絮凝沉降）是指在混凝剂的作用下，使废水中的胶体和细微悬浮物凝聚为具有可分离性的絮凝体，然后采用重力沉降予以分离去除。常用的无机凝聚剂有硫酸铝、硫酸亚铁、三氯化铁及聚合铝；常用的有机凝聚剂有聚丙烯酰胺等，还可采用助凝剂如水玻璃、石灰等。

混凝沉降的特点是在沉降过程中，颗粒接触碰撞而互相聚集形成较大絮体，因此颗粒的尺寸和质量均会随深度的增加而增大，其沉速也随深度而增加。

③ 区域沉降。

当废水中悬浮物含量较高时，颗粒间的距离较小，其间的聚合力能使其集合成为一个整体，并一同下沉，而颗粒相互间的位置不发生变动，因此澄清水和浑水间有一明显的分界面，逐渐向下移动，此类沉降称为区域沉降（又称拥挤沉降、成层沉降）。例如，高浊度水的沉淀池及二次沉淀池中的沉降多属此类。

④ 压缩沉降。

当悬浮液中的悬浮固体浓度很高时，颗粒互相接触、挤压，在上层颗粒的重力作用下，下层颗粒间隙中的水被挤出，颗粒群体被压缩。压缩沉降发生在沉淀池底部的污泥斗或污泥浓缩池中，进行得很缓慢。

（2）沉淀池简介。

沉淀的主要设备是沉淀池。对沉淀池的要求是能最大限度地除去水中的悬浮物，以减轻其他净化设备的负担或对后续处理起一定的保护作用。沉降池的工作原理是让待沉淀处理的水在池中缓慢流动，使悬浮物在重力作用下沉降。

按水中固体颗粒的性质可分为自然沉淀法和絮凝沉淀法。絮凝沉淀法因涉及向水中投放化学药剂，将在化学处理法中的混凝法中介绍。

在自然沉淀法中，当沉淀池用于生物处理中做预处理时称为初次沉淀池，设置在生物处理设备后时则称为二次沉淀池，是生物处理工艺中的一个组成部分。根据水流方向的不同常分为下列四种沉淀池。

① 平流式沉淀池。

废水从池一端流入，按水平方向在池内流动，水中悬浮物逐渐沉向池底，澄清水从另一端溢出。池呈长方形，在进口处的底部设污泥斗，池底污泥在刮泥机的缓慢推动下被刮入污泥斗内，典型装置如图 6-7 所示。

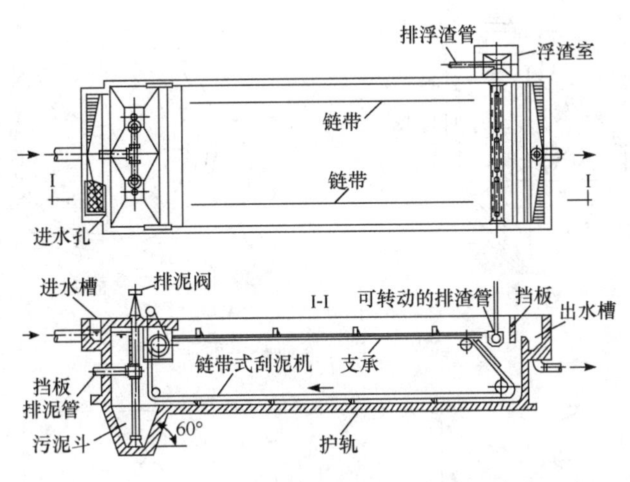

图 6-7　设有链带式刮泥机的平流式沉淀池

② 辐流式沉淀池。

如图 6-8 所示，池子多为圆形，直径较大，一般在 20～30m，适用于大型水处理厂。原水经进水管进入中心筒后，通过筒壁上的孔口和外围的环形穿孔挡板，沿径向呈辐射状流向沉淀池周边。由于过水断面不断增大，流速逐渐减小，颗粒沉降下来，澄清水从池周围溢出，汇入集水槽排出。沉于池底的泥渣由安装于桁架底部的刮板刮入泥斗，再借静压或污泥泵排出。

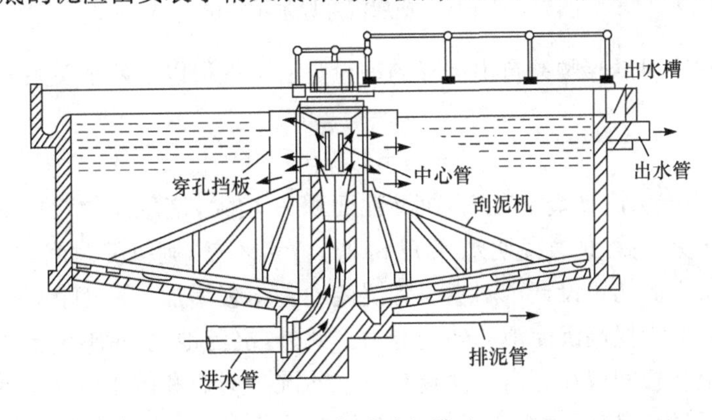

图 6-8　辐流式沉淀池

③ 竖流式沉淀池。

竖流式沉淀池也多为圆形，如图 6-9 所示。水由中心管的下口流入池中，通过反射板的阻拦向四周分布于整个水平断面上，缓缓向上流动。沉速超过上升流速的颗粒则向下沉降到污泥斗，澄清后的水由池四周的堰口溢出池外。竖流式沉淀池也可做成方形，相邻池子可合并池壁以使布置紧凑。

④ 斜板斜管沉淀池。

斜板斜管沉淀池是根据浅池原理（又称浅层沉降原理）设计的新型沉淀池。

浅池原理可用图 6-10 所示的缩小沉淀区对沉淀过程的关系来说明。如将水深为 H 的沉淀池分割为 n 个水深为 H/n 的沉降单元，此时颗粒的沉降深度由 H 减少到 H/n，也就是说，当沉淀区长度为原沉淀区长度 L 的 $1/n$ 时，就可以处理与原来的沉淀池相同的水量，并达到完全相同的处理效果。

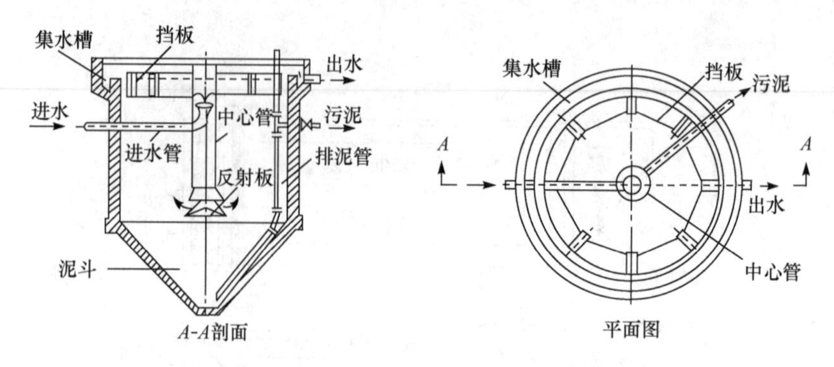

图 6-9　圆形竖流式沉淀池

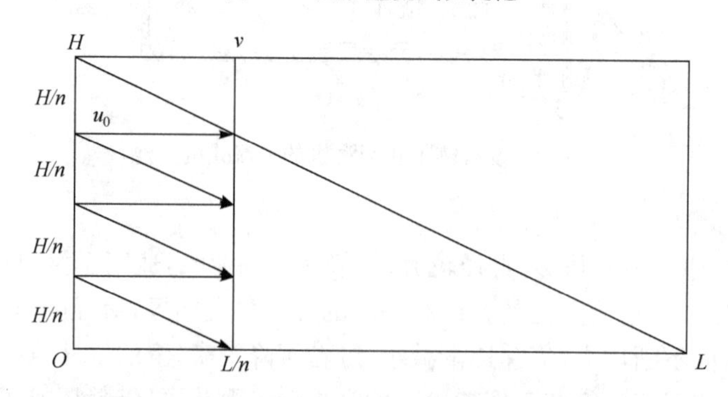

图 6-10　浅层沉降原理示意图

在理想沉淀池中对悬浮颗粒自由沉降的理论分析可推得以下两个关系式：

$$u_0 = Q/A \tag{6-1}$$

$$t = H/u_0 \tag{6-2}$$

式(6-1)说明当废水流量 Q 一定时，沉淀池面积 A 增大，使悬浮物流速 u_0 变小，可以有更多的悬浮物沉降下来。式(6-2)说明水深 H 降低，若 u_0 不变，则沉淀时间 t 可以缩短，即沉降效率得到提高。根据此结论设计了斜板斜管沉淀池。斜板增加沉淀面积，不仅缩短了沉淀时间，而且占地少，可大大提高沉淀池的处理能力。此外，沉淀池的分割还能大大改善沉淀过程的水力条件。水流在板间或在管内流动具有较大的湿润周边和较小的水力半径，所以雷诺数较低，可使颗粒在稳定的层流状态下沉降，对沉淀极为有利，因此在给水工程中得到比较广泛的应用。

一般的斜板沉淀池结构如图 6-11 所示。斜板(或斜管)相互平行地重叠在一起，间距不小于 50mm，倾斜角为 50°～60°，水流从平行板(管)的一端流到另一端，使每两块板间(或每根管子)都相当于一个很浅的小沉淀池。

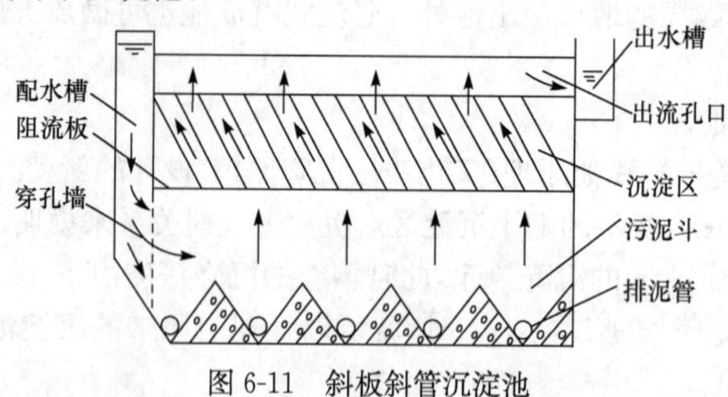

图 6-11　斜板斜管沉淀池

上述沉淀池各具特点，可适用于不同场合，平流式沉淀池结构简单，沉淀效果较好，但占地面积大，排泥存在问题较多，目前在大、中、小型水处理厂中均有采用；辐流式沉淀池有定型的排泥机械，运行效果较好，最适宜于大型水处理厂，但施工质量和管理水平要求较高；竖流式沉淀池占地面积小，排泥较方便，且便于管理，然而池深过大，施工困难，使池的直径受到了限制，一般适用于中小型水处理厂。

3）气浮法

气浮法就是在废水中产生大量微小气泡作为载体去黏附废水中细微的疏水性悬浮固体和乳化油，使其随气泡浮升到水面，形成泡沫层，然后用机械方法撇除，从而使得污染物从废水中分离出来。气浮过程中，细微气泡首先与水中的悬浮粒子相黏附，形成整体密度小于水的“气泡-颗粒”复合体，使悬浮粒子随气泡一起浮升到水面。由此可见，实现气浮分离必须具备以下三个基本条件：一是必须在水中产生足够数量的细微气泡；二是必须使待分离的污染物形成不溶性的固态或液态悬浮体；三是必须使气泡能够与悬浮粒子相黏附。

气浮时要求气泡的分散度高，量多，有利于提高气浮的效果。泡沫层的稳定性要适当，既便于浮渣稳定在水面上，又不影响浮渣的运送和脱水。常用的产生气泡的方法有以下两种。

(1) 机械法。

使空气通过微孔管、微孔板、带孔转盘等生成微小气泡。

(2) 压力溶气法。

将空气在一定的压力下溶于水中，并达到饱和状态，然后突然减压，过饱和的空气便以微小气泡的形式从水中逸出。目前污水处理中的气浮工艺多采用压力溶气法。图6-12为全部加压溶气气浮工艺流程。

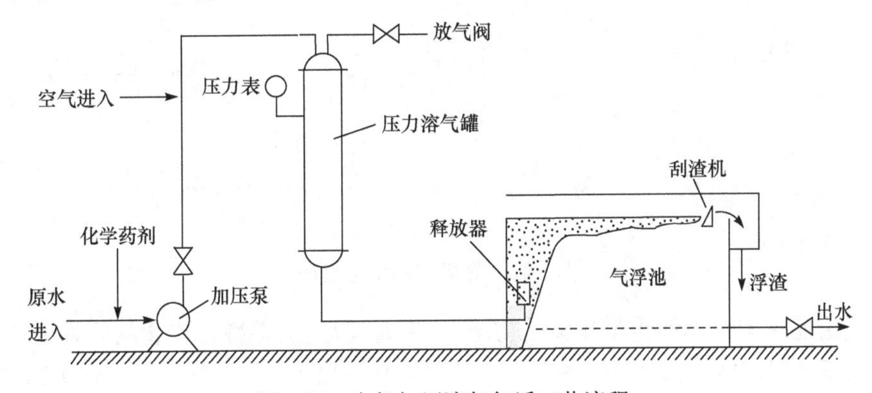

图6-12　全部加压溶气气浮工艺流程

气浮法的主要优点有：设备运行能力优于沉淀池，一般只需15～20min即可完成固液分离，因此它占地省，效率较高；气浮法所产生的污泥较干燥，不宜腐化，且是表面刮取，操作较便利；整个工作是向水中通入空气，增加了水中的溶解氧量，对除去水中有机物、藻类、表面活性剂及臭味等有明显效果，其出水水质为后续处理及利用提供了有利条件。

气浮法的主要缺点是：耗电量较大；设备维修及管理工作量增加，运转部分常有堵塞的可能；浮渣露出水面，易受风、雨等气候影响。

2. 生物处理法

生物处理法是利用自然环境中微生物的生物化学作用来氧化分解废水中的有机物和某些无机毒物（如氰化物、硫化物），并将其转化为稳定无害无机物的一种废水处理方法，具有投资少、效果好、运行费用低等优点，在城市废水和工业废水的处理中得到最广泛的应用。

现代的生物处理法根据微生物在生物化学反应中是否需要氧气分为好氧生物处理和厌氧生物处理两类。

1）好氧生物处理

主要依赖好氧菌和兼性菌的生化作用来完成废水处理的工艺称为好氧生物处理法。该法需要有氧的供应，主要有活性污泥法和生物膜法两种。

好氧菌的生化过程如图 6-13 所示。好氧菌在有足够溶解氧的供给下吸收废水中的有机物，通过代谢活动，约有三分之一的有机物被分解转化或氧化为 CO_2、NH_3、亚硝酸盐、硝酸盐、磷酸盐、硫酸盐等代谢产物，同时释放出能量作为好氧菌自身生命活动的能源，此过程称为异化分解。另三分之二的有机物则作为好氧菌生长繁殖所需要的构造物质，合成为新的原生质（细胞质），称为同化合成过程。新的原生质就是废水处理过程中的活性污泥或生物膜的增长部分，通常称为剩余活性污泥，又称生物污泥。生物污泥经固液分离后还需做进一步的处理和处置（见本章 6.3.3.3）。当废水中的营养物（主要是有机物）缺乏时，好氧菌则靠氧化体内的原生质来提供生命活动的能源（称为内源代谢或内源呼吸），这将会造成微生物数量的减少。

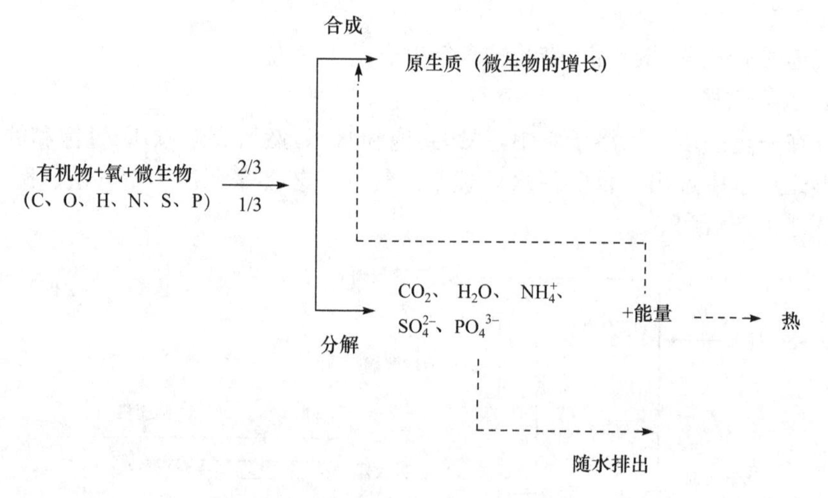

图 6-13 好氧菌的生化过程

用好氧菌处理废水不产生带臭味的物质，所需时间短，大多数有机物均能处理。在废水中有机物浓度不高（BOD_5 含量为 100～750mg/L）供氧速率能满足生物氧化的需要时，常采用好氧生物处理法。活性污泥法、生物膜法等都属于此类处理方法。

(1) 活性污泥法。

活性污泥法是处理城市废水常用的方法。它能从废水中去除溶解的和胶体的可生物降解的有机物以及能被活性污泥吸附的悬浮固体和其他一些物质，无机盐类（磷和氮的化合物）也能部分被去除。

① 概述。

向富含有机污染物并有细菌的废水中不断地通入空气（曝气），一定时间后就会出现悬浮态絮花状的泥粒，这实际上是由好氧菌（及兼性菌）、好氧菌所吸附的有机物和好氧菌代谢活动的产物所组成的聚集体，具有很强的分解有机物的能力，称为活性污泥。活性污泥易于沉淀分离，使废水得到澄清。这种以活性污泥为主体的生物处理法称为活性污泥法。

活性污泥法对废水的净化作用是通过两个步骤完成的。

第一步为吸附阶段。因活性污泥具有很大的表面积，好氧菌分泌的多糖类黏液具有很强的吸附作用，与废水接触后，在很短的时间内（10～30min）便会有大量有机物被污泥所吸附。使废水中的 BOD_5 和 COD 出现较明显的降低（可去除 85%～90%）。在这一阶段也进行吸收和氧化的作用。

第二步为氧化阶段。好氧菌对已吸附和吸收的有机物质进行分解代谢，使一部分有机物转变为稳定的无机物，另一部分合成为新的细胞质，使废水得到净化；同时通过氧化分解使达到吸附饱和后的污泥重新呈现活性，恢复它的吸附和分解代谢能力。此阶段进行得十分缓慢。实际上在曝气池的大部分容积内都在进行着有机物的氧化和微生物原生质的合成。

要想达到良好的好氧生物处理效果，需满足以下三点要求：向好氧菌提供充足的溶解氧和适当浓度的有机物（作细菌营养料）；好氧菌和有机物（即需要除去的废物）需充分接触，要有搅拌混合设备；当好氧菌把废水中有机物吸附分解之后，活性污泥易于与水分离以改善出水水质，同时回流污泥，重新使用。

②活性污泥法基本流程。

普通活性污泥法处理系统由以下几部分组成，如图 6-14 所示。

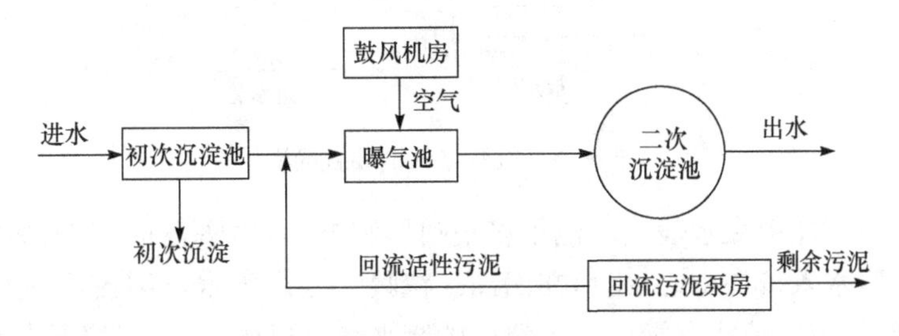

图 6-14　活性污泥法流程示意图

a. 曝气池。使活性污泥与废水中的有机污染物充分接触、吸附和氧化分解有机污染物。

b. 曝气系统。给曝气池中微生物供氧气，并起混合搅拌作用。

c. 二次沉淀池。用于分离曝气池出水中的活性污泥，它是相对初沉池而言的（初沉池设于曝气池之前，用以去除废水中粗大的悬浮物）。

d. 污泥回流系统。将二次沉淀池中的一部分沉淀污泥回流到曝气池，以供应曝气池赖以进行生化反应所需的微生物。

e. 剩余污泥排放系统。曝气池内污泥不断增殖，增殖的污泥作为剩余污泥从剩余污泥排放系统排出。

待处理的废水，经沉淀等预处理后与回流的活性污泥同时进入曝气池，成为混合液。由于不断曝气，活性污泥和废水充分混合接触，并有足够的溶解氧，保证了活性污泥中的好氧菌对有机物的分解。然后混合液流至二次沉淀池，污泥沉降与澄清水分离，上清液从二次沉淀池不断地排出，沉淀下来的污泥，一部分回流到曝气池以维持处理系统中一定的细菌数量，另一部分（即剩余污泥，主要是由好氧菌不断繁殖增长及分解有机物的同时产生的）则从系统中排除，由于其中含有大量活的好氧菌，排入环境前应进行消化处理以防止污染环境。

该系统开始运行时，应先在曝气池内充满污水进行曝气，培养活性污泥。在产生活性污泥后，就可以连续运行。开始时，曝气池中应积累一定数量的活性污泥，当能满足废水处理的需要后，才能将剩余污泥排除。

活性污泥法净化废水的能力强、效率高、占地面积少、臭味轻微，但产生剩余污泥量大，另外需要消耗一定的电能来向废水中不断供氧。

③曝气池装置。

a. 鼓风曝气式曝气池。曝气池常采用长方形的池子。采用定型的鼓风机供给足够的压缩空气，并使它通过布设在池侧的散气设备进入池内与水流接触，使水流充分供氧，并保持活性污泥呈悬浮状态。根据横断面上水流情况，又可分为平面和旋转推流式两种。

b. 机械曝气式曝气池。机械曝气池又称曝气沉淀池，是曝气池和沉淀池合建的形式，如图 6-15 所示。它利用曝气器内叶轮的转动剧烈翻动水面使空气中的氧溶入水中，同时造成水位差使回流污泥循环。

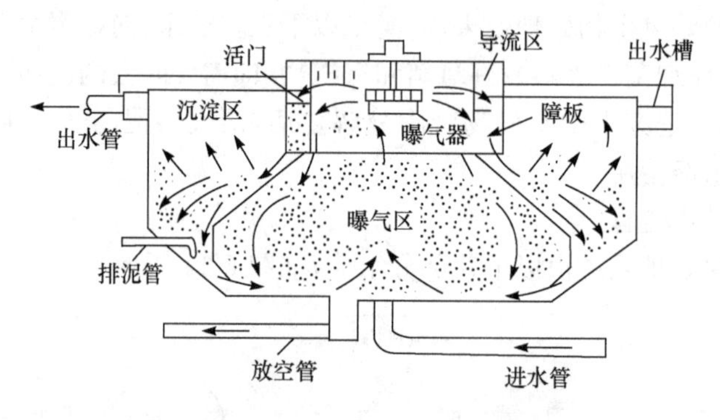

图 6-15　机械曝气池装置简图

叶轮常常安装在池中央水表面。池子多呈圆形和方形，由曝气区、导流区、沉淀区和回流区四部分组成。废水入口在中心，出口在四周。在曝气区内废水与回流污泥和混合液得到充分的混合，然后经导流区流入沉淀区。澄清后的废水经出流堰排出，沉淀下来的污泥则沿回流区底部的回流缝流回曝气区。它布置紧凑，流程缩短，有利于新鲜污泥及时地得到回流，并省去一套回流污泥的设备。由于新进入的废水和回流污泥同池内原有的混合液可快速混合，池内各点的水质比较均匀，好氧菌和进水的接触保证相对稳定，能承受一定程度的冲击负荷。

该法的主要缺点是，由于曝气池和沉淀池合建于一个构筑物，难于分别控制和调节，连续地进出水有可能发生短流现象(即废水未经处理直接流向出口处)。据分析，出水中约有0.7%的进水短流，使其出水水质难以保证，国外已趋淘汰。

(2) 生物膜法。

当废水长期流过固体滤料表面时，微生物在介质“滤料”表面上生长繁育，形成黏液性的膜状生物性污泥，称为生物膜。利用生物膜上的大量微生物吸附和降解水中有机污染物的水处理方法称为生物膜法。它与活性污泥法的不同之处在于微生物是固着生长于介质滤料表面，故又称为固着生长法，活性污泥法则又称为悬浮生长法。

生物膜法分为以下三种。

a. 润壁型生物膜法。废水和空气沿固定的或转动的接触介质表面的生物膜流过，如生物滤池和生物转盘等。

b. 浸没型生物膜法。接触滤料固定在曝气池内，完全浸没在水中，采用鼓风曝气，如接触氧化法。

c. 流动床型生物膜法。使附着有生物膜的活性炭、砂等小粒径接触介质悬浮流动于曝气池内。

①基本原理。

生物膜净化废水的机理如图6-16所示。生物膜具有很大的表面积。在膜外附着一层薄薄的缓慢流动的水层，称为附着水层。在生物膜内外、生物膜与水层之间进行着多种物质的传递过程。废水中的有机物由流动水层转移到附着水层，进而被生物膜所吸附。空气中的氧溶解于流动水层中，通过附着水层传递给生物膜，供微生物呼吸之用。在此条件下，好氧菌对有机物进行氧化分解和同化合成产生的CO_2和其他代谢产物一部分溶入附着水层，一部分析出到空气中（即沿着相反方向从生物膜经过水层排到空气中去）。如此循环往复，使废水中的有机物不断减少，从而净化废水。

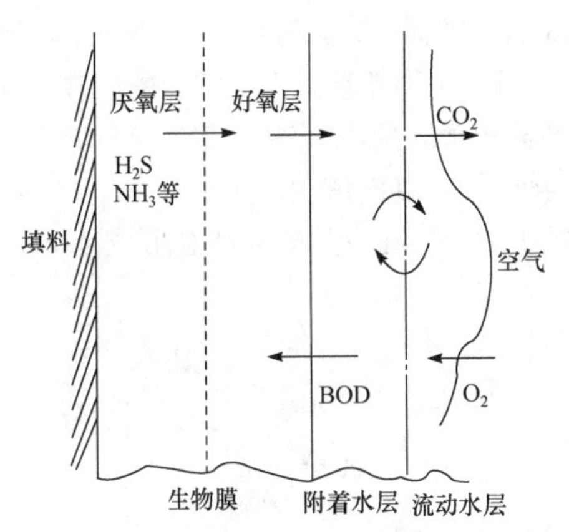

图6-16　生物膜对废水的净化作用

当生物膜较厚，废水中有机物浓度较大时，空气中的氧很快地被表层的生物膜消耗，靠近滤料的一层生物膜就会得不到充足的氧而使厌氧菌发展起来，并且产生有机酸、甲烷（CH_4）、氨（NH_3）及硫化氢（H_2S）等厌气分解产物。它们中有的很不稳定，有的带有臭味，将大大影响出水的水质。

生物膜厚度一般以0.5～1.5mm为佳。当生物膜超过一定厚度后吸附的有机物在传递到生物膜内层的微生物之前就已被代谢掉。此时内层微生物得不到充分的营养而进入内源代谢，失去其黏附在滤料上的性能而脱落下来，随水流出滤池，滤料表面再重新长出新的生物膜。因此在废水处理过程中，生物膜经历着不断生长、不断剥落和不断更新的演变过程。

②生物膜法净化设备。

a. 生物滤池。生物滤池由滤床、布水设备和排水系统三部分组成，在平面上一般呈方形、矩形或圆形。可分为普通生物滤池、高负荷生物虑池和塔式生物滤池三种形式。

普通生物滤池又称低负荷生物滤池或滴滤池，构造如图6-17所示。废水通过回转式布水器均匀地分布在滤池表面上，滤池中装满了滤料，废水沿着滤料表面从上到下流动，到池底进入集中沟和排水渠，流出池外并在沉淀池里进行泥水分离。滤料一般采用碎石、卵石或炉渣等颗粒滤料。滤料的工作厚度通常为1.3～1.8m，粒径为2.5～4cm；承托厚度0.2m，垫料粒径为70～100mm。对于生活污水，普通生物滤池的有机物负荷率较低，仅为0.1～0.3kg/(m^3·d)（以BOD_5计，即单位时间供给单位体积滤料的BOD量），处理效率可达85%～95%。

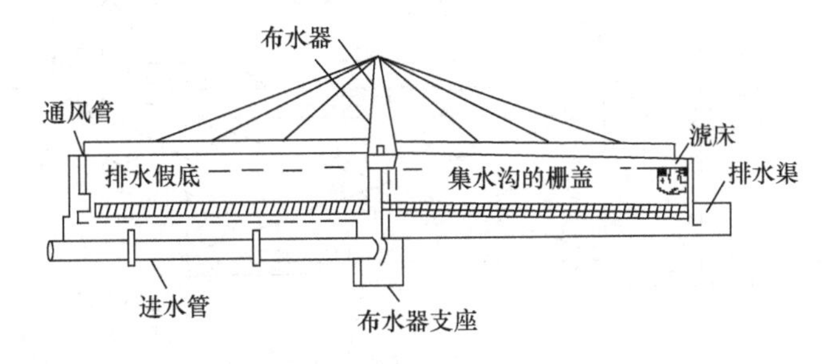

图6-17　回转式生物滤池的一般构造

高负荷生物滤池所用滤料的直径一般为40～100mm，滤料层较厚，可达2～4m，采用树脂和塑料制成的滤料时还可增大滤料层高度，同时采用自然通风。高负荷生物滤池的有机物负荷率为 0.8～1.2 kg/(m^3 · d)(以 BOD_5 计)。

滤池高度 8～20m 的为塔式生物滤池,也属于高负荷生物滤池,其有机物负荷率可高达 2～3 kg/(m^3 · d)(以 BOD_5 计)。由于负荷率高,废水在塔内停留时间很短仅需几分钟,因而 BOD_5 去除率较低,为 60%～85%。一般采用机械通风供氧。

b. 生物转盘。生物转盘的工作原理和生物滤池基本相同,主要的区别是它以一系列绕水平轴转动的盘片(直径一般为 2～3m)代替固定的滤料,如图 6-18 所示。盘片半浸没在水中。当转动时,盘面依次通过水和空气,吸取水中的有机物并溶入空气中的氧。生物转盘投入运行经 1～2 周,在盘片表面即会形成 0.5～2mm 厚的生物膜。

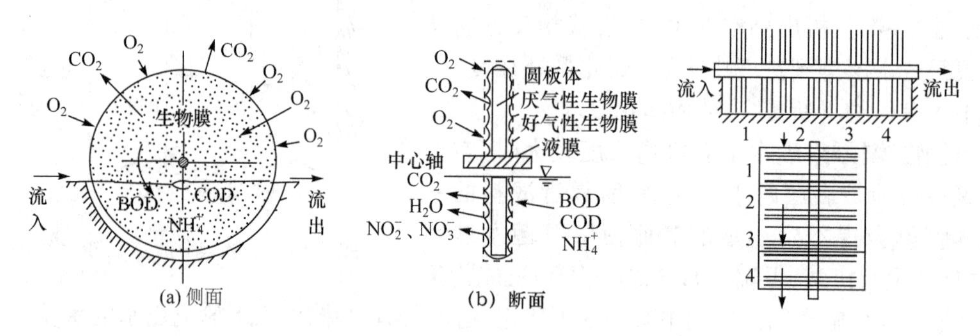

图 6-18　生物转盘工作情况示意图

运行时,废水在池中缓慢流动,盘片在水平轴带动下缓慢转动(0.8～3r/min)。当盘片某部分进入废水时,生物膜吸附废水中的有机物,使好氧菌获得丰富的营养;当转出水面时,生物膜又从大气中直接吸收所需的氧气。转盘转动还带进空气,使得槽内废水中溶解氧均匀分布。如此循环,废水中的有机物在好氧菌的作用下氧化分解。盘片上的生物膜会不断地自行脱落,被转盘后设置的二次沉淀池除去。一般废水的 BOD 负荷保持在低于 15mg/L,可使生物膜维持正常厚度,很少形成厌氧层。

c. 生物接触氧化法——曝气生物滤池。本设备实际上是生物滤池和活性污泥曝气池的综合体,如图 6-19 所示。池内挂满各种挂膜介质,全部滤料浸没在废水中。目前多使用的是蜂窝式或列管式填料,上下贯通,水力条件良好,养量和有机物供应充分,同时填料表面全为生物膜所布满,保持了高浓度的生物量。在滤料支撑下部设置曝气管,用压缩空气鼓泡充氧。废水中的有机物被吸附于滤料表面的生物膜上,被好氧菌分解氧化。

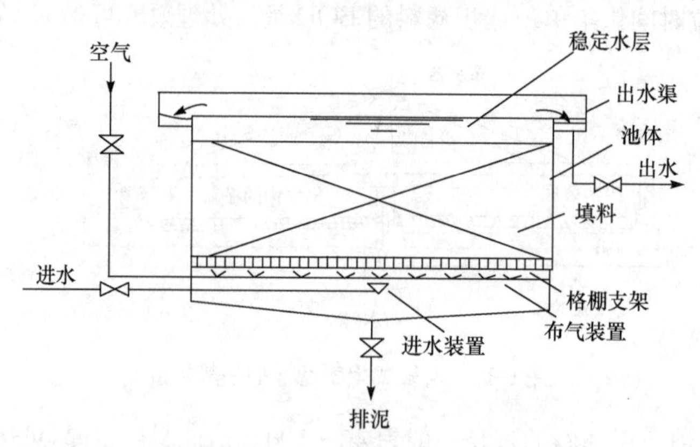

图 6-19　曝气生物滤池构造示意图

近年来,国内外都在进行纤维状挂膜填料的研究。纤维状填料用尼龙、维纶、腈纶、涤纶等化纤编结成束,以料框组装放入池内。清洗检修时逐框取出,无需停工。

曝气生物滤池的优点有:易于管理,抗负荷能力强,抗水温变动冲击力强,剩余污泥少,可脱氮和除磷。但也具有填料易于堵塞,布气和布水不易均匀等缺点。

d. 生物流化床——悬浮载体流化床。此方法的实质是以粒径为 1mm 左右的活性炭、砂、无烟煤及其他粒子作为好氧菌的载体,充填于容器内,通过脉冲进水措施使载体流态化。由于载体粒径很小,单位容积内具有很大的表面积,能保持高浓度的好氧菌数,效率比普通活性污泥法高 10～20 倍,占地小,净化效率高。图 6-20 所示的是目前研究较多的三相生物流化床。气液固三相直接在流化床体内进行生化反应,同时载体表面的生物膜依靠气体的搅动作用相互摩擦而脱落。

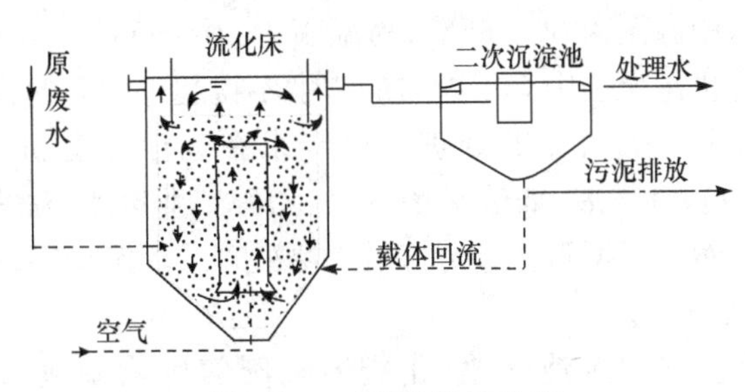

图 6-20　三相生物流化床

2) 厌氧生物处理

厌氧生物处理法主要依赖厌氧菌和兼性菌的生化作用来完成处理过程。该法要保证无氧环境,包括各种厌氧消化法。

好氧生物处理效率高,应用广泛,已成为城市废水处理的主要方法。但好氧生物处理的能耗较高,剩余污泥量较高,特别不适宜处理高浓度有机废水和污泥。厌氧生物处理与好氧生物处理的显著差别在于:①不需供氧;②最终产物为热值很高的甲烷气体,可用作清洁能源;③特别适宜于处理城市废水处理厂的污泥和高浓度有机工业废水。

(1) 厌氧菌的生化过程。

厌氧生物处理(或称厌氧消化)是在无氧条件下,通过厌氧菌和兼性菌的代谢作用,对有机物进行生化降解的处理方法。用作生物处理的厌氧菌需有数种菌种接替完成,整个生化过程分为两个阶段(图 6-21)。

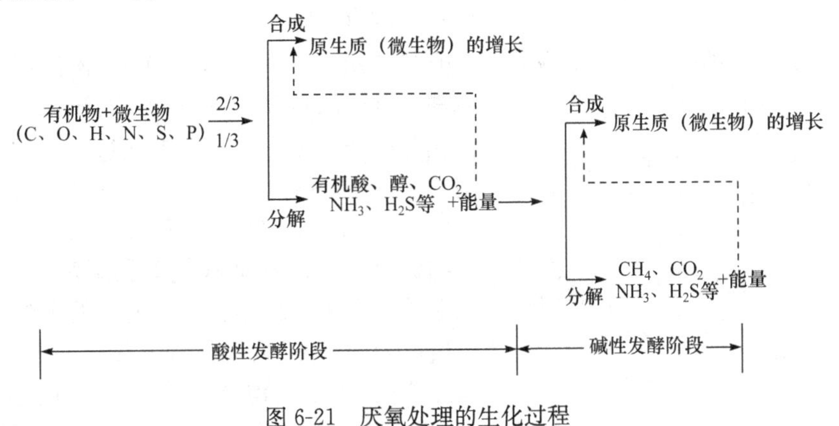

图 6-21　厌氧处理的生化过程

第一阶段是酸性发酵阶段。在分解初期,厌氧菌活动中的分解产物为有机酸(如甲酸、乙酸、丙酸、丁酸、乳酸等)、醇、CO_2、NH_3、H_2S以及其他一些硫化物,这时废水发出臭气。如果废水中含有铁质,则生成硫化铁等黑色物质,使废水呈黑色。此阶段内有机酸大量积累,pH下降,故称为酸性发酵阶段。参与此阶段作用的细菌称为产酸细菌。

第二阶段是碱性发酵阶段,又称为甲烷发酵阶段。由于所产生的NH_3的中和作用,废水的pH逐渐上升,这时另一群统称为甲烷细菌的厌氧菌开始分解有机酸和醇,产物主要为CH_4(甲烷)和CO_2,此时随着甲烷细菌的繁殖,有机酸迅速分解,pH迅速上升,所以又称为碱性发酵阶段。

厌氧生物处理的最终产物为气体,以CH_4和CO_2为主,另有少量的H_2S和H_2。

厌氧生物处理必须具备的基本条件是:隔绝氧气;pH维持在6.8～7.8;温度应保持在适宜于甲烷菌活动的范围(中温菌为30～35℃;高温菌为50～55℃);要供给细菌所需要的N、P等营养物质;并要注意有机污染物中有毒物质的浓度不得超过细菌的忍受极限。

厌氧生物处理常用于有机污泥的处理。近年来在高浓度有机废水(BOD_5为5000～10 000mg/L)的处理中也得到发展,如屠宰场废水、乙醇工业废水、洗涤羊毛油脂废水等。一般先用厌氧生物处理法,然后根据需要进行好氧生物处理或深度处理。

(2) 常用的厌氧处理设备。

常用的厌氧处理设备有污泥消化池(化粪池)、厌氧生物滤池、升流式厌氧污泥池等。图6-22给出用于稳定污泥的带有固定盖的厌氧消化池。池内有进泥管、排泥管,还有用于加热污泥的蒸气管和搅拌污泥用的水射器。投料与池内污泥充分混合,进行厌氧消化处理。产生的沼气聚集于池的顶部,从集气管排走,送往用户。

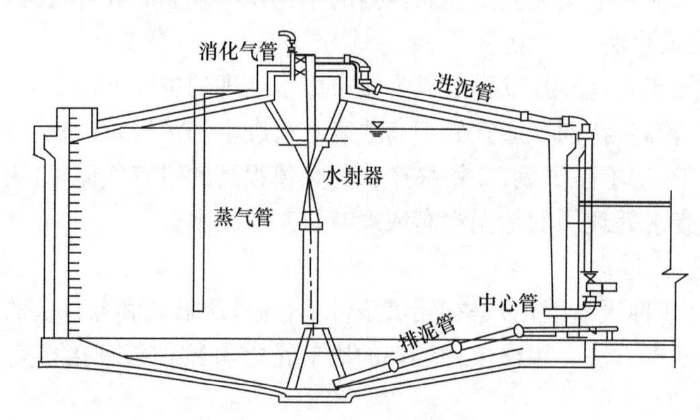

图6-22 固定盖式消化池构造图

图6-23给出一种厌氧生物反应器——升流式厌氧污泥床(UASB)。该污泥床的主要组成部分有底部布水系统、污泥床、污泥悬浮层和顶部三相分离器。废水自下而上通过反应器。在底部的高浓度(悬浮固体物可达60～80g/L)、高活性的污泥床内,大部分有机物转化为CH_4和CO_2。由于气态产物(消化气)的搅动和气泡黏附污泥,在污泥床之上形成一个污泥悬浮层。在上部的三相分离器中完成气液固的分离,消化气从上部导出,污泥滑落到污泥悬浮层,出水由澄清区流出。由于反应器内保留有大量的厌氧污泥,反应器的负荷能力很大,特别适

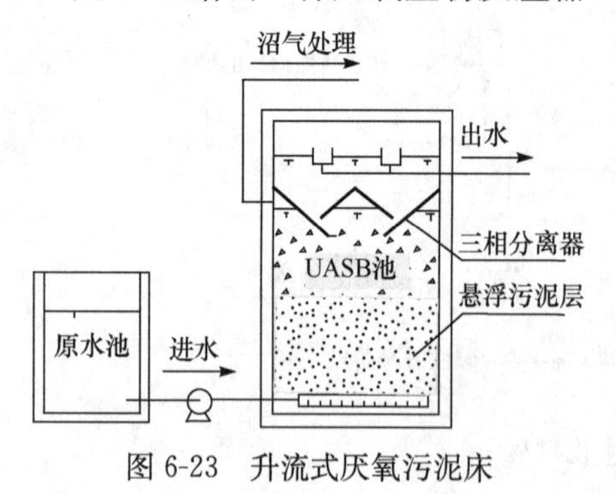

图6-23 升流式厌氧污泥床

合处理一般的高浓度有机废水，是一种有发展前途的厌氧处理设备。

某些新技术和新材料的开发运用，会产生含有很多复杂有机物的废水。这些有机物对于好氧生物处理属于不能生物降解或难以降解。但对于厌氧生物处理，则可以被厌氧菌分解为较小分子的有机物。这些较小分子有机物还可以由好氧菌进一步降解，以达到更好的处理效果。这就是近年来颇受重视的厌氧-好氧联用工艺。

3）自然条件下的生物处理

利用天然水体和土壤中微生物的生化作用来净化废水的方法称为自然生物处理，常用的有生物稳定塘和废水的土地处理法，最近又研究出人工湿地生态处理的新技术。

废水的自然生物处理系统的效率虽低，但所需的基建费用和运行费用低，又可将废水的处理和利用联合起来兼收环境效益和经济效益，因此在有条件的地方应考虑采用。

(1) 生物稳定塘。

生物稳定塘（简称生物塘）是利用天然水中存在的微生物和藻类，对有机废水进行好氧、厌氧生物处理的天然或人工池塘。

生物塘内的生态系统较人工生物处理系统复杂，包括了菌类、藻类、浮游生物、水生植物、底栖动物以及鱼、虾、水禽等高级动物，形成了相互依赖的食物链。废水在塘里停留时间很长，有机物通过水中生长的微生物的代谢活动而得到稳定的分解。净化后的废水可用于灌溉农田。

根据塘内微生物的种类和供氧情况，可分为以下基本四种类型。

① 好氧塘。

好氧塘一般水深 0.5m 左右，阳光能透入底部。通过两类微生物的新陈代谢作用将有机物去除；好氧菌消耗溶解氧分解有机物并产生 CO_2，藻类的光合作用消耗 CO_2 产生氧气。这两者组成了相辅相成的良性循环（图 6-24）。

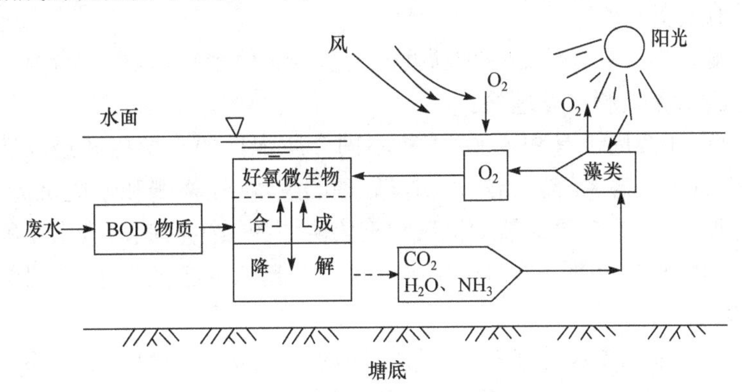

图 6-24　好氧塘工作原理示意图

② 兼性塘。

兼性塘一般水深 1.0～2.0m，上部溶解氧比较充足，呈好氧状态；下部溶解氧不足，由兼性菌起净化作用；沉淀污泥在塘底进行厌氧发酵（图 6-25）。

③ 厌氧塘。

厌氧塘的水深一般大于 2.5m，BOD 物质负荷很高，整个塘水呈厌氧状态，净化速度很慢，废水停留时间长。底部一般有 0.5～1m 的污泥层。为防止臭气逸出，常采用浮渣层，或人工覆盖措施。这种塘一般都作为氧化塘的预处理塘。

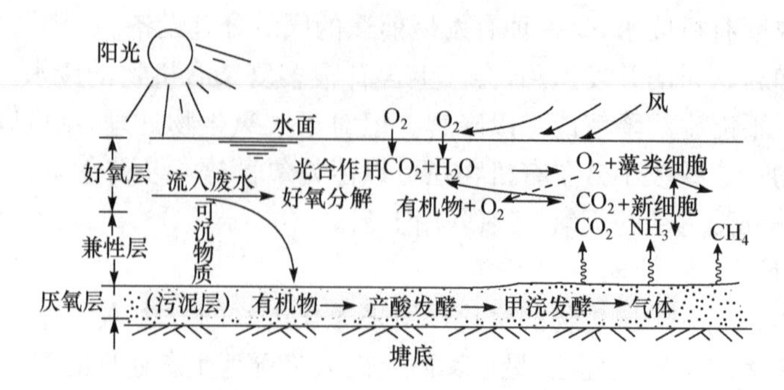

图 6-25　兼性塘工作原理示意图

④ 曝气塘。

曝气塘的水深为 3.0～4.5m，其特征是在塘水表面安装浮筒式曝气器，全部塘水都保持好氧状态，BOD 负荷较高，废水停留时间较短。

(2) 废水土地处理法。

废水土地处理是在人工调控下利用土壤-微生物-植物组成的生态系统使废水中的污染物得到净化的处理系统。它既利用土壤中的大量微生物分解废水中的有机污染物，也充分利用了土壤的物理特性（表层土的过滤截留和土壤团粒结构的吸附储存）、物理化学特性（与土壤胶粒的离子交换、络合吸附）和化学特性（与土壤中的钙、铝、铁等离子形成难溶的盐类，如磷酸盐等）净化各种污染物，同时也利用废水及其中的营养物质灌溉土壤供作物吸收。因此土地处理是使废水资源化、无害化和稳定化的处理利用系统。

应用土地处理法时必须注意：加强水质管理，防止废水中的某些成分危害农作物和土壤，传染疾病和污染地下水等，并要防止土壤盐碱化。

(3) 人工湿地生态处理法。

废水的人工湿地生态处理法是一种新型的废水生态处理技术，可配合城市绿化工程中人工湿地的建设建造潜流式废水处理站。

在人工湿地床（床四周设有防渗膜）内有不同介质配比的土壤层和经筛选栽种的湿地植物，从而构成一个人工生态系统。当经过初步处理的废水（经格栅和絮凝沉淀处理）通过配水系统进入人工湿地时，附着在湿地植物根系和土壤层中的微生物就对废水中的营养物质和污染物质进行有效的吸收和分解。同时土壤层本身也能起到过滤吸附作用，最终使废水得到净化，达标后通过集水系统排放。

这种潜流式人工湿地废水处理方式的最大优点在于：废水是通过配水系统直接送至人工湿地床的基质中，能减少臭味和蚊蝇滋生，避免破坏整体景观；运行费用比常规的二级生化处理低 50%左右；可形成堆肥、绿化、野生动物栖息等综合效益；湿地植物（常选美人蕉、水竹、芦苇等）的观赏性可为湿地园区增添新景观。这正是“鸟语花香中，废水变清流”。目前我国首座这样的废水处理站已在上海崇明建成。

3. 物理化学及化学处理法

1) 物理化学法

物理化学法（简称物化法）利用物理化学的原理去除废水中的杂质。它主要用来分离废水中无机或有机的（难以生物降解的）溶解态或胶态的污染物质，回收有用组分，并使废水得到深度净化。因此适用于处理杂质浓度很高的废水（用作回收利用的方法），或是浓度很低的废水

(用作废水深度处理)。常用的方法有吸附法、离子交换法、膜析法(包括渗析法、电渗析法、反渗透法、超过滤法等)和萃取法。物理化学法的局限性是必须先进行废水预处理,同时浓缩的残渣要经过后处理以避免二次污染。

(1) 吸附法。

吸附法处理废水是利用一种多孔性固体材料(吸附剂)的表面来吸附水中的溶解污染物、有机污染物等(称为溶质或吸附质),以回收或去除它们,使废水得以净化。

① 吸附剂种类。

在废水处理中常用的吸附剂有活性炭、磺化煤、木炭、焦炭、硅藻土、木屑和吸附树脂等。以活性炭和吸附树脂最为普遍。一般吸附剂均呈松散多孔结构,具有巨大的比表面积。其吸附力可分为分子引力(范德华力)、化学键力和静电引力三种。水处理中大多数吸附剂是上述三种吸附力共同作用的结果。

由于吸附剂价格较贵,而且吸附法对进水的预处理要求高,因此多用于给水处理中。

② 吸附操作方式。

吸附法处理装置有固定床、移动床和流化床三种。以图 6-26 所示的活性炭吸附柱为例。废水从吸附柱底部进入,处理后的水由吸附柱的上部排出。在操作过程中,定期将饱和的活性炭从柱底排出,送再生装置进行再生;同时将等量的活性炭从柱顶储炭斗加至吸附柱内。

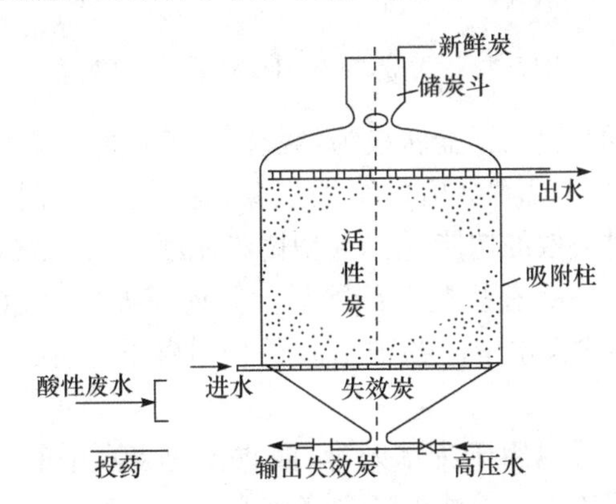

图 6-26　活性炭吸附柱构造

吸附剂吸附饱和后必须经过再生,把吸附质从吸附剂的细孔中除去,恢复其吸附能力。再生的方法有加热再生法、蒸气吹脱法、化学氧化再生法(湿式氧化、电解氧化和臭氧氧化等)、溶剂再生法和生物再生法等。

(2) 离子交换法。

借助固体离子交换剂与溶液中离子的置换反应,除去水中有害离子的处理方法称为离子交换法。

① 作用原理。

离子交换是一种特殊的吸附过程,是可逆性化学吸附,其反应可表达为

$$RH + M^{+} \rightleftharpoons RM + H^{+}$$

式中,R 为离子交换剂;M 为交换离子;RM 为与 M 交换后的离子交换剂,称为饱和交换剂。

离子交换剂有无机和有机两大类。无机离子交换剂有天然沸石和合成沸石(铝代硅酸盐)等。有机离子交换树脂的种类很多,可分为强酸阳离子交换树脂(只能进行阳离子交换)、弱酸阳离子交换树脂、强碱阴离子交换树脂(只能进行阴离子交换)、弱碱阴离子交换树脂、螯合树

脂(专用于吸附水中微量金属的树脂)和有机物吸附树脂等。

树脂是人工合成的具有空间网状结构的不溶解聚合物,在制造过程中引入不同的交换基团便成了离子交换树脂。当树脂放入水中就会像海绵一样膨胀,网状结构中的活动离子像电解质一样离解在树脂内部的水相中。废水中的某离子(称为交换离子)在离子浓度差作用下,从外水相扩散到树脂体内。交换离子与树脂体内的固定离子的亲和力较大,可替代原有的同性活动离子并将其置换下来扩散到水相。

② 树脂再生与清洗。

树脂的交换容量耗尽到交换床出流的离子浓度超过规定值,称为穿透。此时必须将树脂再生。再生是交换反应的逆过程。再生前先对交换床进行反冲洗以去除固定沉积物。然后树脂与再生剂作用(阳离子树脂采用盐溶液 NaCl 或酸溶液 HCl、H_2SO_4,阴离子树脂一般用碱溶液 NaOH、NH_4OH)将吸附的离子置换出来,使树脂恢复交换能力。经过再生后的树脂用水清洗,去除残留在树脂内的再生剂。

③ 离子交换法在水处理中的应用。

离子交换法多用于工业给水处理中的软化和除盐,主要去除废水中的金属离子。离子交换法采用钠离子树脂交换,交换反应为

$$2RNa^{+} + Ca^{2+} \longrightarrow R_2Ca^{2+} + 2Na^{+}$$

$$2RNa^{+} + Mg^{2+} \longrightarrow R_2Mg^{2+} + 2Na^{+}$$

离子交换树脂将水中的钙盐、镁盐转换为钠盐。由于各种钠盐在水中的溶解度较大,而且会随温度的升高而增加,所以就不会出现结垢现象,达到了软化水的目的。需再生时,可用8%～10%的食盐溶液流过失效的树脂,使 Ca 型树脂还原成 Na 型树脂。

制备高纯水,要把水中的所有盐类全部除尽。因此需要使水通过 H 型阳离子交换器和 OH 型阴离子交换器,分别除去水中的各种阳离子和阴离子,交换到水中的 H^+ 和 OH^- 则结合成水。

此外,离子交换法还广泛地用于废水处理、回收工业废水中的有用物质、净化有毒物质。近年来,我国在生产中采用离子交换法处理含铬废水、含汞废水、含锌废水、含镍废水、含铜废水以及电镀含氰废水等。

(3) 膜析法。

膜析法是利用薄膜来分离水溶液中某些物质的方法的统称。根据提供给溶液中物质透过薄膜所需要的动力,膜析法可有以下几种:扩散渗析法(依靠分子的自然扩散,简称渗析法)、反渗透法、超过滤法(以压力为动力)和电渗析法(利用电力)。

① 扩散渗析法。

扩散渗析法是利用具有特殊性质的交换膜(如阴离子交换膜只允许阴离子通过)来分离收集废水中的某些离子的处理方法。图 6-27 给出钢铁厂处理酸洗废水的扩散渗析槽示意图。槽内装设一系列间隔很近的阴离子交换膜,把整个槽子分割成两组互为邻的小室。一组小室流入废水,另一组小室流入清水,流向是相反的。由于阴离子交换膜的阻挡作用,废水中只有硫酸根离子较多地透过薄膜进入清水小室。这样就在一定程度上分离了酸洗废水中的硫酸和硫酸亚铁。

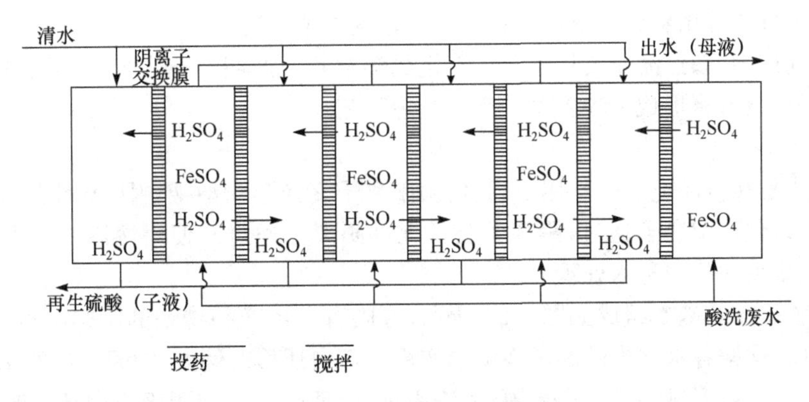

图 6-27　扩散渗析法示意图

② 反渗透法。

如果将纯水和某种溶液用半透膜隔开，水分子就会自动地透过半透膜到溶液一侧去，这种现象称为渗透，如图 6-28(a)所示。在渗透进行过程中，纯水一侧的液面不断下降，溶液一侧的液面不断上升。当液面不再变化时，渗透便达到了平衡状态。此时两侧液面之差称为该种溶液的渗透压。任何溶液都有相应的渗透压，它是区别溶液和纯水性质之间的一种标志。

如果在浓溶液一侧施加大于渗透压的压力，则溶液中的水就会透过半透膜流向纯水一侧，溶质被截留在溶液一侧，这种过程称为反渗透[图 6-28(b)]。所以在废水处理中，在废水一侧施加大于渗透压的压力(一般为 2.5～5MPa)，可使废水中的水分子反向透过半透膜并进入稀溶液一侧，污染物被浓缩排出。这种处理方法称为反渗透法。

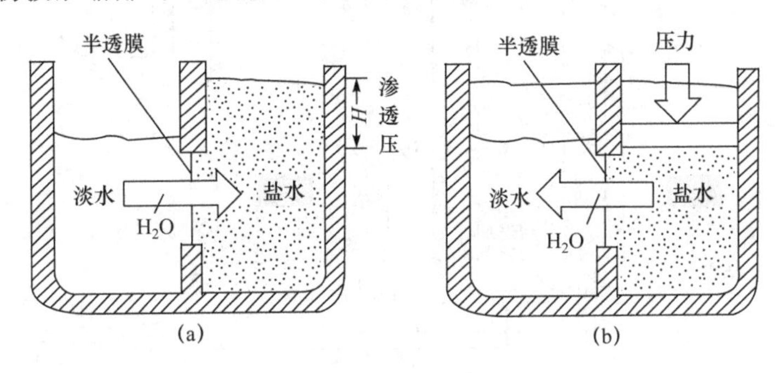

图 6-28　渗透与反渗透

在给水处理中，反渗透法主要用于苦咸水和海水的淡化，采用的压力约为 10MPa。在世界淡水供应危机重重的今天，反渗透法结合蒸馏法的海水淡化技术前景广阔。它的另一重要用途是与离子交换系统联用，作为离子交换的预处理以制备去离子的超纯水。在废水处理中，反渗透法主要用于去除与回收重金属离子，去除盐、有机物、色度以及放射性元素。

目前在水处理领域内广泛应用的半透膜有醋酸纤维素膜和聚酰胺膜两种。常用的反渗透装置有管式、螺旋卷式、中空纤维式及板框式等。渗透水可重复利用。

③ 超过滤法。

超过滤法与反渗透法相似。但超过滤膜的微孔孔径比反渗透的半透膜大，为 0.005～1μm。超过滤所分离的溶质一般为相对分子质量在 500 以上的大分子和胶体，这种液体的渗透压较小，故超过滤的操作压力仅为 0.1～0.7MPa。

超过滤的基本原理是在压力作用下，废水中的溶剂和小的溶质粒子从高压侧渗透过膜进入低压侧。大分子和微粒组分被膜阻挡。废液逐渐被浓缩排出。

在废水处理中,超过滤主要用于分离有机的溶解物,如淀粉、蛋白质、树胶、油漆等。它与活性污泥法相结合,将形成一种新型的废水处理工艺。

④ 电渗析法。

电渗析法是在直流电场的作用下,利用阴阳离子交换膜对溶液中阴阳离子的选择透过性(即阳离子膜只允许阳离子通过,阴离子膜只允许阴离子通过),使得溶液中的电解质与水分离,以达到脱盐目的的一种水处理方法。

电渗析脱盐槽的基本组成如图 6-29 所示,槽内有一组交替排列的阴阳离子交换膜,两端加上直流电场,这样各水室中的离子在电场作用下定向迁移。例如,中间一室的阴离子受左侧阳极作用向左迁移,但碰到了阳离子膜,无法通过;同理阳离子向阴极方向迁移时碰到阴离子膜,也无法通过。相反,两侧相邻水室中的离子均可迁入该室,使得中间水室成为浓室,两侧相邻的水室成为淡室。进入各水室的废水,经电渗析作用后,完成了离子分离过程,从淡室引出的水成为无离子的净化水,从浓室排出的水则是浓缩液。

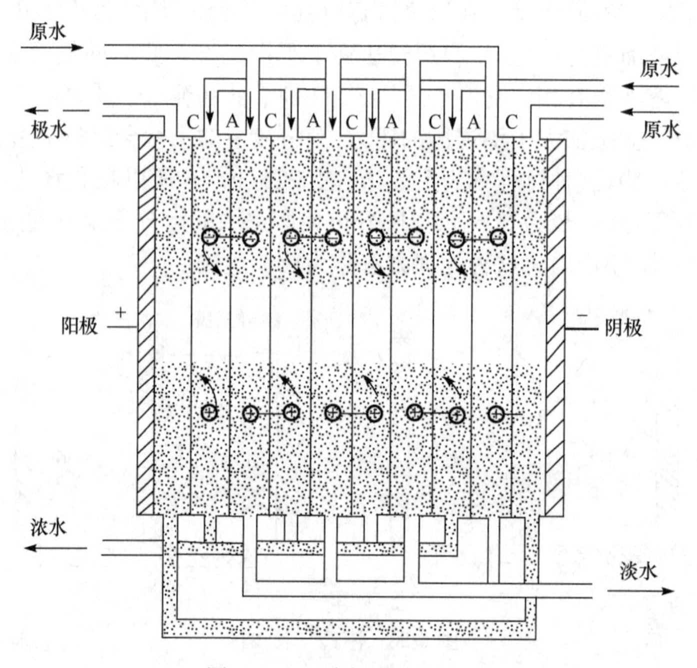

图 6-29　电渗析脱盐原理图

电渗析法在水处理中有如下广泛应用:

a. 代替离子交换法,或采用电渗析-离子交换联合工艺制备去离子水,以减少或消除需要再生交换树脂所造成的酸、碱、盐等对环境的污染。

b. 用于某些工业废水经处理后除盐供回用需要。

c. 处理电镀等工业废水,达到闭路循环的要求。

d. 分离或浓缩回收造纸等工业废水中的某些有用成分。

(4) 萃取法。

利用物质在不同溶液中溶解度的不同,选用适当的溶剂来分离混合物的方法称为萃取法。使用的溶剂称为萃取剂,提取的物质称为萃取物。在废水处理上,利用废水中的杂质在水中和有机萃取剂中溶解度的不同,可以采用萃取的方法,将杂质提取出来。

用萃取法处理废水时，经过三个步骤：①混合传质，把萃取剂加入废水并充分混合接触，有害物质作为萃取物从废水中转移到萃取剂中；②分离，萃取剂和废水分离；③回收，把萃取物从萃取剂中分离出来，使有害物质成为有用的副产品。一种成熟的萃取技术中，萃取剂必须能回用于萃取过程。

图 6-30 给出某煤气厂用萃取法处理含酚废水的工艺流程。废水含酚量为 3000g/L。萃取剂为该厂产品重苯。萃取设备为脉冲筛板塔。废水经焦炭过滤除去焦油，冷却至 40℃送入萃取塔，从顶部淋下。重苯自底部进入，与废水逆向接触，废水中的酚即转入重苯中。饱含酚的重苯经过碱洗塔（塔内装有 20%浓度的 NaOH 溶液）得到再生，然后循环使用。从碱洗塔放出的酚钠溶液可作为回收酚的原料。经萃取后，废水中含酚浓度降至 100mg/L，再与厂内其他废水混合后进行生物处理。

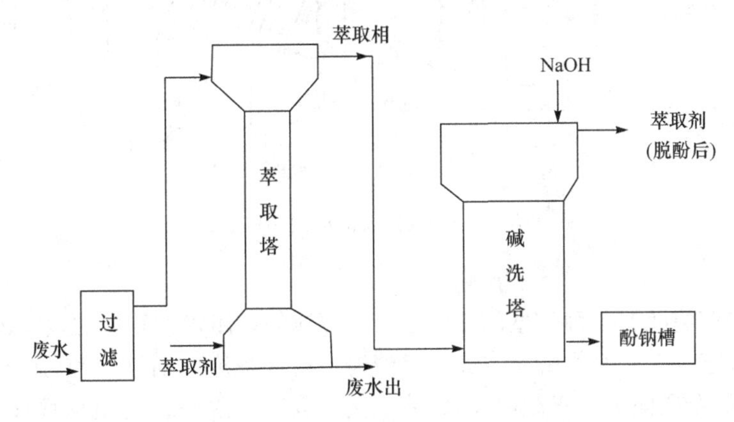

图 6-30　某煤气厂的萃取脱酚工艺流程图

2）化学法

化学法是利用化学反应的作用来去除水中的杂质。主要处理对象是废水中无机的或有机的（难以生物降解的）溶解态或胶态污染物质。它既可使污染物与水分离，回收某些有用物质，也能改变污染物的性质，如降低废水的酸碱度、去除有毒金属离子、氧化某些有毒有害的物质等，因此可达到比物理法更高的净化程度。常用的方法有混凝法、中和法、化学沉淀法和氧化还原法。

化学法处理的局限性是：① 由于化学法处理废水时常需采用化学药剂（或材料），运行费用一般较高，操作与管理的要求也较严格；② 化学法还需与物理法配合使用。在化学处理之前，往往需要沉淀和过滤等手段作为前处理；在某些场合下又需采用沉淀和过滤等物理手段作为化学处理的后处理。

（1）混凝法。

粒径分别为 1～100nm 和 100～10 000nm 的胶体粒子和细微悬浮物，由于布朗运动、水合作用，尤其是微粒间的静电斥力等，能在水中长期保持悬浮状态，所以处理时须向废水中投加化学药剂，使得废水中呈稳定分散状态的胶体和悬浮颗粒聚集为具有沉降性能的絮体，这称为混凝，然后通过沉淀去除。这样的处理方法为混凝法。

混凝包括凝聚和絮凝两个过程。凝聚指胶体脱稳并聚集为微小絮粒的过程；絮凝指微絮粒通过吸附、卷带和桥连而形成更大的絮体的过程。混凝处理工艺包括混合（药剂制备与投加）、反应（凝聚、絮凝）和絮凝体分离（沉淀）三个阶段，絮凝沉淀池一般有以下两种型式。

① 分开式。

分开式絮凝沉淀池由混合池(使废水和凝聚剂快速混合)、絮凝物形成池和沉淀池三部分组成,如图 6-31 所示。废水和药物在混合池中快速搅拌 1～5min,在絮凝物形成池中滞留 20～40min,用絮凝器慢慢搅拌,然后在沉淀池中固液分离。在沉淀池中设有自动排泥装置。

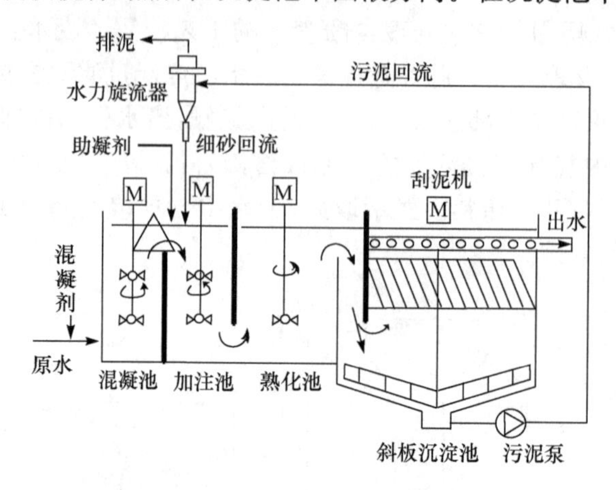

图 6-31　分开式絮凝沉淀池结构示意图

② 综合式。

综合式絮凝沉淀池有各种类型的澄清池。澄清池的作用将微絮体的絮凝过程和絮凝体与水分离过程综合于一个构筑物中完成。在澄清池中有高浓度的活性泥渣,废水在池中与池渣接触时,其中脱稳杂质便被泥渣截留下来,使水获得澄清。图 6-32 是机械搅拌加速澄清池,它可分为混合室、第一反应区、第二反应区、回流区、分离室和泥渣浓缩区几部分,可同时完成混凝处理的三个阶段,是混凝处理的常用设备。

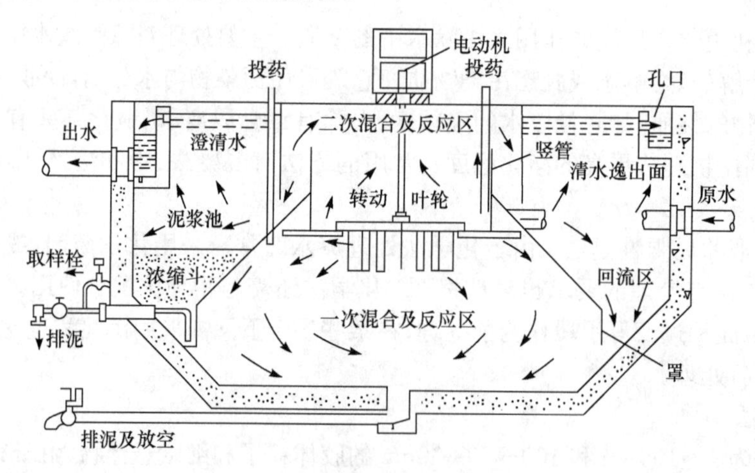

图 6-32　机械搅拌加速澄清池

常用的混凝剂有硫酸铝、聚合氯化铝等铝盐,硫酸亚铁、三氯化铁等铁盐,以及有机合成高分子絮凝剂等。

混凝法在废水处理中可以用于预处理、中间处理和深度处理的各个阶段。它除了除浊、除色之外,对高分子化合物、动植物纤维物质、部分有机物质、油类物质、微生物、某些表面活性物质、农药、汞、镉、铅等重金属都有一定的清除作用,应用十分广泛。其优点是设备费用低,处理效果好，管理简单；缺点是要不断向废水中投加混凝剂，运行费用较高。

(2) 中和法。

中和法处理是利用酸碱相互作用生产盐和水的化学原理将废水从酸性或碱性调整到中性附近的处理方法。

① 酸性废水的中和处理。

酸性废水的中和处理法有四种，其中最常用的是投药中和法和过滤中和法。

a. 投药中和法。最常用的是投加碱性药剂石灰，其价廉、易得，易制成乳液投加。但投加石灰乳的劳动条件差，污泥较多且脱水困难，仅在酸性废水中含有金属盐类时采用。另外还可采用苛性钠、碳酸钠和氨水为碱性药剂，其具有组成均匀、易于储存和投加、反应迅速、易溶于水且溶解度高等优点，但价格高。中和法流程如图 6-33 所示。

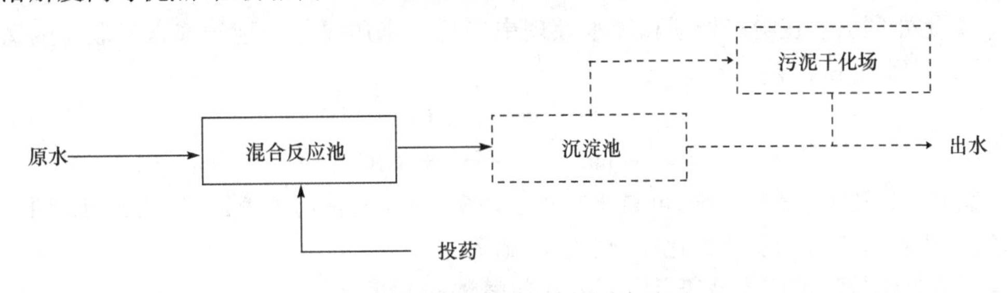

图 6-33　中和法流程图

b. 过滤中和法。中和滤池结构如图 6-34 所示，用耐酸材料制成，内装碱性滤料。主要碱性滤料有石灰石、大理石和白云石。酸性废水由上而下或由下而上流经滤料层得以中和处理。

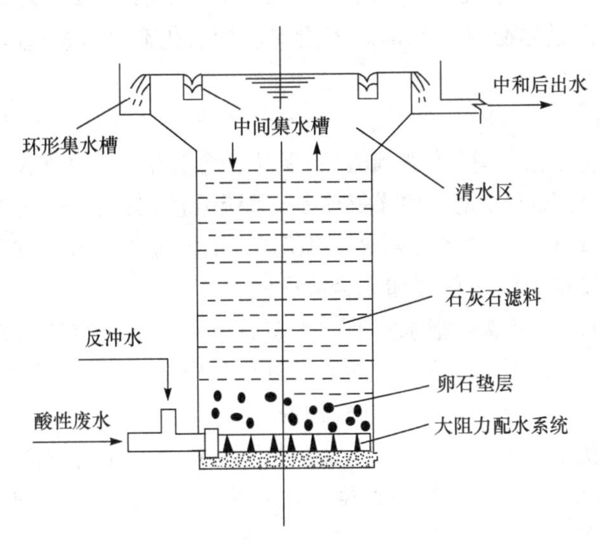

图 6-34　中和滤池结构示意图

中和硝酸、盐酸时，由于所得钙盐有较大溶解度，上述三种碱性滤料均可采用。中和硫酸时，由于生成的 $CaSO_4$ 溶解度小，会覆盖在石灰石滤料表面，阻止中和反应继续进行，使虑床失效，可以改用白云石（$CaCO_3 \cdot MgCO_3$），生成物中一部分为 $MgSO_4$，溶解度大，不易结壳。但白云石来源少，成本高，反应速率低。

过滤中和法操作管理简单（控制 H_2SO_4 除外），出水 pH 稳定，沉渣量少，只有废水体积的 0.1%左右。

其余两种方法是利用碱性废水及废渣的中和处理法和利用天然水体中碱度的中和法，这些都必须通过调研后方可采用。

② 碱性废水的中和处理。

碱性废水常采用废酸、酸性废水、烟道气(含有 SO_2 及酸性废气)进行中和处理，其工艺过程比较简单，主要是混合或接触反应。

(3) 氧化还原法。

① 氧化法。

向废水中投加氧化剂氧化废水中的有毒有害物质，使其转变为无毒无害或毒性小的新物质的方法称为氧化法。此法几乎可以处理各种工业废水，如含氰、酚、醛、硫化物的废水，以及脱色、除臭、除铁，特别适用于处理废水中难以生物降解的有机物。

a. 氯化处理法。在给水处理和废水处理中广泛地采用氯化处理。气态或液态的氯加入水后，发上下列歧化反应：

$$Cl_2 + H_2O \rightleftharpoons HClO + HCl$$

$$HClO \rightleftharpoons H^+ + ClO^-$$

次氯酸(HClO)是强氧化剂，可氧化废水中许多污染物，常用于消毒、降低 BOD、消除异味和脱色、氧化某些有害物质如氰化物、硫化物、酚等。

常用的氯化处理药剂有液氯、漂白粉、次氯酸钠和二氧化氯等。

例如，含氰污水的处理。在碱性条件下(pH 为 8.5～11)，液态氯可将氰化物氧化成氰酸盐：

$$CN^- + 2OH^- + Cl_2 = CNO^- + 2Cl^- + H_2O$$

氰酸盐的毒性仅为氰化物的 1/1000。若投加过量氧化剂，可进一步将氰酸盐氧化为 CO_2 和 N_2：

$$2CNO^- + 4OH^- + 3Cl_2 = 2CO_2\uparrow + N_2\uparrow + 6Cl^- + 2H_2O$$

反应要在碱性条件下进行，因为遇到酸后，氰化物会放出剧毒 HCN 气体。

b. 臭氧氧化法。臭氧(O_3)是一种强氧化剂，呈淡紫色，具有特殊气味，不稳定，在常温下即可逐渐自行分解为氧(O_2)。由于臭氧是不稳定的，因此通常多在现场制备。制备臭氧的方法有电解法、化学法、高能射线辐射法和无声放电法等。

在理想的反应条件下，臭氧可把水溶液中大多数单质和化合物氧化到其最高氧化态，对水中有机物有强烈的氧化降解作用，还有强烈的消毒杀菌作用。因此，臭氧在水处理中可用于除臭、脱色、杀菌、除铁、除锰、除氰化物、除有机物等。

臭氧氧化的主要优点是对除臭、脱色、杀菌、去除有机物和无机物都有显著效果；废水经臭氧处理后，剩余在水中的臭氧易分解，不产生二次污染，且能增加水中的溶解氧；同时，制备臭氧用的电和空气不必储存和运输；整个处理过程的操作管理方便。

臭氧氧化法的主要问题是臭氧发生器耗电量大，并且在臭氧氧化气中臭氧浓度不高，仅为3%左右。

其他的氧化法还有空气氧化法及高锰酸钾($KMnO_4$)氧化等。

② 还原法。

在废水处理中采用还原剂改变有毒有害污染物的价态，使其转变为无害或毒性小的新物质的方法称为还原法。常用的还原剂有铁粉(屑)、锌粉(屑)、硫酸亚铁、亚硫酸氢钠以及电解时的阴极等。还原法常用于含铬、含汞废水的还原处理。

含六价铬废水的还原处理有亚硫酸氢钠法、硫酸亚铁石灰法、铁屑法等。以亚硫酸氢钠法为例，在酸性条件下（pH<4），向废水中投加 $NaHSO_3$，可将废水中的六价铬还原为毒性较小的三价铬。

$$2H_2Cr_2O_7 + 6NaHSO_3 + 3H_2SO_4 \longrightarrow 2Cr_2(SO_4)_3 + 3Na_2SO_4 + 8H_2O$$

然后投加石灰 $Ca(OH)_2$ 或氢氧化钠（NaOH），生成氢氧化铬沉淀析出。

$$Cr_2(SO_4)_3 + 3Ca(OH)_2 \longrightarrow 2Cr(OH)_3 \downarrow + 3CaSO_4$$

或

$$Cr_2(SO_4)_3 + 6NaOH \longrightarrow 2Cr(OH)_3 \downarrow + 3Na_2SO_4$$

处理含汞废水时，常用的还原剂有比汞活泼的金属（铁屑、锌粒、铝屑、铜屑等）及硼氢化钠等。金属还原汞时，将含汞废水通过金属屑滤床，废水中的汞离子被还原为金属汞而析出，金属本身被氧化为离子而进入水中。置换反应速率与固液有效接触面积、温度、pH 有关。还原出的汞粒（粒径 10μm）经分离或加热回收。

（4）化学沉淀法。

化学沉淀法是指向废水中投加某些化学药剂（沉淀剂），使之与废水中溶解态的污染物直接发生化学反应，形成难溶的固体生成物，然后进行固液分离，从而除去水中污染物的一种处理方法。废水中的重金属离子（如汞、镉、铅、锌、镍、铬、铁、铜等）、碱土金属（如钙和镁）及某些非金属（如砷、氟、磷、硫、硼）均可通过化学沉淀法去除。某些有机污染物也可通过化学沉淀法去除。

化学沉淀法的工艺过程是：①投加化学沉淀剂，与水中污染物反应，生成难溶的沉淀物而析出；②通过凝聚、沉降、浮上、过滤、离心等方法进行固液分离；③泥渣的处理和回收利用。

化学沉淀法的基本过程是难溶电解质的沉淀析出，其溶解度大小与溶质本性、温度、盐效应、沉淀颗粒的大小及晶形等有关。在废水处理中，根据沉淀-溶解平衡移动的一般原理，可利用过量投药、防止络合、沉淀转化、分步沉淀等，提高处理效率，回收有用物质。

水中 Ca^{2+}、Mg^{2+} 含量的总和称为总硬度，它可分为碳酸盐硬度和非碳酸盐硬度。碳酸盐硬度可投加石灰使水中的 Ca^{2+} 和 Mg^{2+} 形成 $CaCO_3$ 和 $Mg(OH)_2$ 沉淀而降低。如需同时去除非碳酸盐硬度，可采用石灰-苏打软化法，使 Ca^{2+} 和 Mg^{2+} 生成 $CaCO_3$ 和 $Mg(OH)_2$ 沉淀除去。因此，当原水硬度或碱度较高时，可先用化学沉淀法作为离子交换软化的前处理，以节省离子交换的运行费用。

去除废水中的重金属离子时，一般用投加碳酸盐的方法，生成的金属离子碳酸盐的溶度积很小，便于回收。如利用碳酸钠处理含锌废水：

$$ZnSO_4 + Na_2CO_3 \longrightarrow ZnCO_3 \downarrow + Na_2SO_4$$

此法优点是经济简便，药剂来源广，因此在处理重金属废水时应用最广。存在的问题是：劳动卫生条件差，管道易结垢堵塞与腐蚀；沉淀体积大，脱水困难。至今国内外还没有一个经济有效的处理方法。

6.3.3.2　废水中磷、氮的去除

引起水体富营养化的营养元素有碳、磷、氮、钾、铁等，其中氮和磷是引起藻类大量繁殖的主要因素。要控制富营养化，就必须限制氮、磷的排放，对出流废水进行脱氮、除磷的处理。

1. 除磷

城市废水中磷的主要来源是粪便、洗涤剂和某些工业废水，以正磷酸盐、聚磷酸盐和有机磷的形式溶解于水中，除磷的常用方法有化学法和生物法。

1）化学法除磷

采用沉淀法除磷。利用磷酸盐与铁盐($FeCl_3$)、石灰、铝盐[$Al_2(SO_4)_3 \cdot 16H_2O$]等反应生成磷酸铁、磷酸钙、磷酸铝等沉淀将磷从废水中排除。

化学法的特点是磷的去除效率较高，处理结果稳定，污泥在处理和处置过程中不会重新释放磷而造成二次污染，但污泥的产量比较大。

2）生物法除磷

采用厌氧和好氧技术联用的生物法除磷是近20年来发展起来的新工艺。生物法除磷是利用微生物在好氧条件下对废水中溶解性磷酸盐的过量吸收，进行沉淀分离而除磷。整个处理过程分为厌氧放磷和好氧吸磷两个阶段。

含有过量磷的废水和含磷活性污泥进入厌氧状态后，活性污泥中的聚磷菌在厌氧状态下将体内积聚的聚磷分解为无机磷释放回废水中。这就是厌氧放磷。聚磷菌在分解聚磷时产生的能量除一部分供自己生存外，其余供聚磷菌吸收废水中的有机物，并在厌氧发酵产酸菌的作用下转化成乙酸酐，再进一步转化为聚β-烃基丁酸(PHB)储存于体内。

进入好氧状态后，聚磷菌将储存于体内的PHB进行好氧分解，并释放出大量能量，一部分供自己增殖，另一部分供其吸收废水中的磷酸盐，以聚磷的形式积聚于体内。这就是好氧吸磷。在此阶段，活性污泥不断增殖。除了一部分含磷活性污泥回流到厌氧池外，其余的作为剩余污泥排除系统，达到了除磷的目的。

由此可见，在厌氧状态下放磷越多，合成PHB越多，则在好氧状态下合成的聚磷菌越多，除磷效果也越好。

生物法除磷的基本类型有两种：A/O法和Phostrip工艺。

(1) A/O法。

A/O法(厌氧-好氧法)流程如图6-35所示，是由厌氧池和好氧池组成的可同时去除水中有机污染物和磷的处理系统。

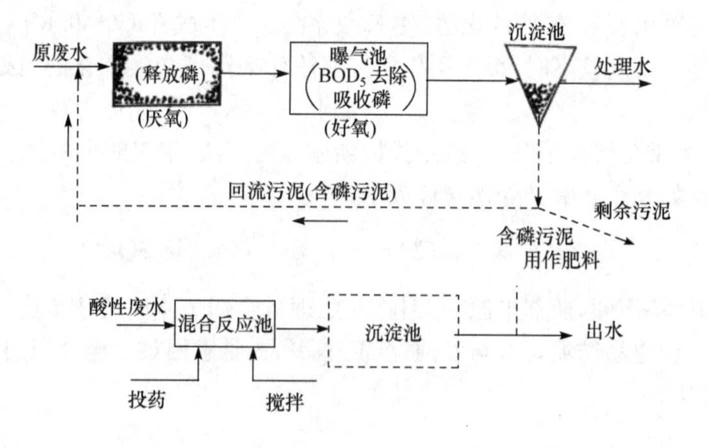

图6-35　厌氧-好氧法除磷工艺流程图

(2) Phostrip 工艺。

在常规活性污泥工艺的回流污泥过程中增设厌氧放磷池和上清液的化学沉淀池后组成了 Phostrip 除磷工艺，其流程如图 6-36 所示。此法是生物法和化学法协同的除磷方法，工艺操作稳定性好，除磷效果好。

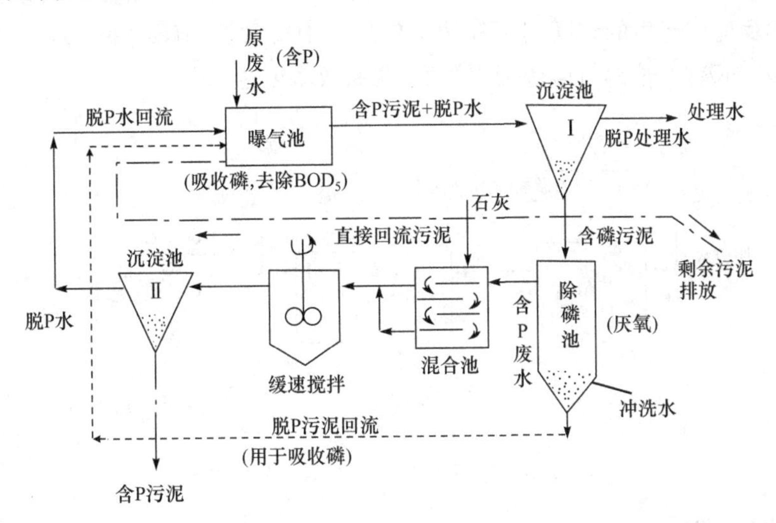

图 6-36　Phostrip 除磷工艺流程图

2. 脱氮

生活废水中各种形式的氮占的比例比较恒定：有机氮 50%～60%；氨氮 40%～50%；亚硝酸盐与硝酸盐中的氮 0～5%。它们均来源于人类食物中的蛋白质。脱氮的方法有化学法和生物法两大类，下面分别介绍。

1) 化学法脱氮

(1) 氨吸收法。

先把废水的 pH 调整到 10 以上，然后在解吸塔内解吸氨(当 pH>10 时，氮是以 NH_3 的形式存在)。实验表明，当气液比为 $2620m^3/m^3$、流率为 $120L/(m^3 \cdot min)$ 时，可得到 90% 的脱氮效率。

(2) 加氯法。

在含氨氮的废水中加氯。通过适当控制加氯量，可以完全除去水中氨氮。为了减少氯的投加量，此法常与生物硝化联用，先硝化再除去微量的残余氨氮。

(3) 离子交换法。

选用对 NH_4^+ 有选择性的阳离子交换树脂可以交换出生化处理后水中的 NH_4^+。该树脂用石灰再生。此法运行费用高，较少采用。

以上方法主要用于工厂内部的治理，在城市污水处理厂中很少采用。

2) 生物法脱氮

生物法脱氮是在微生物作用下，将有机氮和氨态氮转化为 N_2 气体的过程，其中包括硝化和反硝化两个反应过程。

硝化反应是在好氧条件下，废水中的氨态氮被硝化细菌(亚硝酸菌和硝酸菌)转化为亚硝酸盐和硝酸盐。反硝化反应是在无氧条件下，反硝化菌将硝酸盐氮(NO_3^-)和亚硝酸盐氮

(NO_2^-)还原为氮气。因此整个脱氮过程需要经历好氧和缺氧两个阶段。

图 6-37 给出 20 世纪 80 年代初开发的缺氧-好氧生物脱氮工艺流程图。该工艺把反硝化段设置在系统的前面,又称为前置式反硝化生物脱氮系统,是目前常用的脱氮工艺之一。缺氧池中的反硝化反应以废水中的有机物为碳源(能源),将曝气池回流液中大量的硝酸盐还原脱氮。在反硝化反应中产生的碱度用于补偿硝化反应中所消耗的碱度的 50%左右。该工艺流程简单,无需外加碳源,基建与运行费用较低,脱氮效率可达 70%。

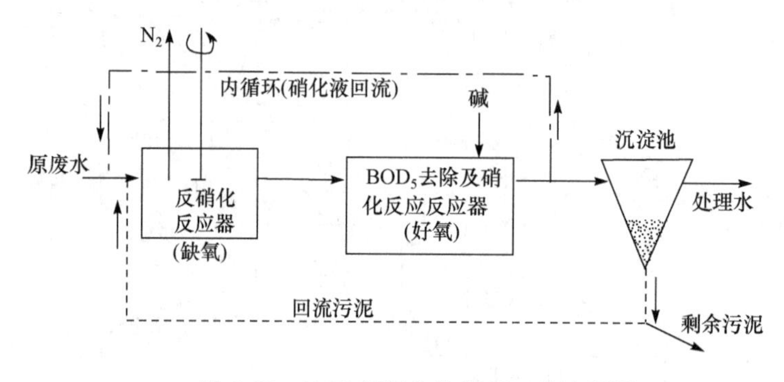

图 6-37　缺氧-好氧生物脱氮工艺流程图

3. 生物脱氮除磷

为了达到一个处理系统中同时去除氮和磷的目的,近年来研究了不少脱氮除磷的新工艺,如 A^2/O 工艺、改进的 Bardenpho 工艺、UCT 工艺和 SBR 工艺等。图 6-38 介绍了 A^2/O 工艺流程。它是在原来 A/O 工艺的基础上嵌入一个缺氧池,并将好氧池中的混合液回流到缺氧池中,达到了反硝化脱氮的目的。这样厌氧-缺氧-好氧相串联的系统能同时除磷、脱氮。该处理系统出水中磷浓度基本可在 1mg/L 以下,氨氮也可在 15mg/L 以下。由于污泥交替进入厌氧和好氧池,丝状菌较少,污泥的沉降性很好。

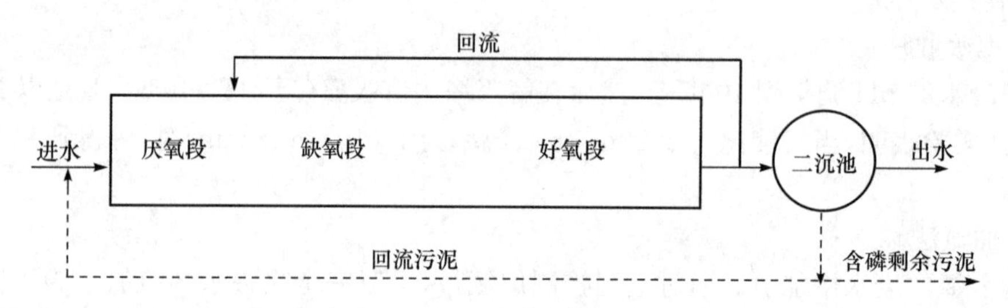

图 6-38　A^2/O 生物脱氮除磷工艺流程图

影响脱氮除磷活性污泥法的因素主要有三类。

(1) 环境因素——温度、pH、溶解氧。

温度影响需要在运行过程中进行考察,一般来说,温度上升,微生物活性增强;城市废水的 pH 通常在 7 左右,适于生物处理,略有波动影响不大,若低于 6.5 时处理效率下降;硝化菌和聚磷菌要求在有氧区有丰富的溶解氧,但由于在回流混合液和回流污泥中会挟带一些溶解氧,所以有氧区的溶氧也不易过高,通常维持在 2mg/L 左右即可。

(2) 工艺因素——泥龄、各反应区的水力停留时间。

生物除磷要求污泥中含磷量高,因而泥龄要短,系统需在高负荷下运行;但是,对脱氮而言，硝化反应只能在泥龄长的低负荷系统中才能进行。这两者是矛盾的。这种矛盾在水温较低时更为明显。当水温低于 15℃时，消化效果下降。

(3) 废水成分——BOD_5、N、P 的比值。

通常城市污水的 BOD_5、N、P 组成可适应生物脱氮、除磷的要求。

近年来的研究表明，通过缺氧、厌氧和好氧的合理组合，并提高活性污泥的浓度，在水力停留时间接近传统活性污泥法的情况下，出水的 COD、BOD_5、SS、NH_3-N 和总磷都能达到排放标准。若 N 或 P 过高，则较难同时达到排放标准。

6.3.3.3　污泥处理

废水处理过程会产生大量的固体杂质、悬浮物质和胶体物质，其中含有大量的污染物，必须进行妥善处理以防止再次污染环境。这些生成物根据其组成可分为两类。

(1) 沉渣。

沉渣以无机物为主。颗粒尺寸及相对密度均较大，流动性较差，含水率低，易于脱水分离，化学稳定性高，不会腐化发臭。许多工业废水的沉渣含有贵重化工原料，可以回收。

(2) 污泥。

污泥以有机物为主。污泥集中了废水中的大部分污染物，不仅含有有毒物质，如病原微生物、寄生虫卵及重金属离子等，也可能含有可利用的物质，如植物营养素、N、P、K、有机物等。这些污泥若不加妥善处理，会造成二次污染。对它们的处理应予足够的重视。

1. 污泥的性质

污泥的特点是颗粒较细，相对密度接近于 1，呈胶体结构。

从初次沉淀池排出的污泥称为生污泥或新鲜污泥，含水率在 95%左右。从二次沉淀池排出或生物处理构筑物中的污泥，主要由细菌胶团等微生物组成，呈凝胶态，称为活性污泥，含水率为 96%～99%。以上两类污泥不易脱水，化学稳定性差，容易腐化发臭。

自消化池和双层沉淀池排出者称为消化污泥或熟污泥。此类污泥由生污泥或活性污泥经厌氧分解后生成，含水率约为 95%，性能稳定，不易腐臭。

2. 污泥的处理

污泥处理的目的是：减少污泥的体积，便于污泥的运输和最终处置；去除其中的有机物，使污泥稳定；杀灭其中的致病微生物，保证污泥的卫生安全。因此，污泥处理工艺主要由污泥的性质以及污泥最终处置的要求所决定。以活性污泥法为主的城市污水二级处理厂污泥处处理污泥的常用方法有浓缩、消化、脱水、干燥和焚烧等。应针对污泥性质综合考虑后采用适当的处理工艺。一般污泥处理费用占废水处理厂全部运行费用的 20%～30%，所以对污泥的处理必须予以充分重视。

污泥处理的一般方法和流程如图 6-39 所示。

1) 污泥的浓缩

污泥浓缩的目的是使污泥初步脱水，降低其含水率，缩小体积，为后续处理建立有利条件。

在污泥固体颗粒的外表常包有一层厚的水合膜，在颗粒之间则存在间隙水和自由水。这些水分，可以通过简单的重力沉降或机械方法分离出去。

最主要的浓缩法是重力沉降法。让污泥在浓缩池中通过重力沉降作用达到与水分离。沉淀于池底的颗粒物由刮泥板刮集经排泥口由泵输送到消化池或干化场。重力浓缩法可使含固体物质 0.3%～2.5%的稀污泥浓缩至含固体 3%～6%，体积为原来的 1/5～1/2。在池内停留时间为 6～8h。此法简便、费用低，但占地面积大，效率较低。

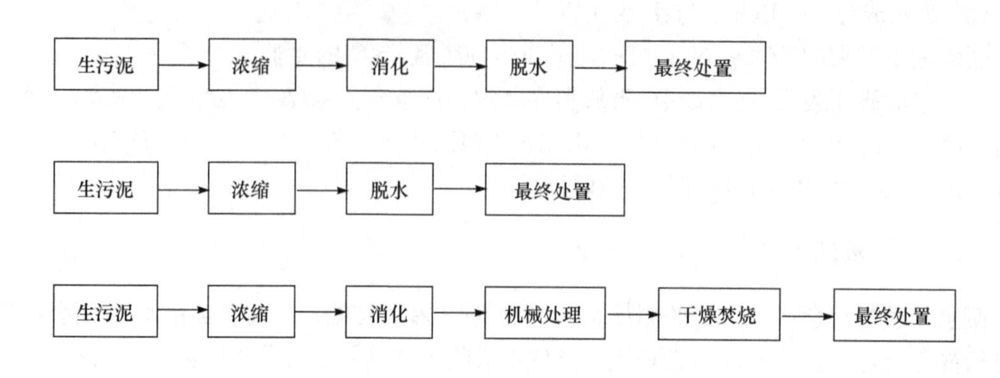

图 6-39 污泥处理的一般流程

用机械分离法可采用离心机、振动筛对污泥进行浓缩。后者借助振动力破坏污泥固体外围的水合膜，释出结合水。这两种方法可减少浓缩时间，提高浓缩效率。

2) 污泥的消化

污泥的消化处理是在人工控制下通过微生物的代谢作用使污泥中的有机物趋于稳定。消化的方法可分为厌氧和好氧两种。最常用的方法是厌氧消化法。经过厌氧消化，40%～50%的有机物得到了分解稳定，大部分病原微生物和寄生虫卵被杀死，还可产生沼气用作燃料和能源。

3) 污泥的脱水和干化

经过浓缩的污泥，为了便于输送、堆积、利用或做进一步的处理，还需要脱水降低其含水率。污泥的脱水有自然蒸发法和机械脱水法两种。一般将机械脱水法称为污泥脱水，自然蒸发法称为污泥干化。

(1) 自然蒸发法。

在晒泥场(又称污泥干化场)，将污泥铺成薄层。污泥所含水分一部分向空中散逸，一部分穿经其下的砂层、卵石层渗入土壤，并沿埋在地层下的排水管汇集输往处理单元。这种方法可使污泥的含水量由原来的 96%～98.5%降至 65%～80%。这时的污泥已无流动性，其状似湿土，适合于农田作肥料。在干旱少雨地区尤其适宜。

污泥的干化周期视污泥性质、地区气候与季节情况，一般为十至数十天。自然蒸发干化法简单，但占地多，受气候影响大，卫生条件差，一般仅用于小型处理场。

(2) 机械脱水法。

机械脱水法的特点是占地面积小，工作效率高，卫生条件好。

在机械脱水之前需投加混凝剂如 $FeCl_3$，或高分子絮凝剂如聚合氧化铝、聚丙烯酰胺等，使污泥呈凝聚状，减少其亲水性以改善污泥的脱水特性，提高效率。另外，冻结-融化法也是污泥调节的措施之一，能破坏污泥的亲水胶体结构，并大幅度提高脱水率。

机械脱水设备的类型很多，常用的有真空过滤机、离心机、板框压滤机和带式压滤机等。

4) 污泥的干燥与焚烧

(1) 污泥的干燥。

污泥经脱水干化后，其含水率为 65%～85%，体积还较大，仍有继续腐化的可能。如需进一步脱水,可采用加热干燥法,在 300～400℃的高温下将含水率降至 10%～15%。这样既缩减了体积,便于包装运输,又不破坏肥分,还杀灭了病原菌和寄生虫卵,有利于卫生。

用于污泥干燥的设备有回转炉和快速干燥器等。

(2) 污泥的焚烧。

污泥焚烧可将污泥中的水分全部除去,有机成分完全无机化,最后残留物减至最小。此法的成本较高,只有在别无他法可施时方予考虑。此外还有一种湿法燃烧法,是在高温高压下,用空气将湿污泥中的有机物氧化,无需进行脱水干化。

3. 污泥的利用

污泥中含有许多有用物质,如能加以充分利用则能化害为利,这是从积极方面解决污泥的出路问题。污泥的利用主要有以下几个方面。

(1) 用作农肥。

污泥经过浓缩消化后可直接用作农肥,有显著肥效,但其中重金属离子等有害物质的含量应在允许范围内。

(2) 制取沼气。

污泥经过厌氧发酵产生沼气,可作能源使用,也可提取四氯化碳或用作其他化工原料。

(3) 制造建筑材料。

某些工业废水中的污泥和沉渣的一些成分可用作建筑材料,如污泥焚烧后掺加黏土和硅砂制砖,或在活性污泥中加进木屑、玻璃纤维后压制板材;以无机物为主要成分的沉渣可用于铺路和填坑。

6.3.3.4 污水处理系统

1. 废水的三级处理系统

根据不同的处理程度,废水处理可分为一级处理、二级处理和三级处理(高级处理、深度处理)不同的处理阶段。

一级处理主要解决悬浮固体污染物的分离,多采用物理法,如格栅、沉淀池、沉砂池等。截留于沉淀池的污泥可进行污泥消化或其他处理。条件许可时,一级出水可排放于水体或用于农田灌溉。但一般来说,一级处理的处理程度低,达不到规定的排放要求,尚需进行二级处理。

二级处理主要解决可分解或氧化的呈胶状或溶解状的有机污染物的去除问题,多采用较为经济的生物化学处理法,它往往是废水处理的主体部分。采用的典型设备有生物曝气池(或生物滤池)和二次沉淀池,产生的污泥经浓缩后进行厌氧消化或其他处理。经二级处理之后,一般均可达到排放标准。但可能会残留有微生物以及不能降解的有机物和氮、磷等无机盐类,数量不多,对水体危害不大,出水可直接排放或用于灌溉。

三级处理主要用于处理难以分解的有机物、营养物质(N 和 P)及其他溶解物质,使处理后的水质达到工业用水和生活用水的标准。因此三级处理方法多属于化学和物理化学法,如混凝、吸附、膜分离、消毒等法,处理效果好,但处理费用较高。随着对环境保护工作的重视和三废排放标准的提高,三级处理在废水处理中所占的比例也正在逐渐增加,新技术的使用和研究也越来越多。

废水处理总体方案的选择是个很复杂的问题。主要考虑的因素有废水特性、对出水水质的要求、周围有关的环境因素(如企业的现状和发展,现有的下水流道情况,当地的水文、地质、气象情况,农渔业情况,技术设备水平及动力供应状况等)和处理费用与经济效益的分析。一般的处理程序为:澄清→毒物处理→回用或排放。

2. 城市污水处理系统

城市废水处理工艺流程选择的主要依据是废水所要达到的处理程度,而处理程度应结合废水的出路和水体的自净能力来考虑。出路不同,要求的处理程度或所需去除的污染物质也因之而异。

(1) 城市污水出路及处理要求。

① 排放至天然水体。要考虑既能较充分地利用水体的自净能力,又要防止水体遭受污染、破坏水体的正常使用价值

② 农田灌溉。对于生活废水,如无条件进行二级处理,至少需经过沉淀处理,去除大部分悬浮物及虫卵后用于灌溉;对于工业废水或工业废水占较大比例的城市废水,用于灌溉农田时应持慎重态度,必须对废水水质进行严格控制,采用妥善的灌溉制度和方法,一般宜经过二级处理和无害化处理后才能用于灌溉。

③ 回用于工业生产。应根据不同用途、对水质的不同要求,对废水进行不同程度的处理。

④ 中水回用。城市废污水经过处理(一般需经过二级处理)后的再生水即中水,可用于浇灌绿地、冲厕、洗车、冲洗道路等。

(2) 城市废水的三级处理系统。

城市废水根据出路的不同,可分为一级处理、二级处理和三级处理不同的处理阶段。

图 6-40 为城市废水的三级处理系统。污水进厂后,首先通过格栅除去大颗粒的漂浮或悬浮物质,防止损坏水系或堵塞管道。有时也可专门配有磨碎机,将较大的一些杂物碾成较小的颗粒,使其可以随污水一起流动,在随后的工艺中除去。

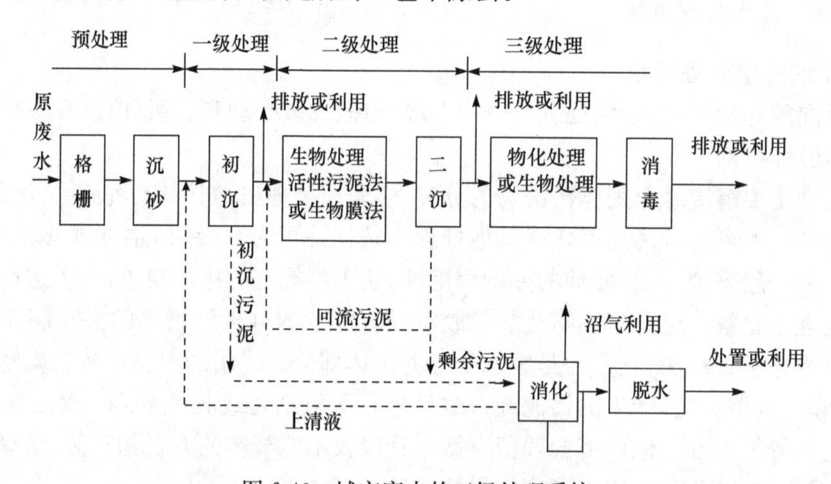

图 6-40 城市废水的三级处理系统

流水经过格栅后进入沉砂池,将大粒粗砂、细碎石块、碎屑等颗粒都分离沉淀而从废水中去除。随后污水进入初沉池,在较慢的流速条件下,使大多数悬浮固体借重力沉淀至沉淀池底部,并借助于连续刮泥装量将污泥收集并排出沉淀池。初沉池的水力停留时间一般为 90～150min,可去除废水中 50%～65%的悬浮固体和 25%～40%的有机物(BOD_5)。如果是一级处理厂,污水在出水口进行氯化消毒杀死病原菌后再排入天然水体。

曝气池是二级处理的主要构筑物,污水在这里利用活性污泥在充分搅拌和不断鼓入空气的条件下,使大部分可生物降解的有机物被细菌氧化分解,转化为 CO_2、H_2O、NO_3^- 等一些稳

定的无机物。曝气所需时间随废水的类型和所需的有机物去除率而定，一般为 6～8h。此后，污水进入二沉池，进行泥水分离并澄清出水，其中将部分沉淀污泥回流至曝气池以保证曝气池中一定的污泥数量。根据季节的变化和受纳水体的环境质量及使用功能要求，对二沉池出水加氯消毒，然后排入天然水体。

初沉池收集的污泥(称为初沉污泥)和二沉池排出的剩余污泥，进入污泥浓缩池进行浓缩处理以减小污泥的体积便于后续处理。经浓缩后的污泥在消化池中进行厌氧分解，使其中所含的有机体(包括残留的有机物和大量的微生物体)在无氧条件下进行厌氧发酵分解，产生沼气(以甲烷和 CO_2 为主)，余留的固体残渣已非常稳定，经过脱水干燥处理后进行最终处置(或作农业肥料或填埋等)。污泥消化池中排出的尾气含甲烷 65%～70%，可用作燃料。

污水三级处理的目的是在二级处理的基础上做进一步的深度处理以去除废水中的植物营养物质(N、P)，从而控制或防治受纳水体富营养化问题，或使处理出水回用以节约水资源。所采用的技术通常为上述的化学和物理化学法及生物处理方法，如混凝、吸附、膜分离法、氯消毒、生物法除磷、脱氮等。但所需处理费用较高，必须因地制宜，视具体情况而定。

复习与思考

1. 什么是水体和水体污染?
2. 水体中的主要污染物有哪些?
3. 什么是水体自净? 溶解氧变化曲线说明什么问题?
4. 试述三种沉淀分离悬浮固体方法的沉降原理和适用范围。
5. 物理化学处理与化学处理相比，在原理上有何不同? 处理对象有何不同?
6. 哪些废水可采用生物处理? 简述生物处理法的机理及生物处理法对废水水质的要求。
7. 活性污泥法的基本概念和基本流程是什么?
8. 比较离子交换法、反渗透法与电渗析法三者的原理和特点。
9. 试述 A^2/O 生物脱氮除磷的基本原理和工艺流程及其影响因素。
10. 化学处理所产生的污泥与生物处理相比，在数量(质量和体积)、最终处理上有什么不同?
11. 如何合理选择废水处理的总体方案? 请设计一种含酚废水的三级处理工艺流程图。
12. 试述城市污水处理系统的典型流程。

第7章　固体废物污染及其防治

7.1　固体废物概述

随着工业社会的到来，工业化和城市化进程加快，资源消耗量不断增加，人口向城市不断集中，工业固体废物和城市生活垃圾也急剧地增加。许多城市垃圾围城，不仅影响居民的生活环境，也阻碍了城市的发展。一些工业固体废物未经处理直接排放，也严重污染了周围的环境。固体废物的污染，特别是危险废物的污染，已成为全球性的环境问题。因此，面临资源危机和环境不断恶化的巨大压力，开展固体废物综合开发利用研究，变废物为资源，防治固体废物污染，搞好固体废物污染防治规划，对于减轻固体废物对周围环境和人体健康的影响和危害有着非常重要的作用。

7.1.1　固体废物的分类、来源及特性

固体废物又称固体废弃物，是指人类在生产建设、日常生活和其他活动中产生，在一定时间和地点无法利用而被丢弃的污染环境的固体、半固体物质。废弃物只是相对而言的概念，在某种条件下为废物的，在另一条件下却可能成为宝贵的原料或另一种产品。所以废物又有“放在错误地点的原料”之称。

1. 固体废物的分类及其来源

固体废物按其组成可分为有机废物和无机废物；按其形态可分为固态、半固态和液态废物；按污染特性可分为有害废物和一般废物；在1995年颁布的《中华人民共和国固体废物污染环境防治法》中，将固体废物分为城市固体废物、工业固体废物和有害废物。

城市固体废物是指在城市居民日常生活中或为日常生活提供服务的活动中产生的固体废物，如厨余物、废纸、废塑料、废织物、废金属、废玻璃陶瓷碎片、粪便、废旧电器等。城市居民家庭、城市商业、餐饮业、旅馆业、旅游业、服务业、市政环卫、交通运输业、文书卫生业和行政事业单位、工业企业单位以及水处理污泥等都是城市固体废物的来源。城市固体废物成分复杂多变，有机物含量高。

工业固体废物是指在工业生产过程中产生的固体废物。按行业分几类：①矿业固体废物，产生于采、选矿过程，如废石、尾矿等；②冶金工业固体废物，产生于金属冶炼过程，如高炉渣等；③能源工业固体废物，产生于燃煤发电过程，如煤矸石、炉渣等；④石油化工工业固体废物，产生于石油加工和化工生产过程，如油泥、油渣等；⑤轻工业固体废物，产生于轻工生产过程，如废纸、废塑料、废布头等；⑥其他工业固体废物，产生于机械加工过程，如金属碎屑、电镀污泥等。工业固体废物含固态和半固态物质。随着行业、产品、工艺、材料不同，污染物产量和成分差异很大。

有害废物（又称危险废物）是这种固体废物，由于不适当的处理、储存、运输、处置或其他管理方面，它能引起各种疾病甚至死亡，或对人体健康造成显著威胁。危险废物通常具有急性毒性、易燃性、反应性、腐蚀性，浸出毒性、放射性和疾病传播性。危险废物来源于工、农、商、医各部门乃至家庭生活。工业企业是危险固体废物主要来源之一，集中于化学原料及化学品制造

业、采掘业、黑色和有色金属冶炼及其压延加工业、石油工业及炼焦业、造纸及其制品业等工业部门，其中一半危险废物来自化学工业。医疗垃圾带有致病病原体，也是危险废物的来源之一。此外，城市生活垃圾中的废电池、废日光灯管和某些日化用品也属于危险废物。

2. 固体废物的特性

(1) 资源和废物的相对性。

固体废物是在一定时间和地点被丢弃的物质，是放错地方的资源，因此固体废物的“废”具有明显的时间和空间特征。从时间看，固体废物仅仅是相对于目前的科技水平和经济条件限制，暂时无法利用，随着时间的推移，科技水平的提高，经济的发展以及资源与人类需求矛盾的日益凸现，今日的废物必然会成为明日的资源。从空间角度看，废物仅仅是相对于某一过程或某一方面没有价值，但并非所有过程和所有方面都无价值，某一过程的废物可能成为另一过程的原料，如煤矸石发电、高炉渣生产水泥、电镀污泥回收贵金属等。“资源”和“废物”的相对性是固体废物最主要的特征。

(2) 成分的多样性和复杂性。

固体废物成分复杂、种类繁多、大小各异，既有有机物也有无机物，既有非金属也有金属，既有有味的也有无味的，既有无毒物又有有毒物，既有单质又有合金，既有单一物质又有聚合物，既有边角料又有设备配件。

(3) 富集终态和污染源头的双重作用。

固体废物往往是许多污染成分的终极状态。例如，一些有害气体或飘尘，通过治理最终富集成为固体废物；一些有害溶质和悬浮物，通过治理最终被分离出来成为污泥或残渣；一些含重金属的可燃固体废物，通过焚烧处理，有害金属浓集于灰烬中。但是，这些“终态”物质中的有害成分，在长期的自然因素作用下，又会转入大气、水体和土壤，故又成为大气、水体和土壤环境的污染“源头”。

(4) 危害具有潜在性、长期性和灾难性。

固体废物对环境的污染不同于废水、废气和噪声。固体废物呆滞性大、扩散性小，它对环境的影响主要是通过水、气和土壤进行的。其中污染成分的迁移转化，如浸出液在土壤中的迁移，是一个比较缓慢的过程，其危害可能在数年以致数十年后才能发现。从某种意义上讲，固体废物，特别是有害废物对环境造成的危害可能要比水、气造成的危害严重得多。

7.1.2　固体废物的环境问题

1. 产生量与日俱增

伴随工业化和城市化进程的加快，经济不断增长，生产规模不断扩大，以及人们需求不断提高，固体废物产生量也在不断增加，资源的消耗和浪费越来越严重。

目前，我国每年产生的生活垃圾已达 1.3 亿 t，全世界每年产生 4.9 亿 t，我国占全世界垃圾总量的 27%。而且我国城市生活垃圾每年增长率为 8%～12%，超过了欧美 6%～10%的增长速度。我国生活垃圾的 60%集中全国 52 个人口超过 50 万的重点城市，省级城市、地级市、县级市和建制镇生活垃圾增长速度较快，全国约有 2/3 的城镇处在垃圾的包围之中。据预测，2020 年全国城市垃圾产生量将比 2005 年翻一番。快速增长的城市垃圾加重了城市环境污染，如何妥善解决城市垃圾，已是我国面临的一个重要的城市管理问题和环境问题。

20 世纪 80 年代以来，我国工业固体废物产生量增长速度相当迅速。1981 年全国工业固体废物产生量为 3.77 亿 t，到 1995 年增至 6.45 亿 t。据 2006 年《中国环境状况公告》统计，我国工业固体废物产生量为15.20亿t，比2005年增加13.1%。

我国工业固体废物的组成大致是：尾矿29%、粉煤灰19%、煤矸石17%、炉渣12%、冶金废渣11%、危险废物1.7%、放射性废渣0.3%、其他废弃物10%。

近年来危险废物的产生量也呈现出上升的趋势。2002年，我国工业危险废物产生量约为1000万t，2003年达1171万t，比2002年增加17%；医疗卫生机构和其他行业还产生放射性废物11.53万t；社会生活中还产生了大量含镉、汞、铅、镍等重金属的废电池和日光灯管等危险废物。有害废物名录中的47类废物在我国均有产生，其中碱溶液或固态碱等5种废物的产生量已占到有害废物总产生量的57.75%。

2. 占用大量土地资源

固体废物的露天堆放和填埋处置，需占用大量宝贵的土地资源。固体废物产生越多，累积的堆积量越大，填埋处置的比例越高，所需的面积也越大。如此一来，势必使可耕地面积短缺的矛盾加剧。我国许多城市在城郊设置的垃圾堆放场，侵占了大量的农田。

3. 固体废物对环境的危害

(1) 对大气环境的影响。

固体废物中的细微颗粒等可随风飞扬，从而对大气环境造成污染。据研究表明：当发生4级以上的风力时，在粉煤灰或尾矿堆表层的直径为1～1.5cm以上的粉末将出现剥离，其飘扬的高度可达20～50m，并使平均视程降低30%～70%；而且堆积的废物中某些物质的分解和化学反应，可以不同程度地产生废气或恶臭，造成地区性空气污染。例如，煤矸石自燃会散发出大量的SO_2、CO_2、NH_3等气体，造成局部地区空气的严重污染。

(2) 对水环境的影响。

在世界范围内，有不少国家直接将固体废物倾倒于河流、湖泊或海洋。甚至以后者当成处置固体废物的场所之一，应当指出，这是有违国际公约、理应严加管制的。固体废物可随天然降水或地表径流进入河流、湖泊，或随风飘落入河流、湖泊污染地面水，并随渗滤液渗透到土壤中，进入地下水，使地下水污染，废渣直接排入河流、湖泊或海洋，能造成更大的水体污染。

即使无害的固体废物排入河流、湖泊，也会造成河床淤塞，水面减小，甚至导致水利工程设施的效益减少或废弃。我国沿河流、湖泊、海岸建立的许多企业，每年向附近水域排放大量灰渣。仅燃煤电厂每年向长江、黄河等水系排放灰渣达500万t以上，有的电厂的排污口外的灰滩已延伸到航道中心，灰渣在河道中大量淤积，从长远看，对其下游的大型水利工程是一种潜在的威胁。

美国的Love Canal事件是典型的固体废物污染地下水事件。1930～1935年，美国胡克化学工业公司在纽约州尼亚加拉瀑布附近的Love Canal废河谷填埋了2800多吨桶装有害废物，1953年填平覆土，在上面兴建了学校和住宅。1978年大雨和融化的雪水造成有害废物外溢，而后就陆续发现该地区井水变臭，婴儿畸形，居民身患怪异疾病。1978年，美国总统颁布法令，封闭了住宅，封闭了学校，710多户居民迁出避难，并拨出2700万美元进行补救治理。

生活垃圾未经无害化处理任意堆放，也已造成许多城市地下水污染。2006年，哈尔滨市韩家洼子垃圾填埋场的地下水浓度、色度和锰、铁、酚、汞含量及细菌总数、大肠杆菌数等都大大超标，Mn含量超标3倍多，Hg超标20多倍，细菌总数超标超过4.3倍，大肠杆菌超标11倍以上。

(3) 对土壤环境的影响。

固体废物及其渗滤液中所含的有害物质会改变土壤的性质和土壤结构，并对土壤微生物的活动产生影响或杀害土壤中的微生物，破坏土壤的腐解能力。这些有害成分的存在，不仅有碍植物根系的发育与生长，而且还会在植物有机体内蓄积，通过食物链危及人体健康。

(4) 影响安全和环境卫生及景观。

城市垃圾无序堆放时，会因厌氧分解产生大量甲烷气体，有关专家指出，$1m^3$ 的垃圾可以产生 $50m^3$ 的沼气，当沼气含量为5%～15%时，就会发生爆炸，危及周围居民的安全。1994年8月，湖南岳阳两个2万 m^3 的垃圾堆发生爆炸，将1.5万 t 的垃圾抛向高空，摧毁了40m外的一座泵房和两旁的污水大坝。这类严重的事件在许多地方都曾有发生。城市的生活垃圾、粪便等由于清运不及时，会产生堆存现象，使蚊蝇滋生，对人们居住环境的卫生状况造成严重影响，对人们的健康也构成潜在的威胁。垃圾堆存在城市的一些死角，对市容和景观会产生"视觉污染"，给人们的视觉带来了不良刺激。这不仅直接破坏了城市、风景点等的整体美感，而且损害了我们国家和国民的形象。

随着经济的迅速发展，特别是众多的新化学产品不断投入市场，无疑，还会给环境带来更加严重的负担，也将给固体废物污染控制提出更多的课题。

7.1.3　化学工业有害废物对人类和环境的危害

大部分化学工业固体废物属有害废物，表7-1为几种化学工业有害废物的组成及对人体与环境的危害。这些废物中有害有毒物质浓度高，如果得不到有效处理处置，会对人体和环境造成很大影响。根据物质的化学特性，当某些物质相混时，可能发生不良反应，包括热反应(燃烧或爆炸)、产生有毒气体(砷化氢、氰化氢、氯气等)和可燃性气体(氢气、乙炔等)。若人体皮肤与废强酸或废强碱接触，将产生烧灼性腐蚀；若误吸入体内，能引起急性中毒，出现呕吐、头晕等症状。

表7-1　几种化学工业有害废物的组成及危害

废物名称	主要污染物及含量	对人体和环境的危害
铬渣	Cr^{6+}，0.3%～2.9%	对人体消化道和皮肤具有强烈的刺激和腐蚀作用，对呼吸道造成损害，有致癌作用；对水体中动物和植物有致死作用，其蓄积在鱼类组织中影响食物链；影响小麦、玉米等作物生长
氰渣	CN^-，1%～4%	引起头痛、头晕、心悸、甲状腺肿大；急性中毒时呼吸衰竭致死，对人体、鱼类危害很大
含汞盐泥	Hg，0.2%～0.3%	无机汞对消化道黏膜有强烈的腐蚀作用，吸入较高浓度的汞蒸气可引起急性中毒和神经功能障碍。烷基汞在人体内能长期滞留，甲基汞会引起水俣病；汞对鸟类、水生脊椎动物会造成有害作用
无机盐废渣	Zn^{2+}，7%～25% Pb^{2+}，0.3%～2% Cd^{2+}，100～500mg/kg As^{3+}，40～400mg/kg	铅、镉对人体神经系统、造血系统、消化系统、肝、肾、骨骼等都具有伤害；含砷化合物有致癌作用，锌盐对皮肤和黏膜有刺激腐蚀作用

续表

废物名称	主要污染物及含量	对人体和环境的危害
蒸馏釜液	苯、苯酚、腈类、硝基苯、芳香胺类、有机磷农药等	对人体中枢神经、肝、肾、胃、皮肤等造成障碍与损害。芳香胺类和亚硝胺类有致癌作用，对水生生物和鱼类等也有致毒作用
酸、碱渣	各种无机酸碱，10%～30%含有大量金属离子和盐类	对人体皮肤、眼睛和黏膜有强烈的刺激作用，导致皮肤和内部器官损伤和腐蚀，对水生生物、鱼类有严重的有害影响

20世纪30～70年代，国内外不乏因工业有害废物处置不当，祸及居民的公害事件。例如，美国纽约州Love Canal土壤污染事件，我国发生在50年代的锦州Cd渣露天堆积污染井水事件等。不难看出，这些公害事件已给人类带来灾难性后果。

到目前为止，我国大部分有害废物是在较低水平下得到处置的，其对环境的污染日益严重，引起的纠纷也因此逐渐增多。例如，我国一家铁合金厂的铬渣堆场，由于缺乏防渗措施，Cr^{6+}污染了多于$20km^2$的地下水，致使7个自然村的1800多眼水井无法饮用；某锡矿山的含砷废渣长期堆放，随雨水渗透，污染水井，曾一次造成308人中毒，6人死亡。据不完全统计，每年由于有害废物引起的污染纠纷造成的污染赔款超过2000万元。

7.2 固体废物的管理原则

对固体废物污染的管理，关键在于解决好废物的产生、处理、处置和综合利用问题。首先，需要从污染源头起始，改进或采用更新的清洁生产工艺，尽量少排或不排废物。这是控制固体废物污染的根本措施。其次是对固体废物开展综合利用，使其资源化。再次是对固体废物进行处理与处置，使其无害化。

2004年12月29日，《中华人民共和国固体废物污染环境防治法》(以下简称《固体废物法》)在第10届全国人民代表大会常务委员会第13次会议上修订通过，于2005年4月1日正式实施。该修订法律的颁布与实施为固体废物管理体系的建立与完善奠定了法律基础。该法首先确立了固体废物污染防治的“三化”原则，即“减量化、资源化、无害化”原则，明确了对固体废物进行全过程管理的原则(图7-1)，以及有害废物重点控制的原则。

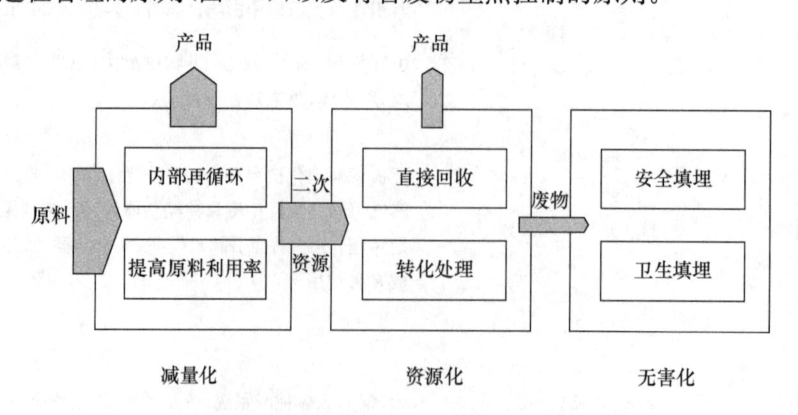

图7-1 固体废物的全过程管理模式示意图

减量化就是从源头开始控制，主要是采用"绿色技术"和"清洁生产工艺"，合理地开发利用资源，最大限度地减少固体废物的产生和排放。这要求改变传统粗放式经济发展模式，充分利用原材料、能源等各种资源。减量化不仅是减少固体废物的数量和体积，还包括尽可能地减少其种类，降低危险废物有害成分的浓度，减轻或消除其危险特性等。

资源化是指采取管理措施和工艺改革方案从固体废物中回收有用的物质和能源，创造经济价值的广泛技术方法。固体废物资源化是固体废物的主要归宿。资源化概念包括以下三个方面：①物质回收，即处理废物并从中回收指定的二次物质，如纸张、玻璃、金属等；②物质转换，即利用废物制取新形态的物质，如利用炉渣生产水泥和建筑材料，利用有机垃圾生产堆肥等；③能量转换，即从废物中回收能量，作为热能和电能，如通过有机废物的焚烧处理回收热量，通过热解技术回收燃料，利用堆肥化生产沼气等。

无害化是指以产生的、且暂时不能综合利用的固体废物，经过物理、化学或生物的方法，进行对环境无害或低危害的安全处理、处置，达到废物的消毒、解毒或稳定化。无害化的基本任务是将固体废物通过工程处理，达到不污染生态环境和不危害人体健康。

固体废物管理的"三化"原则是以减量化为前提，以无害化为核心，以资源化为归宿。

《固体废物法》还确立了对固体废物进行全过程管理的原则。全过程管理是指对固体废物的产生、收集、运输、利用、储存、处理与处置的全过程，对过程的各个环节都实行控制管理和开展污染防治措施。《固体废物法》之所以确立这一原则是因为固体废物从其产生到最终处置的全过程中的每个环节都有产生污染危害的可能，如固体废物在焚烧过程中可能对空气造成污染，在填埋处理过程中要产生渗滤液，可能对地下水产生污染等，因此有必要对整个过程及其每一环节都实施全方位的监督与控制。

《固体废物法》对危险废物提出了重点控制的原则。由于危险废物的种类繁多、性质复杂，危害特性和方式各有不同，故应根据不同的危险特性与危害程度，采取区别对待、分类管理的原则，对危害性质特别严重的危险废物要实施严格控制和重点管理。对危险固体废物进行全方位控制与全过程管理，全方位控制包括对其鉴别、分析、监测、实验等环节；全过程管理则包括对固体废物的接受、检查、残渣监督、处理操作和最终处置各环节。

为执行《固体废物法》，对危险废物的管理应做到如下 5 个方面。

1）建立危险废物申报登记管理体系

产生危险废物单位，必须向环境保护行政主管部门申报危险废物的种类、产生量、流向、储存、处置等有关资料，并制定危险废物管理计划。管理计划中应包括减少危险废物产生量和危害性的措施以及危险废物储存、利用、处置措施。

2)实施危险废物经营许可证制度

从事收集、储存、处置危险废物经营活动的单位，必须向县级以上人民政府环境保护行政主管部门申请领取许可证；从事利用危险废物的经营单位，须向省级以上人民政府环境保护主管部门申请领取经营许可证。许可证制度有助于提高危险废物管理和技术水平，保证危险废物的严格控制，防止危险废物污染环境事故的发生。

3）实施危险废物转移联单制度

转移危险废物，必须填写危险废物转移联单，并须征得移出地和接受地双方相关环境保护主管部门批准，才能够按有关规定转移危险废物，并追踪和掌握危险废物的流向，保证危险废物的运输安全，防止危险废物的非法转移和非法处置，保证危险废物的安全监控，防止危险废物污染事故的发生。

4）加强源头控制

产生危险废物的单位，应从源头加强控制，采用清洁生产工艺，尽量减少危险废物的产生量。

5）危险废物的资源化利用与安全处置

(1) 在企业内部开发循环利用危险废物的技术工艺，能综合利用的危险废物要在企业内部就地消化。

(2) 建立区域危险废物交换中心促进危险废物的循环利用，提高危险废物的循环利用率，尽量减少危险废物的安全处理、处置量。

(3) 建设危险废物综合利用设施，提高可回收利用的危险废物资源化程度。

(4) 按区域联合建设原则，建设危险废物焚烧设施和安全填埋场，对不能资源化的危险废物进行无害化安全处置。

在《国家环境保护"十二五"规划》中明确提出：以减量化、资源化、无害化为原则，减量化优先，把防治固体废物污染作为维护人民健康、保障环境安全和发展循环经济，建设资源节约型、环境友好型社会的重点工作，并重点实施以下控制与利用工程。

(1) 实施危险废物和医疗废物处置工程。加快实施危险废物和医疗废物处置设施建设规划，完善危险废物集中处理收费标准和办法，建立危险废物和医疗废物收集、运输、处置的全过程环境监督管理体系，基本实现危险废物和医疗废物的安全处置。

(2) 实施生活垃圾无害化处置工程。实施生活垃圾无害化处置设施建设规划，城市生活垃圾无害化处理率不低于80%。推行垃圾分类回收、密闭运输、集中处理体系，强化垃圾处置设施的环境监管。高度重视垃圾渗滤液的处理，逐步对现有的简易垃圾处理场进行污染治理和生态恢复，消除污染隐患。

(3) 推进固体废物综合利用。重点推进共伴生矿产资源、粉煤灰、煤矸石、工业副产石膏、冶金和化工废渣、尾矿、建筑垃圾等大宗工业固体废物以及秸秆、畜禽养殖粪便、废弃木料的综合利用。到"十二五"末，工业固体废物综合利用率要达到72%。建立生产者责任延伸制度，完善再生资源回收利用体系，实现废旧电子电器的规模化、无害化综合利用。对进口废物加工利用企业严格监管，防止产生二次污染，严厉打击废物非法进出口。

7.3 固体废物污染综合防治对策

7.3.1 固体废物减量化对策与措施

1. 城市固体废物

控制城市固体废物产生量增长的对策和具体措施如下。

(1) 逐步改变燃料结构。

我国城市垃圾中有40%～50%是煤灰。如果改变居民的燃料结构，较大幅度提高民用燃气的使用比例，则可大幅度降低垃圾中的煤灰含量，减少生活垃圾总量。

(2) 净菜进城、减少垃圾产生量。

目前我国的蔬菜基本未进行简单处理即进入居民家中，其中有大量泥沙及不能食用的附着物。据估计，蔬菜中丢弃的垃圾平均占蔬菜质量的40%左右，且体积庞大。如果在一级批发市场和产地对蔬菜进行简单处理，净菜进城，即可大大城少城市垃圾中的有机废物量，并有利于利用蔬菜下脚料沤成有机肥料。

(3) 避免过度包装和减少一次性商品的使用。

城市垃圾中一次性商品废物和包装废物日益增多,既增加了垃圾产生量,又造成资源浪费。为了减少包装废物产生量,促进其回收利用,世界上许多国家颁布包装法规或者条例。强调包装废物的产生者有义务回收包装废物,而包装废物的生产者、进口者和销售者必须"对产品的整个生命周期负责",承担包装废物的分类回收、再生利用和无害化处理处置的义务,负担其中发生的费用。促使包装制品的生产者和进口者以及销售者在产品的设计、制造环节少用材料,减少废物产生量,少使用塑料包装物,多使用易于回收利用和无害化处理处置的材料。

(4) 加强产品的生态设计。

产品的生态设计(又称产品的绿色设计)是清洁生产的主要途径之一,即在产品设计中纳入环境准则,并置于优先考虑的地位。环境准则包括降低物料消耗,降低能耗,减少健康安全风险,产品可被生物降解。为满足上述环境准则,可通过如下方法实现。

①采用"小而精"的设计思想。采用轻质材料,去除多余功能。这样的产品不仅可以减少资源消耗,而且可以减少产品报废后的垃圾量。

②提倡"简而美"的设计原则。减少所用原材料的种类,采用单一的材料。这样产品废弃后作为垃圾分类时简便易行。

(5) 推行垃圾分类收集。

按垃圾的组分进行垃圾分类收集,不仅有利于废品回收与资源利用,还可大幅度减少垃圾处理量。分类收集过程中通常可把垃圾分为易腐物、可回收物、不可回收物几大类。其中可回收物又可按纸、塑料、玻璃、金属等几类分别回收。美国、日本、德国、加拿大、意大利、丹麦、荷兰、芬兰、瑞士、法国、法国、挪威等国都大规模地开展了垃圾分类收集活动,取得了明显的成效。

(6) 搞好产品回收、利用的再循环。

报废的产品包括大批量的日常消费品,以及耐用消费品如小汽车、电视机、冰箱、洗衣机、空调、地毯等。随着计算机技术的飞速发展,计算机更新换代的速度异常之快,废弃的计算机设备的数目惊人,目前我国每年至少淘汰500万台计算机,对这些废品进行再利用也是减少城市固体废物产生量的重要途径。

2. 工业固体废物

我国工业规模大、工艺落后,因而固体废物产生量过大。提高我国工业生产水平和管理水平,全面推行无废、少废工艺和清洁生产,减少废物产生量是固体废物污染控制的最有效途径之一。这包括以下内容。

(1) 淘汰落后生产工艺。

1996年8月,国务院发布的《国务院关于环境保护若干问题的决定》(国发[1996]31号)中明确规定取缔、关闭或停产15种污染严重的企业(简称15小)。这对保护环境,削减固体废物的排放,特别是削减有毒有害废物的产生意义重大。在这"15小"中,均不同程度地产生大量有害废物,对环境造成很大危害。根据推算,1996年全国有害废物产生量2600万t,如果全部取缔、关停"15小",全国每年可以减少有害废物产生量约75.4万t。

(2) 推广清洁生产工艺。

推广和实施清洁生产工艺对削减有害废物的产生量有重要意义。利用清洁"绿色"的生产方式代替污染严重的生产方式和工艺,既可节约资源,又可少排或不排废物,减轻环境污染。

例如,传统的苯胺生产工艺是采用铁粉还原法,其生产过程产生大量含硝基苯、苯胺的铁泥和废水，造成环境污染和巨大的资源浪费。南京化工厂开发的流化床气相加氢、制苯胺工艺，便不再产生铁泥废渣，固体废物产生量由原来每吨产品2500kg减少到每吨产品5kg，还大大降低了能耗。

工业生产中的原料品位低、质量差，也是造成工业固体废物大量产生的主要原因。只有采用精料工艺，才能减少废物的排放量和所含污染物质成分。例如，一些选矿技术落后，缺乏烧结能力的中小型炼铁厂，渣铁比相当高。如果在选矿过程中提高矿石品位，便可少加造渣熔剂和焦炭，并大大降低高炉渣的产生量。一些工业先进国家采用精料炼铁，高炉渣产生量可减少一半以上。

(3) 发展物质循环利用工艺。

在企业生产过程中，发展物质循环利用工艺，使第一种产品的废物成为第二种产品的原料，并以第二种产品的废物再生产第三种产品，如此循环和回收利用，最后只剩下少量废物进入环境，以取得经济的、环境的和社会的综合效益。

7.3.2 固体废物资源化与综合利用

1. 固体废物的资源化途径

固体废物资源化途径包括以下3种途径。

(1) 物质回收。例如，从废弃物中回收纸张、玻璃、金属等物质。

(2) 物质转换。即利用废弃物制取新形态的物质。例如，利用废玻璃和废橡胶生产铺路材料，利用炉渣生产水泥和其他建筑材料，利用有机垃圾生产堆肥等。

(3) 能量转换。即从废物处理过程中回收能量，包括热能或电能。例如，通过有机废物的焚烧处理回收热量，进一步发电；利用垃圾厌氧消化产生沼气，作为能源向居民和企业供热或发电。

2. 固体废物资源化技术

1) 物理处理技术

物理处理是通过浓缩或相变化改变固体废物的结构，使之成为便于运输、储存、利用或处置的形态。物理处理方法包括压实、破碎、分选、增稠、吸附、萃取等。物理处理也往往作为回收固体废物中有价物质的重要手段。

2) 化学处理技术

采用化学方法使固体废物发生化学转换从而回收物质和能源，是固体废物资源化处理的有效技术。煅烧、焙烧、烧结、溶剂浸出、热分解、焚烧、氧化还原等都属于化学处理技术。

如对含铬废渣(铬渣是冶金和化工部门在生产金属铬或铬盐时排出的废渣，其中所含六价铬的毒性较大)的处理就是将毒性大的六价铬还原为毒性小的三价铬，并生成不溶性化合物，在此基础上再加以利用。我国对铬渣的处理利用主要有以下几个方面。

(1) 铬渣作玻璃着色剂。用铬渣代替铬铁矿作着色剂制作绿色玻璃。在玻璃窑炉1600℃高温还原气氛下，铬渣中的六价铬被还原成三价铬而进入玻璃熔融体中，急冷固化后即可制得绿色玻璃，同时铬也被封固在绿色玻璃中，达到了除毒的目的。

(2) 铬渣作助熔剂制造钙镁磷肥。可代替蛇纹石、白云石等与磷矿石配料，经高炉或电炉的高温焙烧(800～1500℃)，六价铬还原成三价铬和金属铬，分别进入磷肥和铬镍铁中。经研究，铬渣用于生产钙镁磷肥是可行的，已规定了铬渣钙镁磷肥中铬的安全控制指标。此法可使铬渣彻底解毒。

(3) 铬渣作炼铁烧结熔剂。铬渣中含有大量的 CaO、MgO、Fe_2O_3(三者之和大于 60%)，且具有自熔性和半自熔性，可代替石灰石等作炼铁辅料。在烧结过程中六价铬还原率达 99.98%以上，残留的微量六价铬还可在高炉冶炼中进一步被还原。此法还能节约能源。此外，铬渣还可用于制造铬渣铸石、制砖、作水泥添加剂生产水泥等。

(4) 电镀铬废液、污泥。电镀铬的离子交换洗脱液可以通过化学法(酸还原、碱和盐基中和)制鞣革剂。镀铬污泥可以代替黏土制砖或与煤渣等配料制成废渣砖。

3) 生物处理技术

生物处理法可分为好氧生物处理法和厌氧生物处理法。好氧生物处理法是在水中有充分溶解氧存在的情况下，利用好氧微生物的活动，将固体废物中的有机物分解为二氧化碳、水、氨和硝酸盐。厌氧生物处理法是在缺氧的情况下，利用厌氧微生物的活动，将固体废物中的有机物分解为甲烷、二氧化碳、硫化氢、氨和水。生物处理法具有效率高、运行费用低等优点，固体废物处理及资源化中常用的生物处理技术如下。

(1) 沼气发酵。沼气发酵是有机物质在隔绝空气和保持一定的水分、温度、酸和碱度等条件下，利用微生物分解有机物的过程。经过微生物的分解作用可产生沼气。沼气是一种混合气体，主要成分是甲烷(CH_4)和二氧化碳(CO_2)。其中甲烷占 60%～70%，二氧化碳占 30%～40%，还有少量氢、一氧化碳、硫化氢、氧和氮等气体。城市有机垃圾、污水处理厂的污泥、农村的人畜粪便、作物秸秆等皆可作产生沼气的原料。为了使沼气发酵持续进行，必须提供和保持沼气发酵中各种微生物所需的条件。沼气发酵一般在隔绝氧的密闭沼气池内进行。

(2) 堆肥。堆肥是将人畜粪便、垃圾、青草、农作物的秸秆等堆积起来，利用微生物的作用，将堆料中的有机物分解，产生高热，以达到杀灭寄生虫卵和病原菌的目的。堆肥有厌氧和好氧两种，前者主要是厌氧分解过程，后者则主要是好氧分解过程。堆肥的全程一般为 1 个多月。为了加速堆肥和确保处理效果，必须控制以下几个因素：①堆内必须有足够的微生物；②必须有足够的有机物，使微生物得以繁殖；③保持堆内适当的水分和酸、碱度；④适当通风，供给氧气；⑤用草泥封盖堆肥，以保温和防蝇。

(3) 细菌冶金。细菌冶金是利用某些微生物的生物催化作用，使矿石或固体废物中的金属溶解出来，从溶液中提取所需要的金属。它与普通的“采矿-选矿-火法冶炼”比较，具有如下几个特点：①设备简单，操作方便；②特别适宜处理废矿、尾矿和炉渣；③可综合浸出，分别回收多种金属。

7.3.3　固体废物的无害化处理处置

1. 焚烧处理

焚烧法是一种高温热处理技术，即以一定的过剩空气量与被处理的废物在焚烧炉内进行氧化燃烧反应，废物中的有害毒物在高温下氧化、热解而被破坏。这种处理方式可使废物完全氧化成无毒害物质。焚烧技术是一种可同时实现废物无害化、减量化、资源化的处理技术。

(1) 可焚烧处理废物类型。

焚烧法可处理城市垃圾、一般工业废物和有害废物，但当处理可燃有机物组分很少的废物时，需补加大量的燃料。

一般来说，发热量小于 3300kJ/kg 的垃圾属低发热量垃圾，不适宜焚烧处理；发热量介于 3300～5000kJ/kg 的垃圾为中发热量垃圾，适宜焚烧处理；发热量大于 5000kJ/kg 的垃圾属高发热量垃圾，适宜焚烧处理并回收其热能。

(2) 废物焚烧炉。

固体废物焚烧炉种类繁多。通常根据所处理废物对环境和人体健康的危害大小，以及所要求的处理程度，将焚烧炉分为城市垃圾焚烧炉、一般工业废物焚烧炉和有害废物焚烧炉 3 种类型。但从其机械结构和燃烧方式上，固体废物焚烧炉主要有炉排型焚烧炉、炉床型焚烧炉和沸腾流化床焚烧炉 3 种类型。

(3) 焚烧处理技术指标。

废物在焚烧过程中会产生一系列新污染物，有可能造成二次污染。对焚烧设施排放的大气污染物控制项目大致包括 4 个方面：①有害气体，包括 SO_2、HCl、HF、CO 和 NO_x；②烟尘，常将颗粒物、黑度、总碳量作为控制指标；③重金属元素单质或其化合物，如 Hg、Cd、Pb、Ni、Cr、As 等；④有机污染物，如二噁英，包括多氯代二苯并-对-二噁英(PCDDs)和多氯代二苯并呋喃(PCDFs)。

以美国法律为例，有害废物焚烧的法定处理效果标准为：①废物中所含的主要有机有害成分的去除率为 99.99%以上；②排气中粉尘含量不得超过 180mg/m^3(以标准状态下，干燥排气为基准，同时排气流量必须调整至 50%过剩空气百分比条件下)；③氯化氢去除率达 99%或排放量低于 1.8kg/h，以两者中数值较高者为基准；④多氯联苯的去除率为 99.9999%，同时燃烧效率超过 99.9%。

2. 固体废物的处置技术

固体废物经过减量化和资源化处理后，剩余下来的、无再利用价值的残渣，往往富集了大量不同种类的污染物质，对生态环境和人体健康具有即时和长期的影响，必须妥善加以处置。安全、可靠地处置这些固体废物残渣，是固体废物全过程管理中最重要的环节。

1) 固体废物处置原则

虽然与废水和废气相比，固体废物中的污染物质具有一定的惰性，但是在长期的陆地处置过程中，由于本身固有的特性和外界条件的变化，必然会因在固体废物中发生的一系列相互关联的物理、化学和生物反应，导致对环境的污染。

固体废物的最终安全处置原则大体上可归纳为如下内容。

(1) 区别对待、分类处置、严格管制有害废物。固体物质种类繁多，其危害环境的方式、处置要求及所要求的安全处置年限均各有不同。因此，应根据不同废物的危害程度与特性，区别对待、分类管理，对具有特别严重危害的有害废物采取更为严格的特殊控制。这样，既能有效地控制主要污染危害，又能降低处置费用。

(2) 最大限度地将有害废物与生物圈相隔离。固体废物，特别是有害废物和放射性废物最终处置的基本原则是合理地、最大限度地使其与自然和人类环境隔离，减少有毒有害物质进入环境的速率和总量，将其在长期处置过程中对环境的影响减至最低程度。

(3) 集中处置。对有害废物实行集中处置，不仅可以节约人力、物力、财力，利于监督管理，也是有效控制乃至消除有害废物污染危害的重要形式和主要的技术手段。

2）固体废物处置的基本方法

固体废物海洋处置现已被国际公约禁止，陆地处置至今是世界各国常用的一种废物处置方法，其中应用最多的是土地填埋处置技术。

土地填埋处置是从传统的堆放和填地处置发展起来的一项最终处置技术，不是单纯的堆、填、埋，而是一种按照工程理论和工程标准，对固体废物进行有控管理的一种综合性科学工程方法。在填埋操作处置方式上，它已从堆、填、覆盖向包容、屏蔽隔离的工程储存方向上发展。土地填埋处置，首先需要进行科学的选址，在设计规划的基础上对场地进行防护（如防渗）处理，然后按严格的操作程序进行填埋操作和封场，要制定全面的管理制度，定期对场地进行维护和监测。

土地填埋处置具有工艺简单、成本较低、适于处置多种类型固体废物的优点。目前，土地填埋处置已成为固体废物最终处置的一种主要方法。土地填埋处置的主要问题是渗滤液的收集控制问题。

（1）土地填埋处置的分类：土地填埋处置的种类很多，采用的名称也不尽相同。按填埋场地形特征可分为山间填埋、峡谷填埋、平地填埋、废矿坑填埋；按填埋场地水文气象条件可分为干式填埋、湿式填埋和干、湿式混合填埋；按填埋场的状态可分为厌氧性填埋、好氧性填埋、准好氧性填埋和保管型填埋；按固体废物污染防治法规，可分为一般固体废物填埋、生活垃圾填埋和有害废物填埋。

（2）填埋场的基本构造：填埋场构造与地形地貌、水文地质条件、填埋废物类别有关。按填埋废物类别和填埋场污染防治设计原理，填埋场构造有衰减型填埋场和封闭型填埋场之分。通常，用于处置城市垃圾的卫生填埋场属衰减型填埋场或半封闭型填埋场，而处置有害废物的安全填埋场属全封闭型填埋场。

① 自然衰减型填埋场。自然衰减型土地填埋场的基本设计思路，是允许部分渗滤液由填埋场基部渗透，利用下伏包气带土层和含水层的自净功能来降低渗滤液中污染物的浓度，使其达到能接受的水平。图7-2展示了一个理想的自然衰减型土地填埋场的地质横截面，填埋底部的包气带为黏土层，黏土层之下是含砂潜水层，而在含砂水层下为基岩。包气带土层和潜水层应较厚。

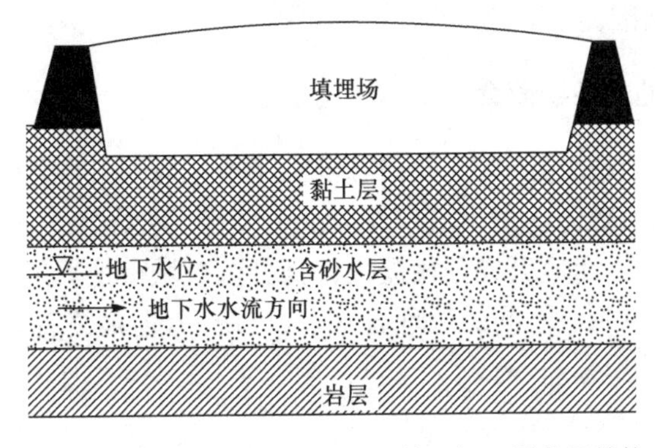

图7-2　理想的自然衰减型土地填埋场土层分层结构

② 全封闭型填埋场。全封闭型填埋场的设计是将废物和渗滤液与环境隔绝开，将废物安全保存相当一段时间（数十年甚至上百年）。这类填埋场通常利用地层结构的低渗透性或工程密封系统来减少渗滤液产生量和通过底部的渗透泄漏渗入蓄水层的渗滤液量，将对地下水的

污染减少到最低限度，并对所收集的渗滤液进行妥善处理处置，认真执行封场及善后管理，从而达到使处置的废物与环境隔绝的目的。图 7-3 为全封闭型填埋场剖面图。

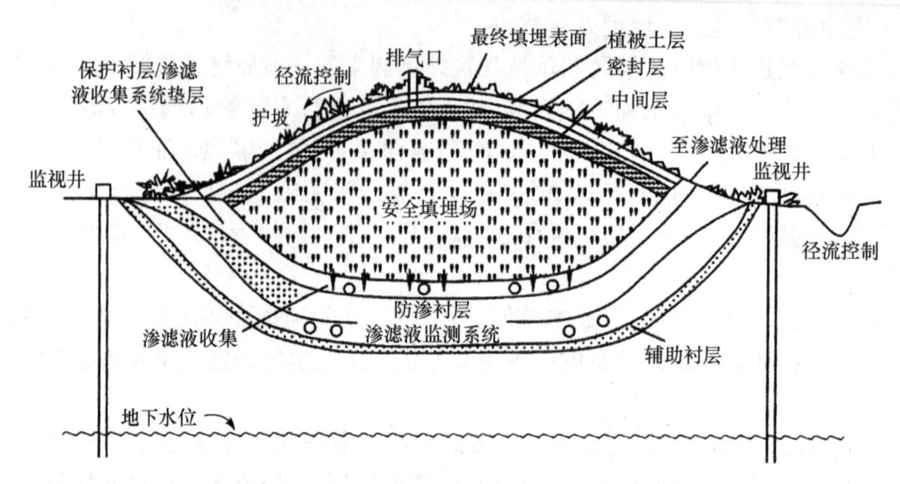

图 7-3　全封闭型安全填埋场剖面图

③ 半封闭型填埋场。这种类型的填埋场实际上介于自然衰减型填埋场和全封闭型填埋场之间。半封闭型填埋场的顶部密封系统一般要求不高，而底部一般设置单密封系统，并在密封衬层上设置渗滤液收集系统。大气降水仍会部分进入填埋场，而渗滤液也可能会部分泄漏进入下包气带和地下含水层，特别是只采用黏土衬层时更是如此。但是，由于大部分渗滤液可被收集排出，通过填埋场底部渗入下包气带和地下含水层的渗滤液量显著减少。

填埋场封闭后的管理工作十分必要，主要包括以下几项：

a. 维护最终覆盖层的完整性和有效性。进行必要的维修，以消除沉降和凹陷以及其他因素的影响。

b. 维护和监测检漏系统。

c. 继续运行渗滤液收集和去除系统，直到渗滤液检不出为止。

d. 维护和检测地下水监测系统。

e. 维护任何测量基准。

7.3.4　城市生活垃圾处理系统简介

目前国内外常采用的垃圾处理方式有焚烧法、卫生填埋法、堆肥法和分选法，其中以焚烧法和卫生填埋法应用最为普遍。由于城市垃圾成分复杂，并受经济发展水平、能源结构、自然条件及传统习惯的影响，生活垃圾成分相差很大，因此，对城市垃圾的处理一般随国情而不同，往往一个国家各个城市也采取不同的处理方式，很难统一，但最终都以减量化、资源化和无害化为处理标准。

1. 焚烧

焚烧法是一种对城市垃圾进行高温热化学处理的技术。将垃圾送入焚烧炉中，在 800～1000℃ 高温条件下，垃圾中的可燃成分与空气中的氧进行剧烈的化学反应，放出热量，转化成高温燃烧气体和少量性质稳定的惰性残渣。通过焚烧可以使垃圾中可燃物氧化分解，达到减少体积、去除毒物、回收能量的目的。经焚烧处理后垃圾中的细菌和病毒能被彻底消灭，各种恶臭气体得到高温分解，烟气中的有害气体经处理达标排放。

垃圾焚烧后产生的热能可用于发电或供热。表 7-2 列出城市垃圾与几种典型燃料的热值与起燃温度。由表中数据可见，城市垃圾起燃温度较低，有适度热值，具备焚烧与热能回收的条件。可见，采用焚烧技术处理城市垃圾，回收热资源，具有明显的潜在优势。

表 7-2　城市垃圾与几种典型燃料的热值与起燃温度

燃料	热值/(kJ/kg)	起燃温度/℃
城市垃圾	9 300～18 600	260～370
煤炭	32 800	410
氢	142 000	575～500
甲烷	55 500	630～750
硫	1 300	240

图 7-4 是城市垃圾处理焚烧-发电系统流程图。首先垃圾进厂之前经过严格的分选，有毒有害垃圾、建筑垃圾、工业垃圾不能进入。符合规格的垃圾在卸料厅经过自动称量计量后卸入巨大的封闭式垃圾储存器内；然后用抓斗把垃圾投入进料斗中，落入履带，进入焚烧炉，在这里进行充分燃烧，产生的热能把锅炉内水转化为水蒸气，通过汽轮发电机组转化为电能输出。垃圾焚烧工厂必须配备消烟除尘装置以达到排放要求。

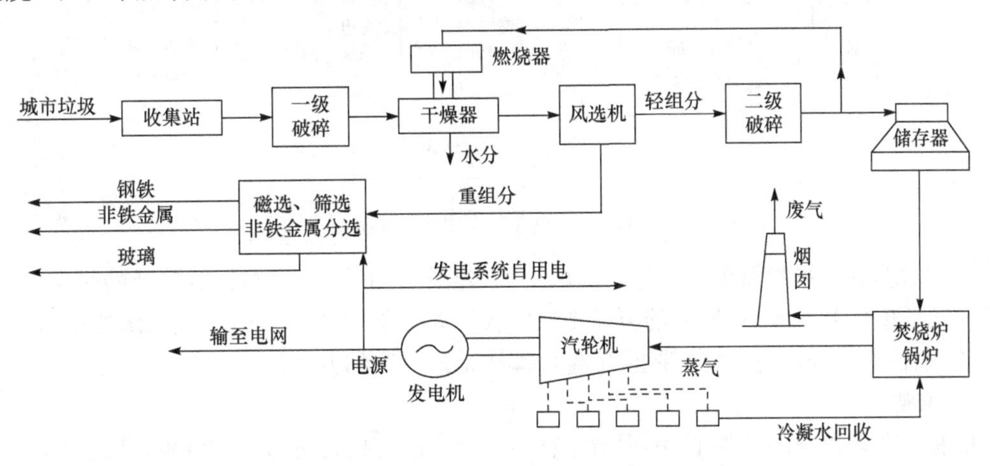

图 7-4　城市垃圾处理焚烧-发电系统流程图

作为循环经济的一种体现，垃圾发电不仅是先进的垃圾处置方式，也会产生巨大的经济效益。按预测的垃圾热值，每吨垃圾可发电 300kW·h 以上，这样 4t 垃圾的发电量相当于 1t 标准煤的发电量。如果我国能将垃圾充分有效地用于发电，每年将节省煤炭 5000 万～6000 万 t。在目前能源日渐紧缺的情况下，利用焚烧垃圾产生的热能作为热源，有着现实意义。

据统计，目前全球已有各种类型的垃圾处理工厂几千家，上海也建了两家大型的生活垃圾发电厂（江桥垃圾焚烧厂和浦东御桥生活垃圾发电厂）。

焚烧法减量化的效果最好，无害化程度高，且产生的热量可作能源回收利用，资源化效果好。该法占地少，处理能力可以调节，处理周期短，但建设投资大，处理成本高，处理效果受垃圾成分和热值的影响，是大中城市垃圾处理的发展方向。

2. 卫生填埋

卫生填埋有别于垃圾的自然堆放或简易填埋，卫生填埋是按卫生填埋工程技术标准处理城市垃圾的一种方法，其填埋过程为一层垃圾一层覆盖土交替填埋，并用压实机压实，填埋堆中预埋导气管导出垃圾分解时产生的有害气体（CH_4、CO_2、N_2、H_2S等）。填埋场底部做成不透水层，防止渗滤液对地下水的污染，并在底部设垃圾渗滤液导出管将渗滤液导出进行集中处理。

填埋气（LFG）是一种宝贵的可再生的资源，现已成功地利用填埋气作车辆燃料及发电。

LFG含40%～60%的甲烷，其热值与城市煤气的热值相近，每升LFG的能量相当于0.24L柴油，或0.31L汽油的能量，它不仅是清洁燃料，而且辛烷值高，着火点高，可采用较高的压缩比。使用时首先要净化，去除LFG中含有的有毒且对机械设备有腐蚀作用的H_2S、CO_2、H_2O等成分，可采用吸附法、吸收法、分子筛分离等方法。然后储存于钢瓶中以备使用。汽车的发动机经过适当改装便可使用填埋气为燃料。巴西里约热内卢在20世纪80年代便建成LFG充气站向全市汽车供气。

填埋气发电技术目前已比较成熟，工艺操作便捷，填埋气燃烧完全，排放的二次污染气体较少，工艺流程如图7-5所示。杭州市天子岭废弃物处理厂有一个容量为600万m^3的垃圾填埋场，1994年引进外资兴建了填埋气发电厂后，每年可减少945万m^3填埋气排入大气，发电功率达1800kW，年收入达800万人民币，该场获得效益为40万元。

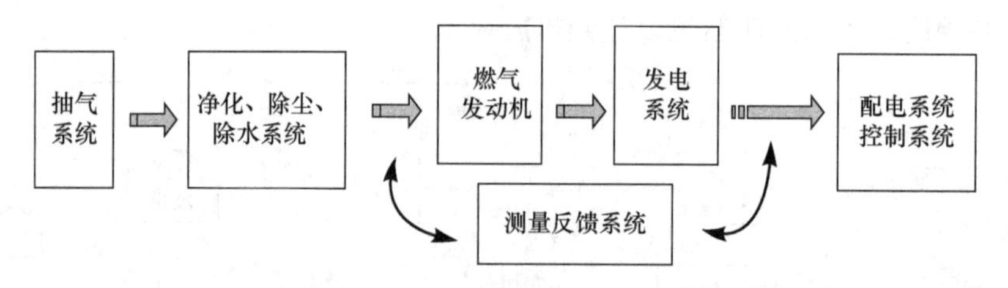

图7-5　填埋气发电工艺流程

卫生填埋具有技术简单、处理量大、风险小、建设费用、运行成本相对较低的优点，但卫生填埋对场址条件要求较高，所需的覆盖土量较大。如果能够找到合适场址并解决覆盖土的来源问题，在目前的经济、技术条件下，卫生填埋法是最适用的方法。

3. 堆肥

堆肥是在有控制的条件下，利用微生物对垃圾中的有机物进行生物降解，使之成为具有良好稳定性的腐殖土肥料的过程，因此它是一种垃圾资源化处理方法。堆肥有厌氧和好氧两种，前者堆肥时间长、堆温低、占地大、二次污染严重。现代堆肥工艺是指高温好氧堆肥，是在好氧条件下，用尽可能短的时间完成垃圾的发酵分解，并利用分解过程产生的热量使堆温升至60～80℃，起到灭菌、灭寄生虫和苍蝇卵蛹的作用，从而达到无害化的目的。垃圾的堆肥化处理的优点在于能使垃圾转化为可利用的资源，既增加了垃圾处理的经济效益，又减少了垃圾最终填埋地，节约了土地资源。

堆肥法无害化、资源化效果好，出售肥料产品，有一定的经济效益。但该法需一定的技术和设备，建设投资和处理成本较高，堆肥产品的产量、质量和价格受垃圾成分的影响。产品的销路好坏是采用堆肥法的决定性因素。

复习与思考

1. 什么是固体废物？它们是如何分类的？

2. 固体废物有哪些基本特性?
3. 固体废物的主要环境问题是什么?
4. 简述固体废物污染防治的“三化”原则,为什么“减量化”原则处于优先地位?
5. 试述固体废物减量化的对策与措施。
6. 举例说明固体废物是如何进行资源化与综合利用的。
7. 举例说明固体废物无害化最终处置的方法。
8. 简述城市垃圾焚烧-发电系统的原理和工艺流程
9. 什么是生活垃圾卫生填埋? 简述填埋气发电工艺流程。

第8章　物理性污染及其防治

8.1　噪声污染及其防治

8.1.1　声音与噪声

声音是物体的振动以波的形式在弹性介质中进行传播的一种物理现象。我们平常所指的声音一般是通过空气传播作用于耳鼓而被感觉到的声音。人类生活在声音的环境中，并且借助声音进行信息的传递、交流思想感情。

尽管我们的生活环境中不能没有声音，但是也有一些声音是我们不需要的，如睡眠时的吵闹声。从广义上来讲，凡是人们不需要的，使人厌烦并干扰人的正常生活、工作和休息的声音统称为噪声。

我国制定的《中华人民共和国环境噪声污染防治法》中把超过国家规定的环境噪声排放标准，并干扰他人正常生活、工作和学习的现象称为环境噪声污染。

8.1.2　噪声的主要特征及其来源

1. 噪声的主要特征

(1) 噪声是一种感觉性污染，在空气中传播时不会在周围环境里留下有毒有害的化学污染物质。对噪声的判断与个人所处的环境和主观愿望有关。

(2) 噪声源的分布广泛而分散，但是由于传播过程中会发生能量的衰减，因此噪声污染的影响范围是有限的。

(3) 噪声产生的污染没有后效作用。一旦噪声源停止发声，噪声便会消失，转化为空气分子无规则运动的热能。

(4) 与其他污染相比，噪声的再利用问题很难解决。目前所能做到的是利用机械噪声进行故障诊断。如通过对各种运动机械产生的噪声水平和频谱进行测量和分析，评价机械机构完善程度和制造质量。

2. 噪声源及其分类

声是由于物体振动而产生的，所以把振动的固体、液体和气体通称为声源。声能通过固体、液体和气体介质向外界传播，并且被感受目标所接受。人耳则是人体的声音感受器官，所以在声学中把声源、介质、接收器称为声的三要素。

产生噪声的声源很多，若按产生机理来划分，有机械噪声、空气动力性噪声和电磁性噪声三大类。

(1) 机械噪声。各种机械设备及其部件在运转和能量传递过程中由于摩擦、冲击、振动等所产生的噪声。例如，齿轮变速箱、织布机、球磨机、粉碎机、车床等发出的噪声就是典型的机械噪声。

(2) 空气动力性噪声。由气体流动过程中的相互作用，或气体和固体介质之间的相互作用而产生的噪声。常见的气流噪声有风机噪声、喷气发动机噪声、高压锅炉放气排气噪声和内燃机排气噪声等。

(3) 电磁性噪声。由电磁场交替变化而引起某些机械部件或空间容积振动而产生的噪声。日常生活中，民用大小型变压器、镇流器、电源开关、电感、电机等均可能产生电磁噪声。工业中变频器、大型电动机和变压器是主要的电磁噪声来源。

若按声源发生的场所来划分，有工业噪声、交通噪声、建筑施工噪声和社会生活噪声。

(1) 工业噪声。工业噪声是指工厂在生产过程中由于机械振动、摩擦撞击及气流扰动产生的噪声。它不仅直接危害工人健康，而且干扰周围居民的生活。一般工厂车间内噪声级为75～105dB，少数车间或设备的噪声级高达110～120dB。

(2) 交通噪声。交通噪声是指飞机、火车、汽车等交通运输工具在飞行和行驶中所产生的噪声。常见的交通噪声有道路交通噪声、航空噪声、铁路运输噪声、船舶噪声等。随着我国经济的迅速发展，各种交通设施及交通工具快速增长，交通噪声污染随之加剧。

(3)建筑施工噪声。建筑施工噪声是指在建筑施工过程中产生的干扰周围生活环境的声音。建筑施工噪声是影响城市声环境质量的重要因素。它具有强度高、分布广、流动大、控制难等特点。例如，打桩机、混凝土搅拌机、推土机、运料机等噪声级为85～100dB，对周围环境造成严重的污染。

(4)社会生活噪声。社会生活噪声是指街道以及建筑物内部各种生活用品设备和人们日常活动所产生的噪声，包括商业、文娱、体育活动等场所的空调设备、音响系统等产生的噪声，舞厅、卡拉OK(KTV)噪声，家用电器噪声，装修噪声等。

8.1.3　噪声污染的危害

随着工业生产、交通运输、城市建筑的发展，以及人口密度的增加，家庭设施(音响、空调、电视机等)的增多，环境噪声日益严重，它已成为污染人类社会环境的一大公害，20世纪50年代后，噪声被公认为是一种与污水、废气、固体废物并列的四大公害之一。据统计，1998年我国城市噪声诉讼案件已占全部环境污染诉讼案件的40%左右。

1. 对人体生理和心理的影响

噪声不仅会影响听力，而且还对人的心血管系统、神经系统、内分泌系统产生不利影响，所以有人称噪声为“致人死命的慢性毒药”。噪声给人带来生理上和心理上的危害主要有以下几方面。

(1) 干扰休息和睡眠，影响交谈和思考，使工作效率降低。

①干扰休息和睡眠。休息和睡眠是人们消除疲劳、恢复体力和维持健康的必要条件。但噪声使人不得安宁，难以休息和入睡。当人辗转不能入睡时，便会心态紧张，呼吸急促，脉搏跳动加剧，大脑兴奋不止，第二天就会感到疲倦或四肢无力，从而影响到工作和学习，久而久之，就会得神经衰弱症，表现为失眠、耳鸣、疲劳。人进入睡眠之后，即使是40～50dB较轻的噪声干扰，也会从熟睡状态变成半熟睡状态。人在熟睡状态时，大脑活动是缓慢而有规律的，能够得到充分的休息；而半熟睡状态时，大脑仍处于紧张、活跃的阶段，这就会使人得不到充分的休息和体力的恢复。

②影响交谈和思考，使工作效率降低。在噪声环境下，妨碍人们之间的交谈、通信是常见的。因为人们思考也是语言思维活动，其受噪声干扰的影响与交谈是一致的。实验研究表明噪声干扰交谈，其结果见表8-1。此外，研究发现，噪声超过85dB，会使人感到心烦意乱，人们会感觉到吵闹，因而无法专心地工作，结果会导致工作效率降低。

表 8-1　噪声对交谈的影响

噪声/dB	主观反映	保证正常讲话距离/m	通信质量
45	安静	10	很好
55	稍吵	3.5	好
65	吵	1.2	较困难
75	很吵	0.3	困难
85	太吵	0.1	不可能

(2) 损伤听觉、视觉器官。

我们都有这样的经验，从飞机里下来或从锻压车间出来，耳朵总是嗡嗡作响，甚至听不清对方说话的声音，过一会儿才会恢复。这种现象称为听觉疲劳，是人体听觉器官对外界环境的一种保护性反应。如果人长时间遭受强烈噪声作用，听力就会减弱，进而导致听觉器官的器质性损伤，造成听力下降。

① 强的噪声可以引起耳部的不适，如耳鸣、耳痛、听力损伤。据测定，超过 115dB 的噪声还会造成耳聋。据临床医学统计，若在 80dB 以上噪声环境中生活，造成耳聋者可达 50%。噪声性耳聋有两个特点，一是除了高强噪声外，一般噪声性耳聋都需要一个持续的累积过程，发病率与持续作业时间有关，这也是人们对噪声污染忽视的原因之一。二是噪声性耳聋是不能治愈的，因此，有人把噪声污染比喻成慢性毒药。耳聋发病率的统计结果见表 8-2。从表 8-2 可以看出在 80dB 以下工作不致耳聋，80dB 以上，每增加 5dB，噪声性发病率增加 10%左右。

表 8-2　工作 40 年后噪声性耳聋发病率（%）

噪声/dB	国际统计(ISO)	美国统计
80	0	0
85	10	8
90	21	18
95	29	28
100	41	40

医学专家研究认为，家庭噪声是造成儿童聋哑的病因之一。噪声对儿童身心健康危害更大。因儿童发育尚未成熟，各组织器官十分娇嫩和脆弱，不论是体内的胎儿还是刚出世的孩子，噪声均可损伤听觉器官，使听力减退或丧失。据统计，当今世界上有 7000 多万耳聋者，其中相当部分是由噪声所致。

② 噪声对视力的损害。人们只知道噪声影响听力，其实噪声还影响视力。试验表明：当噪声强度达到 90dB 时，人的视觉细胞敏感性下降，识别弱光反应时间延长；噪声达到 95dB 时，有 40%的人瞳孔放大，视觉模糊；而噪声达到 115dB 时，多数人的眼球对光亮度的适应都有不同程度的减弱。所以长时间处于噪声环境中的人很容易发生眼疲劳、眼痛、眼花和视物流泪等眼损伤现象。同时，噪声还会使色觉、视野发生异常。调查发现噪声对红、蓝、白三色视野缩小 80%。

(3) 对人体的生理影响。

噪声是一种恶性刺激波，长期作用于人的中枢神经系统，可使大脑皮质的兴奋和抑制失调，条件反射异常，出现头晕、头痛、耳鸣、多梦、失眠、心慌、记忆力减退、注意力不集中等症状，严重者可产生精神错乱。这种症状，药物治疗疗效很差，但当脱离噪声环境时，症状就会明显好转。噪声可引起自主神经系统功能紊乱，表现为血压升高或降低，心率改变，心脏病加剧。噪声会使人唾液、胃液分泌减少，胃酸降低，胃蠕动减弱，食欲缺乏，引起胃溃疡。噪声对人的内分泌机能也会产生影响，如导致女性性机能紊乱，月经失调，流产率增加等。噪声对儿童的智力发育也有不利影响，据调查，3 岁前儿童生活在 75dB 的噪声环境里，他们的心脑功能发育都会受到不同程度的损害，在噪声环境下生活的儿童，智力发育水平要比安静条件下的儿童低 20%。噪声对人的心理影响主要是使人烦恼、激动、易怒，甚至失去理智。此外，噪声还对动物、建筑物有损害，在噪声下的植物也生长不好，有的甚至死亡。

① 损害心血管。噪声是心血管疾病的危险因子，噪声会加速心脏衰老，增加心肌梗死发病率。医学专家经人体和动物实验证明，长期接触噪声可使体内肾上腺分泌增加，从而使血压上升，在平均 70dB 的噪声中长期生活的人，可使其心肌梗死发病率增加 30%左右，特别是夜间噪声会使发病率更高。调查发现，生活在高速公路旁的居民，心肌梗死率增加了 30%左右。调查 1101 名纺织女工，高血压发病率为 7.2%，其中接触强度达 100dB 噪声者，高血压发病率达 15.2%。

② 对女性生理机能的损害。女性受噪声的威胁，还可以有月经不调、流产及早产等。专家们曾在哈尔滨、北京和长春等 7 个地区作过为期 3 年的系统调查，结果发现噪声不仅能使女工患噪声聋，且对女工的月经和生育均有不良影响。另外可导致孕妇流产、早产，甚至可致畸胎。国外曾对某个地区的孕妇普遍发生流产和早产作了调查，结果发现她们居住在一个飞机场的周围，祸首正是那飞起降落的飞机所产生的巨大噪声。

③ 噪声还可以引起如神经系统功能紊乱、精神障碍、内分泌紊乱甚至事故率升高。高噪声的工作环境，可使人出现头晕、头痛、失眠、多梦、全身乏力、记忆力减退以及恐惧、易怒、自卑甚至精神错乱。在日本，曾有过因为受不了火车噪声的刺激而精神错乱，最后自杀的例子。

2. 对动植物及建筑物等设施的影响

噪声不但会给人体健康带来危害，而且还会给动植物以及建筑物等设施产生一定的影响。

(1) 噪声对动物的影响。

有人给奶牛播放轻音乐后，牛奶的产量大大增加，而强烈的噪声使奶牛不再产奶。20 世纪 60 年代初，美国一种新型飞机进行历时半年的试验飞行，结果使附近一个农场的 10 000 只鸡羽毛全部脱落，不再下蛋，有 6000 只鸡体内出血，最后死亡。

(2) 噪声对植物的影响。

噪声能促进果蔬的衰老进程，使呼吸强度和内源乙烯释放量提高，并能激活各种氧化酶和水解酶的活性，使果胶水解，细胞破坏，导致细胞膜透性增加。85～95dB 的噪音剂量对果蔬的生理活动影响较为显著。

(3) 噪声对建筑物的影响。

如果建筑物附近有振动剧烈的振动筛、大型空气锤，或建设施工时的打桩和爆破等，则可以观察到桌上的物品有小跳动。在这种振动的反复冲击下，曾发生墙体裂痕、瓦片震落和玻璃震碎等危害建筑物的现象。

轰声是超声速飞行中的飞机产生的一种噪声。1970 年德国韦斯特堡城及其附近曾因强烈的轰声而发生 378 起建筑物受损事件。大部分是玻璃损坏、石板瓦掀起、合页及门心板损坏等。另据美国对轰声受损的统计，在 3000 起建筑受损事件中，抹灰开裂占 43%，窗损坏占 32%，墙开裂占 15%，还有瓦和镜子损坏等，均未提及主体受损。因此可以认为轰声对结构基本无显著影响,而对大面积的轻质结构则可能造成损害。

8.1.4 噪声污染综合防治

噪声污染的发生必须有三个要素:噪声源、噪声传音途径和接收者。只有这三个要素同时存在才构成噪声对环境的污染和对人的危害。因此,防治噪声污染必须从这三方面着手,即要对其分别进行研究,又要将它们作为一个系统综合考虑。优先次序是:噪声源控制、噪声传播途径控制和接受者保护。

8.1.4.1 噪声控制的基本途径和措施

1. 噪声源控制

控制噪声污染的最有效方法是从控制声源的发声着手。通过研制和选用低噪声设备、改进生产和加工工艺、提高机械设备的加工精度和装配质量,以及对振动机械采用阻尼隔振等措施,可减少发声体的数目或降低发声体的辐射声功率。这是控制噪声污染的根本途径。

(1) 应用新材料、改进机械设备的结构。

改进机械设备的结构、应用新材料来降噪,效果和潜力是很大的。近些年,随着科技的发展,各种新型材料应运而生,用一些内摩擦较大、高阻尼合金、高强度塑料生产机器零部件已变成现实。例如,在汽车生产中就经常采用高强度塑料机件。化纤厂的拉捻机噪声很高,将现有齿轮改用尼龙齿轮,可降噪 20dB。对于风机,不同形式的叶片,产生的噪声也不一样,选择最佳叶片形状,可以降低风机噪声。例如,把风机叶片由直片式改成后弯形,可降噪 10dB。或者将叶片的长度减小,亦可降低噪声。

(2) 改革工艺和操作方法。

改革工艺和操作方法,也是从声源上降低噪声的一种途径。例如,用低噪声的焊接代替高噪声的铆接,用无声的液压代替有梭织布机。在建筑施工中,柴油打桩机在 15m 外其噪声达到 100dB,而压力打桩机的噪声则只有 50dB。在工厂里,把铆接改成焊接,把锻打改成液压加工,均能降噪 20～40dB。

(3) 提高零部件的加工精度和装配质量。

零部件加工精度的提高,可使机件间摩擦尽量减少,从而使噪声降低。提高装配质量,减少偏心振动,以及提高机壳的刚度等,都能使机器设备的噪声减小。对于轴承,若将滚子加工精度提高一级,轴承噪声可降低 10dB。

2. 噪声传播途径控制

在噪声源上治理噪声效果不理想时,需要在传播途径上采取措施。

(1) 合理规划布局。

居民区、学校、办公机关、疗养院和医院这些要求低噪声的地点,应该与商业区、娱乐场所、工业区分开布置。在厂区内应合理地布置生产车间和办公室的位置,将噪声较大的车间集中起来,与办公室、实验室等需要安静的场所分开,噪声源尽量不露天放置。

(2) 利用绿化降低噪声。

由于植物叶片、树枝具有吸收声能与降低声音振动的特点,成片的林带可在很大程度上减少噪声量。一般的宽林带(几十米)可降噪 10～20dB。在城市里可采用绿篱、乔灌木和草坪的混合绿化结构,宽度 5m 左右的林带平均降噪效果可达 5dB。试验表明,绿色植物减弱噪声的效果与林带宽度、高度、位置、配置方式及树木种类有密切关系。在城市中,林带宽度最好是

6～15m,郊区为 15～20m。多条窄林带的隔声效果比只有一条宽林带好。林带的高度大致为声源至声区距离的两倍。林带的位置应尽量靠近声源,这样降噪效果更好。一般林带边缘至声源的距离是 6～11m,林带应以乔木、灌木和草地相结合,形成一个连续、密集的障碍带。树种一般选择树冠矮的乔木,阔叶树的吸声效果比针叶树好,灌木丛的吸声效果更为显著。

(3) 采用声学控制技术。

在上述措施均不能满足环境噪声要求时,可采用局部声学技术来降噪,如吸声技术、隔声技术、消声技术等。

3. 个人防护

因条件所限不能从噪声源和传播途径上控制噪声时,可采取个人防护的办法,个人防护是一种经济而有效的防噪措施。个人防护一是采用防护用具,如防声棉(蜡浸棉花)、耳塞、耳罩、帽盔等;二是采取轮班作业,缩短在强噪声环境中的暴露时间。

8.1.4.2　噪声控制工程技术方法

吸声、隔声、消声等是噪声控制的主要工程技术方法,在对噪声传播的具体情况进行分析后综合应用这些措施,才能达到预期效果。

1. 吸声技术

室内噪声有两个来源。由声源通过空气传来的直达声及由室内各壁面(墙面、顶棚、地面以及其他设备)经多次反射而来的反射声,即混响声。由于混响声的叠加作用,能使声音强度提高约 10dB。在房间的内壁及空间装设吸声结构,当声波投射到这些结构表面后,部分声能被吸收,就能使反射声减少,总的声音强度也就降低。这种利用吸声材料和吸声结构来吸收反射声,降低室内噪声的技术,称为吸声技术。

(1) 多孔性吸声材料。

具有连续气泡的多孔性材料的吸声效果较好,是应用最普遍的吸声材料。其吸声原理为:当声波入射到多孔材料表面时,可以进入细孔中去,引起孔隙内的空气和材料振动,空气的摩擦和黏滞作用使声能转变成热能,消耗一部分声能,从而使声波衰减。即使有一部分声能透过材料到达壁面,也会在反射时再次经过吸声材料,声能又一次被吸收。

多孔性吸声材料分纤维型、泡沫型和颗粒型三种类型。纤维型吸声材料有玻璃纤维、矿渣棉、毛毡、甘蔗纤维、超细玻璃棉、植物纤维、木质纤维等。泡沫型吸声材料有聚氨基甲醋酸泡沫塑料、泡沫橡胶等。颗粒型吸声材料有膨胀珍珠岩和微孔吸声砖等。

(2) 吸声结构。

多孔吸声材料对高频声有较好的吸声能力,但对低频声的吸声能力较差。为了解决低频声的吸收问题,在实践中人们利用共振原理制成了一些吸声结构。常用的吸声结构有穿孔板共振吸声结构、薄板共振吸声结构和微穿孔板共振吸声结构。

① 穿孔板共振吸声结构。

在薄板(钢板、铝板、胶合板、塑料板等)上打上小孔,在板后与刚性壁之间留一定深度的空腔就组成了穿孔板共振吸声结构,分为单孔共振吸声结构和多孔共振吸声结构。

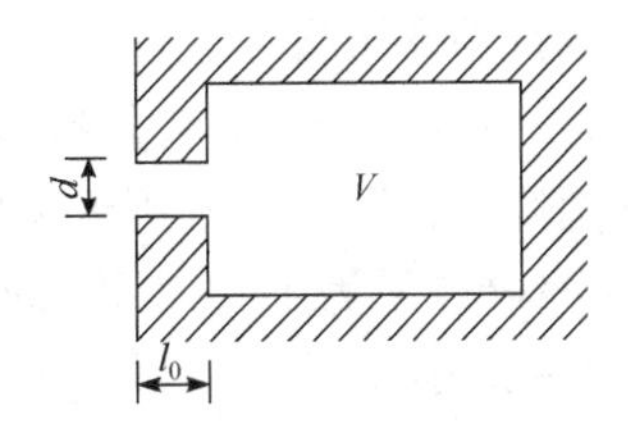

图 8-1　单孔共振器结构

单孔共振吸声结构如图 8-1 所示,它是由腔体和颈口组成的共振结构,腔体通过颈部与大气相通。腔体体积为 V,颈口颈长为 l_0,颈口直径为 d。

在声波作用下，孔颈中的空气柱像活塞一样做往复运动，由于摩擦作用，使部分声能转化为热能消耗，达到吸声作用。当入射声波的频率与共振器的固有频率一致时，会产生共振现象，声能将得到最大的吸收。单孔共振吸声结构只对共振频率附近的声波有较好吸收，因此吸声频带很窄。

多孔共振吸声结构可看作由多个单孔共振腔并联而成。多孔共振吸声结构对频率的选择性很强，吸声频带比较窄，主要用于吸收低、中频噪声的峰值。

② 薄板共振吸声结构。

把不穿孔的薄板(金属板、胶合板、塑料板等)固定在框架上，板后留有一定厚度的空气层，就构成了薄板共振吸声结构(图 8-2)。

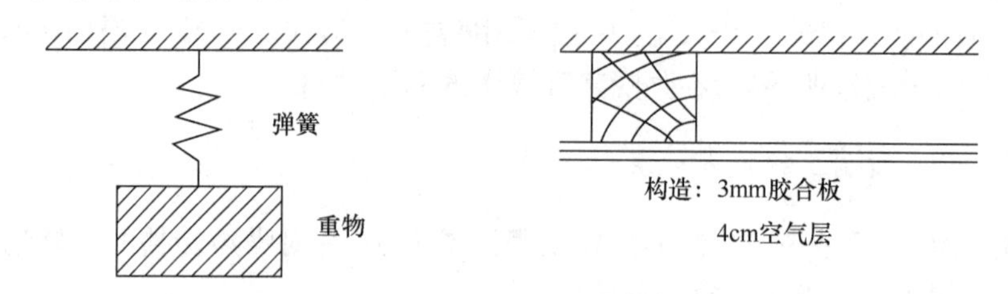

图 8-2 薄板共振吸声结构

薄板相当于质量块，板后的空气层相当于弹簧。当声波作用于薄板时，引起薄板的弯曲振动。由于薄板和固定支点之间的摩擦和薄板内部摩擦损耗，使振动的动能转化为热能损耗，使声能衰减。当入射声波的频率与薄板共振吸声结构的固有频率一致时，振动系统会发生共振，声能将获得最大的吸收。

薄板共振吸声结构对低频声音有良好的吸收性能。在薄板与龙骨交接处放置一些柔软材料或衬垫一些多孔材料，吸声效果将明显提高。将不同腔深的薄板组合使用，可以提高吸声频带。

③ 微穿孔板共振吸声结构。

微穿孔板共振吸声结构是一种板厚及孔径均为 1nm 以下，穿孔率为 1%～3%的金属穿孔板与板后空腔组成的吸声结构。为达到更宽频带的吸收，常作成双层或多层的组合结构。

微穿孔板共振吸声结构有较宽的吸声频带，不需使用多孔材料，适用于高温、潮湿和易腐蚀的场合，用于控制气流噪声。但缺点是制造工艺复杂，成本较高，容易堵塞。

2. 隔声技术

隔声是噪声控制工程中常用的一种技术措施，它利用墙体、各种板材及构件作为屏蔽物或利用围护结构把噪声控制在一定范围之内，使噪声在空气中的传播受阻而不能顺利通过，从而达到降低噪声的目的。

常见的隔声结构包括隔声罩、隔声间、隔声屏及组合隔声墙(隔声门、窗)。

(1) 隔声罩。

将噪声较大的装置封闭起来，有效地阻隔噪声向周围环境辐射的罩形结构，称为隔声罩(图 8-3)。隔声罩常用于风机、空压机、柴油机、鼓风机等强噪声机械的降噪。活动密封型隔声罩降噪量为 15～30dB，固定密封型隔声罩降噪量为 30～40dB，局部开敞型隔声罩降噪量为 10～20dB，带有通风散热消声器的隔声罩降噪量为 15～25dB。

(2) 隔声间。

由不同隔声构件组成的具有良好隔声性能的房间称为隔声间。可以将多个强声源置于上

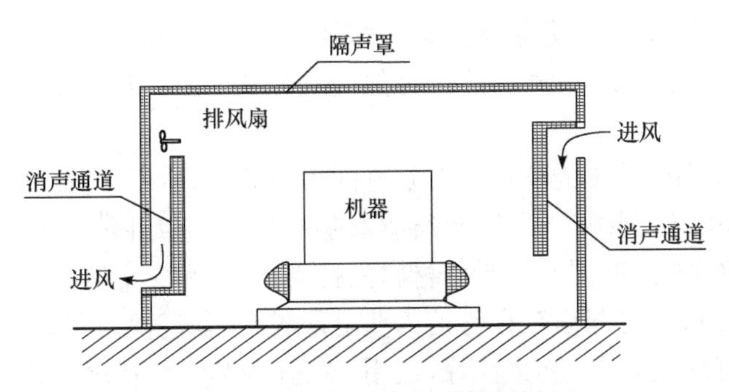

图 8-3　带进排风消声通道的隔声罩

述小房间中，以保护周围环境，或者供操作人员进行生产控制、监督、观察、休息之用。

(3) 隔声屏。

在声源与接收点之间设置障板，阻断声波的直接传播，以降低噪声，这样的结构称为声屏障或隔声屏(帘)。隔声屏应用的原理如光照射一样，当声波遇到一个阻挡的障板时，会发生反射，并从屏障上端绕射，于是在障板另一面会形成一定范围的声影区，声影区的噪声相对小些，可以达到利用屏障降噪的目的。

高频噪声波长短，绕射能力差，因此隔声屏对高频噪声有较显著的隔声能力。合理设计声屏位置、高度、长度，可使噪声衰减 7～24dB。根据材质隔声屏可分为全金属隔声屏、全玻璃钢隔声屏、耐力板全透明隔声屏、高强水泥隔声屏、水泥木屑隔声屏等。隔声屏目前主要应用在城市高架路、穿过城市的铁路、高速公路通过居民文教区段等。

3. 消声技术

许多机械设备的进、排气管道和通风管道都会产生强烈的空气动力性噪声，而消声器是防治这种噪声的主要装置，它既阻止声音向外传播，又允许气流通过，装在设备的气流通道上，可使该设备本身发出的噪声和管道中的空气动力性噪声降低。

消声器的类型有阻性消声器、抗性消声器、阻抗复合式消声器、微穿孔板消声器、小孔消声器等。

(1) 阻性消声器。

把吸声材料固定在气流通过的管道周壁，或按一定方式在通道中排列起来，利用吸声材料的吸声作用，使沿通道传播的噪声不断被吸收而逐渐衰减，就构成了阻性消声器。图 8-4 为阻性消声器的结构。

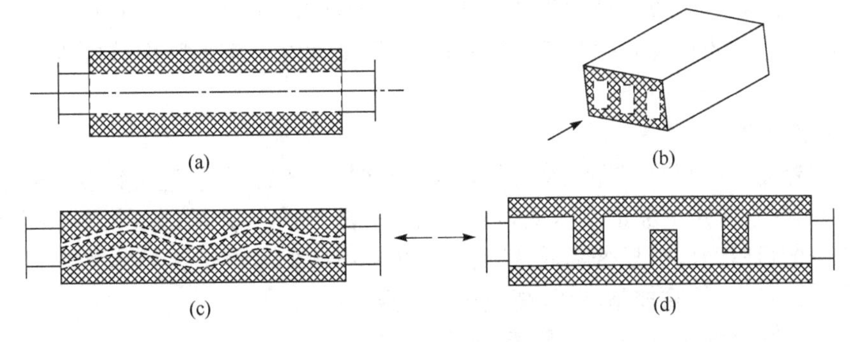

图 8-4　阻性消声器结构

(a)管式消声器；(b) 片式消声器；(c) 蜂窝式消声器；(d) 折板式消声器

当声波进入消声器，便引起阻性消声器内多孔材料孔隙中的空气和纤维振动，由于摩擦阻力和黏滞阻力的作用，使一部分声能转化为热能而散失，通过消声器的声波减弱，起到消声作用。

阻性消声器对中高频范围的噪声具有较好的消声效果，适用于消除气体流速不大的风机、燃气轮机等进气噪声，不适用于对吸声材料有影响的环境。阻性消声器的消声量与消声器的形式、长度、通道截面积有关，同时与吸声材料的种类、密度和厚度等因素也有关。

管式消声器是把吸声材料固定在管道内壁上形成的，有直管式和弯管式，通道为圆形或矩形。管式消声器加工简易，空气动力性好，适用于气体流量小的情况。片式消声器是由一排平行的消声片组成，每个通道相当于一个矩形消声器。通道宽度越小，消声量越大。片式消声器对中高频噪声消声效果好。蜂窝式消声器由许多平行管式消声器并联而成，对中高频噪声消声效果好，适用于控制大型鼓风机的气流噪声。折板式消声器把消声片做成弯折状，声波在消声器内往复多次反射，增加噪声与吸声材料的接触机会，使消声效果得到提高。但折板式消声器的阻力损失大，适用于压力和噪声较高的噪声设备。

(2) 抗性消声器。

抗性消声器不使用吸声材料，而是在管道上接截面积突变的管段或旁接共振腔，使某些频率的声波在声阻抗突变的界面发生反射、干涉等现象，从而在消声器的外测，达到了消声的目的。抗性消声器主要有扩张室式和共振腔式两种，适用于消除低、中频噪声。

(3) 阻抗复合消声器。

把阻性与抗性两种消声结构按照一定方式组合起来(阻抗结构的并联或串联结构)而构成的消声器如图 8-5 所示。总消声量可定性地认为阻性和抗性在同一频带的消声值的叠加。一般阻抗复合消声器的抗性在前，阻性在后，即先消低频声，然后消高频声。阻抗复合消声器可以在低、中、高的宽广频率范围内获得较好的消声效果。

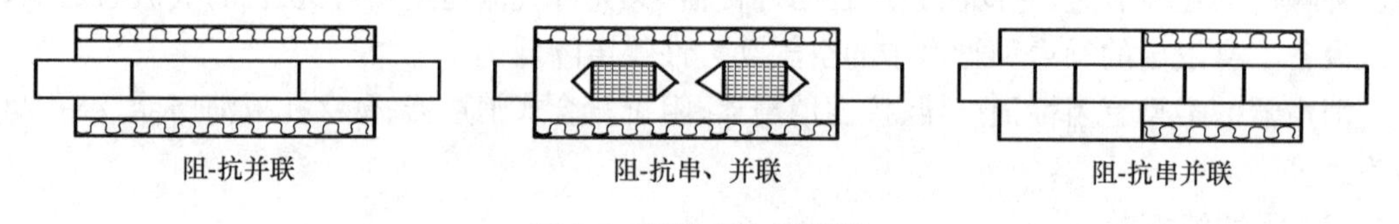

图 8-5 阻抗复合消声器

(4) 微穿孔板消声器。

微穿孔板消声器不采用任何多孔吸声材料，而是在薄金属板上钻许多微孔，由于微穿孔板的孔径很小，声阻很大，可以有效地消耗声能，起到吸声作用，因此可作为阻性消声器处理。通过选择微穿孔板上的不同穿孔率与板后的不同腔深，能够在较宽的频率范围内获得良好的吸声效果。

(5) 小孔消声器。

小孔消声器是一根直径与排气管直径相等，末端封闭的管子，管壁上钻有很多小孔。当气流经过小孔时，喷气噪声的频谱就从低频移向高频范围(喷气噪声的峰值频率与喷口直径成反比)，使频谱中的可听声成分显著降低，从而使干扰噪声减少。小孔消声器具有体积小、质量轻和消声能力大的特点，用来控制高压、高速排气放空噪声。

4. 降噪技术应用实例——汽车噪声控制

汽车噪声对环境的影响可以分成两个方面：一方面是对车内乘客和驾驶员的影响——车内噪声，另一方面是对车外环境的影响——交通噪声。

(1) 吸声技术应用。

针对汽车最主要噪声源——发动机产生的噪声，最常用的降噪措施是采用多孔性吸声材料进行声学处理，对中、高频噪声有很好的消除作用。这类材料种类很多，有玻璃棉、岩棉、矿棉等。形状有纤维状、颗粒状和泡沫塑料等。一般是以玻璃纤维和毛毡类为基体，用非织物进行表面处理，其后设成空气层结构，通过热压成型。通常安装在发动机罩内侧和前隔板的发动机侧。车内的吸声，则利用具有良好吸声性能的装饰材料，如地毯、车顶内衬、座椅面料、门内板等。

(2) 隔声技术应用。

发动机罩是一种典型的隔声罩。汽车驾驶室和客车车厢都属于隔声室这类隔声装置。此外，在使用过程中要注意进、排气系统的紧固和接头的密封状况，以减小表面辐射噪声和漏气噪声。车内进行密封可以更好地隔断噪声的传入，降低车内噪声。特别需要关注车门、窗、地板、前隔板、行李箱等部位的密封。通常采用胶条密封，不但可以隔音降噪，而且还能防止雨水的浸入。采用双层胶条的结构形式密封效果更佳。

(3) 消声技术应用。

降低发动机的进、排气噪声，最有效的方法是采用进、排气消声器。进气消声器与空气滤清器结合起来就成为最有效的消声器。

(4) 减振技术应用。

对于金属薄板振动辐射的噪声，常采用阻尼降噪技术。在汽车的减振保护与控制中较广泛采用附加阻尼结构，如粘贴弹性阻尼材料、阻尼橡胶、阻尼塑料等。

5. 噪声控制方法展望

(1) 注重吸声、隔声材料及产品的研究和开发。

要大力发展噪声控制技术，其中吸声材料是噪声控制中的基本材料。长期以来，人们大量使用纤维性吸声材料，有的材料因纤维被呼吸到肺中，对人体有害；有些场合(如食品、医药工业)则根本不能用；有的材料则不具备防火性能，或虽阻燃，但遇火会散发有害气体。因此，社会需要环保型、安全型的吸声材料，或者称之为无二次污染材料、非纤维吸声材料。

微孔板是理想的环保型、安全型吸声材料。应继续从理论、微孔板材料、结构、加工工艺及具体应用等多个方面进行分析研究。除此之外，还可以对在其他行业应用的一些材料加以改进，使其成为环保型、安全型吸声材料，如将不锈钢纤维、金属烧结毡网多孔材料开发为吸声材料等。

随着我国城市对人居环境的要求不断提高，各种各样的新型隔声、吸声材料将应用于高效隔声窗及通风隔声窗的产品开发。

(2) 提高消声器的性能。

为保证使用集中式空调时不污染声环境，就必须安装消声器。因此，改进传统空调消声器的材料和结构，进一步提高其消声性能，是摆在噪声与振动控制行业面前的又一新任务。

(3) 高隔声性能轻质隔墙的研制。

传统住宅的内墙是采用砖墙，隔声性能较好。近年来，由于砖墙的禁止使用，不得不用轻质隔墙代替，可是其隔声性能总不尽如人意。噪声与振动控制行业要从开发新材料、新型隔声结构入手，尽快解决这一问题。

(4) 利用绿化控制噪声。

城市绿化不仅美化环境，净化空气，同时在一定条件下，对减少噪声污染也是一项不可忽视的措施。绿化带可以控制噪声在声源和接收者之间的空间自由传播，能增加噪声衰减量。绿化带吸声效果是由林带的宽度、种植结构、树木的组成等因素决定的。为提高降噪效果，绿化带需要密集栽植，高大乔木树冠下的空间植满浓密灌木。研究表明，绿化带的存在，对降低人们对噪声的主观烦恼度有一定的积极作用。

(5) 有源降噪技术前景广阔。

有源降噪技术是利用电子线路和扩声设备产生与噪声的相位相反的声音——反声，来抵消原有的噪声而达到降噪目的的技术，又称为反声技术。有源降噪技术和利用吸声材料将声能转变为热能的降噪技术相比，其原理截然不同。可以针对各类噪声和振动的特殊条件和专门要求，提供新的有效控制方法，特别适于解决低频噪声和振动的控制难题。

有源降噪系统在理想的条件下能达到降噪效果，但环境噪声频率的成分很复杂且强度随时间起伏，往往在某些频段和位置上的噪声被抵消，而在另外一些频段和位置上却有所增加，难以达到理想的效果，这也将成为我国噪声与振动控制研究的一个前景十分广阔的方向。

8.2　电磁辐射污染及其防治

人类探索电磁辐射的利用始于 1831 年英国科学家法拉第发现电磁感应现象。如今，电磁辐射的利用已经深入到人类生产、生活的各个方面，无线电广播、电视、无线通信、卫星通信、无线电导航、雷达、手机、家庭计算机与因特网使你能得知地球各个角落发生的新闻要事，使人类的活动空间得以充分延伸，超越了国家、乃至地球的界限；微波加热与干燥、短波与微波治疗、高压、超高压输电网、变电站、电热毯、微波炉使我们享受着生活的便捷。然而这一切却使地球上各式各样的电磁波充斥了人类生活的空间。不同波长和频率的电磁波无色无味、看不见、摸不着、穿透力强，令人防不胜防，它悄悄地侵蚀着我们的躯体，影响着我们的健康，引发了各种社会文明病。电磁污染已成为当今危害人类健康的致病源之一。

8.2.1　电磁辐射源及其危害

1. 电磁辐射源

电磁辐射源主要包括两大类，即天然电磁辐射源和人为电磁辐射源。

(1) 天然电磁辐射源。

天然电磁辐射源最常见的是雷电，除了可能对电器设备、飞机、建筑物等直接造成危害外，而且会在广大地区从几千赫兹到几百兆赫兹以上的极宽频率范围内产生严重电磁干扰。火山爆发、地震和太阳黑子活动引起的磁暴等都会产生电磁干扰。天然的电磁污染对短波通信的干扰特别严重。

(2) 人为电磁辐射源。

人为电磁辐射源产生于人工制造的若干系统、电子设备与电气装置，主要来自广播、电视、雷达、通信基站及电磁能在工业、科学、医疗和生活中的应用设备。人为电磁辐射源按频率不同又可分为工频场源和射频场源。工频杂波场源中，以大功率输电线路所产生的电磁污染为主，同时也包括若干种放电型场源。射频场源主要是无线电设备或射频设备工作中产生的电磁感应与电磁辐射。射频场源是目前电磁辐射污染环境的重要因素。人为电磁辐射污染源见表 8-3。

表8-3　人为电磁辐射污染源分类表

分类		设备名称	污染来源与部件
放电所致场源	电晕放电	电力线(送配电线)	由于高电压、大电流而引起静电感应、电磁感应、大地泄漏电流所造成
	辉光放电	放电管	白光灯、高压水银灯及其他放电管
	弧光放电	开关、电气铁道、放电管	点火系统、发电机、整流装置
	火花放电	电气设备、发动机、冷藏车、汽车	整流器、发电机、放电管、点火系统
工频感应场源		大功率输电线、电气设备、电气铁道	高电压、大电流的电力线场、电气设备
射频感应场源		无线电发射机、雷达	广播、电视的发射系统
		高频加热设备、热合机、微波干燥机	工业用射频利用设备的工作电路与振荡系统
		理疗机、治疗机	医学用射频利用设备的工作电路与振荡系统
家用电器		微波炉、计算机、电磁炉、电热毯	功率源为主
移动通信设备		手机、对讲机等	天线为主

2. 电磁辐射的危害

电磁辐射是电场和磁场周期性变化产生波动,电磁波以光速在空气中(或其他介质中)传播能量的物理现象。形象地比喻就像平日里把一块石头丢进了一个平静的水面,马上就会看到水面泛起层层波浪。波浪越扩越大,最后逐渐消失。电磁辐射污染又称电子雾污染、电磁波污染,是指人类使用产生电磁辐射的器具而泄漏的电磁能量流传播到室内外空间中,其量超出环境本底值,其性质、频率、强度和持续时间等综合影响引起周围受辐射影响人群的不适感,使人群健康和生态环境受到损害的现象。

电磁辐射污染的危害主要表现在以下几个方面。

(1) 对人体健康产生的影响和危害。

人类一直生活在一个存在着电磁辐射的环境之中,因此,在长期的进化过程中,人类已经能够和外部的电磁辐射环境在一定程度上相适应。但是,在超出人体的适应调节范围以后,就会对人体造成伤害。但人体的不同部分对辐射的敏感程度是不一样的,也就是说,在同样的辐射环境下,身体的不同部分受到的伤害是不一样的。电磁辐射可使人出现头昏脑涨、失眠多梦、记忆力减退等症状。电磁辐射对于人的心血管系统的危害主要表现为心悸、失眠、心动过缓、血压下降、白细胞减少、免疫力下降。这种影响一般认为主要是通过影响人的神经系统从而导致心血管系统的不良反应。高强度电磁辐射还可使人眼中的组织受到损伤,导致视力减退乃至完全丧失。大量试验研究表明:电磁辐射以多种方式影响生命细胞。Hardell L 等认为,极低频电磁场(ELF-EMF)与白血病(尤其是儿童白血病)、乳腺癌、皮肤恶性黑色素癌、神经系统肿瘤等有关。此外,电磁辐射对人体内分泌系统、免疫系统、骨髓造血系统均有不同程度的影响。

当然,电磁辐射对人体的健康危害还与辐射源、周围环境及受体差异有关。其中辐射源主要涉及频率(波长)、电磁场强度、波形、与辐射源的距离、照射时间与累计频次等。波长对人体健康的影响见表8-4。

表 8-4 微波对生物作用的主要效应

频率/kHz	波长/cm	受影响的主要器官	主要的生物效应
<100	>300		穿透不受影响
150～1 200	200～15	体内各器官	过热时引起各器官损伤
1 000～3 000	30～10	眼睛晶状体和睾丸	组织加热显著，眼睛晶状体混浊
3 000～10 000	10～3	表皮和眼睛晶状体	伴有温热感的皮肤加热，白内障患病率增高
>10 000	<8	皮肤	表皮反射，部分吸收而发热

(2) 电磁辐射对机械设备的危害。

电磁辐射对电气设备、飞机和建筑物等可能造成直接破坏。当飞机在空中飞行时，如果通信和导航系统受到电磁干扰，就会同基地失去联系，可能造成飞机事故；当舰船上使用的通信、导航或遇险呼救频率受到电磁干扰，就会影响航海安全；有的电磁波还会对有线电设施产生干扰而引起铁路信号的失误动作、交通指挥灯的失控、电子计算机的差错和自动化工厂操作的失灵，甚至还可能使民航系统的警报被拉响而发出加警报；在纵横交错、蛛网密布的高压线网、电视发射台、转播台等附近的家庭，电视机会被严重干扰。

(3) 电磁辐射对安全的危害。

电磁辐射会引燃引爆，特别是高场强作用下引起火花儿导致可燃性油类、气体和武器弹药的燃烧与爆炸事故。

8.2.2 电磁辐射污染的防治

电磁辐射污染的防治方法主要包括控制源头的屏蔽技术、控制传播途径的吸收技术和保护受体的个人防护技术。

1. 屏蔽技术

为了防止电磁辐射对周围环境的影响，必须将电磁辐射的强度减少到容许的程度，屏蔽是最常用的有效技术。屏蔽分为两类：一是将污染源屏蔽起来，称为主动场屏蔽；另一种称为被动场屏蔽，是将指定的空间范围、设备或人屏蔽起来，使其不受周围电磁辐射的干扰。

目前，电磁屏蔽多采用金属板或金属网等导电性材料，做成封闭式的壳体将电磁辐射源罩起来。在电磁屏蔽过程中有三方面的作用：①屏蔽金属板的吸收作用，这是由于金属厚壁在电磁能的作用下产生涡流造成热损失，消耗了电磁能，起到了减弱电磁能辐射的作用。②由于电磁能从屏蔽金属表面反射而引起的反射损耗。这种反射作用是由于制造屏蔽所用金属材料与它们四周介质的波特性有差异造成的，差异越大，屏效越高。③电磁波在屏蔽金属内部会产生反射波，也会造成电磁能的损耗，称为屏蔽金属内部的反射损耗。

2. 接地技术

接地技术有射频接地和高频接地两类。射频接地是指能够将射频场源屏蔽体或屏蔽部件内由于感应生成的射频电流迅速导入大地，形成等电势分布，从而使屏蔽体本身不致成为射频辐射的二次场源，是实践中常用的一种方法。接地系统包括接地线、接地极。其结构如图 8-6 所示。

对射频接地系统要求如下：

(1) 由于射频电流的趋肤效应和为了及时地将屏蔽体上所感应的电荷迅速导入大地，屏蔽体的接地系统表面积要足够大。

(2) 接地线要尽可能的短，以保证接地系统具有相当低的阻抗。

(3) 接地线应避开 1/4 波长的奇数倍，以保证接地系统的高效能。

(4) 接地板设计合理，导流面积相当，埋置深度妥当。

(5) 无论接地物为何种方式，要求有足够厚度，以维持一定机械强度和耐腐蚀。

(6) 为了有效导流，一般要求接地极立埋，即将 $2m^2$ 的铜板埋于地下土壤中，并将接地线良好地连接在接地铜板上。

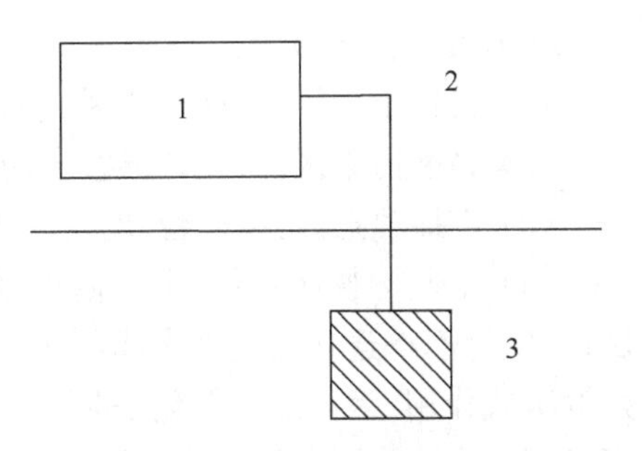

图 8-6　接地系统结构组成

1. 射频设备；2. 接地线；3. 接地板

高频接地是设备屏蔽体和大地之间，或者与大地上可以看作公共点的某些构件之间，采用低电阻导体连接起来，形成电流通路，使屏蔽系统与大地之间形成一个等电势分布。

屏蔽体直接接地的作用效果有随频率增高而降低的趋势。在频率增高时，接地回路的阻抗匹配与谐振问题越明显，可通过调整接地回路的电容量大小达到阻抗匹配的目的，从而保证高效屏蔽性能。

3. 线路滤波

线路滤波是通过滤波器截止线路上的杂波信号，保证有用信号正常传输的途径。滤波器的安装准则如下：

(1) 每根进入屏蔽室内电源线均必须装有滤波器。为最大限度地减少滤波器的接入数量，要求合理地设计电源线系统，使进入屏蔽室内的引入线为最少。

(2) 各种电源系统的滤波器应当分别进行屏蔽，屏蔽妥善接地。

(3) 为避免滤波器置于强电磁场中，原则上应将滤波器的主要部分放于弱场的地方。

(4) 对于滤波器输入端与输出端形成的杂散耦合，应当采用将滤波器两端分别置于屏蔽室内外的办法进行防治。

(5) 电源线一般置于滤波器的两端，应装在金属导管中。

(6) 滤波器的屏蔽壳体应在最短距离内良好接地。

(7) 电源线必须垂直引入滤波器的输入端，以减少电源线上的干扰电压和屏蔽壳体的耦合。

(8) 一般情况下，可将电源线中的零线接到屏蔽室的接地芯柱上，将火线通过滤波器引入屏蔽室内。

4. 吸收防护

采用吸收电磁辐射能量的材料进行防护是降低电磁辐射的一项有效的措施。能吸收电磁辐射能量的材料种类很多，如铁粉、石墨、木材和水等，以及各种塑料、橡胶、胶木、陶瓷等。吸收防护就是利用吸收材料对电磁辐能量有一定的吸收作用，从而使电磁波能量得到衰减，达到防护的目的。吸收防护主要用于微波频段，不同的材料对微波能量均有不同的微波吸收效果。

5. 区域控制及绿化

对于工业集中城市，特别是电子工业集中城市或电气、电子设备密集使用地区，可以将电磁辐射源相对集中在某一区域，使其远离一般工作区或居民区，并对这样的区域设置安全隔离带，从而在较大的区域范围内控制电磁辐射的危害。

区域控制大体分为四类。

(1) 自然干净区:在这样的区域内要求基本上不设置任何电磁设备。

(2) 轻度污染区:只允许某些小功率设备存在。

(3) 广播辐射区:指电台、电视台附近区域,因其辐射较强,一般应设在郊区。

(4) 工业干扰区:属于不严格控制辐射强度的区域,对这样的区域要设置安全隔离带,厂房、住宅等不得建在隔离带内,隔离带内要采取绿化措施。由于绿色植物对电磁辐射能具有较好的吸收作用,因此加强绿化是防治电磁污染的有效措施之一。依据上述区域的划分标准,合理进行城市、工业等的布局,可以减少电磁辐射对环境的污染。

6. 个人防护

个人防护的对象是个体的微波作业人员,当工作需要操作人员必须进入微波辐射源的近场区作业时,或因某些原因不能对辐射源采取有效的屏蔽、吸收等措施时,必须采取个人防护措施,以保护作业人员安全。个人防护措施主要有穿防护服、戴防护头盔和防护眼镜等。这些个人防护装备同样也是应用了屏蔽、吸收等原理,用相应材料制成的。

8.3 放射性污染及其防治

自从1895年发现X射线和1898年居里夫妇发现镭元素后,原子能科学飞速发展。1942年12月,美国科学家首次实现了铀的链式核裂变反应,标志着人类"原子时代"的开端。此后,人们在不断发展核工业进行核试验的同时,对于放射性污染的研究也不断深入。在核工业迅速发展的同时也带来了放射性污染方面的问题。

8.3.1 放射性污染源

环境中的放射性具有天然和人工两个来源。

1. 天然放射性的来源

环境中天然放射性的主要来源有:宇宙射线和地球固有元素的放射性。人和生物在其漫长的进化过程中,经受并适应了来自天然存在的各种电离辐射,只要天然辐射剂量不超过这个本底,就不会对人类和生物体构成危害。

2. 人工放射性污染源

放射污染的人工污染源主要来自以下几个方面(图8-7)。

(1) 核爆炸的沉淀物。

在大气层进行核试验时,爆炸高温体放射性核素变为气态物质,伴随着爆炸时产生的大量赤热气体,蒸气携带着弹壳碎片、地面物升上天空。在上升过程中,随着与空气的不断混合、温度的逐渐降低,气态物即凝聚成粒或附着在其他尘粒上,并随着蘑菇状烟云扩散,最后这些颗粒都要回落到地面。沉降下来的颗粒带有放射性,称为放射性沉淀物(或沉降灰)。这些放射性沉降物除落到爆炸区附近外,还可随风扩散到广泛的地区,造成对地表、海洋、人体及动植物的污染。细小的放射性颗粒甚至可到达平流层并随大气环流流动,经很长时间(甚至几年)才能回落到对流层,造成全球性污染。即使是地下核试验,由于"冒顶"或其他事故,仍可造成如上的污染。另外,放射性核素都有半衰期,这些污染在其未完全衰变之前,污染作用不会消失。其中核试验时产生的危害较大的物质有^{90}锶、^{137}铯、^{131}碘和^{14}碳。核试验造成的全球性污染比其他原因造成的污染重得多,因此是地球上放射性污染的主要来源。随着在大气层进行核试

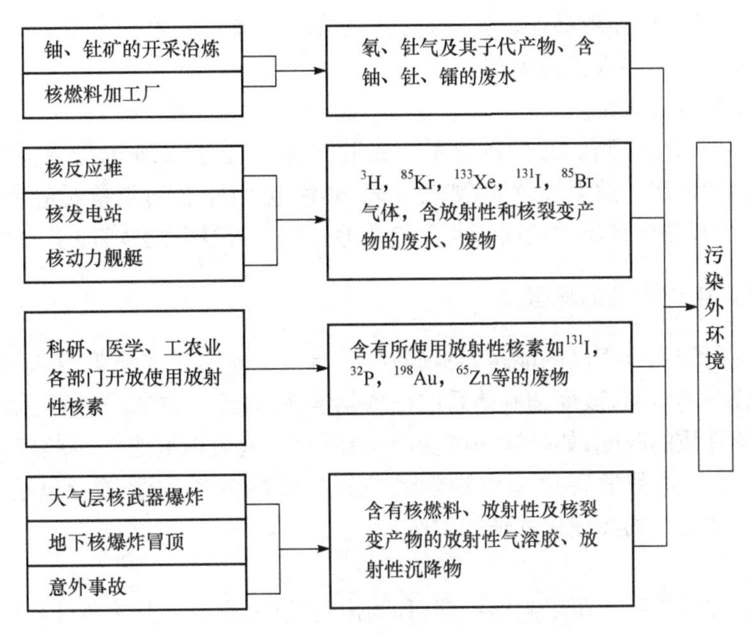

图 8-7　环境放射性污染物的主要来源

验的次数的减少，由此引起的放射性污染也将逐渐减少。

(2) 核工业过程的排放物。

核能应用于动力工业，构成了核工业的主体。核工业的废水、废气、废渣的排放是造成环境放射性污染的一个重要原因。核燃料的生产、使用及回收形成了核燃料的循环，在这个循环过程中的每一个环节都会排放种类、数量不同的放射性污染物，对环境造成程度不同的污染。

① 核燃料生产过程。包括铀矿的开采、冶炼、精制与加工过程。在这个过程中，排放的污染物主要有开采过程中产生的含有氡及氡的子体及放射性粉尘的废气；含有铀、镭、氡等放射性物质的废水；在冶炼过程中产生的低水平放射性废液及含镭、钍等多种放射性物质的固体废物；在加工、精制过程中产生的含镭、铀等的废液及含有化学烟雾和铀粒的废气等。

② 核反应堆运行过程。反应堆包括生产性反应堆及核电站反应堆等。在这个过程中产生了大量裂变产物，一般情况下裂变产物是被封闭在燃料元件盒内。因此正常运转时，反应堆排放的废水中主要污染物是被中子活化后所生成的放射性物质，排放的废气中主要污染物是裂变产物及中子活化产物。

③ 核燃料后处理过程。核燃料经使用后运到核燃料后处理厂，经化学处理后提取铀和钚循环使用。在此过程排出的废气中含有裂变产物，而排出的废水既有放射强度较低的废水，也有放射强度较高的废水，其中包含有半衰期长、毒性大的核素。因此燃料后处理过程是燃料循环中最重要的污染源。

对整个核工业来说，在放射性废物的处理设施不断完善的情况下，处理设施正常运行时，对环境不会造成严重污染。严重的污染往往是由事故造成的。例如，1986 年苏联的切尔诺贝利核电站的爆炸泄漏事故。因此减少事故排放对减少环境的放射性污染将是十分重要的。

(3) 医疗照射引起的放射性。

随着现代医学的发展，辐射作为诊断、治疗的手段越来越广泛应用，且医用辐射设备增多，诊治范围扩大。辐射方式除外照射方式外，还发展了内照射方式，如诊治肺癌等疾病，就采用内照射方式，使射线集中照射病灶。但同时这也增加了操作人员和患者受到的辐照，因此医用射线已成为环境中的主要人工污染源。

(4) 其他方面的污染源。

某些用于控制、分析、测试的设备使用了放射性物质，会对职业操作人员产生辐射危害。某些生活消费品中使用了放射性物质，如夜光表、彩色电视机，会对消费者造成放射性污染；某些建筑材料如含铀、镭含量高的花岗岩和钢渣砖等，它们的使用也会增加室内的放射性污染。

8.3.2 放射性污染对人类的危害

由于放射性射线具有很高的能量，对物质原子具有电子激发和电离效应，因此，核辐照会引起细胞内水分子的电离，改变细胞体系的物理化学性质，这一改变将引起生命高分子——蛋白质与核酸化学性质的改变；如果这一改变进一步积累，就会造成组织、器官甚至个体水平的病变，放射性污染的这种危害称为生物学效应。放射性的生物学效应包括有机体自身损害——躯体效应和遗传物质变化的遗传效应。

1. 躯体效应

人体受到射线过量照射所引起的疾病，称为放射性病，它可以分为急性和慢性两种。

急性放射性病是由大剂量的急性辐射所引起，只有由于意外放射性事故或核爆炸时才可能发生。例如，1945 年，在日本长崎和广岛的原子弹爆炸中，就曾多次观察到，患者在原子弹爆炸后 1h 内就出现恶心、呕吐、精神萎靡、头晕、全身衰弱等症状。经过一个潜伏期后，再次出现上述症状，同时伴有出血、毛发脱落和血液成分严重改变等现象；严重的造成死亡。急性放射性病还有潜在的危险，会留下后遗症，而且有的患者会把生理病变遗传给子孙后代。另外，急性辐照也会具有晚期效应。通过对广岛的长崎原子弹爆炸幸存者、接受辐射治疗的患者以及职业受照人群(如铀矿工人的肺癌发病率高)的详细调查和分析，证明辐射有诱发癌的能力。受到放射照射到出现癌症通常有 5～30 年潜伏期。

慢性放射性病是多次照射、长期积累的结果。全身的慢性放射性病，通常与血液病相联系，如白细胞减少、白血病等。局部的慢性放射性病，如当手部受到多次照射损伤时，指甲周围的皮肤会呈现红色，并且发亮，同时，指甲变脆、变形、手指皮肤光滑、失去指纹、手指无感觉，随后发生溃烂。

2. 遗传效应

辐射的遗传效应是由于生殖细胞受损伤，而生殖细胞是具有遗传性的细胞。染色体是生物遗传变异的物质基础，由蛋白质和 DNA 组成；DNA 有修复损伤和复制自己的能力，许多决定遗传信息的基因定位在 DNA 分子的不同区段上。电离辐射的作用使 DNA 分子损伤，如果是生殖细胞中 DNA 受到损伤，并把这种损伤传给子孙后代，后代身上就可能出现某种程度的遗传疾病。

8.3.3 放射性污染的控制

加强对放射性物质的管理是控制放射性污染的必要措施。

从技术控制手段来讲，放射性废物中的放射性物质，采用一般的物理、化学及生物的方法都不能将其消灭或破坏，只有通过放射性核素的自身衰变才能使放射性衰减到一定的水平，而许多放射性元素的半衰期十分长，并且衰变的产物又是新的放射性元素，所以放射性废物与其他废物相比在处理和处置上有许多不同之处。

1. 放射性废液的处理

放射性废水的处理方法主要有稀释排放法、放置衰变法、混凝沉降法、离子变换法、蒸发法、沥青固化法、水泥固化法、塑料固化法以及玻璃固化法等。

2. 放射性废气的处理

放射性废气主要由以下各种物质组成:①挥发性反射性物质(如钌和卤素等);②含氚的氢气和水蒸气;③惰性放射性气态物质(如氪、氙等);④表面吸附有放射性物质的气溶胶和微粒。在核设施正常运行时,任何泄漏的放射性废气均可纳入废液中,只是在发生重大事故及以后一段时间,才会有放射性气态物释出。通常情况下,采取预防措施将废气中的大部分放射性物质截留住甚为重要,可选取的废气处理方法有过滤法、吸附法和放置法。

3. 放射性固体废物的处理

放射性固体废物可采用埋藏、煅烧等方法处置。如果是可燃性固体废物则多采用煅烧法。

4. 放射性废物的处置

放射性废物进行处置的总目标是确保废物中的有害物质对人类环境不产生危害。其基本方法是通过天然或人工屏障构成的多重屏障层以实现有害物质同生物圈的有效隔离。根据废物的种类、性质、放射性核素成分和比活度以及外形大小等可分为以下四种处置类型。

(1) 扩散型处置法。此法适用于比活度低于法定限值的放射性废气或废水,在控制条件下向环境排入大气或水体。

(2) 管理型处置法。此法适用于不含铀元素的中、低放射性固体废物的浅地层处置。将废物填埋在距地表有一定深度的土层中,其上面覆盖植被,做出标记牌告。

(3) 隔离型处置法。此法适用于数量少,比活度较高、含长寿命 α 核素的高放射性废物。废物必须置于深地质层或其他长期能与人类生物圈隔离的处所,以待其充分衰减。其工程设施要求严格,需特别防止核素的迁出。

(4) 再利用型处置法。此法适用于极低放射性水平的固体废物。经过前述的去污处理,在不需任何安全防护条件下可加以重复或再生利用。

放射性废物的处置与利用是相当复杂的问题,特别是高放射性废物的最终处置,目前在世界范围内还处于探索与研究中,尚无妥善的解决办法。

8.4 热污染及其防治

8.4.1 热污染及其危害

热污染是指人类活动影响环境不良增温的现象。产生热污染的原因主要有如下几个方面。

(1) 燃料燃烧和工业生产过程所产生的废热向环境的直接排放。

热污染主要来自能源消费。发电、冶金、化工和其他的工业生产,通过燃料燃烧和化学反应等过程产生的热量,一部分转化为产品形式,一部分以废热形式直接排入环境。转化为产品形式的热量,最终也要通过不同的途径释放到环境中。以火力发电为例,在燃料燃烧的能量中,40%转化为电能,12%随烟气排放,48%随冷却水进入水体中。在核电站,能耗的33%转化为电能,其余的67%均变为废热全部转入水中。

由以上数据可以看出,各种生产过程排放的废热大部分转入到水中,使水升温成温热水排出。这些温度较高的水排进水体,形成对水体的热污染。电力工业是排放温热水量最多的行业，据统计，排进水体的热量，有80%来自发电厂。

(2) 温室气体的排放，通过大气温室效应的增强，引起大气增温。

(3) 由于消耗臭氧层物质的排放，破坏了大气臭氧层，导致太阳辐射的增强。

(4) 地表状态的改变，使反射率发生变化，影响了地表和大气间的换热等。

热污染的危害可分为局部性和全球性的。例如，局部热源(废冷却水)排放造成的水体热污染可使水温升高，水中溶解氧降低，造成缺氧现象。水温的升高使水中植物，特别是藻类群落结构发生变化，耐热藻类可存活并大量繁殖，而一些不耐热藻类将会死亡，从而影响水生生态系统。水体生物化学反应由于温度升高而加快，会使污染水中的化学物质对水生生物毒性增大。另外，水中的鱼类及动物，由于水温增加，其繁殖、回游和生存都会受到不良影响，甚至造成鱼类和其他水生动物大量死亡。

全球性的热污染主要是指由于能源使用导致大气成分(主要是温室气体，如二氧化碳等)的改变，从而改变地球的热平衡。当前人类非常关心的世界性环境问题，就是全球变暖问题，全球气候变迁都与上述过程有关。这些问题导致了世界性的气候灾害，如撒哈拉牧区、乌干达等地区持续的干旱，造成大量人畜死亡；尔尼诺现象造成的气候反常，对热带和温带生态系统的摧残；而温室效应导致的冰川融化也会对近海地区人类和生态造成灾难。

8.4.2 热污染防治

人类的生产生活永远离不开热能，随着现代工业的发展和人口的不断增长，环境热污染将日趋严重，人类面临的问题是如何在利用热能的同时减少热污染，这是一个系统问题。解决问题的切入点应放在源头和热污染传播途径上，主要应从以下几方面着手。

(1) 在源头上尽可能开发和利用太阳能、风能、潮汐能、地热能等可再生的清洁能源，可有效地减少 CO_2 的排放量，降低温室效应。既解决了矿物能源的短缺和污染物的排放问题，又是防止和减少热污染的重要途径。特别对取之不尽的太阳能，应投入大量人力和财力进行研究和开发利用。

(2) 改进热能的利用技术，提高热能利用率。通过提高热能利用率，既节约了能量，又可以减少废热的排放。例如，美国的火力发电厂，20世纪60年代时平均热效率为33%，现已提高到40%，使废热排放量降低很多。

(3) 利用温排水冷却技术减少温排水。电力等工业系统的温排水，主要来自工艺系统中的冷却水，对排放后可能造成热污染的这种冷却水，可通过冷却的方法使其降温，降温后的冷水可以回到工业冷却系统中重新使用。冷却方法可用冷却塔冷却，或用冷却池冷却。比较常用的为冷却塔冷却。在塔内，喷淋的温水与空气对流流动，通过散热和部分蒸发达到冷却的目的。应用冷却回用的方法，节约了水资源，又可向水体不排或少排热水。

(4) 废热的综合利用。①利用排放的高温废气预热冷原料气。②利用废热锅炉将冷水或冷空气加热成热水和热气，用于取暖、淋浴、空调加热等。③利用电站温热水进行水产养殖，如国内外均已实验成功用电站温排水养殖非洲鲫鱼。④冬季用温热水灌溉农田，可延长适于作物的种植时间。⑤利用温热水调节港口水域水温，防止港口冻结等。

(5) 加强绿化，增加森林覆盖面积。森林是陆地上生物量最高的生态系统。森林对温度、湿度、蒸发、蒸腾及雨量可起调节作用。绿色植物具有光合作用，可以吸收 CO_2，释放 O_2，还可以产生负离子。植物的蒸腾作用可以释放大量水汽，增加空气湿度，降低气温。林木还可以遮光、吸热、反射长波辐射，降低地表温度。绿色植物对防治热污染有巨大的可持续生态功能。

研究表明，$1hm^2$ 绿地平均每天可从周围环境吸收热量 81.8 MJ，相当于 189 台空调的制冷作用。$1hm^2$ 绿地中园林植物平均每天可以吸收 1.8t CO_2。当绿化覆盖率大于 30%时，城市热岛效应将得到明显的削弱，覆盖率达 50%时削弱作用极其明显，而规模大于 $3hm^2$ 且绿化覆盖率达 60%以上的城市下垫面的气温则与郊区自然下垫面相当。具体措施有：提高城市行道树建设水平，加强机关、学校、小区等的绿化布局，发展城市周边及小区绿化等。

(6)加强监督管理，制定法律、法规和标准，严格限制排放。有关部门应尽快制定水温排放标准，将热污染纳入建设项目的环境影响评价中。同时各地方部门还需加强对受纳水体的热污染管理，对温室气体的排放量加以限制也是防治热污染的一项重要措施。

8.5　光污染及其防治

一谈到环境污染，人们首先会想到水污染、大气污染、噪声污染、固体废物污染等，然而另一种形式的污染也围绕在我们身边，且危害日趋严重，这就是光污染。光在带给我们明亮、美观的同时，也潜伏下了污染的阴影。

8.5.1　光污染及其危害

人类活动造成的过量光辐射对人类生活和生产环境形成不良影响的现象称为光污染。目前对光污染的成因及条件研究得还不充分，因此还不能形成系统的分类及相应的防治措施。一般认为，光污染应包括可见光污染、红外光污染和紫外光污染。

1. 可见光污染

(1) 眩光污染。

人们接触较多的，如电焊时产生的强烈眩光，在无防护情况下会对人的眼睛造成伤害；夜间迎面驶来的汽车头灯的灯光，会使人视物极度不清，造成事故；长期工作在强光条件下，视觉受损；车站、机场、控制室过多闪动的信号灯以及在电视中为渲染舞厅气氛，快速地切换画面，也属于眩光污染，使人视觉不舒服。

(2) 灯光污染。

城市夜间灯光不加控制，使夜空亮度增加，影响天文观测；路灯控制不当或建筑工地安装的聚光灯，照进住宅，会影响居民休息。

(3) 视觉污染。

城市中杂乱的视觉环境，如杂乱的垃圾堆物，乱摆的货摊，五颜六色的广告、招贴等。这是一种特殊形式的光污染。

(4) 其他可见光污染。

如现代城市的商店、写字楼、大厦等，外墙全部用玻璃或反光玻璃装饰，在阳光或强烈灯光照射下，所发出的反光会扰乱驾驶员或行人的视觉，成为交通事故的隐患。

2. 红外光污染

近年来，红外光在军事、科研、工业、卫生等方面应用日益广泛，由此可产生红外线污染。红外线通过高温灼伤人的皮肤，还可透过眼睛角膜对视网膜造成伤害，长期的红外照射可以引起白内障。

3. 紫外光污染

波长为 2500～3100Å 的紫外光，对人具有伤害作用，主要伤害表现为角膜损伤和皮肤的灼伤,并伴有高度畏光、流泪和脸痉挛等症状。

8.5.2 光污染防治

光污染是伴随着工业与城市发展所带来的一种新污染,光污染的防治对策可概述如下。

(1) 在城市中,市政当局除需要限制或禁止在建筑物表面使用隐框玻璃幕墙外,还应完善立法加强灯火管制,避免光污染的产生。

(2) 在工业生产中,对光污染的防护措施包括在有红外线及紫外线产生的工作场所,应适当采取安全办法。例如,采用可移动屏障将操作区围住,以防止非操作者受到有害光源的直接照射等。

(3) 个人防护光污染的最有效的措施是保护眼部和裸露皮肤,勿受光辐射的影响。为此,戴护目镜和保护面罩是十分有效的。

复习与思考

1. 什么是噪声？噪声污染有哪些特征？
2. 你在生活中遇到过何种噪声污染？你感受到的噪声危害表现在哪些方面？
3. 污染城市声环境的噪声源有几类？你所在的城市哪类是主要的噪声源？
4. 噪声控制的基本途径和措施涉及哪三方面？
5. 为什么说噪声源的控制是控制噪声污染的根本途径？如何控制噪声源？
6. 常用的吸声材料有哪些？多孔吸声材料为什么能够吸声？
7. 试述穿孔板共振吸声结构和薄板共振吸声结构的吸声原理。
8. 阻性消声器和抗性消声器的消声原理是什么？
9. 汽车噪声控制应用了哪些降噪技术？
10. 噪声控制方法有哪些展望？
11. 人为电磁辐射源包括哪些类型？其对人体和环境的危害有哪些？
12. 电磁辐射污染的控制方法有哪些？
13. 人工放射性污染源主要来自哪几个方面？其对人体会产生哪些不良效应？
14. 如何控制放射性污染？
15. 热污染是如何产生的,减少热污染的途径和措施有哪些？
16. 光污染包括哪些类型？如何防治光污染？

第 9 章　土壤污染及其修复

人类的生存，一方面受环境的制约；另一方面又在不断地影响和改变着环境。人类通过生产活动从自然界取得各种自然资源和能源，最终再以“三废”的形式排入环境。土壤是一个开放的生态系统，工业“三废”中的污染物质可直接或间接地通过大气的干湿沉降、污水灌溉和固体废弃物的堆放、处理与处置等方式输入到土壤环境中；为了提高农产品的产量，过多地施用化肥、农药以及施用污泥和垃圾等，这些途径都可能使土壤环境遭受污染。

9.1　土壤污染概述

9.1.1　土壤污染的定义

土壤环境中污染物的输入、积累和土壤环境的自净作用是两个相反而又同时进行的对立、统一的过程，在正常情况下，两者处于一定的动态平衡状态。在这种平衡状态下，土壤环境是不会发生污染的。但是，如果人类的各种活动产生的污染物质，通过各种途径输入土壤(包括施入土壤的肥料、农药)，其数量和速度超过了土壤环境自净作用的速度，打破了污染物在土壤环境中的自然动态平衡，使污染物的积累过程占据优势，可导致土壤环境正常功能的失调和土壤环境质量的下降；或者土壤生态发生明显变异，导致土壤微生物区系(种类、数量和活性)的变化，土壤酶活性的减小；同时，由于土壤环境中污染物的迁移转化，从而引起大气、水体和生物的污染，并通过食物链最终影响到人类的健康，这种现象属于土壤环境污染。因此，我们说，当土壤环境中所含污染物的数量超过土壤环境自净能力或当污染物在土壤环境中的积累量超过土壤环境基准或土壤环境标准时，即为土壤污染。

9.1.2　土壤污染物与污染源

1. 土壤污染物

通过各种途径输入土壤中的物质种类十分繁多，有的是有益的，有的是有害的，有的在少量时是有益的，而在多量时是有害的；有的虽无益，但也无害处。我们把输入土壤中的足以影响土壤环境正常功能，降低作物产量和生物学质量，有害于人体健康的物质统称为土壤污染物。其中主要是指城乡工矿企业所排放的对人体、生物体有害的“三废”物质，以及化学农药、病原微生物等。根据污染物的性质，可把土壤污染物大致分为无机污染物和有机污染物两大类。

(1) 无机污染物。

污染土壤环境的无机物主要有重金属(汞、镉、铅、铬、铜、锌、镍，以及类金属砷、硒等)、放射性元素(^{137}铯、^{90}锶等)、氟、酸、碱、盐等。其中尤以重金属和放射性物质的污染危害最为严重，因为这些污染物都是具有潜在的威胁，而且一旦污染了土壤，就难以彻底消除，并较易被植物吸收，通过食物链而进入人体，危及人类的健康。

(2) 有机污染物。

污染土壤环境的有机物，主要有人工合成的有机农药、酚类物质、氰化物、石油、稠环芳烃、多氯联苯，以及有害微生物等。其中尤以有机氯农药、有机汞制剂、稠环芳烃等性质稳定不易分解的有机物，在土壤环境中易累积，造成污染危害。

土壤中主要污染物质见表 9-1。

表 9-1　土壤中主要污染物质

污染物种类			主要来源
无机污染物	重金属	汞(Hg)	制烧碱、汞化物生产等工业废水和污泥、含汞农药、汞蒸气
		镉(Cd)	冶炼、电镀、染料等工业废水、污泥和废气，肥料杂质
		铜(Cu)	冶炼、铜制品生产等废水、废渣和污泥，含铜农药
		锌(Zn)	冶炼、镀锌、纺织等工业废水和污泥、废渣、含锌农药、磷肥
		铅(Pb)	颜料、冶炼等工业废水、汽油防爆燃烧排气、农药
		铬(Cr)	冶炼、电镀、制革、印染等工业废水和污泥
		镍(Ni)	冶炼、电镀、炼油、染料等工业废水和污泥
		砷(As)	硫酸、化肥、农药、医药、玻璃、等工业废水、废气、农药
		硒(Se)	电子、电器、油漆、墨水等工业的排放物
	放射性元素	铯(^{137}Cs)	原子能、核动力、同位素生产等工业废水、废渣，核爆炸
		锶(^{90}Sr)	原子能、核动力、同位素生产等工业废水、废渣，核爆炸
	其他	氟(F)	冶炼、氟硅酸钠、磷酸和磷肥等工业废水、废气、肥料
		盐、碱	纸浆、纤维、化学等工业废水
		酸	硫酸、石油化工、酸洗、电镀等工业废水、大气酸沉降
有机污染物	有机农药		农药生产和使用
	酚		炼焦、炼油、合成苯酚、橡胶、化肥、农药等工业废水
	氰化物		电镀、冶金、印染等工业废水、肥料
	苯并[a]芘		石油、炼焦等工业废水、废气
	石油		石油开采、炼油、输油管道漏油
	有机洗涤剂		城市污水、机械工业污水
	多氯联苯类		人工合成品及生产工业废气、废水
	有害微生物		厩肥、城市污水、污泥、垃圾

引自：洪坚平. 土壤污染与防治. 北京：中国农业出版社，2005.

2. 土壤污染源

由表 9-1 可知土壤污染物的来源极其广泛，这是与土壤环境在生物圈中所处的特殊地位和功能密切相关联的。

(1) 人类把土壤作为农业生产的劳动对象和获得生命能源的生产基地。为了提高农产品的数量和质量，每年都不可避免地要将大量的化肥、有机肥、化学农药施入土壤，从而带入某些重金属、病原微生物、农药本身及其分解残留物。同时，还有许多污染物随农田灌溉用水输入土壤。利用未作任何处理的，或虽经处理而未达标排放的城市生活污水和工矿企业废水直接灌溉农田，是土壤有毒物质的重要来源。

(2) 土壤历来就是作为废物(生活垃圾、工矿业废渣、污泥、污水等)的堆放、处置与处理场所，而使大量有机和无机污染物随之进入土壤，这是造成土壤环境污染的重要途径和污染来源。

(3) 土壤环境是开放系统,大气、水体或生物体中的污染物质迁移转化而进入土壤,使土壤环境随之遭受二次污染,这也是土壤环境污染的重要来源。例如,工矿企业所排放的气体污染物,先污染了大气,但可在重力作用下,或随雨、雪降落于土壤中。以上这几类污染是由人类活动的结果而产生的,统称人为污染源。根据人为污染物的来源不同又可大致分为工业污染源、农业污染源和生物污染源。

工业污染源就是指工矿企业排放的废水、废气、废渣。一般直接由工业"三废"引起的土壤环境污染仅限于工业区周围数十千米范围内,属点源污染。工业"三废"引起的大面积土壤污染往往是间接的,并经长期作用使污染物在土壤环境中积累而造成的。例如,将废渣、污泥等作为肥料施入农田;或由于大气、水体污染所引起的土壤环境二次污染等。

农业污染源主要是指由于农业生产本身的需要,而施入土壤的化学农药、化肥、有机肥,以及残留于土壤中的农用地膜等。

生物污染源是指含有致病的各种病原微生物和寄生虫的生活污水、医院污水、垃圾以及被病原菌污染的河水等,这是造成土壤环境生物污染的主要污染源。

9.1.3　土壤污染的发生类型及其影响因素

1. 土壤污染的发生类型

根据土壤主要污染物的来源和土壤污染的途径,我们可把土壤污染的发生类型归纳为下列几种。

(1) 水质污染型。

污染源主要是工业废水、城市生活污水和受污染的地面水体。据报道,在日本曾由受污染的地面水体所造成的土壤污染占土壤环境污染总面积的 80%,而且绝大多数是由污灌造成的。

利用经过预处理的城市生活污水或某些工业废水进行农田灌溉,如果使用得当,一般可有增产效果,因为这些污水中含有许多植物生长所需要的营养元素。同时节省了灌溉用水,并且使污水得到了土壤环境的净化,减少了治理污水的费用等。但城市生活污水和工矿企业废水中还含有许多有毒、有害的物质,成分相当复杂。若这些污水、废水直接输入农田,可造成土壤环境的严重污染。

经由水体污染所造成的土壤环境污染,其分布特点是:由于污染物质大多以污水灌溉形式从地表进入土体,所以污染物一般集中于土壤表层。但是,随着污灌时间的延续,某些污染物质可随水自上部向土体下部迁移,以至达到地下水层。这是土壤环境污染的最主要发生类型。它的特点是沿已被污染的河流或干渠呈树枝状或呈片状分布。

(2) 大气污染型。

土壤环境污染物质来自被污染的大气。经由大气的污染而引起的土壤环境污染,主要表现在以下几个方面:

① 工业或民用煤的燃烧所排放出的废气中含有大量的酸性气体,如 SO_2、NO_2 等;汽车尾气中的含铅化合物、NO_x 等,经降雨、降尘而输入土壤。

② 工业"废气"中的粒状浮游物质(包括飘尘),如含铅、镉、锌、铁、锰等的微粒,经降尘而落入土壤。

③ 炼铝厂、磷肥厂、砖瓦窑厂、氟化物生产厂等排放的含氟废气,一方面可直接影响周围农作物;另一方面可造成土壤的氟污染。

④ 原子能工业、核武器的大气层试验，产生的放射性物质，随降雨降尘而进入土壤，对土壤环境产生放射性污染。

经由大气的污染所造成的土壤环境污染，其特点是以大气污染源为中心呈椭圆状或条带状分布，长轴沿主风向伸长。其污染面积和扩散距离，取决于污染物质的性质、排放量，以及排放形式。例如，西欧和中欧工业区采用高烟囱排放，SO_2 等酸性物质可扩散到北欧斯堪的那维亚半岛，使该地区土壤酸化。而汽车尾气是低空排放，只对公路两旁的土壤产生污染危害。大气污染型土壤的污染物质主要集中于土壤表层(0～5cm)，耕作土壤则集中于耕层(0～20cm)。

(3) 固体废弃物污染型。

固体废物是指被丢弃的固体状物质和泥状物质，包括工矿业废渣、污泥和城市垃圾等。在土壤表面堆放或处理、处置固体废物、废渣，不仅占用大量耕地，而且可通过大气扩散或降水淋滤，使周围地区的土壤受到污染，所以称为固体废弃物污染型。其污染特征属点源性质，主要是造成土壤环境的重金属污染，以及油类、病原菌和某些有毒有害有机物的污染。

(4) 农业污染型。

农业污染型是指由于农业生产的需要而不断地施用化肥、农药、城市垃圾堆肥、厩肥、污泥等所引起的土壤环境污染。其中主要污染物质是化学农药和污泥中的重金属。而化肥既是植物生长发育必需营养元素的给源，又是日益增长着的环境污染因子。

农业污染型的土壤污染轻重与污染物质的种类、主要成分，以及施药、施肥制度等有关。污染物质主要集中于表层或耕层，其分布比较广泛，属面源污染。

(5) 综合污染型。

必须指出，土壤环境污染的发生往往是多源性质的。对于同一区域受污染的土壤，其污染源可能同时来自受污染的地面水体和大气，或同时遭受固体废弃物，以及农药、化肥的污染。因此，土壤环境的污染往往是综合污染型的。但对于一个地区或区域的土壤来说，可能是以某一污染类型或某两污染类型为主。

2. 影响土壤污染的因素

(1) 土壤环境污染的发生与发展取决于人类的生产活动所排放的“三废”与人类的生活活动所排放的废弃物总量。随着世界人口的增长，工业的发展，人们向大自然界索取的物质越来越多，同时排放出的废弃物，特别是工业的废水、废气、废渣日益增多。而我国当前正处于经济迅速发展时期，尤其是乡镇企业发展更快，但是相对来说，生产技术水平不高，能源、资源利用率较低，污染治理技术落后与投入不足，对土壤环境污染的影响更为突出。据报道，2004 年，我国烟尘排放量为 1445 万 t，污水排放量为 368 亿 t，工业和生活垃圾排放量为 23 亿 t。这样大量的废物排放于环境中，又可通过多种途径输入土壤环境，成为影响土壤环境污染的主要因素。

(2) 土壤环境污染的发生与发展还与当地的灌溉、施肥制度、施用农药方式，以及施用城市污泥、垃圾等是否按规定的标准和方法进行有关。不恰当的灌溉与施药、施肥制度，不正确的施用农药、污泥、垃圾等是造成土壤环境污染的又一重要因素。

(3) 由于不同污染物在土壤环境中的迁移、转化、降解、残留的规律不同，因此，对土壤环境造成的威胁与危害程度也就不同。所以，土壤环境污染的发生与发展，还取决于污染物的种类和性质。在诸多的土壤环境污染物质中，直接或潜在威胁最大的是重金属和某些化学农药。

(4) 土壤环境污染的发生与发展，还受到土壤的类型和性质以及土壤生物和栽培作物种类等因素的影响。不同的土壤类型，由于组成、结构、性质的差异，其对同一污染物的缓冲与净化能力就不同；此外，不同的土壤生物种群和栽培作物，其对污染物的降解、吸收、残留、积累等均有差异。因此，即使污染物的输入量相同，其土壤环境污染的发生与发展速度也有差异。

综上所述，为了预测和防止土壤环境的污染，必须综合分析多种因素的影响，有针对性地采取相应措施加以防治。

9.1.4 土壤污染的危害

1. 土壤污染危害的特点

(1) 隐蔽性和潜伏性。

土壤环境污染是污染物在土壤环境中的长期积累过程，往往要通过对土壤样品进行分析化验和对农作物如粮食、蔬菜和水果等的残留物检测以及对摄食的人体或动物的健康检查才能揭示出来，需要一个相当长的过程，如日本的镉中毒造成的"骨痛病"经过了一二十年之后才被人们所认识。因此，土壤环境污染具有隐蔽性和潜伏性，不像大气和水体污染那样易为人们所察觉。

(2) 积累性和地域性。

污染物在大气和水体中，一般是随着气流和水流进行长距离迁移。但污染物在土壤环境中并不像在大气和水体中那样容易稀释和扩散，因此容易在土壤环境中不断积累而达到很高的浓度，从而使土壤环境污染具有很强的地域性特点。

(3) 不可逆性和长期性。

污染物进入土壤环境后，自身在土壤环境中迁移、转化，同时与复杂的土壤环境组成物质发生一系列吸附、置换、化学和生物学作用，其中许多作用为不可逆过程，如某些重金属最终形成难溶化合物沉积在土壤中。许多有机化学污染物质需要一个较长的降解时间，如六六六和DDT在我国已禁用了20多年，但至今仍然能从土壤环境中检出，就是由于其中的有机氯非常难于降解。所以，土壤环境污染具有不可逆性和长期性。

(4) 治理难而周期长。

土壤环境一旦被污染，仅仅依靠切断污染源的方法往往很难自我修复，必须采用各种有效的治理技术才能消除现实污染。但是，从目前现有的治理方法来看，仍然存在治理成本较高和周期较长的矛盾。因此需要有更大的投入，来探索、研究、发展更为先进、更为有效和更为经济的污染土壤治理和修复的各项技术和方法。

2. 土壤污染的主要危害

(1) 土壤污染导致严重的经济损失。

对于各种土壤环境污染造成的经济损失，目前尚缺乏系统的调查资料。例如，我国天津蓟运河畔的农田，曾因引灌三氯乙醛污染的河水而导致数千公顷小麦受害。仅以土壤重金属污染为例，全国每年因重金属污染而减产粮食1000多万t，另外被重金属污染的粮食每年也多达1200万t，有的地区重金属超标600倍，农药残留超标200～300倍，直接影响了出口创汇，合计经济损失至少200亿元。

(2) 土壤污染导致农产品产量和品质下降。

土壤环境污染直接危害农作物的产量和质量。农作物基本都生长在土壤上，如果土壤被污染了，污染物就通过植物的吸收作用进入植物体内，并可长期累积富集，当含量达到一定数量时，就会影响作物的产量和品质。

最新研究表明，太湖地区水稻和蔬菜等农产品和饲料重金属污染严重，杭州复合污染区稻米 Cd、Pb 等毒害重金属超标率分别达 92%和 28%，最高的 Cd 含量超标 15 倍，出现严重的"镉米"现象；江西省某县多达 44%的耕地遭到重金属污染，并形成 670hm^2 的"镉米"区；东莞和顺德等地蔬菜重金属超标率达 31%，水稻超标率高达 83%，最高超标 91 倍。据调查，一些名特优农副产品中，有机 P 检出率 100%，六六六检出率 95%，超标 2.4%。全国 16 个省的检查结果，蔬菜、水果中农药总检出率为 20%～60%，总超标率为 20%～45%。

长江三角洲地区土壤污染除了常见的农药污染外，最严重的是持久性有机污染物，局域的农田土壤多达 16 种多环芳烃、100 多种多氯联苯类等物质，其结果令人吃惊和担忧。

土壤环境污染除影响食物的卫生品质外，也明显地影响到农作物的其他品质。有些地区污灌已经使得蔬菜的味道变差，易烂，甚至出现难闻的异味。农产品的储藏品质和加工品质也不能满足深加工的要求。

土壤环境污染造成的农业损失主要可分成 3 类：①土壤环境污染物危害农作物的正常生长和发育，导致产量下降，但不影响品质。②农作物吸收土壤环境中的污染物质而使收获部分品质下降，但不影响产量。③不仅导致农作物产量下降，同时也使收获部分品质下降。这 3 种类型中，第三种情况较为多见。一般说来，植物的根部吸收累积量最大，茎部次之，果实及种子内最少，但是经过长时间的累积富集，其绝对含量还是很大。加之人类不仅食用农产品果实和种子，还食用某些农产品（蔬菜）的根和茎，所以其危害就可想而知了。

(3) 土壤污染对人体健康的危害。

土壤环境污染对生物体的危害主要是指土壤中收容的有机废弃物或含毒废弃物过多，影响或超过了土壤的自净能力，从而在卫生学上和流行病学上产生了有害影响。

作为人类主要食物来源的粮食、蔬菜和畜牧产品都直接或间接来自土壤，污染物在土壤环境中的富集必然引起食物污染，最终危害人体的健康。土壤污染对人体健康的影响很复杂，大多是间接的长期慢性影响。

① 重金属污染的影响。

由于重金属在土壤环境中不易分解，土壤环境中积累的有害重金属的量和种类就会越来越多，并通过食物链进入人体，对人体健康造成危害，如铬、锰、镍等重金属能在人体的不同部位引起癌症。

砷中毒是我国常见的一种重金属中毒恶性事件。天然水中含微量的砷，水中含砷量高，除地质因素外，主要是工业废水和农药所致。砷主要作用于人的皮肤和肺部，能抑制人体酶的活性，干扰人体代谢过程，使中枢神经系统发生紊乱，导致毛细血管扩张，硬皮病、皮肤癌和肺癌，砷还会诱发胎儿畸形。

② 农药化学品物质污染的影响。

a. 引起急性中毒。不恰当施用有机磷农药，使蔬菜和水果的农药残留量超标，引起食用者急性中毒。

b. 引起慢性中毒。施用含有机汞的农药后，农作物含有残毒，引起食用者慢性中毒。

c. 影响人体内分泌和免疫功能，使人体抵抗力下降。

③ 土壤病原体污染的影响。

土壤病原体包括肠道致病菌、肠道寄生虫（蠕虫卵）、钩端螺旋体、炭疽杆菌、破伤风杆菌、肉毒杆菌、真菌和病毒等。被病原体污染的土壤能传播伤寒、副伤寒、痢疾、病毒性肝炎等传染病，它们主要来自人畜粪便、垃圾、生活污水和医院污水等。用未经无害化处理的人畜粪便、垃圾作肥料，或直接用生活污水灌溉农田，都会使土壤受到病原体的污染。这些病原体能在土壤中生存较长时间，如痢疾杆菌能在土壤中生存 22～142 天，结核杆菌能生存一年左右，蛔虫卵能生存 315～420 天，沙门菌能生存 35～70 天。人体排出含有病原体的粪便后，其通过施肥或污水灌溉而污染土壤。在这种土壤中种植的蔬菜瓜果受到污染，人生吃这些受到污染的蔬菜瓜果后会被细菌和病毒感染而引起疾病，如伤寒、痢疾等肠道传染病都可因土壤污染，通过食物而引起疾病流行。人与受污染的土壤接触也会感染得病。

结核患者的痰液含有大量结核杆菌，如果随地吐痰，会污染土壤，水分蒸发后，结核杆菌在干燥而细小的土壤颗粒上还能生存很长时间。这些带菌的土壤颗粒随风进入空气，人通过呼吸，就会感染结核病。

有些人畜共患的传染病或与动物有关的疾病，也可通过土壤传染给人。例如，患钩端螺旋体病的牛、羊、猪、马等，可通过粪尿中的病原体污染土壤。这些钩端螺旋体在中性或弱碱性的土壤中能存活几个星期，并可通过黏膜、伤口或被浸软的皮肤侵入人体，使人致病。炭疽杆菌芽孢在土壤中能存活几年甚至几十年；破伤风杆菌、气性坏疽杆菌、肉毒杆菌等病原体，也能形成芽孢，长期在土壤中生存。破伤风杆菌、气性坏疽杆菌来自被感染的动物的粪便，特别是马粪。人们受外伤后，伤口被泥土污染，特别是深的穿刺伤口，很容易感染破伤风或气性坏疽病。此外，被有机废弃物污染的土壤，是蚊蝇孳生和鼠类繁殖的场所，而蚊蝇和鼠类又是许多传染病的媒介。因此，被有机废弃物污染的土壤，在流行病学上被视为特别危险的物质。

④ 放射性物质污染的影响。

放射性废弃物主要来自核爆炸的大气散落物以及工业、科研和医疗机构产生的液体或固体放射性废弃物。它们释放出来的放射性物质进入土壤，能在土壤中积累，形成潜在的威胁。由核裂变产生的两个重要的长半衰期放射性元素是^{90}Sr（半衰期为 28 年）和^{137}Cs（半衰期为 30 年）。空气中放射性的^{90}Sr 可被雨水带入土壤中。因此，土壤中含^{90}Sr 的浓度常与当地降雨量成正比。此外，^{90}Sr 还吸附于土壤的表层，经雨水冲刷也将随泥土流入水体。^{137}Cs 在土壤中吸附得较为牢固。有些植物能积累^{137}Cs，因此，高浓度的放射性^{137}Cs 能随这些植物进入人体。

土壤被放射性物质污染后，通过放射性衰变，能产生 α、β、γ 射线。这些射线能穿透人体组织，使机体的一些组织细胞死亡。这些射线对机体既可造成外照射损伤，又可通过饮食或呼吸进入人体，造成内照射损伤，使受害者头昏、疲乏无力、脱发、白细胞减少或增多、发生癌变等。

(4) 土壤污染危害生态环境。

① 土壤环境污染对水质的影响：土壤环境受到污染后，土壤中可溶性污染物容易在水力作用下，被淋洗进入地下水体中，引起地下水污染，我国北方地区地下水污染较严重。另外，含污染物浓度较高的污染表土，可随地表径流迁移，造成地表水的污染。农业面源污染是最为重要且分布最为广泛的面源污染，三峡大坝库区 1990 年的统计资料表明，90%的悬浮物（可吸附有毒有害物质）来自农田径流，N、P 大部分来源于农田径流，N、P 是造成水体富营养化的主要原因。

② 土壤环境污染对大气质量的影响：土壤环境受到污染后，含污染物质浓度较高的污染表土容易在风力的作用下进入大气环境中，将污染土壤吹扬到远离污染源的地方，扩大了污染面，可见土壤污染又成为大气污染的来源。例如，2005 年天津市的大气扬尘中，有一多半来源于土壤。土壤扬尘中的污染物质通过呼吸作用进入人体。这一过程对人体健康的影响有些类似于食用受污染的食物。另外，被有机废弃物污染的土壤还容易腐败分解，散发出恶臭，污染空气。

③ 土壤环境污染会使土壤生态系统的组成、结构和功能发生变化，破坏土壤生态平衡。

9.2 土壤环境的自净作用

土壤环境的自净作用，即土壤环境的自然净化作用(或净化功能的作用过程)，是指在自然因素作用下，通过土壤自身的作用，使污染物在土壤环境中的数量、浓度或毒性、活性降低的过程。可见，土壤环境自净作用的含义所包括的范围很广。

土壤环境的自净作用按其作用机理的不同，可划分为物理净化作用、物理化学净化作用、化学净化作用和生物净化作用四个方面。

9.2.1 物理净化作用

土壤是一个多相的疏松多孔体，犹如天然的大过滤器。固相中的各类胶态物质——土壤胶体又具有很强的表面吸附能力。因而，进入土壤中的难溶性固体污染物可被土壤机械阻留；可溶性污染物可被土壤水分稀释，减小毒性或被土壤固相表面吸附(指物理吸附)，但也可能随水迁移至地表水或地下水层，特别是呈负吸附的污染物(如硝酸盐、亚硝酸盐)，以及呈中性分子态和阴离子形态存在的某些农药等，随水迁移的可能性更大；某些污染物可挥发或转化成气态物质在土壤孔隙中迁移、扩散，以至迁移入大气。这些净化作用都是一些物理过程，因此统称为物理净化作用。

土壤的物理净化能力与土壤孔隙、土壤质地、结构、土壤含水量、土壤温度等因素有关。例如，砂性土壤的空气迁移、水迁移速率都较快，但表面吸附能力较弱。增加砂性土壤中黏粒和有机胶体的含量，可以增强土壤的表面吸附能力，以及增强土壤对固体难溶污染物的机械阻留作用；但是，土壤孔隙度减小，则空气迁移、水迁移速率下降。此外，增加土壤水分，或用清水淋洗土壤，可使污染物浓度降低，减小毒性；提高土温可使污染物挥发、解吸、扩散速率增大等。但是，物理净化作用只能使污染物在土壤中的浓度降低，而不能从整个自然环境中消除，其实质只是污染物的迁移。土壤中的农药向大气的迁移，是大气中农药污染的重要来源。如果污染物大量迁移入地表水或地下水层，将造成水源的污染。同时，难溶性固体污染物在土壤中被机械阻留是污染物在土壤中的累积过程，会产生潜在的威胁。

9.2.2 物理化学净化作用

土壤环境的物理化学净化作用，是指污染物的阳、阴离子与土壤胶体上原来吸附的阳、阴离子之间的离子交换吸附作用。例如

$$(\text{土壤胶体})Ca^{2+} + HgCl_2 \rightleftharpoons (\text{土壤胶体})Hg^{2+} + CaCl_2$$

$$(\text{土壤胶体})3OH^- + AsO_4^{3-} \rightleftharpoons (\text{土壤胶体})AsO_4^{3-} + 3OH^-$$

此种净化作用为可逆的离子交换反应，且服从质量作用定律(同时，此种净化作用也是土壤环境缓冲作用的重要机制)。其净化能力的大小可用土壤阳离子交换量或阴离子交换量的大小来衡量。污染物的阳、阴离子被交换吸附到土壤胶体上，降低了土壤溶液中这些离子的浓(活)度，相对减轻了有害离子对植物生长的不利影响。由于一般土壤中带负电荷的胶体较多，因此，一般土壤对阳离子或带正电荷的污染物的净化能力较强。当污水中污染物离子浓度不大时，经过土壤的物理化学净化以后，就能得到很好的净化效果。增加土壤中胶体的含量，特别是有机胶体的含量，可以相应提高土壤的物理化学净化能力。此外，土壤 pH 增大，有利于对污染物的阳离子进行净化；相反，则有利于对污染物的阴离子进行净化。对于不同的阳、阴

离子,其相对交换能力大的,被土壤物理化学净化的可能性也就较大。

但是,物理化学净化作用也只能使污染物在土壤溶液中的离子浓(活)度降低,相对地减轻危害,而并没有从根本上将污染物从土壤环境中消除。如果利用城市污水灌溉,只是污染物从水体迁移入土体,对水体起到了很好的净化作用。然而经交换吸附到土壤胶体上的污染物离子还可以被其他相对交换能力更大的,或浓度较大的其他离子交换下来,重新转移到土壤溶液中去,又恢复原来的毒性、活性。所以说物理化学净化作用只是暂时性的、不稳定的。同时对土壤本身来说,则是污染物在土壤环境中的积累过程,将产生严重的潜在威胁。

9.2.3　化学净化作用

污染物进入土壤以后可能发生一系列的化学反应。例如,凝聚与沉淀反应、氧化还原反应、络合-螯合反应、酸碱中和反应、同晶置换反应、水解、分解和化合反应,或者发生由太阳辐射能和紫外线等能流而引起的光化学降解作用等。通过这些化学反应,或者使污染物转化成难溶性、难解离性物质,使危害程度和毒性减小;或者分解为无毒物或营养物质,这些净化作用统称为化学净化作用。

土壤的化学净化作用反应机理很复杂,影响因素也较多,不同的污染物有着不同的反应过程。其中特别重要的是化学降解和光化学降解作用,因为这些降解作用可以将污染物分解为无毒物,从土壤环境中消除。而其他的化学净化作用,如凝聚与沉淀反应、氧化还原反应、络合-螯合反应等,只是暂时降低污染物在土壤溶液中的浓(活)度,或暂时减小活性和毒性,起到了一定的缓冲作用,但并没有从土壤中消除。当土壤 pH 或氧化还原电位(Eh)发生改变时,沉淀了的污染物可能又重新溶解,或氧化还原状态发生改变,又恢复原来的毒性、活性。例如

$$PbCO_3(固) \rightleftharpoons PbCO_3(水) \rightleftharpoons Pb^{2+} + CO_3^{2-}$$

$$CO_3^{2-} + 2H^+ \rightleftharpoons CO_2\uparrow + H_2O$$

又如

$$MnO_2(固) + 4H^+ + 2e^- \rightleftharpoons Mn^{2+} + 2H_2O$$

已知 pH 为 7 时,该体系的电极电势为 0.42V。因此,当土壤 Eh<0.42V,pH<7 时,已经沉淀的 MnO_2 又可重新被还原为有一定毒性的活性 Mn^{2+}。

土壤环境化学净化能力的大小与土壤的物质组成、性质,以及污染物本身的组成、性质有密切关系。例如,富含碳酸钙的石灰性土壤,对酸性物质的化学净化能力很强。从污染物的本性来考虑,一般化学性质不太稳定的化合物,易在土壤中被分解而得到净化。但是,性质稳定的化合物,如多氯联苯、稠环芳烃、有机氯农药,以及塑料、橡胶等合成材料,则难以在土壤中被化学净化。重金属在土壤中只能发生凝聚沉淀反应、氧化还原反应、络合-螯合反应、同晶置换反应,而不能被降解。当然,发生上述反应后,重金属在土壤环境中的迁移方向可能发生改变。例如,富里酸与一般重金属形成可溶性的螯合物,则在土壤中随水迁移的可能性增大。

土壤环境的化学净化能力还与土壤环境条件有关。调节适宜的土壤 pH,Eh 值,增施有机胶体,以及其他化学抑制剂,如石灰、碳酸盐、磷酸盐等可相应提高土壤环境的化学净化能力。当土壤遭受轻度污染时,可以采取上述措施以减轻其危害。

另外,同时输入土壤环境中的几种污染物相互之间也可能发生化学反应,从而在土壤中沉淀、中和、络合、分解或化合等,我们把这些过程也看作是土壤环境的化学净化作用。

9.2.4 生物净化作用

土壤中存在着大量依靠有机物生活的微生物，如细菌、真菌、放线菌等。它们有氧化分解有机物的巨大能力。当污染物进入土体后，在这些微生物体内酶或分泌酶的催化作用下，发生各种各样的分解反应，统称为生物降解作用。这是土壤环境自净作用中最重要的净化途径之一。土壤中天然有机物的矿质化作用，就是生物净化过程。例如，淀粉、纤维素等糖类物质最终转变为 CO_2 和水；蛋白质、多肽、氨基酸等含氮化合物转变为 NH_3、CO_2 和水；有机磷化合物释放出无机磷酸等。这些降解作用是维持自然系统碳循环、氮循环、磷循环等所必经的途径之一。

由于土壤中的微生物种类繁多，各种有机污染物在不同条件下的分解形式是多种多样的。主要有氧化还原反应、水解、脱烃、脱卤、芳环羟基化和异构化、环破裂等过程，并最终转变为对生物无毒性的残留物和 CO_2。一些无机污染物也可在土壤微生物的参与下发生一系列化学变化，以降低活性和毒性。但是，微生物不能净化重金属，甚至能使重金属在土体中富集，这是重金属成为土壤的最危险污染物的根本原因。

土壤的生物降解作用是土壤环境自净作用的主要途径，其净化能力的大小与土壤中微生物的种群、数量、活性，以及土壤水分、土壤温度、土壤通气性、pH、Eh 值、适宜的 C/N 比等因素有关。例如，土壤水分适宜、土温 30℃左右，土壤通气良好，Eh 值较高，土壤 pH 偏中性到弱碱性，C/N 比在 20∶1 左右，则有利于天然有机物的生物降解。相反，有机物分解不彻底，可产生大量的有毒害作用的有机酸等，这是在具体工作中必须引起注意的。

土壤的生物降解作用还与污染物本身的化学性质有关，那些性质稳定的有机物，如有机氯农药和具有芳环结构的有机物，生物降解的速率一般较慢。

土壤环境中的污染物质，被生长在土壤中的植物所吸收、降解，并随茎叶、种子而离开土壤；或者为土壤中的蚯蚓等软体动物所食用；污水中的病原菌被某些微生物所吞食等，都属于土壤环境的生物净化作用。因此选育栽培对某种污染物吸收、降解能力特别强的植物；或应用具有特殊功能的微生物及其他生物体，也是提高土壤环境生物净化能力的重要措施。

上述四种土壤环境的自净作用，其过程互相交错，其强度的总和构成了土壤环境容量的基础。尽管土壤具有上述多种净化作用，而且也可通过多种措施来提高土壤环境的净化能力。但是，其净化能力毕竟是有限的。随着人类社会的不断发展，各种污染物的排放量不断增加，其他环境要素中的污染物又可通过多种途径输入土壤环境中。如果我们对土壤环境的自净与污染这一对矛盾的对立统一关系缺乏认识，而又不重视土壤环境保护工作，那么土壤环境污染将会日趋严重，并直接威胁到人类的生活和健康。

9.3 污染土壤修复技术

污染土壤修复的目的在于降低土壤中污染物的浓度、固定土壤污染物、将土壤污染物转化成毒性较低或无毒的物质、阻断土壤污染物在生态系统中的转移途径，从而减小土壤污染物对环境、人体或其他生物体的危害。欧美等发达国家已经对污染土壤的修复技术做了大量的研究，建立了适合于遭受各种常见有机和无机污染物污染的土壤修复方法，并已不同程度地应用于污染土壤修复的实践中。我国关于污染土壤修复技术方面的研究是从 20 世纪 70 年代开始的，当时以农业修复措施的研究为主。随着时间的推移，其他修复技术的研究（如化学修复技术和物理修复技术等)也逐渐展开。到了20世纪末,污染土壤的生物修复技术(包括植物修复技术和微生物修复技术)研究在我国也迅速开展起来。总体而言,虽然我国在土壤修复技术研究方面取得了可喜的进展,但在修复技术研究的广泛性和深度方面与发达国家还有一定的差距,特别在工程修复方面的差距还比较大。

污染土壤修复技术根据其位置变化与否可分为原位修复技术(in-situ technologies)和异位修复技术(ex-situ technologies)。原位修复技术指对未挖掘的土壤进行治理的过程,对土壤没有什么扰动。这是目前欧洲最广泛采用的技术。异位修复技术指对挖掘后的土壤进行处理的过程。按操作原理污染土壤修复技术可分为物理修复技术、化学修复技术、微生物修复技术和植物修复技术四大类。其中微生物修复技术具有成本低、处理效果好、环境影响小、无二次污染等优点,被认为最有发展前景。

9.3.1　物理修复技术

在美、英等发达国家,污染土壤的物理修复作为一大类污染土壤修复技术,近年来得到了前所未有的重视,与此同时也得到了全方位的发展。我国污染土壤物理修复技术的研究是在20世纪70年开始的。物理修复技术主要包括:土壤蒸气提取技术、固化/稳定化技术、玻璃化技术、热处理技术、电动力学修复技术、稀释和覆土等。

1. 土壤蒸气提取技术

土壤蒸气提取技术(soil vapor extraction,SVE)最早于1984年由美国Terravac公司研究成功并获取专利权。它是指通过降低土壤孔隙的蒸气压,把土壤中的污染物转化为蒸气形式而加以去除的技术。该技术适用于去除不饱和土壤中高挥发性有机组分(VOCs)污染的土壤,如汽油、苯和四氯乙烯等污染的土壤。

1) 原位土壤蒸气提取技术

(1) 技术内涵。

利用真空通过布置在不饱和土壤层中的提取井向土壤中导入气流,气流经过土壤时,挥发性和半挥发性的有机物随空气进入真空井,气流经过之后,土壤得到了修复(图9-1)。通常,

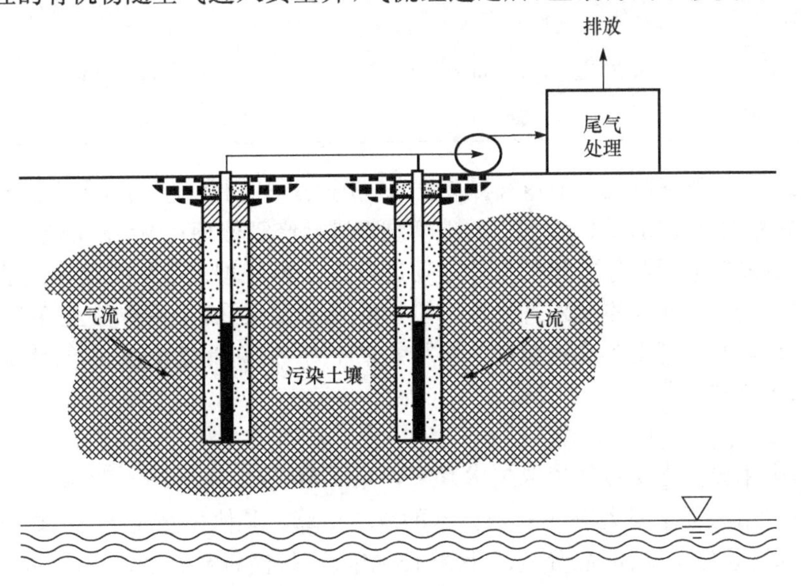

图9-1　污染土壤的原位蒸气提取过程

垂直提取井的深度为1.5m，已有的成功例子最深可达91m。根据受污染地区的实际地形、钻井条件或者其他现场具体因素的不同，还可利用水平提取井进行修复。

原位土壤蒸气提取技术主要用于挥发性有机卤代物的处理修复，通常应用的污染物是亨利系数大于0.01或者蒸气压大于66.66Pa的挥发性有机化合物。有时，也应用于去除土壤中的油类、重金属及其有机物、多环芳烃（PAHs）等污染物。不过，由于原位土壤蒸气提取技术涉及向土壤中引入连续空气流，这样还促进了土壤环境中一些低挥发性化合物的生物耗氧降解过程。

根据修复工作目标要求，原位修复土壤体积、污染物浓度及分布情况、现场的特点（包括渗透性、各向异质性）、工艺设施的提取能力等条件的不同，原位土壤蒸气提取技术运行和维护所需时间为6～12个月不等。

(2) 应用条件。

土壤的物理和化学性质对原位土壤蒸气提取技术的应用效果有很大的影响，主要影响因子有土壤容重、孔隙度、土壤湿度、温度、土壤质地、有机质含量、空气传导率以及地下水深度等。经验表明，采取原位土壤蒸气提取技术的土壤应具有质地均一、渗透能力强、孔隙度大、湿度小、地下水位较深的特点。

表9-2列出了原位土壤蒸气提取技术的应用条件，包括污染物的存在形态、水溶解度和蒸气压，以及各种土壤有利条件和不利条件。

表9-2　原位土壤蒸气提取技术的应用条件

项目		有利条件	不利条件
污染物	存在形态	气态或蒸气态	被土壤强烈吸附或呈固态
	水溶解度	$<100mg/L$	$>100mg/L$
	蒸气压	$>1.33\times10^4Pa$	$<1.33\times10^3Pa$
土壤	温度	>20℃	<10℃
	湿度	<10%	>10%
	组成	均一	不均一
	空气传导率	$>10^{-4}m/s$	$<10^{-6}m/s$
	地下水位	>20m	<1m

由表9-2可知，限制原位土壤蒸气提取技术应用效果的因素主要有：①下层土壤的异质性会引起气流分配的不均匀；②低渗透性的土壤难于进行修复处理；③地下水位太高（1～2m）会降低土壤蒸气提取的效果；④排出的气体需要进行进一步处理；⑤黏土、腐殖质含量较高或本身极其干燥的土壤，由于其本身对挥发性有机物的吸附性很强，采用原位土壤蒸气提取时，污染物的去除效率很低；⑥对饱和土壤层的修复效果不好，但降低地下水位，可增加不饱和土壤层体积，从而改善这一状况。

(3) 成本。

在美国，采用原位土壤蒸气提取技术修复污染土壤的成本为26～78美元/m^3，价格不算昂贵。表9-3列出了原位土壤蒸气提取技术的成本估算。其他一些成本，如项目管理、工程设计、承包商选择、办公支持、审批费用、厂区特征确定、可行性研究测试、运行合同和不可预见费用等，不在此列。

表 9-3　原位土壤蒸气提取技术的成本估算项目

固定成本	可变成本	其他管理工作
提取井及鼓风机装置安装	运行维护人工费	尾气处理
监控点位安装	能源动力费	
尾气处理装置安装	现场监察	
	现场卫生、安全保障	
	工艺控制采样分析	

2）异位土壤蒸气提取技术

异位土壤蒸气提取技术是指利用真空通过布置在堆积着的污染土壤中开有狭缝的管道网络向土壤中引入气流，促使挥发性和半挥发性的污染物挥发进入土壤中的清洁空气流，进而被提取脱离土壤（图 9-2），这项技术还包括尾气处理系统。

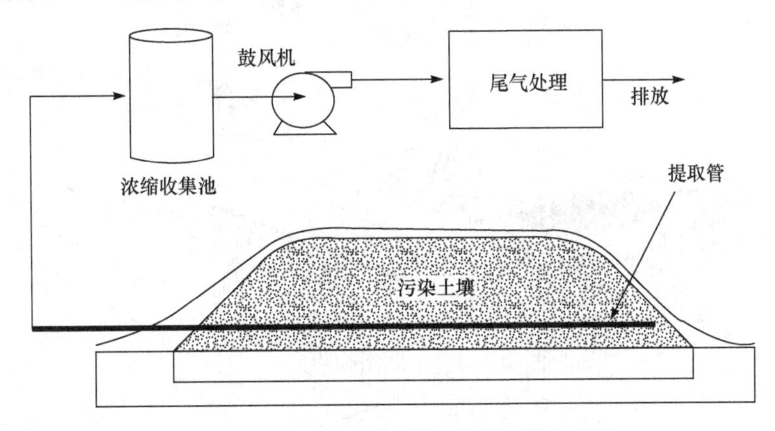

图 9-2　污染土壤的异位土壤蒸气提取过程

异位土壤蒸气提取技术主要用于处理挥发性有机卤代物和非有机卤代物污染土壤的修复。异位土壤蒸气提取是对挖掘出来的土壤进行批处理的过程，所以运行和维护所需时间依赖于处理速度和处理量。处理的速度与单批处理的时间和单批处理量有关。通常每批污染土壤的处理需要 4～6 个月，处理量与所用的设备有关，临时处理设备通常单批处理量大约为 380m^3。根据修复工作目标要求、污染物浓度及有机物挥发性大小、土壤性质（包括颗粒尺寸、分布和孔隙状况），永久处理设备的处理能力通常要大一些。

2. 固化/稳定化技术

固化/稳定化技术（solidification/stabilization）是指通过物理的或化学的作用以固定土壤污染的一组技术。固化技术（solidification）指向土壤添加黏结剂而引起石块状固体形成的过程。将低渗透性物质包被在污染土壤外面，以减少污染物暴露于淋溶作用的表面，限制污染物迁移的技术称为包囊作用（encapsulation），也属于固化技术范畴。在细颗粒废物表面的包囊作用称为微包囊作用（microencapsulation），而大块废物表面的包囊作用称为大包囊作用（macroencapsulation）。稳定化技术（stabilization）指通过化学物质与污染物之间的化学反应使污染物转化成为不溶态的过程。稳定化技术不一定会改善土壤的物理性质。在实践上，商业的固化技术包括了某种程度的稳定化作用，而稳定化技术也包括了某种程度的固化作用，两者有时候是不容易区分的。

固化/稳定化技术采用的黏结剂主要是水泥、石灰等，也包括一些有专利的添加剂。水泥可以和其他黏结剂[如飞灰、溶解的硅酸盐、亲有机的黏粒(organophilic clay)、活性炭等]共同使用。有的学者又基于黏结剂的不同,将固化/稳定化技术分为水泥和混合水泥(pozzolan)固化/稳定化技术、石灰固化/稳定化技术和玻璃化固化/稳定化技术三类。

固化/稳定化技术可以被用于处理大量的无机污染物,也可适用于部分有机污染物。固化/稳定化技术的优点是:可以同时处理被多种污染物污染的土壤,设备简单,费用较低。但它也有一些缺点。固化/稳定化技术最主要的问题在于它不破坏、不减少土壤中的污染物,而仅仅是限制污染物对环境的有效性。随着时间的推移,被固定的污染物有可能重新释放出来,对环境造成危害,因此它的长期有效性受到质疑。

(1) 原位固化/稳定化技术。

原位固化/稳定化技术就是用钻孔装置和注射装置,将修复物质注入土壤,而后用大型搅拌装置进行混合(图 9-3)。处理后的土壤留在原地,其上可以用清洁土覆盖。

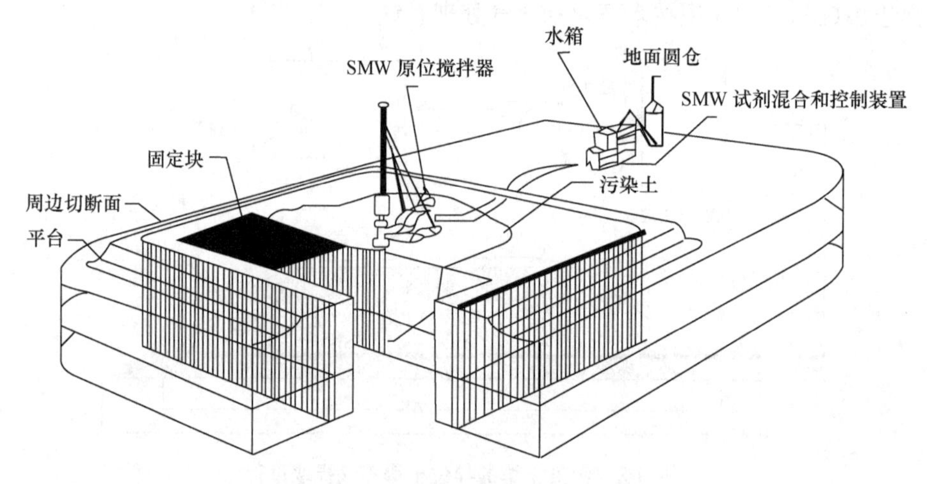

图 9-3 原位固化/稳定化过程示意图

(2) 异位固化/稳定化技术。

异位固化/稳定化技术指将污染土壤挖掘出来与黏结剂混合,使污染物固化的过程(图 9-4)。处理后的土壤可以回填或运往别处进行填埋处理。许多物质都可以作为异位固化/稳定化技术的黏结剂,如水泥、火山灰、沥青和各种多聚物等。其中水泥及相关的硅酸盐产品是最常用的黏结剂。水泥异位固化/稳定化技术曾被用于处理加拿大安大略一个沿湖的PCBs 污染的土壤。该地表层土壤 PCBs 含量达到 50~700mg/kg。处理时使用了两类黏结物质,10%的波特兰水泥(Portland cement)与 90%的土壤混合,12%的窑烧水泥灰加 3%的波特

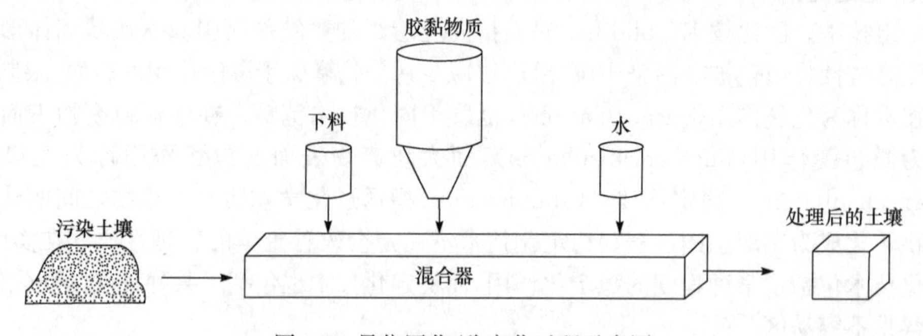

图 9-4 异位固化/稳定化过程示意图

兰水泥与 85%的土壤混合。黏结剂和土壤在中心混合器中被混合，然后转移到弃置场所。该弃置场距地下水位 2m，计算表明，堆放处理后的土壤以后地下水中 PCB_S 的可能浓度低于设计的目标浓度。处理成本是 92 英镑/m^3。

3. 玻璃化技术

玻璃化技术(vitrification)是指使高温熔融的污染土壤形成玻璃体或固结成团的技术。从广义上说，玻璃化技术属于固化技术范畴。玻璃化技术既适合于原位处理，也适合于异位处理。土壤熔融后，污染物被固结于稳定的玻璃体中，不再对其他环境产生污染，但土壤也完全丧失生产力。玻璃化作用对砷、铅、硒和氯化物的固定效率比其他无机污染物低。玻璃化技术处理费用较高，欧美国家每吨土壤的处理费用为 300～500 美元，一般用于污染特别严重的土壤。

(1) 原位玻璃化技术。

原位玻璃化技术(in-situ vitrification)指将电流经电极直接通入污染土壤，使土壤产生 1600～2000℃的高温而熔融。现场电极大多为正方形排列，间距为 0.5m，插入土壤深度为 0.3～1.5m，玻璃化深度约 6m(图 9-5)。经过原位玻璃化处理后，无机金属被结合在玻璃体中，有机污染物可以通过挥发而被去除。处理过程产生的水蒸气、挥发性有机物和挥发性金属，必须设置排气管道加以收集并进一步处理。美国的 Battelle Pacific Northwest 实验室最先使用这一方法处理被放射性核素污染的土壤。原位玻璃化技术修复污染土壤需要 6～24 个月。影响原位修复效果及修复过程中需要考虑的因素有：导体的埋设方式、砾石含量、易燃易爆物质的累积、可燃有机质的含量、地下水位和含水量等。

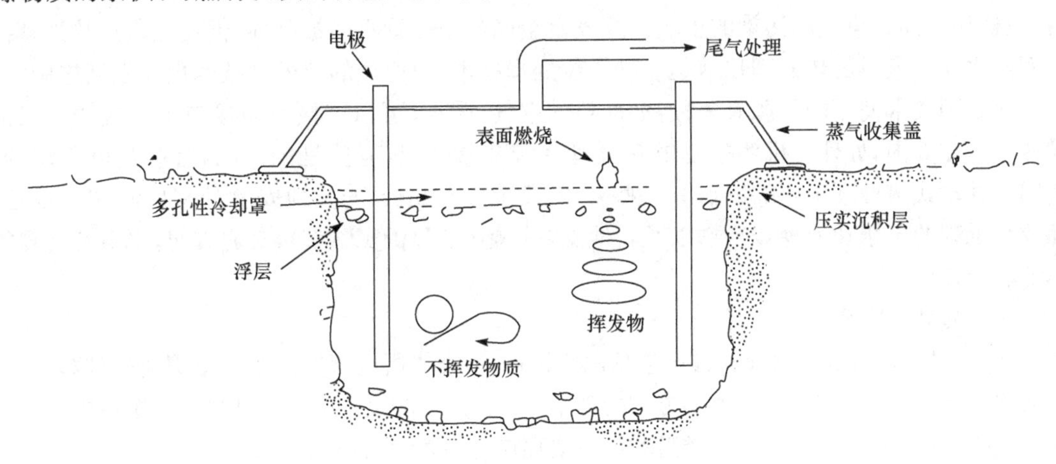

图 9-5　原位玻璃化过程示意图

(2) 异位玻璃化技术。

异位玻璃化技术(ex-site vitrification)指将污染土壤挖出，采用传统的玻璃制造技术以热解和氧化或熔化污染物以形成不能被淋溶的熔融态物质(图 9-6)。加热温度为 1600～2000℃。有机污染物在加热过程中被热解或蒸发，有害无机离子被固定。熔化的污染土壤冷却后形成惰性的坚硬的玻璃体。除上述玻璃化技术外，还可以使用高温液体墙反应器(high temperature fluid-wall reactor)、等离子弧玻璃化技术(plasma-arc vitrification)和气旋炉技术(cyclone furnace)等使污染土壤玻璃化。

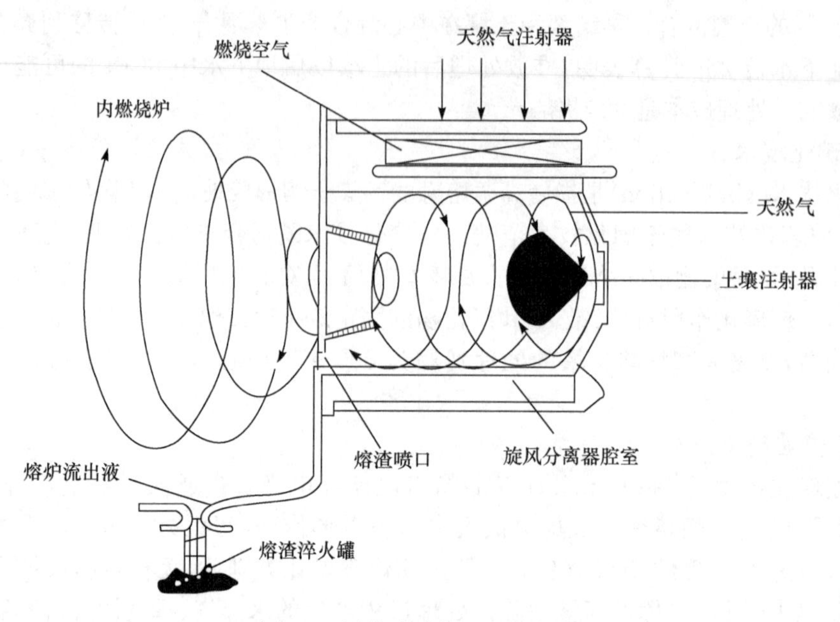

图 9-6　异位玻璃化过程示意图

4. 热处理技术

热处理技术(thermal treatment)就是利用高温所产生的一些物理或化学作用,如挥发、燃烧、热解,将土壤中的有毒物质去除或破坏的过程。热处理技术最常用于处理有机污染的土壤,也适用于部分重金属污染的土壤。挥发性金属如汞尽管不能被破坏,但可能通过热处理技术而被去除。最早的热处理技术是一种异位处理技术,但原位的热处理技术也在发展之中。

热处理技术使用的热源有多种,如加热的空气、明火、可以直接或间接与土壤接触的热传导液体。在美国,处理有机污染物的热处理系统非常普遍,有些是固定的,有些是可移动的。美国对移动式热处理工厂的地点有一些要求:要有 1～2hm^2 的土地安置处理厂和相关设备,存放待处理的土壤和处理残余物以及其他支持设施(如分析实验室),交通方便,水电和必要的燃油有保证。

(1) 热解吸技术。

热解吸技术(thermal desorption)包括两个过程:污染物通过挥发作用从土壤转移到蒸气中;以浓缩污染物或高温破坏污染物的方式处理第一阶段产生的废气中的污染物。土壤污染物转移到蒸气相所需的温度取决于土壤类型和污染物存在的物理状态,通常为 150～540℃。

热解吸技术适用的污染物有挥发和半挥发有机污染物、卤化或非卤化有机污染物、多环芳烃、重金属、氰化物、炸药等,不适合于多氯联苯、二噁英、呋喃、除草剂和农药、石棉、非金属、腐蚀性物质。

1992～1993 年,热解吸技术曾被用于处理美国密歇根州一处被 4,4′-亚甲基双 2-氯苯胺(MBOCA)污染的土壤。将污染土壤挖掘、过筛、脱水。土壤在热反应器中处理 90min(245～260℃),处理后的土壤用水冷却,然后堆置于堆放场。排出的废气先通过纤维筛过滤,然后通过冷凝器以除去水蒸气和有机污染物。处理后的 4,4′-亚甲基双 2-氯苯胺浓度低于 1.6mg/kg,处理费用是 130～230 英镑/t。

(2) 焚烧技术。

焚烧(incineration)技术是指在高温条件下(800～2500℃),通过热氧化作用以破坏污染物的异位热处理技术。典型的焚烧系统包括预处理、一个单阶段或二阶段的燃烧室、固体和气体的后处理系统。可以处理土壤的焚烧器有:直接点火和间接点火的 Kelin 燃烧器、液体化床式燃烧器和远红外燃烧器。其中 Kelin 燃烧器是最常见的。焚烧的效率取决于燃烧室的三个主要因素:温度、废物在燃烧室中的滞留时间和废物的紊流混合程度。大多数有机污染物的热破坏温度为 1100～1200℃。大多数燃烧器的燃烧区温度为 1200～3000℃。固体废物的滞留时间为 30～90min。紊流混合十分重要,因为它使废物、燃料和燃气充分混合。焚烧后的土壤要按照废物处置要求进行处置。

焚烧技术适用的污染物包括挥发和半挥发有机污染物、卤化或非卤化有机污染物、多环芳烃、多氯联苯、二噁英、呋喃、除草剂和农药、氰化物、炸药、石棉、腐蚀性物质等,不适合于非金属和重金属。所有土壤类型都可以采用焚烧技术处理。

5. 电动力学修复技术

电动力学修复技术(electrokenetic technologies)是指向土壤两侧施加直流电压形成电场梯度,土壤中的污染物在电解、电迁移、扩散、电渗透、电泳等作用的共同作用下,使土壤溶液中的离子向电极附近富集从而被去除的技术。

电迁移是指离子和离子型络合物在外加直流电场的作用下向相反电极的移动。

电渗透是土壤中的孔隙水在电场中从一极向另一极的定向移动,非离子态污染物会随着电渗透流移动而被去除。

离子的电迁移作用和电渗透作用如图 9-7 所示。

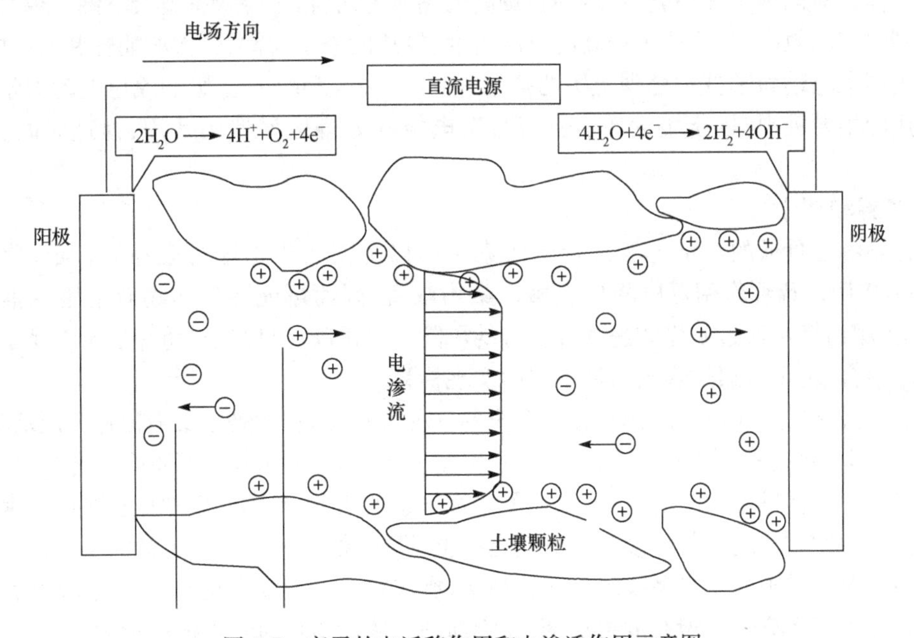

图 9-7　离子的电迁移作用和电渗透作用示意图

电泳是指带电粒子或胶体在电场的作用下发生迁移过程,牢固吸附在可移动粒子上的污染物可用该方式去除。

在电动力学过程中最重要的发生在电极的电子迁移作用是水的电解作用。

$$H_2O \longrightarrow 2H^+ + 1/2O_2(g) + 2e^- \quad \text{阴极反应}$$

$$2H_2O + 2e^- \longrightarrow 2OH^- + H_2(g) \quad \text{阳极反应}$$

电解产生的氢离子在电迁移和扩散的作用下向阳极移动,降低了阳极附近的 pH。与此同时,电解产生的 OH^- 向阴极移动,提高了阴极附近的 pH。

富集于电极附近的污染物可以通过沉淀/共沉淀、泵出、电镀或采用离子交换树脂等方法去除。

电极是电动力学修复中最重要的设备。适合于实验室研究的电极材料包括石墨、白金、黄金和银。但在田间试验中,可以使用一些由较便宜的材料制成的电极,如钛电极、不锈钢电极或塑料电极。可以直接将电极插入湿润的土体中,也可以将电极插入一个电解质溶液中,由电解质溶液直接与污染土壤或其他膜相接触。美国国家环保署(1998)推荐使用单阴极/多阳极体系,即在一个阴极的四周安放多个阳极,以提高修复效率。较高的电流强度和较大的电压梯度会促进污染物的迁移速度,一般采用的电流密度是 10～100mA/cm^2,电压梯度是 0.5V/cm。

电动力学修复技术可以处理的污染物包括:重金属、放射性核素、有毒阴离子(硝酸盐、硫酸盐)、氰化物、石油烃(柴油、汽油、煤油、润滑油)、炸药、有机/离子混合污染物、卤代烃、非卤化污染物、多环芳烃。但最适合电动力学技术处理的污染物是金属污染物。

由于对于砂质污染土壤而言,已经有几种有效的修复技术,所以电动力学修复技术主要是针对低渗透性的,黏质的土壤。适合于电动力学修复技术的土壤应具有如下特征:水力传导率较低、污染物水溶性较高、水中的离子化物质浓度相对较低。黏质土在正常条件下,离子的迁移很弱,但在电场的作用下得到增强。电动力学修复技术对低透性土壤(如高岭土等)中的砷、镉、铬、钴、汞、镍、锰、钼、锌、铅的去除效率可以达到 85%～95%。但并非所有黏质土的去除效率都很高。对阳离子交换量高、缓冲容量高的黏质土而言,去除效率就会下降。要在这些土壤上达到较好的效率,必须使用较高的电流密度、较长的修复时间、较大的能耗和较高的费用。

欧美国家电动力学技术处理土壤的费用为 50～120 美元/m^3。影响原位电动力学修复过程的费用的主要因素是:土壤性质、污染深度、电极和处理区设置的费用、处理时间、劳力和电费。

6. 稀释和覆土

将污染物含量低的清洁土壤混合于污染土壤以降低污染土壤污染物的含量,称为稀释(dilution)作用。稀释作用可以降低土壤污染物浓度,因而可能降低作物对土壤污染物的吸收,减小土壤污染物通过农作物进入食物链的风险。在田间,可以通过将深层土壤犁翻上来与表层土壤混合,也可以通过客土清洁土壤而实现稀释。

覆土(covering with clean soil)也是客土的一种方式,即在污染土壤上覆盖一层清洁土壤,以避免污染土层物进入食物链。清洁土层的厚度要足够,以使植物根系不会延伸到污染土层,否则有可能因为促进了植物的生长、增强了植物根系的吸收能力反而增加植物对土壤污染物的吸收。另一种与覆土相似的改良方法就是换土,即去除污染表土,换上清洁土壤。

稀释和覆土措施的优点是技术性比较简单,操作容易。但缺点是不能去除土壤污染物,没有彻底排除土壤污染物的潜在危害;它们只能抑制土壤污染物对食物链的影响,并不能减少土壤污染物对地下水等其他环境部分的危害。这些措施的费用取决于当地的交通状况、清洁土壤的来源、劳动力成本等。

9.3.2 化学修复技术

污染土壤的化学修复是利用加入土壤中的化学修复剂与污染物发生一定的化学反应,使污染物被降解和毒性被去除或降低的修复技术。根据污染土壤的特征和污染物的不同,化学修复手段可以是将液体、气体或活性胶体注入土壤下表层、含水土层。注入的化学物质可以是氧化剂、还原剂/沉淀剂或解吸剂/增溶剂。不论是传统的井注射技术，还是现代的各种创新技术，如土壤深度混合和液压破裂技术，都是为了将化学物质渗透到土壤表层以下。通常情况下，根据污染物类型和土壤特征，当生物修复法在速度和广度上不能满足污染土壤修复的需要时才选择化学修复方法。相对于其他污染土壤修复技术来讲，化学修复技术发展较早，也相对成熟。目前，化学修复技术主要涵盖以下几方面的技术类型：①化学淋洗技术；②溶剂浸提技术；③原位化学氧化修复技术；④土壤改良修复技术等。

1. 化学淋洗技术

化学淋洗技术(soil leaching and flushing/washing)是指借助能促进土壤环境中污染物溶解或迁移作用的溶剂，通过水力压头推动清洗液，将其注入被污染土层中，然后再把包含有污染物的液体从土层中抽提出来，进行分离和污水处理的技术。

由于化学淋洗过程的主要手段在于向污染土壤注射溶剂或“化学助剂”，因此，提高污染土壤中污染物的溶解性和它在液相中的可迁移性是实施该技术的关键。这种溶剂或“化学助剂”应该是具有增溶、乳化效果，或能改变污染物化学性质的物质。化学淋洗技术适用范围较广，可用来处理有机、无机污染物。目前，化学淋洗技术主要围绕着用表面活性剂处理有机污染物，用螯合剂或酸处理重金属来修复被污染的土壤。化学淋洗技术既可以在原位进行修复，也可进行异位修复。

(1) 原位化学淋洗技术。

原位化学淋洗技术是指在污染现场直接向土壤施加淋洗剂，使其向下渗透，穿过污染土壤通过解吸、螯合、溶解或络合等物理、化学作用，最终使污染物形成可迁移态化合物。含有污染物的溶液可以用梯度井或其他方式收集、储藏，再做进一步处理，以再次用于处理被污染的土壤。

图 9-8 是原位化学淋洗技术流程图。淋洗液或土壤活化液通过喷灌或滴流设备喷淋到土壤表层，再由淋出液向下将污染物从土壤基质中洗出，并将包含溶解态污染物的淋出液输送到收集系统中，收集系统通常是一个缓冲带或截断式排水沟，将淋出液排放到泵控抽提井附近，再由泵抽入至污水处理厂进行处理。

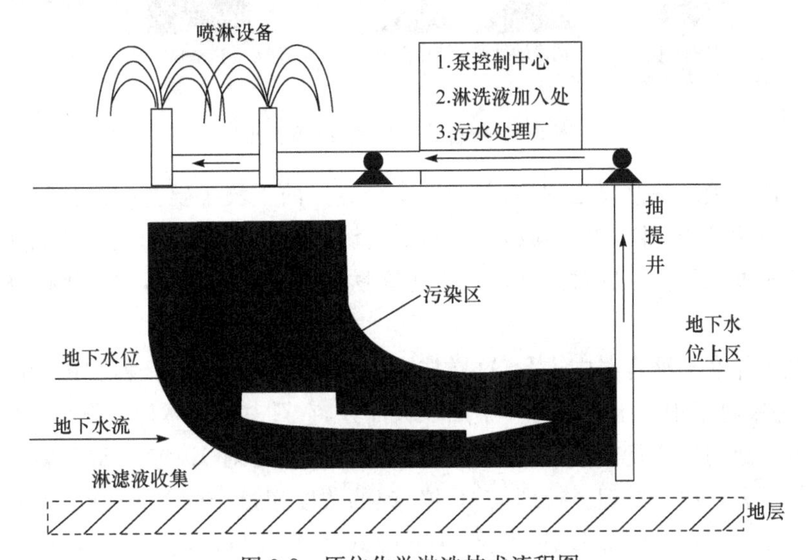

图 9-8　原位化学淋洗技术流程图

原位化学淋洗技术处理污染土壤有很多优点，如长效性、易操作性、高渗透性、费用合理性（依赖于所利用的冲洗剂），并且适合治理的污染物范围很广。运用原位化学处理技术修复被有机物和重金属污染的土壤是最为实用的。

原位化学淋洗技术的缺点是在去除土壤污染物的同时，也去除了部分土壤养分离子，还可能破坏土壤的结构，影响土壤微生物的活性，从而影响土壤整体的质量。如果操作不慎，还可能对地下水造成二次污染。

1987～1988 年，在荷兰曾采用该技术对一处镉污染土壤进行了处理。他们用0.001mol/L 的 HCl 对 6000m^2 的土地上大约 3000m^3 的砂质土壤进行了处理。经过处理，土壤镉浓度从原来的 20mg/kg 以上降低到 1mg/kg 以下。处理费用大约 50 英镑/m^3。

（2）异位化学淋洗技术。

与原位化学淋洗技术不同的是，异位化学淋洗技术要把污染土壤挖掘出来，用水或其他化学试剂来清洗、去除污染物，再处理含有污染物的废水或废液，洁净的土壤可以回填或运到其他地点（图 9-9）。通常情况下，根据处理土壤的物理状况，先将其进行颗粒分级，再基于二次利用的用途和最终处理需求，分开清洗达到不同的清洁程度。

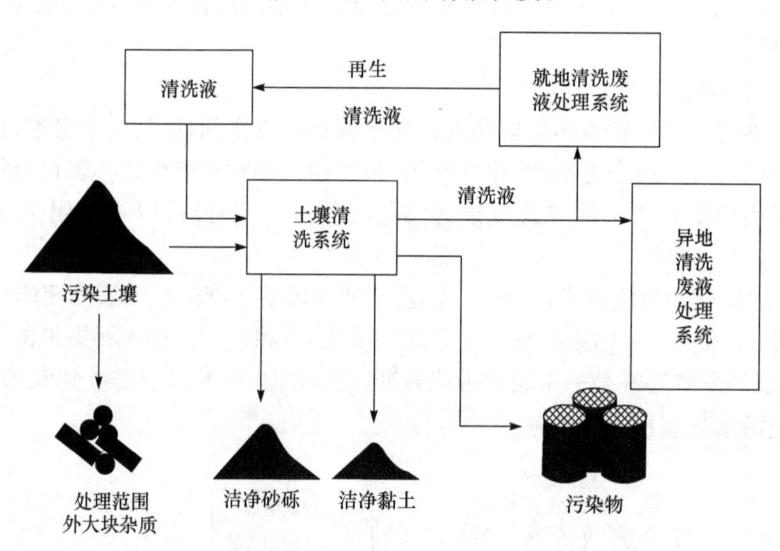

图 9-9　异位化学淋洗技术流程图

在有些异位土壤淋洗修复工程中，并非所有分离开的土壤都要清洗。如果大部分污染物被吸附于某一土壤粒级，并且这一粒级只占全部土壤体积的一小部分，那么直接处理这部分土壤是最经济的选择。异位土壤淋洗通常产生污染物的富集液或富集污泥，因此还需要一些最终处理手段。

土壤清洗工作在某种容器中进行，这样技术人员可以控制操作流程和进行结果分析。在多数情况下，污染物集中在土壤混合体中细粒级部分，它只占处理体积中很小的比例。

已经有不少成功的修复例子。例如，美国的新泽西州曾对 19 000t 重金属严重污染的土壤和污泥进行了异位清洗处理。处理前铜、铬、镍的浓度超过 10 000mg/kg，处理后土壤中镍的平均浓度是 25mg/kg，铜的平均浓度是 110mg/kg，铬的平均浓度是 73mg/kg。

2. 溶剂浸提技术

溶剂浸提技术(solvent extraction technology),通常也称为化学浸提技术(chemical extraction technology),是一种利用溶剂将有害化学物质从污染土壤中提取出来进入有机溶剂中,而后分离溶剂和污染物的技术。

溶剂浸提技术一般是土壤异位处理技术,图 9-10 是溶剂浸提技术过程示意图。

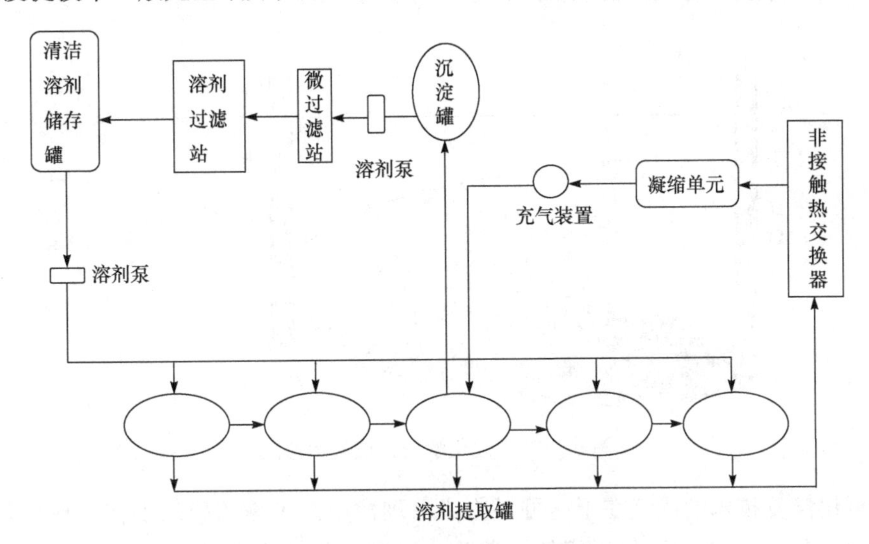

图 9-10　溶剂浸提技术过程示意图

首先将污染土壤挖掘出来,并将大块杂质如岩石、垃圾等分离出去。然后,将污染土壤放置在提取罐内进行浸提提取。溶剂类型的选择要依污染物的化学结构与土壤特性而定。提取罐可容纳 12～13m^3 的土壤。洁净的浸提溶剂从溶剂储存罐运送到提取罐内,溶剂必须漫浸土壤介质,以便土壤中的污染物与溶剂全面接触。其中在溶剂中浸泡的时间,取决于土壤的特点和污染物的性质。当监测表明,土壤中的污染物基本完全溶解于浸提的溶剂时,借助泵的力量将其中的浸出液排出提取罐,并引导到溶剂恢复系统中。按照这种方式重复提取过程,直到目标土壤中污染物水平降低到预期标准。

溶剂恢复系统包括溶剂净化站(介质吸附)和溶剂脱水装置(蒸馏)两部分。溶剂净化站由袋状过滤层和吸附介质过滤层组成,滤去溶液中的颗粒物质。溶剂脱水单元则结合油/水分离来进行蒸馏,分离溶液中的有机污染物并进一步浓缩,最大程度减少废弃物的体积。

经过这些处理程序后,污染物或者富集在蒸馏部分底部,或者在吸附介质中。这些污染物可进行进一步处理处置。滞留在土壤中的剩余溶剂可通过空气加热装置将土壤加热,使其由液态变成气态而从土壤中逸出,冷却后又变成液态,达到循环再利用的目的。

在美国加利福尼亚北部的一个岛上,曾采用此法对 PCBs 浓度高达 17～640mg/kg 的污染土壤进行了处理。该处理系统采用了批量溶剂提取过程(batch solvent extraction process),使用的溶剂是专利溶剂,以分离土壤的有机污染物。整个提取系统由五个提取灌、一个微过滤单元、一个溶剂纯化站、一个清洁溶剂储存罐和一个真空抽提系统组成。处理每吨土壤需要 4L 溶剂。处理后的土壤中 PCBs 的浓度从 170mg/kg 降到大约 2mg/kg。

3. 原位化学氧化修复技术

原位化学氧化修复技术(in-situ chemical oxidation)主要是通过掺进土壤中的化学氧化剂与污染物所产生的氧化反应,使污染物氧化成为无毒物质的一项污染土壤修复技术。化学氧化技术不需要将污染土壤全部挖掘出来，而只是在污染区的不同深度钻井，然后通过井中的泵将氧化剂注入土壤中，使氧化剂与污染物充分接触、发生氧化反应而被分解为无害物。图 9-11 是原位化学氧化技术示意图，由氧化剂、注射井、抽提井三要素组成。实践表明，如果不经过事先勘测，很难将化学氧化剂泵入恰好的污染地点。因此，在钻井之前，技术人员要先测试土壤和地下水，研究地下土层的特征，探出污染区实际所在地点与覆盖面积。

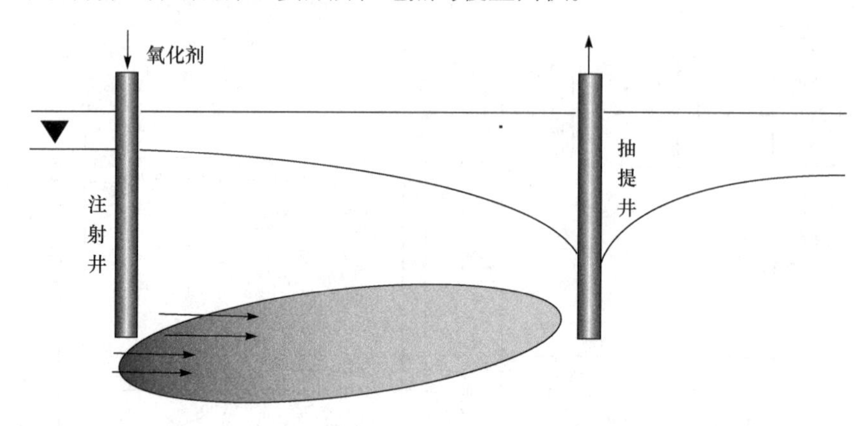

图 9-11 原位化学氧化技术示意图

化学氧化修复技术的优点在于它可以原位治理污染。土壤的修复工作完成后，一般只在原污染区留下了水、二氧化碳等无害的化学反应产物。通常，化学氧化技术用来修复处理其他方法无效的污染土壤，如在污染区位于地下水深处的情况下。由于具有这些优势，在美国和英国等西方发达国家，已有许多地点尝试采用化学技术修复污染的土壤。

该技术主要用来修复被油类、有机溶剂、多环芳烃(如萘)、PCP、农药以及非水溶液氯化物(如三氯乙烯 TCE)等污染物污染的土壤，通常这些污染物在污染土壤中长期存在，很难被生物所降解。

最常用的氧化剂是 H_2O_2、K_2MnO_4 和 O_3，以液体形式泵入地下污染区。

4. 土壤改良修复技术

土壤改良修复技术主要是针对重金属污染土壤而言，部分措施也适用于有机污染的土壤修复。该法是原位处理方法，不需要搭建复杂的工程装备，因此，是经济有效的污染土壤修复途径之一。

1) 施用改良剂

施用改良剂的作用是降低重金属的活性，这一措施能有效降低重金属的水溶性、扩散性和生物有效性，从而降低它们进入植物体、微生物和水体的能力，减轻它们对生态环境的危害。

(1) 石灰性物质。

经常施用的石灰性物质包括熟石灰、硅酸镁钙和碳酸钙等，施用这些物质的目的主要是中和土壤酸性，提高土壤 pH，降低重金属污染物的浓度。为保证石灰性物质与金属离子充分接触和反应，可以考虑将石灰磨细，提高其比表面积，然后放入土壤。施用石灰性物质可以改变污染土壤固相中的阳离子组成，使氢离子被钙离子取代，从而使土壤的阳离子交换量增加。另外由于钙还能改善土壤结构，增加土壤胶体凝聚性，因此，可以增强植物根表面对重金属离子的拮抗作用。不过把石灰性物质当成土壤改良剂来修复土壤并不是很普遍适用的技术，事实上这种方式还存在缺陷。例如，向土壤施入石灰性物质后可能导致某些植物营养元素的缺乏。

(2) 有机物质。

用于治理土壤重金属污染的有机物质主要有未腐熟稻草、牧草、紫云英、泥炭、富淀粉物质、家畜粪肥以及腐殖酸等。向土壤中施用有机物质能够增强土壤对污染物的吸附能力,有机物质中的含氧功能团如羧基、羰基等能与重金属氧化物、金属氢氧化物及矿物的金属离子形成化学和生物学稳定性不同的金属-有机配合物,而使污染物分子失去活性,减轻土壤污染对植物和生态环境的危害。

(3) 离子拮抗剂。

土壤环境中化学性质相似的重金属元素之间可能会因为竞争植物根部同一吸收点位而产生离子拮抗作用,因此可向因某一重金属元素轻度污染的土壤中施入少量的与该金属有拮抗作用的另一重金属元素,以减少植物对该重金属的吸收,减轻重金属对植物的毒害。例如,锌和镉的化学性质相近,对镉污染的土壤,比较便利的改良措施之一是按一定比例施入含锌的肥料,以缓解镉对农作物的毒害作用。日本在治理根横田町小马木矿山附近 Mo 的毒害时就是以拮抗原理为依据,结果施用过石膏的土壤作物生长发育良好,产量明显提高。

(4) 化学沉淀剂。

对重金属污染的土壤,可以施加一些可以与重金属发生沉淀反应的物质,来改变重金属离子形态和生物有效性。

碳酸盐治理 Pb、Cd、Hg 和 Zn 等造成的污染有很好的效果,熔融磷肥对 Fe、Mn 和 Cr 等造成的污染有很好的效果,熔融磷肥对 Fe、Mn 和 Cr 等造成的污染的治理效果极佳。向砷污染的土壤中加入 $ZnSO_4$ 或 $MgCl_2$ 可形成难溶性的 Zn、Mg 砷酸盐,若配以适量 Fe,还可抑制土壤还原,使砷被 $Fe(OH)_3$ 吸附或与之发生共沉淀。在重金属污染严重的土壤中施入含硫物料,能使土壤中的镉、汞形成 CdS、HgS 沉淀。因此,可利用这些化学反应改良被 Pb、Fe、Mn、Cr 和 Zn 污染的土壤。

2) 调节土壤氧化还原电位

土壤中重金属的活性受土壤氧化还原状况的影响,因而可通过调节土壤氧化还原电位的方法来控制重金属迁移。由于水田的淹水状况与土壤氧化还原电位有很大关联,因此通过调节土壤水分也可以调控土壤氧化还原电位,如可将汞或砷的水田改成旱地,铬污染的旱地改成水田等方法改变土壤氧化还原电位,从而减轻变价金属元素毒性。

9.3.3 植物修复技术

污染土壤植物修复技术(phytoremediation)指利用植物及其根际微生物对土壤污染物的吸收、挥发、转化、降解、固定作用而去除土壤中污染物的修复技术。

1. 植物修复技术的类型

一般来说,植物对土壤中的无机污染物和有机污染物都有不同程度的吸收、挥发和降解等修复作用,有的植物甚至同时具有上述几种作用。但修复植物不同于普通植物的特殊之处在于其在某一方面表现出超强的修复功能,如超积累植物等。根据修复植物在某一方面的修复功能和特点可将污染土壤植物修复技术分为以下 5 种基本类型。

(1) 植物提取修复。

利用重金属超积累植物从污染土壤中超量吸收、积累一种或几种重金属元素,之后将植物整体(包括部分根)收获并集中处理,然后再继续种植超积累植物以使土壤中重金属含量降低到可接受的水平。植物提取修复是目前研究最多且最有发展前途的一种植物修复技术。

(2) 植物挥发修复。

利用植物将土壤中的一些挥发性污染物吸收到植物体内,然后将其转化为气态物质释放到大气中,从而对污染土壤起到治理作用。这方面的研究主要集中在易挥发性的重金属如汞等方面,对有机污染物质治理也具有较好的应用前景。

(3) 植物稳定修复。

通过耐性植物根系分泌物质来积累和沉淀根际圈污染物质,使其失去生物有效性,以减少污染物质的毒害作用。但更重要的是利用耐性植物在污染土壤上的生长来减少污染土壤的风蚀和水蚀,防止污染物质向下淋移而污染地下水或向四周扩散进一步污染周围环境。该技术偏重于重金属污染土壤的稳定修复,如废弃矿山的复垦工程,铅、锌尾矿库的植被重建等。

(4) 植物降解修复。

利用修复植物的转化和降解作用去除土壤中有机污染物质,其修复途径包括污染物质在植物体内转化和分解及在植物根分泌物酶的作用下引起的降解。植物降解一般对某些结构比较简单的有机污染物去除效率很高,但对结构复杂的污染物质则无能为力。

(5) 根际圈生物降解修复。

利用植物根际圈菌根真菌、专性或非专性细菌等微生物的降解作用来转化有机污染物,降低或彻底消除其生物毒性,从而达到修复有机污染土壤的目的。这种修复方式实际上是微生物与植物的联合作用过程,只不过微生物在降解过程中起主导作用。实践证明,根际圈生物降解有机污染物质的效率明显高于单一利用微生物降解有机污染物质的效率。

2. 植物修复技术的作用机理

污染土壤植物修复的作用机理包括植物提取作用、根际降解作用、植物降解作用、植物稳定化作用、植物挥发作用。

(1) 植物提取作用。

植物提取(phytoextraction)就是指通过植物根系吸收污染物并将污染物富集于植物体内,而后将植物体收获、集中处置的过程。适合于植物提取技术的污染物包括:金属(Ag、Cd、Co、Cr、Cu、Hg、Mo、Ni、Pb、Zn、As、Se)、放射性核素(^{90}Sr、^{137}Cs、^{239}Pu、^{238}U、^{234}U)、非金属(B)。植物提取修复也可能适合于有机污染物,但尚未得到很好的检验。虽然各种植物都可能或多或少地吸收土壤中的重金属,但作为植物提取修复用的植物必须对土壤中的一种或几种重金属具有特别强的吸收能力,即超累积植物(hyperaccumulator)。

植物提取土壤重金属的效率取决于植物本身的富集能力、植物可收获部分的生物量以及土壤条件(如土壤质地、土壤酸度、土壤肥力)、金属种类及形态等。超累积植物通常生长缓慢,生物量低,根系浅。因此尽管植物体内金属浓度可以很高,但从土壤吸收走的金属总量却未必高,这影响了植物提取修复的效率。1991～1993 年,英国洛桑实验站的 McGrath 等在重金属污染土壤上进行了植物提取修复的田间实验,其结果表明,在含锌 444mg/kg 的土壤上种植遏蓝菜属的 *T. caerulescens*,可以从土壤中吸收锌 30.1kg/hm^2,吸收镉 0.143kg/hm^2。假定每季节植物都能吸收等量的金属,要将该土壤的锌降低到背景值(40mg/kg),需要种植 *T. caerulescens*18 次。但在同一块土地上,每季植物吸收的金属量不可能是相同的,而应该是递减的,因为随着土壤金属总量的降低,其有效性也降低。因此为了达到预期的净化目标,实际需要种植的次数必定更多。所以寻找超累积植物品种资源,通过常规育种和转基因育种筛选优良的超累积植物,就成为植物提取修复的关键环节。优良的超累积植物不仅体内重金属含量要高,生物量也要高,抗逆、抗病虫害能力要强。通过转基因技术培育新的超累积植物也许是今后植物提取修复技术的重要突破点。

(2) 根际降解作用。

根际降解(rhizodegradation)就是指土壤中的有机污染物通过根际微生物的活动而被降解的过程。根际降解作用是一个植物辅助并促进的降解过程,是一种就地的生物降解作用。植物根际是由植物根系和土壤微生物之间相互作用而形成的独特的、距离根仅几毫米到几厘米的圈带。根际中聚集了大量的细菌、真菌等微生物和土壤动物,在数量上远远高于非根际土壤。根际土壤中微生物的生命活动也明显强于非根际土壤。根际中既有好氧环境,也有厌氧环境。植物在其生长过程中会产生根系分泌物,这些分泌物可以增加根际微生物的数量并促进微生物的活性,从而促进有机污染物的降解。根系分泌物的降解会导致根际有机污染物的共同代谢。植物根系会通过增加土壤通气性和调节土壤水分条件而影响土壤条件,从而创造更有利于微生物生物降解作用的环境。

根际降解作用机理,主要包括如下几个过程:

① 好氧代谢。大多数植物生长在水分不饱和的好氧条件下。在好氧条件下,有机污染物会作为电子受体而被持续矿化分解。

② 厌氧代谢。部分植物生长在厌氧条件下(如水稻),即使生长在好氧条件下的植物,其根际也可能在部分时间内因积水而处于厌氧环境(如灌溉和降雨的时候);即使在非积水时期,根际的局部区域也可能由于微域条件而处于厌氧条件。厌氧微生物对环境中难降解的有机物(如 PCBs、DDT 等)有较强的降解能力。一些有机污染物(如苯)可以在厌氧条件下完全被矿化。

③ 腐殖质化作用。有毒有机污染物可以通过腐殖质化作用转变为惰性物质而固定下来,达到脱毒的目的。研究结果证实,根际微生物加强了根际中 PAHs 与富里酸和胡敏酸之间的联系,降低了 PAHs 的生物有效性。腐殖质化被认为是 TPH(总石油烃)最主要的降解机理,根际降解研究首先在农业土壤中的农药生物降解中进行。

Sandman 研究证明许多植物根际区的农药降解速率快,降解率与根际区微生物数量的增加呈正相关,而且发现多种微生物联合的群落比单一种的种群对化合物的降解有更广泛的适应范围。但并非所有植物对化学物质都有降解能力,它们之间的关系有很强的选择性,主要原因是不同植物种分泌不同的物质,而不同微生物对根系分泌物有所选择。另外,植物对化学物质的适应或敏感程度也不相同。如使用 2,4-D 除草剂后,降解 2,4-D 这种除草剂的细菌群落数量在甘蔗根际有增加,但在非洲三叶草根际不增加。2,4-D 对除去双子叶杂草有效而不伤害甘蔗,所以甘蔗可作为 2,4-D 的修复植物。

根际降解可以考虑作为其他修复措施之后的修饰手段或在最后处理步骤进行。

(3) 植物降解作用。

植物降解作用(phytodegradation)(又称植物转化作用)指被吸收的污染物通过植物体内代谢过程而降解的过程,或污染物在植物产生的化合物(如酶)的作用下在植物体外降解的过程,其主要机理是植物吸收和代谢。

要使植物降解发生在植物体内,化合物首先要被吸收到植物体内。研究表明 70 多种有机化合物可以被 88 种植物吸收,已经有人建立了可以被吸收的化合物和相应的植物种类的数据库。化合物的吸收取决于其憎水性、溶解性和极性。中等疏水的化合物($\lg k_{ow}=0.5\sim3.0$)最容易被吸收并在植物体内运转,溶解度很高的化合物不容易被根系吸收并在体内运转,疏水性很强的化合物可以被根表面结合,但难以在体内运转。植物对有机化合物的吸收还取决于植物的种类、污染物本身的特点以及许多土壤的物理和化学特征。很难对某一种化合物下一个确切的结论。

可在植物体内进行代谢的有机污染物有除草剂阿特拉津、含氯溶剂 TCE、TNT、杀虫剂 DDT、杀真菌剂 HCB、PCP、增塑剂 DEHP 和 PCBs 等。植物体内有机污染物降解的主要机理包括羟基化作用、酶氧化降解过程等。

Jerald Schnoor 研究发现,白杨树能降解土壤中 10%～20%的阿特拉津(atrazine),并且发现,白杨树通过根系将其吸收并转化、分解。

(4) 植物稳定化作用。

植物稳定化作用(phytostabilization)指通过根系的吸收和富集、根系表面的吸附或植物根圈的沉淀作用而产生的稳定化作用;或利用植物或植物根系保护污染物,使其不因风、蚀、水蚀、淋溶以及土壤分散而迁移的稳定化作用。

植物稳定化作用通过根际微生物活动、根际化学反应和/或土壤性质的改变及污染物的化学变化而起作用。根系分泌物或根系活动产生的 CO_2 会改变土壤 pH,植物固定作用可以改变金属的溶解度和移动性或影响金属与有机化合物的结合,受植物影响的土壤环境可以将金属从溶解状态变为不溶解状态。植物稳定化作用可以通过吸附、沉淀、络合或金属价态的变化而实现。结合于植物木质素之上的有机污染物可以通过植物木质化作用(phytolignification)而被植物固定。在严重污染的土壤上种植抗性强的植物以减少土壤的侵蚀,防止污染物向下淋溶或往四周扩散。这种固定作用常被用于废弃矿山的植被重建和复垦。

植物稳定化作用的优点是:不需要移动土壤,费用低,对土壤的破坏小,植被恢复还可以促进生态系统的重建,不要求对有害物质或生物体进行处置。植物稳定化作用的缺点是:污染物依然留在原处,可能要长期保护植被和土壤以防止污染物的再释放和淋洗所产生的环境风险。

(5) 植物挥发作用。

植物挥发作用(phytovolatilixation)指污染物被植物吸收后,在植物体内代谢和运转,然后以污染物或改变了的污染物形态向大气释放的过程。在植物体内,植物挥发过程可能与植物提取和植物降解过程同时进行并互相关联。植物挥发作用对某些金属污染的土壤有潜在修复效果。目前研究最多的是汞和硒的植物挥发作用,砷也可能产生植物挥发作用,某些有机污染物(如一些含氯溶剂)也可能产生植物挥发作用。

在土壤中,Hg^{2+} 在厌氧细菌的作用下可以转化为毒性很强的甲基汞。一些细菌可以将甲基汞和离子态汞转化成毒性小得多的可挥发的元素汞 Hg^0,这是降低汞毒性的生物途径之一。研究表明,将细菌体内对汞的抗性基因导入拟南芥属植物之中,植物就可能将吸收的汞还原为元素 Hg,从而挥发。许多植物可从土壤中吸收硒并将其转化成可挥发状态(二甲基硒和二甲二硒)。根际细菌不仅能促进植物对硒的吸收,还能提高硒的挥发率。现已经发现海藻可以将 $(CH_3)_2AsO_2^-$ 挥发出体外,但在高等植物中尚未见砷挥发的报道。

目前已经发现的可以产生植物挥发的植物有:杨树(含氯溶剂)、紫云英(TCE)、黑刺槐(TCE)、印度芥(硒)、芥属杂草(汞)。

植物挥发作用的优点是:污染物可以被转化为毒性较低的形态,如元素汞和二甲基硒;向大气释放的污染物或代谢物可能会遇到更有效的降解过程而进一步降解,如光降解作用。植物挥发作用的缺点是:污染物或有害代谢物可能累积在植物体内,随后可能被转移到其他器官中(如果实);污染物或有害代谢物可能被释放到大气中。

这一方法的适用范围很小,并且有一定的二次污染风险,因此它的应用有一定限制。

3. 植物修复技术的优点和局限

1) 污染土壤植物修复技术的优点

(1) 用植物提取、植物降解、根际降解、植物挥发等作用，可以将污染物从土壤中去除，永久解决土壤污染问题。

(2) 修复植物的稳定作用可以固土，防止污染土壤因风蚀或水土流失而产生的污染扩散问题。

(3) 修复植物的蒸腾作用可以防止污染物质对地下水的二次污染。

(4) 植物修复不仅对修复场地的破坏小，对环境的扰动小，而且还具有绿化环境的作用，可减少来自公众的关注和担心。

(5) 植物修复一般会提高土壤的肥力，而一般的物理和化学修复或多或少会损害土壤肥力，有的甚至使土壤永久丧失肥力。

(6) 重金属超富集植物所累积的重金属在技术成熟时可进行回收，从而也能创造一定的经济价值。

(7) 植物修复依靠修复植物的新陈代谢活动来治理污染土壤，技术操作比较简单。从技术应用过程来看，是可靠的、环境相对安全的技术。

(8) 植物修复以太阳能为驱动力，能耗较低，成本低，可以在大面积污染土壤上使用。

2) 污染土壤植物修复技术的局限性

尽管植物修复技术有许多优点，但这项技术也存在着许多局限。

(1) 一种植物往往只是吸收一种或两种重金属元素，对土壤中其他浓度较高的重金属则表现出某些中毒症状，从而限制了植物修复技术在多种重金属污染土壤治理方面的应用前景。

(2) 植物对土壤肥力、气候、水分、盐度、酸碱度、排水与灌溉系统等自然和人为条件有一定的要求。

(3) 多数植物具有光周期反应，在世界范围内引种修复植物可能比较困难。

(4) 用于清洁重金属污染土壤的超累积植物通常矮小、生物量低、生长缓慢、生长周期长，因而修复效率低，不易于机械化作业。

(5) 用于清洁重金属的植物器官往往会通过腐烂、落叶等途径使重金属污染物重返土壤。因此，必须在植物落叶前收割并处理植物器官。

(6) 缺乏行之有效的用于筛选修复植物的手段，同时对已筛选出来的修复植物的生活习性了解很少，这也部分限制了植物修复技术的应用。

(7) 植物修复的周期相对较长，因此，不利的气候或不良的土壤环境都会间接影响修复效果。

9.3.4　微生物修复技术

污染土壤的微生物修复指利用天然存在的或特别培养的微生物在可调控的环境条件下将土壤中有毒污染物转化为无毒物质的处理技术。

这项技术的创新之处在于它精心选择、合理设计操作的环境条件，促进或强化在天然条件下本来发生很慢或不能发生的降解或转化过程。微生物修复技术起源于有机污染物的治理，近年来也向无机污染物的治理扩展。

1. 微生物修复机理

通常刚被有机物污染的土壤中的土著微生物并不能降解污染物，而是在一个相当长的暴露过程中培育自身的降解能力。污染点的细菌经过一段时间驯化后，才能产生降解代谢污染物的能力，这种现象称为适应性。微生物的适应性为有机物污染的修复提供了可能。适应性导致能够代谢污染物的细菌总数增加，或者个体细菌遗传性或生理特性发生改变。这一过程包括以下3种机制：①特定酶的产生；②基因突变产生新的代谢群体；③能够降解有机物烃的微生物富集。

各种不同的有机污染物能否被降解取决于微生物能否产生响应的酶系，酶的合成直接受基因控制。有机物降解酶系的编码多在质粒上，携带某种特殊有机物基因的质粒称为降解质粒，而降解质粒的出现是适应难降解物质的一种反映。

微生物对有机污染物的降解分为细胞内和细胞外两种方式。1979年，Yonezawa等研究认为微生物对有机化合物的降解作用是由其细胞内酶引起的，微生物降解的整个过程可以分为3个步骤，首先是化合物在微生物细胞膜表面的吸附，这是一个动态平衡；其次是吸附在细胞表面的化合物进入细胞膜内，在生物量一定时，化合物对细胞膜的穿透率决定了化合物穿透细胞膜的量；最后是化合物进入微生物细胞膜内与降解酶结合发生酶促反应，这是一个快速的过程。物质进入细胞，有多种途径，主要有扩散、促进扩散、主动运输、基团移位4种方式。扩散和促进扩散都是由于浓度梯度引起的物质运输，而主动运输的关键则在于能量的提供和载体蛋白的作用。对主动运输的机理有多种解释，最主要的两种学说是化学渗透模型和氧化还原模型。前者是指生物通过能量消耗，使细胞内质子(H^+)排出胞外，形成膜内外质子的浓度差，这个电位差又使H^+由膜外侧进入膜内侧。这时H^+作为耦合离子与营养物耦合，又有载体蛋白(渗透酶)参与作用，就将细胞外低浓度的营养物质带入了细胞内。后者认为细胞膜中的载体蛋白既能呈氧化态，也能呈还原态。在膜外表面时呈氧化态，对被运输物质的亲和力大，而与被运输物质相结合。进入膜内表面，此时呈还原态，对被运输物质的亲和力弱，被运输的物质被释放。载体氧化态和还原态的转变是由于基质的氧化，以及电子在传递链的传递而引起的。Lea Bezalel等通过细胞质和微粒体中的酶活性测定发现，在第1阶段的分解代谢中起作用的酶有细胞色素P450单加氧酶和开环酶。另外，污染物也不必先进入细胞再代谢，但是这样的降解方式受环境影响较大，并且降解速率和效率也多弱于细胞内降解。而大量具有专一降解性的微生物多在细胞内完成对污染物的降解，这样的降解方式必然要求污染物先进入细胞内，因此污染物的跨膜运移就显得尤为重要。Cookson研究发现，如果将甲苯或二甲苯导入只能降解苯的真菌内，两种物质都能够被降解，说明某些专一降解菌的质粒可以降解多种物质，但是由于细胞膜上载体蛋白的专一性而限制了菌种对其他物质的降解能力。

在好氧条件下，有机物进入降解微生物的细胞后，通过同化作用被降解，这是一个非常复杂的过程。简单地说，可用下式表示：

$$\text{有机物类物质}+\text{生物}+O_2+\text{营养源}\longrightarrow CO_2+H_2O+\text{副产物}+\text{细胞体}$$

微生物对有机物中不同烃类化合物的代谢途径和机理不同。通常，在微生物作用下，直链烷烃首先被氧化成醇，然后在醇脱氢酶的作用下被氧化为相应的醛，醛则通过醛脱氢酶的作用氧化成脂肪酸。氧化途径有单末端氧化、双末端氧化和次末端氧化等，其可能途径如下：

$$R—CH_2—CH_3+O_2\longrightarrow R—CH_2—CH_2—OH\longrightarrow R—CH_2—CHO\longrightarrow R—CH_2—COOH$$

$$H_3C—(CH_2)_n—CH_3+O_2\longrightarrow OHC—(CH_2)_n—CHOOH\longrightarrow CHOO—(CH_2)_n—CHOOH$$

$$HOH_2O—(CH_2)_n—COOH\longrightarrow OHC—(CH_2)_n—CHOOH\longrightarrow CHOO—(CH_2)_n—CHOOH$$

$$H_3C—(CH_2)_{11}—CH_3\longrightarrow H_3C—(CH_2)_{10}—CH(OH)—CH_3\longrightarrow H_3C—(CH_2)_{10}—COCH_3\longrightarrow$$

$$H_3C—(CH_2)_9—CH_2—O—COCH_3\longrightarrow H_3C—(CH_2)_9—CH_2OH+CH_3COOH$$

脂环烃类的生物降解是环烷烃被氧化为一元醇，并在大多数研究的细菌中环烷烃醇和环烷酮通过内脂中间体的断裂而代谢，大多数利用环乙醇的微生物菌株，也能在一些脂环化合物中生长，包括环己酮、顺(反)-环己烷-1，2-二醇和 2-羟基环己酮，环己烷分解代谢的可能途径如图 9-12 所示。

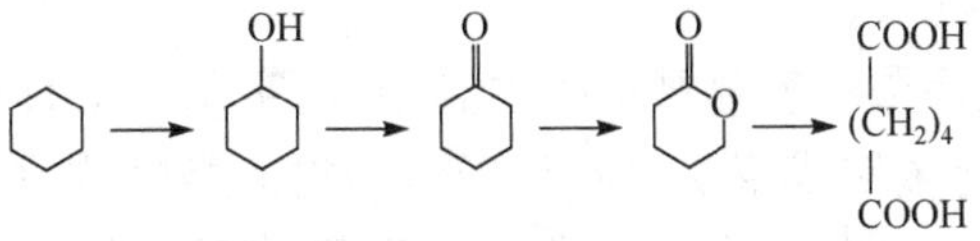

图 9-12　环己烷分解代谢的途径

真菌和微生物都能氧化从苯到苯并蒽范围内的芳烃底物。起初细菌借助加双氧酶的催化作用把分子氧的两个氧原子结合到底物中，使芳烃氧化成具有顺式构型的二氢二酚类。顺式二氢二酚类进一步氧化裂解。与细菌相反，真菌则借助于单加氧酶和环水解酶的催化作用，把芳烃氧化成反式二氢二酚类化合物。微生物对芳香烃的降解途径如图 9-13 所示。

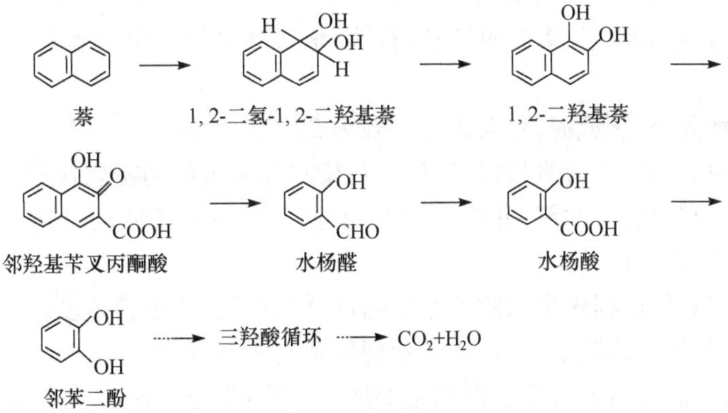

图 9-13　芳香烃的降解途径

2. 微生物修复技术分述

1) 微生物修复技术的分类

根据修复过程中人工干预的程度，污染土壤的微生物修复技术可分为两类。

(1) 自然微生物修复技术。指完全在自然条件下进行的微生物修复过程，在修复过程中不进行任何工程辅助措施，也不对生态系统进行调控，靠土著微生物发挥作用。自然生物修复要求被修复土壤具有适合微生物活动的条件(如微生物必要的营养物、电子受体、一定的缓冲能力等)，否则将影响修复速度和修复效果。

(2) 人工微生物修复技术。当在自然条件下，微生物降解速率很低或不能发生时，可以通过补充营养盐、电子受体、改善其他限制因子或微生物菌体等方式，促进微生物修复，即人工微生物修复。人工微生物修复技术依其修复位置情况，又可分为原位微生物修复技术和异位微生物修复技术两种类型。

①原位微生物修复技术：不人为挖掘、移动污染土壤，直接在原污染场地通过工程措施向污染土壤提供氧气、营养物或接种，以达到降解污染物的目的。原位微生物修复技术形式包括生物通气法、生物注气法、土地耕作法等。

②异位微生物修复技术：人为挖掘污染土壤，并将污染土壤转移到其他地点或反应器内进

行修复。异位微生物修复更容易控制，技术难度较低，但成本较高。异位微生物修复包括生物反应器型和处理床型两种类型。处理床技术又包括异位土地耕作、生物堆置处理和翻动条垛法等。反应器技术主要指泥浆相生物降解技术等。

2）微生物修复的主要技术介绍

（1）泥浆相生物降解技术。

溶解在水相中的有机污染物容易被微生物利用，而吸附在固体颗粒表面的有机污染物不容易被利用，因此将污染土壤制成浆状更有利于污染物的微生物降解。泥浆相生物降解技术（slurry phase biodegradation）在泥浆反应器中进行，泥浆反应器可以是专用的泥浆反应器，也可以是一般的经过防渗处理的池塘。挖出的土壤加水制成泥浆，然后与降解微生物和营养物质在反应器中混合。添加适当的表面活性剂或分散剂可以促进吸附的有机污染物的解离，从而促进降解速率。降解微生物可以是原来就存在于土壤的微生物，也可以是接种的微生物。要严格控制条件以利于泥浆中有机污染物的降解。处理后的泥浆被脱水，脱出的水要进一步处理以除去其中的污染物，然后可以被循环使用。

泥浆相处理过程的主要步骤概括如下：

①土壤的预处理，以除去其中的橡胶、石块、金属物品等。土壤颗粒一般应小于 4mm 以便制成泥浆。

②将原料与水混合，制成泥浆（含水量一般为 20%～50%）。

③在反应器中对泥浆进行机械搅拌，保证污染物和微生物的密切接触。

④补充无机和有机养分和氧，并调节 pH。有些泥浆系统还使用氧化剂（如过氧化氢），使有机污染物更容易被降解。

⑤在最初或在处理过程中多次添加微生物，以维持最佳微生物浓度。

⑥处理结束后，将泥浆脱水，并进一步处理残余的液态废物。

与固相修复系统相比，泥浆反应器的主要优点在于：促进有机污染物的溶解、增加微生物与污染物的接触、加快微生物降解速率。例如，菲在固相修复系统修复 32 天的效果只相当于泥浆反应器中 8 天的修复效果。泥浆相处理的缺点是能耗较大、过程较复杂，因而成本较高；处理过程彻底破坏土壤结构，对土壤肥力有显著影响。泥浆相处理技术适用于挥发和半挥发有机污染物、卤化或非卤化有机污染物、多环芳烃、二噁英、呋喃、除草剂和农药、炸药等。泥炭土不适合于该技术。

1992～1993 年，美国的得克萨斯州曾采用该技术处理了一处被多环芳烃、多氯联苯、苯和氯乙烯污染的土壤。共处理了大约 30 万 t 土壤和污泥，每吨土壤的处理费用大约是 60 英镑。处理系统包括：通气（泵）系统、液态氧供应系统、化学物质供应系统（供应氮、磷等营养物质和调节酸度的石灰水）、清淤及混合设备及生物反应器。经过 11 个月的处理以后，苯浓度从 608mg/kg 降低到 6mg/kg，氯乙烯浓度从 314mg/kg 降到 16mg/kg。

（2）生物堆制法。

生物堆制法（biopiles）又称静态堆制法（static piles ）。这是一种基于处理床技术的异位生物处理过程，通过使土堆内的条件最优化而促进污染物的微生物降解。挖出的污染土壤被堆成一个长条形的静态堆（没有机械的翻动），添加必要的养分和水分于污染土堆中，必要时加入适量表面活性剂。水分、养分和空气是在土堆中通过布设管网导入。管网可以安放在土堆底部、中部或上部。最大堆高可以达到 4m，但随堆高的增加，通气和温度的控制会愈加困难。处理床底部应铺设防渗垫层以防止处理过程中从床中流出的渗滤液往地下渗漏，可以将渗滤液回灌于预制床的土层上。如果会产生有害的挥发性气体，在土堆上还应该设有废气收集和处理设施。温度对微生物降解速率有影响，因此季节性的气候变化可能阻碍或提高微生物降解速率。将土堆封闭在温室状的结构中或对进入土堆的空气或水进行加热，可以控制堆温。生物堆制技术适用于挥发性和半挥发性的、非卤化的有机污染物和多环芳烃污染土壤的修复。生物堆制法的优点在于对土壤的结构和肥力有利，可以限制污染物的扩散，减少污染范围。缺点是费用高，处理过程中的挥发性气体可能对环境产生不利影响。

加拿大魁北克省曾采用此法对有机物污染的土壤进行了示范性处理。污染点为黏质土，土壤中矿物油和油脂浓度为 14 000mg/kg。约 $500m^3$ 的污染土壤被转移到一个沥青台上，定期添加养分，由于土壤质地较黏，所以混入泥炭和木屑以改善其通透性和结构。经常加入水分以保持 14%的含水量。冬天时用电加热器以保持温度(20℃左右)。处理费用大约为每立方米土壤 3 英镑。34 周的处理以后，72%以上的石油烃被降解，添加泥炭和木屑显著提高了降解率。

(3) 土地耕作法。

土地耕作法(land farming)又称土地施用(land application)法，包括原位和异位两种类型。原位土地耕作指通过耕翻污染土壤(但不挖掘和搬运土壤)，补充氧和营养物质以提高土壤微生物的活性，促进污染物的生物降解。在耕翻土壤时，可以施入石灰、肥料等物质，质地太黏重的土壤可以适当加入一些沙子以增加孔隙度，尽量为微生物降解提供一个良好的环境。土地耕作法氧的补充靠空气扩散。该方法简单易行，成本也不高，主要问题是污染物可能发生迁移。原位土地耕作法适合于污染深度不大的表层土壤的处理。

异位土地耕作法将污染土壤挖掘搬运到另一个地点，将污染土壤均匀撒到土地表面，通过耕作方式使污染土壤与表层土壤混合，从而促进污染物生物降解的方法。必要时可以加入营养物质。异位土地耕作法需要根据土壤的通气状况反复进行耕翻作业。用于异位土地耕作的土地要求土质均匀、土面平整、有排水沟或其他控制渗漏和地表径流的方式。可以根据需要对土壤 pH、湿度、养分含量等进行调节，并要进行监测。异位土地耕作法适合污染深度较大的污染土壤的处理。

土地耕作法的优点是：设计和设施相对简单、处理时间较短(在合适的条件下，通常需要 6～24个月)、费用不高(每吨污染土壤 30～60 美元)、对微生物降解速率小的有机组分有效。土地耕作法的缺点是：很难达到 95%以上的降解率，很难降解到 0.1mL/L 以下，当污染物浓度过高时效果不佳(如石油烃浓度超过 50 000μL/L 时)，当重金属浓度超过 25 000mg/kg 时会抑制微生物生长，挥发性组分会直接挥发出来而不是被降解，需要较大的土地面积进行处理，处理过程产生的尘埃和蒸气可能会引发大气污染问题，如果淋溶比较强烈的话需要进行下垫处理。

在德国莱茵河附近的一个炼油厂，污染的土壤曾采用此法进行了修复。该污染点上石油烃污染深度达 6m，地表 2m 内的石油烃浓度为 10 000～30 000mg/kg，污染土壤被挖掘出来，铺在一个高密度聚乙烯下垫面上，形成一个长 45m、宽 8m、厚 0.6m 的处理床。处理床上覆盖了聚乙烯以保持土堆的温度和温度。34 周以后，土壤中石油烃的浓度从 12 980mg/kg 降低至 1273mg/kg(降低了 90%以上)。

(4) 翻动条垛法。

翻动条垛法(windrow turning)是一种基于处理床技术的异位生物处理过程。将污染土壤与膨松剂混合以改善土壤结构和通气状况,堆成条垛。条垛可以堆在地面上,也可以堆在固定设施上。垛高1～2m。条垛地面要铺设防渗底垫以防止渗漏液对土壤的污染。通常往土垛中添加一些物质,如木片、树皮或堆肥,以改善垛内的排水和孔隙状况。可以设置排水管道以收集渗漏水并控制垛内土壤达最佳含水量。用机械进行翻堆,翻堆可以促进均匀性,为微生物活动提供新鲜表面,促进排水,改善通气状况,从而促进了微生物降解。翻动条垛法可以用于挥发性、半挥发性、卤化和非卤化有机污染物、多环芳烃等污染土壤的处理。在美国的俄勒冈州曾采用此法处理了被炸药(包括TNT)污染的土壤。在1992年5～11月,共处理了大约240m^3的污染土壤,土壤的质地从细砂土到壤质砂土。挖出的污染土壤先被过筛,然后与添加物混合。混合物中污染土壤占30%、牛粪占21%、紫云英占18%、锯屑占18%、马铃薯占10%、鸡粪占3%。每周翻堆3～7次,水分含量为30%～40%,pH 5～9。40天以后,TNT浓度从原来的1600mg/kg降低至4mg/kg。

(5) 生物通气法。

生物通气法(bioventing)是一种利用微生物以降解吸附在不饱和土层的土壤上的有机污染物的原位修复技术。生物通气法通过将氧气流导入不饱和土层中,增强了土著细菌的活性,促进了土壤中有机污染物的自然降解。在生物通气过程中,氧气通过垂直的空气注入井而进入不饱和层。具体措施是向不饱和层打通气井,用真空泵使井内形成负压,让空气进入预定区域,促进空气的流通。与此同时,还可以通过渗透作用或通过水分通道向不饱和层补充营养物质。处理过程中最好在处理地面上加一层不透气覆盖物,以避免空气从地面进入,影响内部的气体流动(图9-14)。生物通气如发生在土壤内部的不饱和层中,可以通过人为降低地下水位的方法扩大处理范围。据报道,生物通气法最大的处理深度达到了30m。

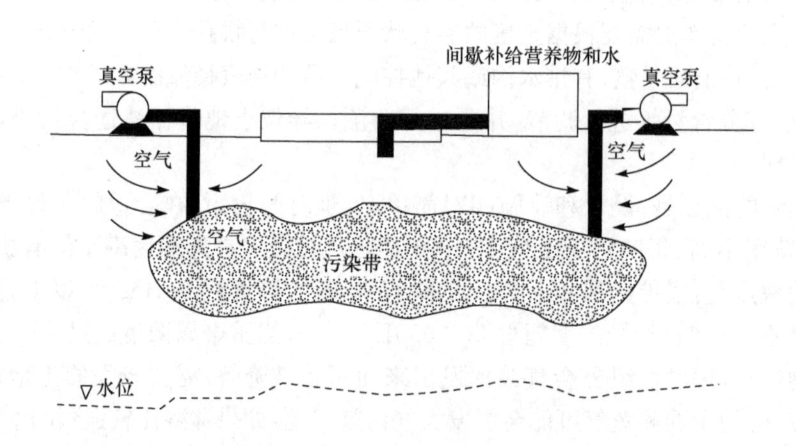

图9-14 生物通气法修复不饱和层污染土壤

生物通气系统通常用于蒸气挥发速度低于蒸气提取系统要求的污染物。生物通气法最适合于中等相对分子质量的石油污染物,如柴油和喷气燃料的微生物降解。相对分子质量小的化合物如汽油等趋向于迅速挥发并可以通过更快的蒸气提取法而去除。生物通气法不适合于相对分子质量更大的化合物,如润滑油,因为这种化合物的降解时间很长,生物通气不是一种有效的选择。

美国犹他州的一个空军基地曾采用生物通气法处理被喷气燃料污染的5000m^3的土壤,

石油烃含量高达 10 000mg/kg。处理从 1988 年开始，到 1990 年结束。首先进行蒸气提取，而后进行生物通气。在实施生物通气修复时，设立了 4 个深约 16m、直径约 0.2m 的井，土壤的含水量控制在 9%～12%，并添加必要的养分。在生物通气的部分地面上盖上了塑料覆盖物以防止废气的散发。处理后土壤石油烃的含量降低到 6mg/kg，总费用约 60 万美元。

(6) 生物注气法。

生物注气法是一种原位修复技术，指通过空气注气井将空气压入饱和层中，使挥发性污染物随气流进入不饱和层进行微生物降解，同时也促进了饱和层的微生物降解(图 9-15)。在生物注气过程中，气泡以水平的或垂直的方式穿过饱和层和不饱和层，形成了一个地下的剥离器，将溶解态的或吸附态的烃类化合物变成蒸气相而转移。空气注气井通常间歇运行，即在生物降解期大量供应氧气，而在停滞期通气量最小。当生物注气法与蒸气提取法联合使用时，气泡携带蒸气相污染物进入蒸气提取系统而被除去。生物注气法适合于被挥发性有机污染物和燃油污染土壤的处理。

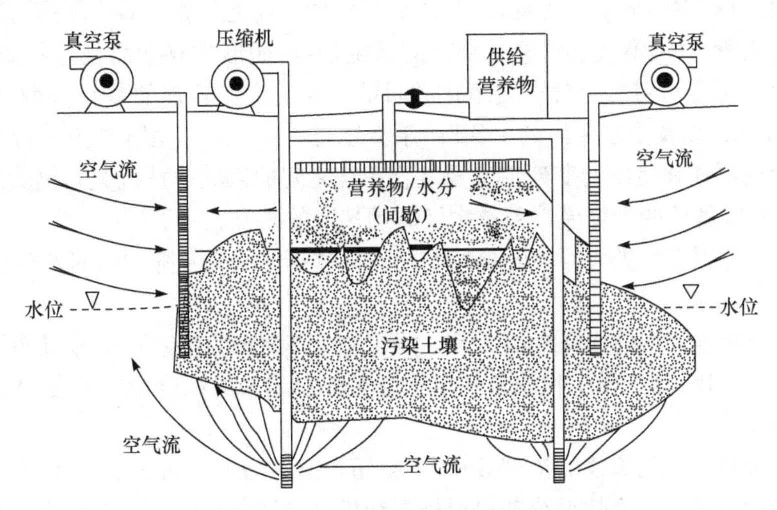

图 9-15　生物注气法修复土壤和地下水污染

3. 微生物修复技术展望

1) 微生物修复技术的优缺点

(1) 微生物修复技术的优点。

与物理的或化学的修复技术相比，微生物修复技术具有如下优点：

① 可使有机污染物分解为二氧化碳和水，永久清除污染物，二次污染风险小。

② 处理形式多样，可以就地处理。

③ 原位微生物修复对土壤性质的破坏小，甚至不破坏或可以提高土壤肥力。

④ 降解过程迅速，费用较低。据估计，生物修复技术所需的费用只是物理、化学修复技术的 30%～50%。

⑤微生物修复技术可与其他处理技术结合使用，处理复合污染。

(2) 微生物修复技术的缺点。

和所有处理技术一样，微生物修复技术也有它的局限性和缺点。主要表现在以下几个方面：

① 只能对可以发生微生物降解的污染物进行修复，对不能发生微生物降解的污染物无能为力。污染物的不溶解性及其在土壤中与腐殖质和黏粒结合，使微生物修复很难进行。

② 有些污染物的微生物降解产物的毒性和移动性比母体化合物更强，因此可能导致新的环境风险。

③ 其他污染物（如重金属）可能对微生物修复过程产生抑制作用。

④ 微生物修复过程的技术含量较高，它的运作必须符合污染场地的特殊条件。因此，最初用在修复地点进行微生物可处理性研究和处理方案可行性评价的费用要高于常规技术（如空气吹脱）的相应费用。一些低渗透性土壤往往不适合微生物修复。

⑤ 项目执行时的监测指标除了化学监测项目外还要进行微生物项目的监测。

2）微生物修复技术尚需解决的问题及前景展望

微生物修复技术目前尚需要解决的一些问题如下：

（1）投加高效复合菌群常能加速生物修复的进程，复合菌群作为一种多菌体共存的生物群体，在其生长过程中能分解有机物，同时依靠各种微生物之间相互共生增殖可以协同代谢作用降解有机污染物，并能激活具有净化功能的微生物，从而形成复杂而稳定的微生态系统，通过这些微生物的综合作用达到对土壤净化的目的。目前应用较多的复合菌群有日本的 EM，美国的 Microbelift 以及中国台湾的 HSB 菌系。然而目前对复合菌群与土著微生物之间的相容性以及复合菌群在环境中的变迁性以及复合菌株之间的协同或拮抗关系仍然缺乏研究。

（2）缺乏对降解菌的大规模培养技术及施用技术的研究。

（3）缺乏对外源菌种进入环境的自然驯化选择过程的研究及降解菌对污染物降解的动力学研究。

（4）微生物修复应与植物修复相结合。植物由于其强大的根系和植株对环境污染的修复有着巨大的作用。因此，把微生物修复与植物修复结合起来的综合生态修复对污染土壤的治理会有更大的功效。

为进一步提高微生物修复的治理效果，获得污染土壤治理方面的新突破，人们希望通过具有极大潜力的遗传工程微生物系统获得对极毒和极难降解有机污染物有高降解能力的工程微生物。其中野外应用载体的研究受到高度重视，一般是把编码降解酶的质粒或基因，整合到在污染地生长存活的土生微生物的 DNA 中，使具有很强野外存活能力的微生物获得较强的污染物降解能力，充分发挥微生物修复的作用。此外，对微生物修复的实验室模拟、生物降解潜力的指标、修复水平的评价、实验室的接种物质以及风险评价等方面的更深入研究，也会进一步促进微生物修复技术的发展和应用。

污染土壤微生物修复技术是一项经济、有效、二次污染风险小的新兴技术。随着环境生物技术的进一步发展，人们渴望获得对极毒和极难降解有机物具有高降解能力的工程微生物，相信随着环境生物技术的进一步发展，一些高效、适应性更强的微生物、植物等会诞生出来，微生物修复技术将会发挥出更大的作用。

污染土壤生物修复技术研究的开展，对于环境工程学也将是一个有力的推动，它将成为一种新兴的环保产业。在一些国家，污染土壤和地下水修复已占环保产业产值的 15%以上，并保持强劲的增长势头。

我国是土地资源严重短缺的国家，土壤污染更是雪上加霜，加剧了土地资源的紧张。因此，应加大投入，继续深入开展污染土壤微生物修复工艺条件和工程参数的试验研究和修复技术的示范研究，尽快编写污染土壤微生物修复技术设计手册，加以推广应用，将科学研究成果尽快转化为生产力，使该项技术尽快走向市场化，使更多的污染土壤通过微生物修复技术能够成为绿色食品生产基地等各种不同形式的土地利用方式。

9.3.5　污染土壤修复技术选择的原则

在选择污染土壤修复技术时，必须考虑修复目的、社会经济状况、修复技术的可行性等方面。就修复目的而言，有的修复是为了使污染土壤能够再安全地为农业利用。而有的修复则只是为了限制土壤污染物对其他环境组分（如水体和大气等）的污染，而不考虑修复后能否再被农业利用。不同的修复目的可以选用的修复技术不同。就社会经济状况而言，有的修复工作可以在充足的修复经费支持下进行，此时可以选择的修复技术就比较多；有的修复工作只能在有限的修复经费支持下进行，这时候可供选择的修复技术就很有限。土壤是一个高度复杂的体系，任何修复方案都必须根据当地的实际情况而制定，不可完全照搬其他国家、地区或其他土壤的修复方案。因此在选择修复技术和制定修复方案时必须考虑如下原则。

1. 耕地资源保护原则

中国地少人多，耕地资源短缺，保护有限的耕地资源是头等大事。在进行修复技术的选择时，应尽可能地选用对土壤肥力负面影响小的技术，如植物修复技术、微生物修复技术、有机-中性化技术、电动力学技术、稀释、客土、冲洗技术等。有些技术处理后可使土壤完全丧失生产力，如玻璃化技术、热处理技术、固化技术等，只能在污染十分严重，迫不得已的情况下使用。

2. 可行性原则

修复技术的可行性主要体现在两个方面：一是经济方面的可行性，二是效应方面的可行性。经济方面的可行性，即指成本不能太高，在我国农村现阶段能够承受、可以推广。一些发达国家可以实施的一些成本较高的技术，在我国现阶段恐怕难以实施。效应方面的可行性，即指修复后能达到预期目标，见效快。一些需要很长周期的修复技术，必须在土地能够长期闲置的情况下才能实施。

3. 因地制宜原则

土壤污染物的去除或钝化是一个复杂的过程。既要达到预期的目标，又要避免对土壤本身和周边环境的不利影响，对实施过程的准确性要求比较高。不能简单地照搬国外的、或者国内不同条件下同类污染处理的方式。在确定修复方案之前，必须对污染土壤做详细的调查研究，明确污染物种类、污染程度、污染范围、土壤性质、地下水位、气候条件等，在此基础上制定初步方案。一般应对初步方案进行小区预备研究，根据预备研究的结果，调整修复方案，再实施面上修复。

复习与思考

1. 什么情况下会产生土壤污染？
2. 土壤污染的主要危害包括哪些方面？
3. 污染土壤蒸气提取技术的技术内涵和应用条件是什么？
4. 电动力修复技术的原理、适宜处理的土壤类型和污染物类型及其技术优缺点是什么？
5. 土壤淋洗技术流程、适用范围和技术关键是什么？
6. 土壤改良技术能否彻底根治污染的土壤？

7. 污染土壤植物修复技术的主要作用机理是什么？它们应用于哪类典型污染物的去除？
8. 污染土壤植物修复技术有哪些优缺点？
9. 污染土壤微生物修复技术的主要作用机理是什么？
10. 污染土壤微生物修复技术还需要解决哪些问题？这项技术的前景如何？

第10章　环境规划与管理

10.1　环境规划与管理的含义

从20世纪70年代初,人们逐步认识到要想解决一个地区的环境问题,首先应该从全局出发采取综合性的预防措施。环境规划就是在这种情况下逐步发展起来的,并逐步被纳入国民经济和社会发展规划之中。

历史经验证明,人类“野蛮征服”自然的发展模式已被世人所唾弃,现在已进入必须与自然和谐相处的可持续发展时期。人类的经济和社会活动必须既遵循经济规律,又遵循生态规律,否则终将受到大自然的惩罚。环境规划就是人类为协调人与自然的关系使人与自然达到和谐而采取的主要行动之一。

10.1.1　环境规划的含义

1972年联合国人类环境会议上世界各国共同探讨了保护全球环境战略,一致认识到各国社会经济发展规划中缺乏环境规划是导致环境问题产生的重要原因,在《人类环境宣言》中明确指出:“合理的计划是协调发展的需要和保护与改善环境的需要相一致的”,“人的定居和城市化工作需加以规划”,“避免对环境的不良影响”,“取得社会、经济和环境三方面的最大利益”,“必须委托适当的国家机关对国家的环境资源进行规划、管理或监督,以期提高环境质量”。根据会议所提出的环境规划原则,各国开始编制环境规划。

我国环境保护法第四条规定:“国家制定的环境保护规划必须纳入国民经济和社会发展规划,国家采取有利于环境保护的经济、技术政策和措施,使环境保护工作同经济建设和社会发展相协调。”将环境规划写入环境保护法中,为制定环境规划提供了法律依据。

环境规划是指为使环境与社会经济协调发展,把“社会—经济—环境”作为一个复合生态系统,依据社会经济规律、生态规律和地学原理,对其发展变化趋势进行研究而对人类自身活动和环境所作的时间和空间上的合理安排。

环境规划的目的在于发展经济的同时保护好环境,使经济社会与环境协调发展。环境规划实质上是一种为克服人类经济社会活动和环境保护活动的盲目和主观随意性所采取的科学决策活动。它是国民经济和社会发展的有机组成部分,是环境管理的首要职能,是环境决策在时间、空间上的具体安排,是规划管理者对一定时期内环境保护目标和措施做出的具体规定,是一种带有指令性的环境保护方案。

环境规划的内涵如下:

(1) 环境规划是在一定条件下的优化,它必须符合特定历史时期的技术、经济发展水平和能力。

(2) 环境规划的主要内容是合理安排人类自身活动与所处环境的协调发展,其中包括对人类经济社会活动提出符合环境保护需求的约束要求,也包括对环境保护和建设做出的安排和部署。

(3) 环境规划依据系统论原理、生态学原理、环境经济学理论和可持续发展等理论,充分体现这一学科的交叉性、边缘性等特点。

(4) 环境规划的研究对象是“社会—经济—环境”这一大的复合生态系统,它可能指整个国家,也可能指一个区域(城市、省区、流域)。

在传统的国民经济与社会发展规划中,引进环境规划的主要考虑是:

(1) 扩大发展的范畴。除经济社会发展指标外,需要增加资源环境和生态保护的指标,既要求经济效益又要求环境效益。发展不仅是为了创造丰富的物质财富,更要维护与创造一个适合于人类生存的良好环境。

(2) 健全可持续发展的基础。即要正确处理局部与整体、眼前与长远利益的关系,正确处理发展与环境的关系,以使环境能永续地为人类社会的可持续发展提供条件和保障。

10.1.2 环境管理的定义

现代环境管理学是20世纪70年代初产生并逐步发展的一门跨学科领域的综合性学科。经过40余年环境管理的实践,对其基本含义有了比较一致的认识。

1. 环境管理的提出

1972年斯德哥尔摩人类环境会议以前,环境问题常被看作只是污染问题。斯德哥尔摩人类环境会议讨论了经济发展与环境问题的相互联系和相互依赖的关系,并在《联合国人类环境会议宣言》中提出“保护和改善人类环境是关系到全世界各国人民的幸福和经济发展的重要问题,也是全世界各国人民的迫切希望和各国政府的责任”。会议提出了环境管理的原则,包括指定适当的国家机关管理环境资源;应用科学和技术控制环境恶化和解决环境问题;开展环境教育和发展环境科学研究;确保各国际组织在环境保护方面的有效和有力的协调作用等。1974年,联合国环境规划署和联合国贸易与发展会议在墨西哥联合召开的资源利用、环境与发展战略方针专题讨论会上形成了三点共识:

(1) 全人类的一切基本需要应得到满足。

(2) 要发展以满足需要,但又不能超出生物圈的容许极限。

(3) 协调这两个目标的方法即环境管理。

2. 环境管理的含义

1974年,美国学者休威尔(G. H. Sewell)编写的《环境管理》中对环境管理的含义作了专门论述,指出“环境管理是对损害人类自然环境质量的人的活动(特别是损害大气、水和陆地外貌的质量的人的活动)施加影响”。并说明,“施加影响”是指“多人协同活动,以求创造一种美学上令人愉快,经济上可以生存发展,身体上有益于健康的环境所做出的自觉的、系统的努力。”该定义指出了环境管理的实质是规范和限制人类的观念和行为。曾任联合国环境规划署执行主席的穆斯塔法·托尔巴指出,环境管理是指依据人类活动(主要是经济活动)对环境影响的原理,制定与执行环境与发展规划,并且通过经济、法律等各种手段,影响人的行为,达到经济与环境协调发展的目的。

1987年,多诺尔(Dorney)在《环境管理专业实践》中认为环境管理是一个“桥梁专业”,“它致力于系统方法发展信息协调技术”,“在跨学科的基础上,根据定量和未来学的观点,处理人工环境的问题”。这一定义强调了环境管理跨学科的性质。

1987年,刘天齐主编的《环境技术与管理工程概论》中对环境管理的含义做出了如下论述:“通过全面规划,协调发展与环境的关系;运用经济、法律、技术、行政、教育等手段,限制人类损害环境质量的活动;达到既要发展经济满足人类的基本需要,又不超出环境的容许极限。”

2000 年,叶文虎主编的《环境管理学》一书中认为,环境管理是"通过对人们自身思想观念和行为进行调整,以求达到人类社会发展与自然环境的承载能力相协调。也就是说,环境管理是人类有意识的自我约束,这种约束通过行政的、经济的、法律的、教育的、科技的等手段来进行,它是人类社会发展的根本保障和基本内容"。这是从管理的目标、任务和方法手段几方面较具体地说明环境管理的含义。

2003 年,《环境科学大辞典》中认为,环境管理有两种含义:①从广义上讲,环境管理是指在环境容量的允许下,以环境科学的理论为基础,运用技术的、经济的、法律的、教育的和行政的手段,对人类的社会经济活动进行管理;②从狭义上讲,环境管理是指管理者为了实现预期的环境目标,对经济、社会发展过程中施加给环境的污染和破坏性影响进行调节和控制,实现经济、社会和环境效益的统一。

进入 20 世纪 90 年代以来,随着全球环境问题日趋严重,国内外学者对环境管理的认识也在不断深化。根据国内外学者的研究成果,要比较全面地理解环境管理的含义,应该注意以下几个基本问题。

(1) 协调发展与环境的关系。建立可持续发展的经济体系、社会体系和保持与之相适应的可持续利用的资源和环境基础,这是环境管理的根本目标。

(2) 动用各种手段限制人类损害环境质量的行为。人在管理活动中扮演着管理者和被管理者的双重角色,具有决定性的作用。因此,环境管理实质上是要限制人类损害环境质量的行为。

(3) 环境管理是一个动态过程。环境管理要适应科学技术和经济规模的迅猛发展,及时调整管理对策和方法,使人类的经济活动不超过环境承载力和环境容量。而且,环境管理也和任何管理程序一样,通过履行管理的规划、组织、协调和控制职能开展工作。

(4) 环境管理是跨学科领域的新兴综合学科。环境管理面对的是由人类社会和自然环境组成的复合系统,承担着将自然规律和社会规律相耦合的重要责任,是二者之间的"桥梁专业"。因而它既需汲取社会科学中的经济学、管理学、社会学和伦理学等精髓,也需吸收自然科学中的生态学、生物学和环境科学等学科的成果。

(5) 环境保护是国际社会共同关注的问题,环境管理需要各国超越文化和意识形态等方面的差异,采取协调合作的行动。

10.1.3　环境管理与环境规划的关系

环境规划与管理已被国内外 30 多年的实践证明是环境保护工作行之有效的主要途径。环境管理与环境规划紧密相连,难以分割。但是,两者又存在各自独立的内容和体系。两者的相关相容性和差异性可从以下几方面说明。

(1) 环境规划与环境管理的共同核心——环境目标。

环境管理是关于特定环境目标实现的管理活动,环境目标可根据环境质量保护和改善的需要,采用多种表达形式。而环境规划的核心亦是环境目标决策,涉及目标的辨识和目标实现手段的选择。为实现共同的环境目标,使环境规划与环境管理具备共同的工作基础。

当然,从时空特征出发,环境规划被看作探索未来的科学方法,而环境管理更关心当前环境问题的解决,并通过各种管理手段为实现环境目标而努力。

(2) 环境管理的首要职能——规划职能。

从现代管理的职能来看,无论是三职能说(规划、组织和控制)、五职能说(规划、组织、指挥、协调和控制),还是七职能说(规划、组织、用人、指导、协调、报告和预算),均将规划职能作为管理的首要职能。

在环境管理中,环境预测、决策和规划这三个概念,既相互联系又相互区别:环境预测是环境决策的依据;环境规划是环境决策的具体安排,它产生于环境决策之后;预测是规划的前期准备工作,是使规划建立在科学分析基础上的前提。因此,从环境管理职能来看,环境规划是环境预测与环境决策的产物,是环境管理的重要内容和主要手段,是环境管理部门的一项重要的职能。

(3) 环境规划与管理具有共同的理论基础。

从学科领域来看,环境规划属于规划学的分支,环境管理属于管理学的分支,在内容和方法学体系上存在一定差异。但是,从理论基础分析,现代管理学、生态学、环境经济学、环境法学、系统工程学、环境伦理学、可持续发展理论等又是两者共同的基础,同属自然科学与社会科学交叉渗透的跨学科领域。

共同的理论基础、共同的目标、密切联系的工作程序、跨学科领域的基本特征形成了"环境规划与管理"课程。

10.1.4 环境规划与管理的目的、任务和作用

1. 环境规划与管理的目的

环境规划与管理的目的就是要解决环境问题,协调社会经济发展与保护环境的关系,实现人类社会的可持续发展。

环境问题的产生以及伴随社会经济迅速发展而变得日益严重,根源在于人类的思想和观念上的偏差,从而导致人类社会行为的失当,最终使自然环境受到干扰和破坏。因此,改变人类的思想观念,从宏观到微观对人类自身的行为进行规划与管理,逐步恢复被损害的环境,并减少或消除新的发展活动对环境的破坏,保证人类与环境能够持久地、和谐地协同发展下去,这是环境规划与管理的根本目的。具体说来,环境规划与管理的根本目的就是通过对可持续发展思想的传播,使人类社会的组织形式、运行机制以至管理部门和生产部门的决策、计划和个人的日常生活等各种活动,符合人与自然和谐相处的原则,并以制度、法律、体制和观念等形式体现出来,创建一种可持续的发展模式和生产消费模式以及新的社会行为规则。

2. 环境规划和管理的任务

环境问题的产生有思想观念层次和社会行为层次这两个层次的原因。为了实现环境规划与管理的目的,环境规划与管理的基本任务有两个,一是转变人类社会的一系列基本观念,二是调整人类社会的行为。

(1) 观念的转变是解决环境问题最根本的办法,它包括发展观、科技观、价值观、自然伦理道德观和消费观等。观念决定着人类的行为,只有转变了过去视环境为征服对象的观念,才能从根本上去解决环境问题。但观念的转变是一项长期任务,不是一蹴而就的事,因此,环境规划与管理的一项长期的根本任务就是环境文化的建设。即通过建设环境文化来帮助人们转变观念。环境文化是以人与自然和谐为核心和信念的文化,环境文化渗透到人们的思想意识中去,就能使人们在日常的生活和工作中自觉地调整自身的行为,以达到与自然环境和谐的境界。

(2) 调整人类社会的行为,是更具体也更直接的调整。人类社会行为主要包括政府行为、市场行为和公众行为三种。政府行为是指国家的管理行为,诸如制定政策、法律、法令、发展计

划并组织实施等。市场行为是指各种市场主体包括企业和生产者个人在市场规律的支配下，进行商品生产和交换的行为。公众行为则是指公众在日常生活中诸如消费、居家休闲、旅游等方面的行为。这三种行为都可能会对环境产生不同程度的影响。因此，调整人类社会行为，提倡环境友好型行为方式是环境规划与管理的基本任务。

环境规划与管理的两项任务是相互补充、相辅相成的。环境文化的建设对解决环境问题能够起到根本性的作用，但是文化的建设是一项长期的任务，短期内对解决环境问题效果并不明显；行为的调整可以比较快地见效，而且行为的调整可以促进环境文化的建设。所以说，在环境规划与管理中，应同等程度地重视这两项工作，不可有所偏废。

3. 环境规划与管理的作用

(1) 促进环境与经济、社会可持续发展。

环境规划与管理的重要作用就在于协调环境与经济、社会的关系，预防环境问题的发生，促进环境与经济、社会的可持续发展。

(2) 保障环境保护活动纳入国民经济和社会发展计划。

环境保护是我国经济生活中的重要组成部分，它与经济、社会活动有着密切联系，因此必须将环境保护活动纳入国民经济和社会发展计划之中，进行综合决策，才能得以顺利进行。环境规划就是环境保护的行动计划，而环境管理则是实施环境规划的基本保障。

(3) 实施环境政策、法规和制度的主要途径。

政策、法规和制度，是指国家或地区为实现一定历史时期的路线和任务而规定的行动准则。我国已颁布的一系列环境法规“三大政策”和“八项环境管理制度”需要通过强化环境规划与管理得以实施，环境规划与管理已成为我国实施环境政策、法规和制度的主要途径。

(4) 实现以较小的投资获取较佳的环境效益。

环境是人类生存的基本要素，又是经济发展的物质源泉，在有限的资源和资金条件下，如何用较少的资金，实现经济和环境的协调发展，显得十分重要。环境规划与管理正是运用科学的方法，在发展经济的同时，实现以较小的投资获取较佳环境效益、社会效益和经济效益的有效措施。

10.2　环境规划与管理的对象和手段

10.2.1　环境规划与管理的对象

环境规划与管理是从现代管理学角度研究生态经济系统的结构和运动规律的学科，是一门边缘性综合性实践性很强的专业管理学科。任何管理活动都是针对一定的管理对象而展开的。研究管理对象，也就是研究“管什么”的问题。可以从现代系统管理的“五要素论”和人类社会经济活动主体两个方面展开环境规划与管理对象的研究。

1. 现代系统管理的“五要素论”

管理学由“现代管理”发展到“系统管理”，在研究对象上，由重视物的因素发展到重视人的因素，又发展到重视资金、信息和时空等环境要素。对于环境规划和管理，其研究对象也应包括人、物、资金、信息和时空五个方面。

(1) 人是第一个主要对象。对于以限制人类损害环境质量的行为作为主要任务的环境规划和管理来说尤其重要。管理过程各个环节的主体是人，人与人的行为是管理过程的核心。

(2) 物也是重要研究对象。环境规划和管理也可认为是为实现预定环境目标而组织和使用各种物质资源的过程,即资源的开发、利用和流动全过程的管理。

环境规划与管理的根本目标是协调发展与环境的关系。从宏观上说,要通过改变传统的发展模式和消费模式去实现,保护环境就是保护生产力。从微观上讲,要管理好资源的合理开发利用,要规划和管理好物质生产、能量交换、消费方式和废物处理等各个领域。

(3) 资金是系统赖以实现其目标的重要物质基础,也是规划与管理的研究对象。从社会经济角度出发,经济发展消耗了环境资源,降低了环境质量,但又为社会创造了新增资本。如果说,物的管理侧重于研究合理开发利用资源,保护环境资源,维护环境资源的持续利用,避免造成难以恢复的严重破坏,那么,资金管理则应研究如何运用新增资本和拿出多少新增资本去补偿环境资源的损失。随着我国向社会主义市场经济体制的转变,在政府的宏观调控下,市场价格机制应该在规范对环境的态度和行为方面发挥越来越重要的作用。

(4) 信息是系统的"神经",信息也是规划与管理的重要对象。信息是指能够反映管理内容的,可以传递和加工处理的文字、数据或符号,常见形式有报表、资料、报告、指令和数据等。只有通过信息的不断交换和传递,把各个要素有机地结合起来,才能实现科学的规划管理。

(5) 时空条件亦是重要的研究对象。任何管理活动都是在一定的时空条件下进行的,环境规划与管理的一个突出特点是时空特性日益突出,则时空条件亦应成为重要的研究对象。规划管理活动处在不同的时空区域,就会产生不同的管理效果。管理的效果在很多情况下也表现为时间的节约。各种管理要素的组合和安排,也都存在一个时序性问题。同时,空间区域的差别往往是环境容量和功能区划的基础,而这些时空条件又构成了成功管理的要旨。

2. 人类社会经济活动主体的三个方面

环境规划与管理是以环境与经济协调发展为前提,对人类的社会经济活动进行引导并加以约束,使人类社会经济活动与环境承载力相适应,因此,环境规划与管理的对象主要是人类的社会经济活动。人类社会经济活动的主体大体可以分为三个方面。

(1) 个人。个人作为社会经济活动的主体,主要是指个体的人为了满足自身生存和发展的需要,通过生产劳动或购买去获得用于消费的物品和服务。要减轻个人的消费行为对环境的不良影响,首先必须明确,个人行为是环境规划和管理的主要对象之一。为此在唤醒公众环境意识的同时,还要采取各种技术和管理的措施。

(2) 企业。企业作为社会经济活动的主体,其主要目标通常是通过向社会提供产品或服务来获得利润。无论企业的性质有何不同,在它们的生产过程中,都必须向自然界索取自然资源,并将其作为原材料投入生产活动中,同时排放出一定数量的污染物。企业行为是环境规划与管理的又一重要对象。

(3) 政府。政府作为社会经济活动的主体,其行为同样会对环境产生影响。其中特别值得注意的是宏观调控对环境所产生的影响具有极大的特殊性,既牵涉面广、影响深远又不易察觉。由此可见,作为社会经济行为主体的政府,其行为对环境的影响是复杂的、深刻的。既有直接的一面,又有间接的一面;既可以有重大的正面影响,又可能有巨大的难以估计的负面影响。要解决政府行为所造成和引发的环境问题,关键是促进宏观决策的科学化。

10.2.2　环境规划与管理的手段

(1) 行政手段。行政手段主要指国家和地方各级行政管理机关,根据国家行政法规所赋予的组织和指挥权力,制定政策、方针、颁布标准、建立法规、进行监督协调,对环境资源保护工作实施规划和管理。例如,环境管理部门组织制定国家和地方的环境保护政策、工作计划和环境规划，并把这些计划和规划报请政府审批，使之具有行政法规效力；运用行政权力对某些区域采取特定措施，如划分自然保护区、重点污染防治区、环境保护特区等；对一些污染严重的工业、交通、企业要求限期治理，甚至勒令其关、停、并、转、迁；对易产生污染的工程设施和项目，采取行政制约的方法，如审批开发建设项目的环境影响评价书，审批新建、扩建、改建项目的“三同时”设计方案，发放与环境保护有关的各种许可证，审批有毒有害化学品的生产、进口和使用；管理珍稀动植物物种及其产品的出口、贸易事宜。

(2) 法律手段。法律手段是环境规划与管理的一种强制性手段，依法管理环境是控制并消除污染，保障自然资源合理利用并维护生态平衡的重要措施。环境规划管理一方面要靠立法，把国家对环境保护的要求、做法，全部以法律形式固定下来，强制执行；另一方面还要靠执法。环境管理部门要协助和配合司法部门对违反环境保护法律的犯罪行为进行斗争，协助仲裁；按照环境法规、环境标准来处理环境污染和环境破坏问题，对严重污染和破坏环境的行为提起公诉，甚至追究法律责任；也可依据环境法规对危害人民健康、财产，污染和破坏环境的个人或单位给予批评、警告、罚款或责令赔偿损失等。我国自 20 世纪 80 年代开始，从中央到地方颁布了一系列环境保护法律、法规。目前，已初步形成了由国家宪法、环境保护基本法、环境保护单行法规、其他部门法中关于环境保护的法律规范、环境标准、地方环境法规以及涉外环境保护的条约、协定等所组成的环境保护法体系。值得重视的是，随着环境问题的新变化和环境保护工作的新需要，要适时地加强法律的制定和修订工作。

(3) 经济手段。经济手段是指利用价值规律，运用价格、税收、信贷等经济杠杆，控制生产者在资源开发中的行为，限制损害环境的社会经济活动，奖励积极治理污染的单位，促进节约和合理利用资源，充分发挥价值规律在环境管理过程中的杠杆作用。其方法主要包括各级环境管理部门对积极防治环境污染而在经济上有困难的企业、事业单位发放环境保护补助资金；对排放污染物超过国家规定标准的单位，按照污染物的种类、数量和浓度征收排污费和实行排污权交易；对违反规定造成严重污染的单位和个人处以罚款；对排放污染物损害人群健康或造成财产损失的排污单位，责令对受害者赔偿损失；对积极开展“三废”综合利用、减少排污量的企业给予税收减免和利润留成的奖励；推行开发、利用自然资源的征税制度等。

(4) 技术手段。技术手段是指借助既能提高生产率，又能把对环境污染和生态破坏控制到最小限度的工艺技术以及先进的污染治理技术等来达到保护环境目标的手段，包括通过环境监测、环境统计对本地区、本部门、本行业污染状况进行调查；制定环境标准；编写环境报告书和环境公报；交流推广无污染、少污染的清洁生产工艺及先进治理技术；组织开展环境影响评价工作；组织环境科研成果和环境科技情报的交流等。许多环境政策、法律、法规的制定和实施都涉及许多科学技术问题，所以环境问题解决得好坏，在极大程度上取决于科学技术。没有先进的科学技术，就不能及时发现环境问题，而且即使发现了，也难以控制。

(5) 宣传教育手段。宣传教育是环境管理不可缺少的手段。环境宣传既普及环境科学知识，又是一种思想动员。通过报刊、杂志、电影、电视、广播、展览、专题讲座、文艺演出等各种文化形式广泛宣传，使公众了解环境保护的重要意义和内容，提高全民族的环境意识，激发公民保护环境的热情和积极性，把保护环境、热爱大自然、保护大自然变成自觉行动，形成强大的社会舆论，从而制止浪费资源、破坏环境的行为。环境教育可以通过专业的环境教育培养各种环境保护的专门人才，提高环境保护人员的业务水平；还可以通过基础的和社会的环境教育提高社会公民的环境意识，来实现科学管理环境以及提倡社会监督的环境管理措施。例如，把环境教育纳入国家教育体系，从幼儿园、中小学抓起加强基础教育，搞好成人教育以及对各高校非环境专业学生普及环境保护基本知识等。

10.3 环境规划与管理的内容

10.3.1 环境规划的内容

环境规划的基本内容集中了各类专项规划共性的原则、方法、指标和程序。包括环境规划的原则和程序、环境目标和指标体系、环境评价和预测、环境功能区划、环境规划方案的设计和比较以及环境规划的实施。

1. 环境规划的原则

环境规划必须坚持以可持续发展战略为指导,围绕促进可持续发展这个根本目标。制定环境规划必须遵循以下基本原则。

(1) 促进环境与经济社会协调发展的原则。

保障环境与经济社会协调、持续发展是环境规划最重要的原则。环境是一个多因素的复杂系统,包括生命物质和非生命物质,并涉及社会、经济等许多方面的问题。环境系统与经济系统和社会系统相互作用、相互制约,构成一个不可分割的整体。

环境规划必须将经济、社会和自然系统作为一个整体来考虑,研究经济和社会的发展对环境的影响(正影响和负影响)、环境质量和生态平衡对经济和社会发展的反馈要求与制约,进行综合平衡,遵循经济规律和生态规律,做到经济建设、城乡建设、环境建设同步规划、同步实施、同步发展,使环境与经济、社会发展相协调。实现经济效益、社会效益和环境效益的统一。

(2) 遵循经济规律和生态规律的原则。

环境规划要正确处理环境与经济的关系,实现环境与经济协调发展,必须遵循经济规律和生态规律。在经济系统中,经济规模、增长速度、产业结构、能源结构、资源状况与配置、生产布局、技术水平、投资水平、供求关系等都有着各自及相互作用的规律。在环境系统中,污染物产生、排放、迁移转换,环境自净能力,污染物防治,生态平衡等也有自身的规律。在经济系统与环境系统之间的相互依赖、相互制约的关系中,也有着客观的规律性。要协调好环境与经济、社会发展,必须既要遵循经济规律,又要遵循生态规律,否则会造成环境恶化、危害人类健康、制约经济正常发展的恶果。

(3) 环境承载力有限的原则。

环境承载力是指在一定时期内,在维持相对稳定的前提下,环境资源所能容纳的人口规模和经济规模的大小。地球的面积和空间是有限的,它的资源是有限的,显然,环境对污染和生态破坏的承载能力也是有限的。人类的活动必须保持在地球承载力的极限之内。如果超过这个限度,就会使自然环境失去平衡稳定的能力,引起质量上的衰退,并造成严重后果。因此,人类对环境资源的开发利用,必须维持自然资源的再生功能和环境质量的恢复能力,不允许超过生物圈的承载容量或容许极限。在制定环境规划时,应该根据环境承载力有限的原则,对环境质量进行慎重的分析研究,对经济社会活动的强度、发展规模等做出适当的调节和安排。

(4) 因地制宜、分类指导的原则。

环境和环境问题具有明显的区域性。不同地区在其地理条件、人口密度、经济发展水平、能量资源的储量、文化技术水平等方面,也是千差万别。环境规划必须按区域环境的特征,科学制定环境功能区划,在进行环境评价的基础上,掌握自然系统的复杂关系,分清不同的机理,准确地预测其综合影响,因地制宜地采取相应的策略措施和设计方案。坚持环境保护实行分类指导,突出不同地区和不同时段的环境保护重点和领域。要把城市环境保护与城市建设紧密结合，实行城市与农村环境整治的有机结合，防治污染从城市向农村转移。按照因地制宜的原则，从实际出发，才能制定切合实际的环境保护目标，才能提出切实可行的措施和行动。

(5) 强化环境管理的原则。

环境规划要成为指导环境与经济社会协调发展的基本依据，必须适应我国建立社会主义市场经济体制的趋势，必须充分运用法律、经济、行政和技术等手段，充分体现环境管理的基本要求。在环境规划中，必须坚持以防为主、防治结合、全面规划、合理布局、突出重点、兼顾一般的环境管理的主要方针。做到新建项目不欠账，老污染源加快治理。坚持工业污染与基本建设和技术改造紧密结合，实行全过程控制，建立清洁文明的工业生产体系。积极推行经济手段的运用，坚持“污染者负担”和“谁开发谁保护，谁破坏谁恢复，谁利用谁补偿，谁受益谁付费”的原则。只有把强化环境管理的原则贯穿到环境规划的编制和实施之中，才能有效避免“先污染、后治理”的旧式发展道路。

2. 环境规划的工作程序和主要内容

(1) 环境规划的基本程序。

环境规划是协调环境资源的利用与经济社会发展的科学决策过程。环境规划因对象、目标、任务、内容和范围等不同，编制环境规划的侧重点各不相同，但规划编制的基本程序大致相同，主要包括：编制环境规划工作计划、现状调查和评价、环境预测分析、确定环境规划目标、制定环境规划方案、环境规划方案的申报和审批、环境规划方案的实施等步骤（图 10-1）。

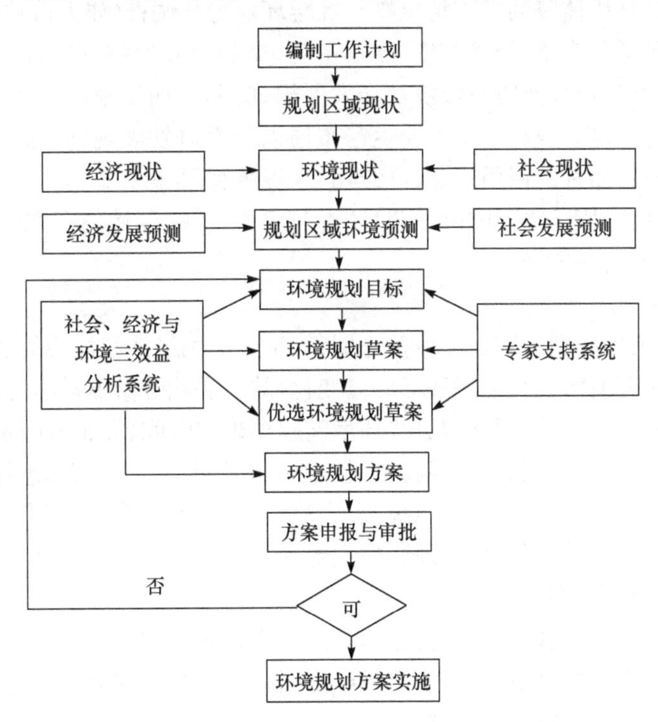

图 10-1　环境规划编制基本程序

(2) 环境规划的主要步骤和内容。

① 编制环境规划的工作计划。

在开展规划工作前，有关人员要根据环境规划目的和要求，对整个规划工作进行组织和安排，提出规划编写提纲，明确任务，制定翔实的工作计划。

② 环境、经济和社会现状调查与评价。

环境与经济、社会相互依赖、相互制约。随着工业化进程加快，尤其是科技进步，经济和社会发展在人地系统中的主导作用越来越明显。经济和社会发展规划是制定环境规划的前提和依据；但经济和社会发展又受环境因素的制约，经济和社会发展要充分考虑环境因素，满足环境保护要求。在某些条件下，环境因素又可能变为某些方面的决定因素。因此，区域经济和社会发展规模、速度、结构、布局应在环境规划中给以概要说明（包括现状及发展趋势），以阐述经济发展对资源需求的增大和伴生的环境问题，以及人口、技术和社会变化带来的消费需求增长及其环境影响。

环境、经济和社会现状调查与评价的内容主要包括：自然环境特征调查（如地质地貌、气象条件和水文资料、土壤类型、特征及土地利用情况、生物资源种类和生态习性、环境背景值等）；生态调查（主要有水土保持面积、自然保护区面积、土地沙化和盐渍化情况、森林覆盖率、绿地覆盖率等）；污染源调查（主要包括工业污染源、农业污染源、生活污染源、交通运输污染源、噪声污染源、放射性和电磁辐射污染源等。在分类调查时，要与另外的分类，即大气污染源、水污染源、土壤污染源、固体废弃物污染源、噪声污染源等结合起来汇总分析）；环境质量调查（主要调查区域大气、水、噪声及生态等环境质量，大多可以从环境保护部门历年的监测资料获得）；环境保护措施的效果调查（主要是对环境保护工程措施的削减效果及其综合效益进行分析评价）；环境管理现状调查（主要包括环境管理机构、环境保护工作人员业务素质、环境政策法规和标准的实施情况、环境监督的实施情况等）；社会环境特征调查（如人口数量、密度分布，产业结构和布局，产品种类和产量，经济密度，建筑密度，交通公共设施，产值，农田面积，作物品种和种植面积，灌溉设施，渔牧业等）；经济社会发展规划调查（如规划区内的短、中、长期发展目标，包括国民生产总值、国民收入、工农业生产布局以及人口发展规划、居民住宅建设规划、工农业产品产量、原材料品种及使用量、能源结构、水资源利用等）。

通过规划区域内环境、经济和社会现状调查与评价，明确区域内存在的主要环境问题，为环境预测分析提供方向和依据。

③ 环境预测分析。

环境预测是根据所掌握的区域环境信息资料，结合国民经济和社会的发展状况，对区域未来的环境变化（包括环境污染和生态环境质量变化）的发展趋势做出科学的、系统的分析，预测未来可能出现的环境问题。包括预测这些环境问题出现的时间、分布范围及可能产生的危害，并针对性地提出防治可能出现的环境问题的技术措施及对策。它是环境决策的重要依据，没有科学的环境预测就不会有科学的环境决策，当然也就不会有科学的环境规划。环境预测通常需要建立各种环境预测模型。环境预测的主要内容如下。

a. 社会和经济发展预测。

社会发展预测重点是人口预测，包括人口总数、人口密度以及分布等；经济发展预测包括能源消耗预测、国民生产总值预测、工业部门产值预测以及产业结构和布局预测等内容。社会和经济发展预测是环境预测的基本依据。

b. 资源供需预测。

自然资源是区域经济持续发展的基础。随着人口的增长和国民经济的迅速发展，我国许多重要自然资源开发强度都较大，特别是水、土地和生物资源等。在资源开发利用中，应该做好资源的合理开发和高效利用，同时分析资源开发和利用过程中的生态环境问题，关注其产生原因并预测其发展趋势。所以，在制定环境规划时必须对资源的供需平衡进行预测分析，主要有水资源的供需平衡分析、土地资源的供需平衡分析、生物资源(森林、草原、野生动植物等)的供需平衡分析、矿产资源的供需平衡分析等。

c. 污染源和主要污染物排污总量预测。

污染源和主要污染物排污总量预测包括大气污染源和主要污染物排污总量预测、水污染源和主要污染物排污总量预测、固体废物产生源及排放量预测、噪声源和污染强度预测等。

d. 环境质量预测。

根据污染源和主要污染物排污总量预测的结果,结合区域环境质量模型(如大气质量模型、水质模型等),分别预测大气环境、水环境、土壤环境等环境质量的时间、空间变化。

e. 生态环境预测。

生态环境预测包括城市生态环境预测、农村生态环境预测、森林环境预测、草原和沙漠生态环境预测、珍稀濒危物种和自然保护区发展趋势的预测、古迹和风景区的变化趋势预测等。

f. 环境污染和生态破坏造成的经济损失预测。

环境污染和生态破坏会给区域经济发展和人民生活带来损失。环境污染和生态破坏造成的经济损失预测,就是根据环境经济学的理论和方法,预测因环境污染和生态破坏而带来的直接和间接经济损失。

④ 确定环境规划目标。

环境目标是在一定的条件下,决策者对环境质量所想要达到的状况或标准,是特定规划期限内需要达到的环境质量水平与环境结构状态。

环境目标一般分为总目标、单项目标、环境指标三个层次。

总目标是指区域环境质量所要达到的要求或状态。

单项目标是依据规划区环境要素和环境特征以及不同环境功能所确定的环境目标。

环境指标是体现环境目标的指标体系,是目标的具体内容和环境要素特征和数量的表述。在实际规划工作中,根据规划区域对象、规划层次、目的要求、范围、内容而选择适当的指标。指标选取的基本原则是:科学性原则、规范化原则、适应性原则、针对性原则、超前性原则和可操作性原则。指标类型主要包括:主要污染物减排指标、环境质量指标、污染控制指标、环境管理与环境建设指标、环境保护投资及其他相关指标等。

需特别强调的是环境规划目标必须科学、切实、可行。确定恰当的环境目标,即明确所要解决的问题及所达到的程度,是制定环境规划的关键。规划目标要与该区域的经济和社会发展目标进行综合平衡,针对当地的环境状况与经济实力、技术水平和管理能力,制定出切合实际的规划目标及相应的措施。目标太高,环境保护投资多,超过经济负担能力,环境目标会无法实现;目标太低,就不能满足人们对环境质量的要求,造成严重的环境问题。因此,在制定环境规划时,确定恰当的环境保护目标是十分重要的,环境规划目标是否切实可行是评价规划好坏的重要标志。

a. 确定环境目标的原则。

确定环境目标,需要遵循如下原则:要考虑规划区域的环境特征、性质和功能要求;所确定的环境目标要有利于环境质量的改善;要体现人们生存和发展的基本要求;要掌握好“度”,使环境目标和经济发展目标能够同步协调,能够同时实现经济、社会和环境效益的统一。

b. 环境功能区划与环境目标的确定。

功能区是指对经济和社会发展起特定作用的地域或环境单元。环境功能区划是依据社会发展需要和不同区域在环境结构、环境状态和使用功能上的差异,对区域进行合理划分。进行环境功能分区是为了合理进行经济布局,并确定具体环境目标,也便于进行环境管理与环境政策执行。环境功能区,实际上是社会、经济与环境的综合性功能区。

环境功能区划可分为综合环境功能区划和分项(专项)环境功能区划两个层次,后者包括大气环境功能区划、水环境功能区划、声环境功能区划、近海海域环境功能区划等。

环境功能区划中应考虑以下原则。

a. 环境功能与区域总体规划相匹配,保证区域或城市总体功能的发挥。

b. 根据地理、气候、生态特点或环境单元的自然条件划分功能区,如自然保护区、风景旅游区、水源区或河流及其岸线、海域及其岸线等。

c. 根据环境的开发利用潜力划分功能区,如新经济开发区、生态绿地等。

d. 根据社会经济的现状、特点和未来发展趋势划分功能区,如工业区、居民区、科技开发区、教育文化区、开放经济区等。

e. 根据行政辖区划分功能区,按一定层次的行政辖区划分功能,往往不仅反映环境的地理特点,而且也反映某些经济社会特点,有其合理性,也便于管理。

f. 根据环境保护的重点和特点划分功能区,特别是一些敏感区域,可分为重点保护区、一般保护区、污染控制区和重点整治区等。

根据规划区内各区域环境功能不同分别采取不同对策确定并控制其环境质量。确定环境保护目标时,至少应包括环境总体目标(战略目标)、污染物总量控制目标和各环境功能区的环境质量目标三项内容。

在区域环境规划的综合环境功能区划中,常划分出以下几类区域。

a. 特殊(重点)保护区:包括自然保护区、重要文物古迹保护区、风景名胜区、重要文教区、特殊保护水域或水源地、绿色食品基地等。

b. 一般保护区:主要包括生活居住区、商业区等。

c. 污染控制区:往往是现状的环境质量尚好,但需严格控制污染的工业区。

d. 重点治理区:通常是受污染较严重或受特殊污染物污染的区域。

e. 新建经济技术开发区:根据环境管理水平确定,一般应该从严要求。

f. 生态农业区:应满足生态农业的相关要求。

⑤ 提出环境规划方案。

环境规划方案是指实现环境目标应采取的措施以及相应的环境保护投资。在制定环境规划时,一般要作多个不同的规划方案,通过对各方案的定性、定量比较,综合分析各自的优缺点,得出经济上合理、技术上先进、满足环境目标要求的最佳方案。

方案比较和优化是环境规划过程中的重要步骤和内容,在整个规划的各个阶段都存在方案的反复比较。环境规划方案的确定应考虑如下方面:比较的项目不易太多,方案要有鲜明的特点,要抓住起关键作用的问题作比较,注意可比性;确定的方案要结合实际,针对不同方案的关键问题,提出不同规划方案的实施措施;综合分析各方案的优缺点,取长补短,最后确定最佳方案;对比各方案的环保投资和三个效益的统一,目标是效果好、投资少,不应片面追求先进技术或过分强调投资。

⑥ 环境规划方案的申报与审批。

环境规划方案的申报与审批,是把规划方案变成实施方案的基本途径,也是环境管理中的一项重要工作制度。环境规划方案必须按照一定的程序上报有关决策机关,等待审核批准。

⑦ 环境规划方案的实施。

环境规划的实用价值主要取决于它的实施程度。环境规划的实施既与编制规划的质量有关,又取决于规划实施所采取的具体步骤、方法和组织。实施环境规划要比编制环境规划复杂和困难。环境规划按照法定程序审批下达后,在环境保护部门的监督管理下,各级政府有关部门,应根据规划提出的任务要求,强化规划执行。实施环境规划的具体要求和措施,归纳起来有如下几点。

a. 切实把环境规划纳入国民经济和社会发展计划中。

保护环境是发展经济的前提和条件,发展经济是保护环境的基础和保证。要切实把环境规划的指标、环境技术政策、环境保护投入以及环境污染防治和生态环境建设项目纳入国民经济与社会发展规划,这是协调环境与社会经济关系不可缺少的手段。同时,以环境规划为依据,编制环境保护年度计划,把规划中所确定的环境保护任务、目标进行分解、落实使之成为可实施的年度计划。

b. 强化环境规划实施的政策与法律的保证。

政策与法律是保证规划实施的重要方面,尤其是在一些经济政策中,逐步体现环境保护的思想和具体规定,将规划结合到经济发展建设中,是推进规划实施的重要保证。

c. 多方面筹集环境保护资金。

把环境保护作为全社会的共同责任。一方面,政府要积极推动落实"污染者负担"原则,工厂、企业等排污者要积极承担污染治理的责任,同时政府要加大对公共环境建设的投入,鼓励社会资金投入环境保护基础设施建设。通过多方面筹集环境保护建设资金,确保环境保护的必要资金投入。

d. 实行环境保护的目标管理。

环境规划是环境管理制度的先导和依据,而管理制度又是环境规划的实施措施与手段。要把环境规划目标与政府和企业领导人的责任制紧密结合起来。

e. 强化环境规划的组织实施,进行定期检查和总结。

组织管理是对规划实施过程的全面监督、检查、考核、协调与调整,环境规划管理的手段主要是行政管理、协调管理和监督管理,建立与完善组织机构,建立目标责任制,实行目标管理,实行目标的定量考核,保证规划目标的实现。

10.3.2　环境管理的内容

环境管理的内容比较广泛,不同的分类方法,有不同的结果。

1. 按管理领域划分

管理领域是指环境管理行动要落实到的地方,是指在自然环境中的什么地方、人类活动中的哪个方面。

环境管理行动落实在人类社会的产业活动中,如工业、农业、服务业,即为产业环境管理,其管理内容为在这些产业活动中向环境排放污染物的行为,如管理工厂企业排放废水废气废渣、农田化肥农药污染、餐厅油烟气污染、歌厅噪声污染,以及开展清洁生产、ISO14000 标准认证等。

环境管理行动落实在水、土、气、声、辐射、生态等自然环境要素上,即为要素环境管理,其管理内容为环境要素的环境质量、环境承载力以及水体、土壤、大气、噪声、辐射等污染物排放的管理。

环境管理行动落实在一定的区域范围内,如城市、农村、流域、开发区等,即为区域环境管理，其管理内容为该区域范围内人类作用于该区域环境的行为，如城市建设、农田污染、流域水污染控制、开发区环境规划等。

环境管理行动落实在环境管理的主体上，可以分为政府环境管理、企业环境管理、公众环境管理。

2. 按环境物质流划分

环境管理根据“环境-社会系统”中的物质流划分，可分为自然资源环境管理、产业环境管理、废弃物环境管理和区域环境管理四大领域。

(1) 自然资源环境管理。

自然资源的开发利用是人类社会生存发展的物质基础，也是人类社会与自然环境之间物质流动的起点。因此，自然资源的保护与管理，成为环境管理的起点和首要环节，其实质是管理自然资源开发和利用过程中的各种社会行为，不破坏人与自然的和谐。其主要内容包括土地资源、水资源、矿产资源、森林资源、草地资源、生物多样性资源、海洋资源的管理等。

(2) 产业环境管理。

产业活动是人类社会通过社会组织和劳动将开采出来的自然资源进行提炼、加工、转化，生产人类所需要的生活和生产资源、创造物质财富的过程，是人类经济社会发展的重要方面。同时，不恰当的产业活动也是破坏生态、污染环境的主要原因，因此，产业环境管理的目的是创建一个资源节约和环境友好的生产过程。其内容有两个层次。在宏观上，政府通过法律、行政、标准等手段从国家的层面上控制整个社会经济活动对生态和环境的破坏；在微观上，企业作为环境管理的主体搞好企业自身的环境保护工作。

(3) 废弃物环境管理。

废弃物或称为环境废弃物，是指人类从自然环境中开采自然资源，并对其进行加工、转化、流通、消费后产生并排放到自然环境中的有害的物质或因子。废弃物环境管理的目的和任务就是运用各种环境管理的政策和技术方法，尽可能地减少废弃物向自然环境中的排放，或者使排放的废弃物能与自然环境的容纳能力(环境容量和环境承载力)相协调，达到保证环境质量的目的。废弃物环境管理不仅注重废弃物本身的管理，还要从区域的角度，关注废弃物排放到环境之后产生的环境影响，并根据环境质量情况对废弃物的排放提出要求。

(4) 区域环境管理。

区域是地球表层相对独立的面积单元，是个相对的地域概念。人类社会的所有活动，都必然落实到区域上，而自然环境本身也具有非常明显的区域特征。

复习与思考

1. 什么是环境规划？如何理解其内涵？
2. 什么是环境管理？如何理解其内涵？
3. 简述环境规划与环境管理的关系。
4. 简述环境规划与管理的目的和任务。
5. 环境规划与管理的对象包括哪些？
6. 环境规划与管理应采用哪些主要手段？
7. 图解环境规划的工作程序和主要内容。
8. 环境规划方案的实施应采取哪些措施？
9. 简述环境管理的主要内容。

第 11 章　环境监测与环境质量评价

11.1　环境监测

11.1.1　环境监测概述

1. 环境监测及其发展

环境监测是指测定代表环境质量的各种标志数据、确定环境质量(或污染程度)及其发展变化趋势的过程,是环境监测机构按照有关的法律、法规和技术规定、程序的要求,运用科学的、先进的技术方法,对代表环境质量及其发展变化趋势的各种标志数据进行间断的或连续的监视、测试和解释的科学活动。

随着环境问题的不断出现,环境监测的内涵不断扩大。对环境质量进行判断,不仅要对某一污染物进行某一地点、某一时刻的分析测定,还必须对各种有关污染因素、环境因素在一定范围、时间、空间内进行测定,分析其综合测定数据,才能对环境质量做出确切评价。因此,环境监测包括对污染物分析测试的化学监测,对物理因子声、光、热、电磁辐射、振动及放射性等强度、能量和状态测试的物理监测,对生物由于环境质量变化所发出的各种反应和信息,如受害症状、生长发育、形态变化等测试的生物监测;对区域群落、种群的迁移变化进行观测的生态监测等。

环境监测的发展主要包括三个阶段。

(1) 20 世纪 50 年代。这个时期的主要环境问题是由于化学毒物所造成的环境污染事件,其监测工作主要是对环境样品进行化学分析以确定其组成和含量,因此该阶段被称为污染监测阶段或被动监测阶段。

(2) 20 世纪 70 年代。这一时期人们逐渐认识到影响环境质量的因素不仅是化学因素,还有物理因素,如噪声、电磁辐射、光、热和放射性等,而且用生物(动物、植物)的生态、群落、受害症状等的变化作为判断环境质量的指标更为确切可靠。因此,环境监测的手段除了化学的,还有物理的、生物的手段等。同时,从点污染的监测发展到面污染以及区域性的监测,这一阶段称为主动监测阶段或目的监测阶段。

(3) 20 世纪 80 年代初。监测手段和监测范围的扩大,虽然能够说明区域性的环境质量,但由于受采样手段、采样时间和频率、采样数量、分析速度、数据处理速度等限制,仍不能及时地监视环境质量变化,预测变化趋势,更不能根据监测结果发布采取应急措施的指令。因此连续自动监测技术进入了环境监测领域,这一阶段形成了以连续自动监测系统为骨干的环境监测技术,其监测数据用有线或无线传输的方式送到监测中心控制室,经电子计算机处理,可自动打印成指定的表格,画成污染态势、浓度分布。可以在极短时间内观察到空气、水体污染浓度变化、预测预报未来环境质量。当污染物浓度接近或超过环境标准时,可发布指令、通告并采取防护措施。该阶段又称为污染防治监测阶段或自动监测阶段。

随着环境保护科学技术的发展,对环境监测提出的要求越来越高。环境监测一方面向深度发展,通过采用更加先进的监测技术获得历史的、准确的、有代表性的、可比的、整体性的数据;另一方面向广度发展,涉及的范围日益扩大,采用的监测手段越来越多,监测范围可以从一个点发展到一个城市或一个地区，以至扩大到全国乃至全球。一些现代化的手段，如航测、卫星监测等，在环境监测中都得到了应用。

2. 环境监测的作用

环境是一个极其复杂的综合体系。人们只有获取大量的定量化的环境信息，了解污染物的产生过程和原因，掌握污染物的数量和变化规律，才能制定切实可行的污染防治规划和环境保护目标，完善以污染物控制为主要内容的各类控制标准、规章制度，使环境管理逐步实现从定性管理向定量管理、从单项治理向综合整治、从浓度控制向总量控制的转变。而这些定量化的环境信息，只有通过环境监测才能得到。离开环境监测，环境保护将是盲目的，加强环境管理也将是一句空话。环境监测的作用主要包括以下几个方面。

(1) 通过环境监测，提供代表环境质量现状的数据，判断环境质量是否符合国家制定的环境质量标准，评价当前主要环境问题。

(2) 找出环境污染最严重的区域和区域上重要的污染因子，作为主要管理对象，评价该区域环境污染综合防治对策和措施的实际效果。

(3) 通过环境监测，评价环保设施的性能，为污染源管理提供基础数据。

(4) 通过环境监测，追踪污染物的污染路线和污染源，判断各类污染源所造成的环境影响，预测污染的发展趋势和当前环境问题的可能趋势。

(5) 通过环境监测，验证和建立环境污染模式，为新污染源对环境的影响进行预断评价。

(6) 积累长期监测资料，为研究环境容量、实施总量控制提供基础数据。

(7) 通过累计大量的不同地区的环境监测数据，并结合当前和今后一段时期中国科学技术和经济发展水平，制定切实可行的环境保护法规和环境质量标准。

(8) 通过环境监测，不断揭示新的污染因子和环境问题，研究污染原因、污染物迁移和转化，为环境保护科学研究提供可靠的数据。

总而言之，环境监测的作用是及时、准确、全面地反映环境质量现状及发展趋势，为环境管理、环境规划、环境科学研究提供依据。

3. 环境监测的分类

环境监测按目的或任务可分为如下三类。

(1) 监视性监测(常规监测或例行监测)。

监视性监测指监测环境中已知污染因素的现状和变化趋势，确定环境质量，评价环境污染控制措施的效果，判断环境标准实施的情况和改善环境取得的进展。包括环境质量监测和污染源控制排放监测。

(2) 事故性监测(特例监测或应急监测)。

事故性监测指发生事故性污染时确定污染程度、危及范围，以便采取有效措施降低和消除危害。这类监测期限短，随着事故完结而结束，常采用流动监测、空中监测或遥感等手段。

(3) 研究性监测。

对某一特定环境，研究确定污染因素从污染源到受体的迁移转化的趋势和规律。当监测结果表明存在环境问题时，还必须确定污染因素对人体、生物体和各种物质的危害程度。研究性监测周期长、监测范围广。

环境监测按监测对象可分为：对各种自然要素(地表水、地下水、空气)实施的环境质量监测，对与环境有影响的各种人为因素实施的污染源监测；按监测介质可分为：水质污染监测、大气污染监测、土壤污染监测、生物污染监测、固体废物污染监测、噪声和振动监测、电磁辐射监测、放射性监测、热污染监测和光污染监测等。

4. 环境监测的特点

环境监测就其对象、手段、时间和空间的多变性、污染组分的复杂性等，其特点可归纳如下。

(1) 环境监测的综合性。环境监测的综合性表现在以下几方面：监测手段包括化学、物理、物理化学、生物及生态等一切可以表征环境质量的方法；监测对象包括空气、水体(江、河、湖、海及地下水)、土壤、固体废物、生物等客体，只有对这些客体进行综合分析，才能确切描述环境质量状况；对监测数据进行统计处理、综合分析时，需涉及该地区的自然和社会各个方面情况，因此必须综合考虑才能正确阐明数据的内涵。

(2) 环境监测的连续性。由于环境污染具有时空性等特点，因此，只有坚持长期监测，才能从大量的数据中揭示其变化规律，预测其变化趋势，数据越多，预测的准确度就越高。因此，监测网络、监测点位的选择一定要有科学性，而且一旦监测点位的代表性得到确认，必须长期坚持监测。

(3) 环境监测的追踪性。环境监测包括监测项目的确定、监测计划的制定、采样、样品运送和保存、实验室分析测定、数据整理等过程，是一个复杂而又有联系的系统，任何一步的差错都将影响最终数据的质量。特别是区域性的大型监测，由于参加人数众多，实验室和仪器的不同，必将会发生技术和管理水平不同。为使监测结果具有一定的准确性，并使数据具有可比性、代表性和完整性，需有一个量值追踪体系予以监督。为此，需要建立环境监测的质量保证体系。

(4) 环境监测的服务性。环境监测必须为环境管理服务，这是由环境监测的目的决定的。环境监测为环境管理服务应该遵守及时性、准确性、公正性、科学性的基本原则。

5. 环境优先污染物和优先监测

有毒化学污染物的监测和控制，无疑是环境监测的重点。世界上已知的化学品有 700 万种之多，而进入环境的化学物质已达 10 万种。因此，无论从人力、物力、财力还是从化学毒物的危害程度和出现频率的实际情况，某一实验室不可能对每一种化学品都进行监测、实行控制，而只能有重点、针对性地对部分污染物进行监测和控制。这就必须确定一个筛选原则，对众多有毒污染物进行分级排队，从中筛选出潜在危害性大，在环境中出现频率高的污染物作为监测和控制对象。这一筛选过程就是数学上的优先过程，经过优先选择的污染物称为环境优先污染物，简称为优先污染物(priority pollutants)。对优先污染物进行的监测称为优先监测。

优先污染物具有如下特点：难以降解、在环境中有一定残留水平、出现频率较高、具有生物积累性、“三致”物质(致癌、致畸、致突变)、毒性较大，以及现代已有检出方法等。

美国是最早开展优先监测的国家。早在 20 世纪 70 年代中期，就在《清洁水法》中明确规定了 129 种优先污染物，它一方面要求排放优先污染物的工厂采取最佳可利用技术(BAT)，控制点源污染排放；另一方面制定环境质量标准，对各水域实施优先监测。其后又提出了 43 种空气优先污染物的名单。欧洲经济共同体在 1975 年提出的“关于水质的排放标准”的技术报告中，列出了“黑名单”和“灰名单”。日本政府环境厅公布了 1974～1985 年对 600 种优先有毒化学品进行环境普查的结果，其中检出率高的有毒污染物为 89 种。“中国环境优先监测研究”也提出了“中国环境优先污染物黑名单”，包括 14 种化学类别共 68 种有毒化学物质，其中有机物占 58 种，见表 11-1。

表 11-1 中国环境优先污染物黑名单

化学类别	名称
1. 卤代(烷、烯)烃类	二氯甲烷、三氯甲烷、四氯化碳、1,2-二氯乙烷、1,1,1-三氯乙烷、1,1,2-三氯乙烷、1,1,2,2-四氯乙烷、三氯乙烯、四氯乙烯、三溴甲烷
2. 苯系物	苯、甲苯、乙苯、邻-二甲苯、间-二甲苯,对-二甲苯
3. 氯代苯类	氯笨、邻-二氯苯、对-二氯苯、六氯苯
4. 多氯联苯类	多氯联苯
5. 酚类	苯酚、间-甲酚、2,4-二氯酚、2,4,6-三氯酚、五氯酚、对-硝基酚
6. 硝基苯类	硝基苯、对-硝基甲苯、2,4-二硝基甲苯、三硝基甲苯、对-硝基氯苯、2,4-二硝基氯苯
7. 苯胺类	苯胺、二硝基苯胺、对-硝基苯胺、2,6-二氯硝基苯胺
8. 多环芳烃	萘、荧蒽、苯并[b]荧蒽、苯并[k]荧蒽、苯并[a]芘、茚并[1,2,3-c、d]芘、苯并[ghi]芘
9. 酞酸酯类	酞酸二甲酯、酞酸二丁酯、酞酸二辛酯
10. 农药	六六六、滴滴涕、敌敌畏、乐困、对硫磷、甲基对硫磷、除草醚、敌百虫
11. 丙烯腈	丙烯腈
12. 亚硝胺类	*N*-亚硝基二丙胺、*N*-亚硝基二丙胺
13. 氰化物	氰化物
14. 重金属及其化合物	砷及其化合物、铍及其化合物、镉及其化合物、铬及其化合物、铜及其化合物、铅及其化合物、汞及其化合物、镍及其化合物、铊及其化合物

11.1.2 环境监测的程序与方法

1. 环境监测的程序

环境监测的工作程序包括:提出监测任务、制定监测计划、建立质量保证体系和采样分析、数据处理、编写监测报告等。

(1) 环境监测任务的提出。环境监测首先应由有关部门提出目的明确的环境监测任务,如环境行政主管部门提出的城市空气质量例行监测;流域的枯、丰、平水期水质监测;为配合环境监理、排污收费的污染源排放监测;环境事故出现后由政府有关部门、污染受害者提出申诉的污染事故应急监测;为环境科研、环境影响评价,由当事者提出的委托监测等。

(2) 制定监测计划。监测计划应包括监测内容、监测时间、监测布点、监测频率、监测机构的组成、监测人员的构成、经费的使用计划等。

(3) 监测前的准备。样品采集的准备包括现场调查、采样仪器和运输工具的准备等;实验室准备包括监测方法确定、仪器调试、试剂配制、方法预审、标准曲线绘制等。

(4) 建立监测质量保证体系,为了使监测结果客观准确,必须有相应的质量保证措施。

(5) 实地监测采样和实验室样品分析、按计划得到监测数据。

(6) 数据经处理后,归纳、总结、编写监测报告。

2. 环境监测的方法

在环境监测工作中,由于污染因素性质的不同所采用的分析方法也不同。单纯物理性质(如噪声)测定的工作比较少,绝大部分工作是对环境样品中污染物的成分分析及其状态与结构的化学分析。目前,多采用化学分析方法和仪器分析方法。另外,还有生物学方法用于综合性监测。

(1) 化学分析法。化学分析法是以化学反应为基础确定待测物质含量的方法。化学分析法分类如下。

化学分析法
- 重量法(测大气颗粒状物质,水中油和悬浮物等)
- 容量法
  - 酸碱滴定法(测水中的酸度、碱度等)
  - 氧化还原滴定法(测水中溶解氧、高锰酸盐指数等)
  - 络合滴定法(测水中钙、镁、总硬度、氰化物等)
  - 沉淀滴定法(测水中卤素化合物等)
- 目视比色法(测水中氟化物等)

化学分析法的主要特点有:准确度高,其相对误差一般小于 0.2%;仪器设备简单,价格便宜;灵敏度低,适用于常量组分测定,不适用于微量组分测定。

(2) 仪器分析法。仪器分析法是以物理和物理化学方法为基础的分析方法。其种类很多,主要有以下三种。

① 以测定光辐射的吸收或发射为基础。光学分析法分类如下。

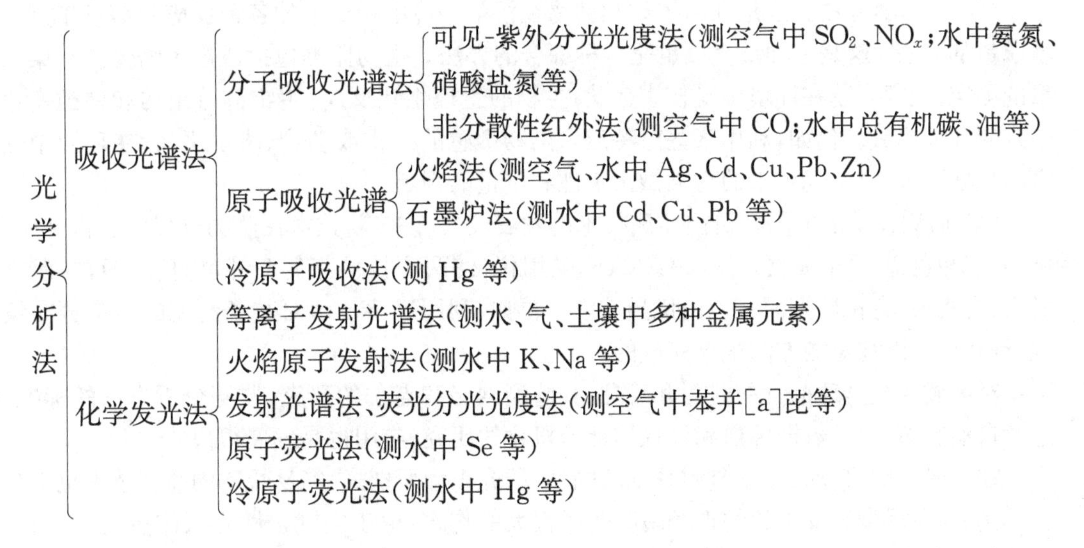

② 以溶液的电化学效应为基础。电化学分析法是利用物质的电化学性进行定量分析的方法。电化学分析法分类如下。

电化学分析法
- 电位法(测气、水中氟化物、水中氰化物、氨氮等)
- 电导法(测水中电导率、溶解氧、气中 SO_2 等)
- 库仑法(测水中化学需氧量、气中 SO_2 等)
- 极谱法
  - 高波极谱法(测水中硝基苯、Cd、Cu、Pb 等)
  - 阳极溶出法(测水中 Cu、Pb、Zn、Cd、等)

③ 以色谱分离检定为基础。色谱分析法是根据被分析物质在固定相和移动相中的分配系数不同,而进行定量分析的方法。色谱分析法分类如下。

- 色谱分析法
  - 气相色谱法(测气中丙酮、甲醇、苯系物等;水中卤代烃、烷基汞、吡啶等)
  - 液相色谱法
    - 高效液相色谱法(气、水中多环芳烃、苯并[a]芘)
    - 离子色谱法(测水、气中氯化物、氟化物等多种阴离子)
    - 纸层析和薄层层析法(分离、测定气、水中多环芳烃;粮食中黄曲霉素、有机磷农药等)

此外,还有质谱法、中子活化分析法、同位素分析法、核磁共振法、流动注射分析法等。仪器分析的共同特点有:灵敏度高,适用于微量、痕量甚至超痕量组分的分析;选择性强,对试样预处理要求简单;响应速度快,容易实现连续自动测定;有些仪器可以联合使用,如色谱-质谱联用仪等,该方法可使每种仪器的优点都能得到更好的利用;仪器的价格比较高,有的十分昂贵,设备复杂,与化学分析法相比,仪器分析法的相对误差较大。

目前,仪器分析法被广泛用于对环境中污染物进行定性和定量的测定。例如,分光光度法常用于大部分金属、无机非金属的测定;气相色谱法常用于有机物的测定;对于污染物状态和结构的分析常采用紫外光谱、红外光谱、质谱和核磁共振等技术。

(3) 生物学方法。这是利用植物和动物在污染环境中所产生的各种反应和信息来判断环境质量的方法,这是一种最直接也是一种综合的方法。生物监测包括通过生物体内污染物含量的测定;观察生物在环境中受伤害症状;生物的生理生化反应;生物群落结构和种类变化等来判断环境质量。例如,利用某些对特定污染物敏感的植物或动物(指示生物)在环境中受伤害的症状,可以对空气和水的污染做出定性和定量的判断。

(4) 监测技术的发展。目前监测技术的发展较快,许多新技术在监测过程中已得到应用。例如,气相色谱-原子吸收光谱(GC-AAS)联用仪,使两项技术互促互补,扬长避短,在研究有机汞、有机铅、有机砷方面表现出优异性能。再如,利用遥感技术对整条河流的污染分布情况进行监测,是以往监测方法很难完成的。

对区域甚至全球范围的监测和管理,其监测网络和点位的研究、监测分析方法的标准化、连续自动监测系统、数据传送和处理的计算机化的研究、应用也是发展很快的。

在发展大型、自动、连续监测系统的同时,研究小型便携式、简易快速的监测技术也十分重要。例如,在污染突发事故的现场瞬时造成很大的伤害,由于空气扩散和水体流动,污染物浓度的变化十分迅速,这时大型仪器无法使用,而便携式和快速测定技术就显得十分重要,在野外也同样如此。

11.1.3 城市环境监测

1. 城市环境空气监测

许多国家环境空气监测以城市为主体,如我国环保系统目前已经有 1800 多个市、县级监测站开展城市环境空气质量的监测工作。

(1) 城市环境空气监测的内容。城市大气污染物共分七类,见表 11-2。监测时根据需要和可能进行选择。发达国家主要城市基本上对表 11-2 中最具代表性的污染物(除 HF)都进行监测。根据《〈环境空气质量标准〉(GB 3095—1996)修改单》(环发[2000]1 号)的规定,现阶段我国大气污染监测的常规分析指标有 SO_2、CO、NO_2、O_3、CO_2、PM_{10}、Pb、B(a)P、氟化物。

表 11-2　城市大气监测的七类污染物

类别	所含污染物或污染项目	最具代表性的污染物
含硫化合物	SO_2、SO_3、SO_4^{2-}、H_2S及磺酸盐类等	SO_2
含氮化合物	NO_2、NO、NO_3^-、NH_3及铵盐类等	NO_2、NO
碳氧化合物	CO、CO_2	CO
碳氢化合物	总碳氢化合物、甲烷烃、非甲烷烃、多环芳烃类等	总碳氢化合物、非甲烷烃和B(a)P
氧化剂	光化学氧化剂(臭氧、醛类、过氧乙酰硝酸酯等)	O_3
卤素及其化合物	Cl_2、HCl、HF	HF
颗粒物	降尘、TSP、PM_{10}及其中的重金属成分	降尘、PM_{10}、Pb

(2) 城市环境空气质量日报、周报与污染预报。较早开展空气污染预报研究的国家是美国,美国于 1976 年公布了全国统一的污染物标准指数(PSI),供各级空气污染防治机构采用,通过报纸、电视等公共媒体向公众发布空气污染状况和预报结果,并提醒人们在 PSI 达到一定值后应采取的相应措施,以保护人体健康。

近十多年来,许多国家和地区按照各自环境保护法规的要求和规定,相继开展了空气污染警报和污染预报工作,它已成为空气监测网络的主要任务之一。通过建立实时动态监测系统,可发布空气污染警报并进行污染预报、及时为污染物排放控制提供技术支撑。

空气污染指数(API)是间接表示空气污染程度的一种方法,其特点是综合、简便、直观,适用于描述城市短时间内空气质量状况及污染程度,因此在国内外大气环境质量综合评价中被普遍采用。

大气环境质量标准是制定 API 的出发点,我国现行的《〈环境空气质量标准〉(GB 3095—1996)修改单》(环发[2000]1 号)分为三级:即一级标准、二级标准和三级标准,分别执行各自的浓度限值。我国空气质量日报 API 分级浓度限值见表 11-3。

表 11-3　我国空气质量日报 API 分级浓度限值

污染指数	污染物浓度/(mg/m^3)				
API	SO_2(日均值)	NO_2(日均值)	PM_{10}(日均值)	CO(小时均值)	O_3(小时均值)
50	0.050	0.080	0.050	5	0.120
100	0.150	0.120	0.150	10	0.200
200	0.800	0.280	0.350	60	0.400
300	1.600	0.565	0.420	90	0.800
400	2.100	0.750	0.500	120	1.000
500	2.620	0.940	0.600	150	1.200

从表 11-3 可看出,API 的范围为 0～500,其中 50、100、200 分别对应于我国空气质量标准中日均值一、二、三级标准的污染物浓度限值,300、400、500 对应的各污染物浓度限值是借鉴我国香港同级 API 对应的污染物浓度值。

API 指数用线性内插法计算,公式如下:

$$I_i=\frac{I_{i,j+1}-I_{i,j}}{\rho_{i,j+1}-\rho_{i,j}}(\rho_i-\rho_{i,j})+I_{i,j} \tag{11-1}$$

式中，ρ_i，I_i——第 i 种污染物的实测浓度和待求的指数值；

$\rho_{i,j}$，$I_{i,j}$——第 i 种污染物第 j 等级的标准浓度和标准指数值；

$\rho_{i,j+1}$，$I_{i,j+1}$——第 i 种污染物第 $j+1$ 等级的标准浓度和标准指数值。

我国API分为五级，每一级对应的污染物浓度值及其对人体健康影响是不同的（表11-4）。

表 11-4 API、质量级别及对人体健康的影响

API	空气质量级别	空气质量状况	对健康的影响	对应空气质量的适用范围
0～50	Ⅰ	优	可正常活动	自然保护区、风景名胜区和其他需要特殊保护的区域
51～100	Ⅱ	良好	可正常活动	为城镇规划重确定的居住区、交通商业居民混合区、文化区、一般工业区和农村地区
101～200	Ⅲ	轻度污染	长期接触，易感的人症状有轻度加剧，健康人群出现刺激症状	特定工业区
201～300	Ⅳ	中度污染	接触一定时间后，心脏病和肺病患者症状显著加剧，运动耐受力降低，健康人群普遍出现症状	
301～500	Ⅴ	重度污染	健康人群出现较强烈症状，运动耐受力降低外，长期接触会提前出现某些疾病	
>500			患者和老年人可能提前死亡，健康人群出现不良症状，影响正常活动	

由监测结果，分别计算出各项污染物的污染指数，取污染指数最大者作为本地区环境空气污染指数，作为评价该地区环境空气质量和主要污染物的依据。

从表11-4可以看出，当API超过200时，就属于中度污染，长期接触可对健康人群构成威胁，500则是对人体健康产生明显危害的污染水平。

空气污染预报，按预报模式性能的不同，可分为潜势预报、统计模式和数值模式预报三类。按照污染预报的要素不同，可分为污染潜势预报和污染浓度预报，统计模式和数值模式方法都属于浓度预报。

潜势预报是大气污染气象条件的预报。它研究的是造成不同程度大气污染时，气象条件和天气的状况及其变化。采用的基本方法一般是从各次污染事件着手，归纳总结出现污染事件时，所特有的气象条件和天气状况。

数值模式是用数值计算方法直接求解物质守恒方程，或者求解在各种近似条件下简化形式的物质守恒方程以求得污染物浓度在环境介质中与界面上交换特征及其分布规律。

统计模式首先需要多年同时间的气象与污染物浓度分布资料，分析多年的天气变化规律，找出若干种天气类型，然后分析各种天气类型的典型参数，将这些参数与相对应的环境空气质量实测数据建立起各种定量或半定量关系，最后根据这些关系作定量或半定量的空气污染浓度预报。

2. 城市水质环境监测

(1) 水质监测的对象和内容。水质监测按监测对象可分为环境水体监测和水污染源监测两大类。环境水体包括地表水(江、河、湖泊、水库、海水)和地下水;水污染源包括生活污水、医院污水及各种工业废水。

水质监测项目依据水体功能和污染源的类型不同而异,监测项目的确定,很大程度上取决于监测目的和监测对象的污染现状和用途,一般选择环境标准中要求控制的危害大、影响范围广、并已建立可靠分析测定方法的项目,而且以有关法律为最终目标。

我国《环境监测技术规范　第一册　地表水和废水部分》中对地表水和废水等的监测项目进行了规定。饮用水水源地的必测项目为:水温、pH、色度、浑浊度、总硬度、化学需氧量、生化需氧量、氨氮、亚硝酸盐氮、硝酸盐氮、挥发酚、氰化物、砷、汞、六价铬、铅、镉、氟化物、致病菌、细菌总数、大肠菌群等。生活污水监测项目为:化学需氧量、生化需氧量、悬浮物、氨氮、总氮、总磷、阴离子洗涤剂、细菌总数、大肠菌群等。医院污水监测项目为:pH、色度、浑浊度、悬浮物、余氯、化学需氧量、生化需氧量、致病菌、细菌总数、大肠菌群等。塑料工业废水的监测项目为:化学需氧量、生化需氧量、硫化物、氰化物、砷、汞、铅、石油类、有机氯、苯类、多环芳烃等。

(2) 地表水水质监测站断面布点法。流经大中城市或工业区等污染较重的江河段,一般设置三类断面。

① 对照断面。

反映进入本地区河流水质的初始情况,应布设在不受污染物影响的城市和工业排污区的上游。一个河段可只设一个对照断面。

② 控制断面。

主要反映本地区排放废水对河流水质的影响,可布设在评价河段末端或河段内有控制意义的位置,如支流汇入处、废水排放口等的下方,可设一个至数个控制断面。

③ 削减断面。

布设在控制断面的下游,在污染物浓度有显著下降处,可反映河流对污染物的稀释自净情况。

在江河断面上的垂线和采样点的设置需要分别考虑江河的水面宽度和水的深度。我国的有关规定列于表 11-5 和表 11-6 中。

表 11-5　江河监测断面的设置要求

水面宽/m	垂线数	说明
≤50	一条(中泓)	1. 断面上垂线的布设应避开岸边污染带。对必须监测的污染带,应在带内酌情增加垂线
50～100	两条(左、右近岸有明显水流处)	2. 当无排污河段或有充分数据证明断面上水质均匀时,可只设一条中泓线
>100	三条(左、中、右)	3. 布设于河口时,也需按本规定设置垂线

表 11-6　江河断面垂线上监测采样点的设置要求

水深/m	采样点数	说明
≤5	一点(水面下 0.5m 处)	1. 水深不足 1m 时,在 1/2 水深处
5～10	两点(水面下 0.5m,河底以上 0.5m)	2. 河流封冻时,在冰下 0.5m 处
>10	三点(水面下 0.5m,1/2 水深处,河底以上 0.5m)	3. 若有充分数据证明垂线上水质均匀,可酌情减少采样点数 4. 布设于河口时,也需按本规定设置垂线

3. 城市环境噪声监测

常规性噪声监测包括各功能区噪声定期监测、道路交通噪声监测和区域环境噪声普查，是环境监测系统的主要任务。

(1) 功能区噪声定期监测与评价。

由于城市布局、城市结构、城市功能、地形地貌等因素的影响，城市各功能区的噪声级往往有很大的差别，不能用一个点或一个区域的测量结果去推断另一个点或一个区域的噪声水平。

另外，噪声是一个随时间变化的物理量，不能用某一时段的测量结果去推断另一时段的噪声级水平。因此要及时地、全面地、宏观地掌握各功能区的噪声水平，就必须在各环境功能区内有代表性的测点上作定期的 24h 的连续监测。

功能区声环境质量评价可采用等效声级 L_{eq}，昼夜平均声级 L_{dn} 和统计噪声级 L_{10}、L_{50}、L_{100} 等为评价量。以 L_{eq} 和 L_{dn} 评价区域噪声的总体能量水平，以统计噪声级评价区域噪声的平均峰值、平均中值和平均本底值。

采用昼夜平均声级 L_{dn} 作为评价量的原因是：即使声级相同，噪声在夜间对人的影响更大。因此将夜间噪声增加 10dB，然后用能量平均的方法计算 24hA 声级的平均值，用 L_{dn} 表示，单位为 dB(A)。

$$L_{dn}=10\lg\left[\frac{16\times10^{0.1L_d}+8\times10^{0.1(L_n+10)}}{24}\right] \tag{11-2}$$

式中，L_d——白天的等效 A 声级，dB(A)；

L_n——夜间的等效 A 声级，dB(A)。

白天和夜间的时间，可依据地区和季节的不同而调整，由地方政府划定。

统计噪声级是指某点噪声级有较大波动时，用于描述该点噪声随时间变化状况的统计物理量。一般用 L_{10}、L_{50}、L_{90} 表示。其中 L_{10} 表示在取样时间内 10%的时间超过的噪声级，相当于噪声平均峰值；L_{50} 表示在取样时间内 50%的时间超过的噪声级，相当于噪声平均中值；L_{90} 表示在取样时间内 90%的时间超过的噪声级，相当于噪声平均本底值。

(2) 道路交通噪声监测与评价。

由于城市市政的发展和机动车拥有量的不断增加，道路交通噪声的变化比较频繁。因此，为了了解道路交通噪声的强度，掌握其传播规律和影响范围，观察车流量的变化和声级变化规律，就必须对机动车量在城市交通干线上运行时所产生的噪声进行监测。由于城市交通噪声强度高，影响范围广，它已成为城市中最主要的噪声源，城市中有 40%～60%的区域受到道路交通噪声的影响。

道路交通噪声可采用等效声级 L_{eq}、统计噪声级 L_{10}、L_{50}、L_{90} 和交通噪声指数 TNI 以及超过某一声级的路段长度等指标进行评价。等效声级 L_{eq} 反映道路交通噪声的能量水平，L_{10} 反映道路交通噪声的平均峰值，L_{50} 反映道路交通噪声的平均中值，L_{90} 反映道路交通噪声的平均本底值，TNI 描述道路交通噪声的涨落程度，以超过某一声级的路段长度来评价道路交通噪声的污染程度和范围。

道路交通噪声指数 TNI 是一个综合指数，它定义为

$$\text{TNI}=4(L_{10}-L_{90})+L_{90}-30 \tag{11-3}$$

TNI 强调了 L_{10} 和 L_{90} 的差值，即噪声的涨落对人的健康的影响。

(3) 测点的选择原则。

① 代表性测点的位置。根据所需测量的环境噪声要求来确定，一般分为建筑物外部和建

筑物内部环境噪声测量两种情况。对于建筑物外部环境噪声的测量，测点位置一般在受干扰的住宅和办公楼建筑物窗外 1m 处的噪声敏感处，传感器高度取离地 1.2～1.5m。为了得出入射声的近似声级，需从测得的数值中减去反射声 2.5dB(在 2m 之内均应减去此值)。同时还需注意该测点应尽可能离开其他大型反射面 3.5m 以上，使反射声影响减至最低限度。对于建筑物内部环境噪声的测量，测点应至少离墙面或其他大型反射面 1m，离窗 1.5m，高度 1.2～1.5m，并应考虑到门窗的侧向传递以及机器设备或家具等对声音的遮挡和散射等的影响。

② 交通噪声干线测点位置。在道路交叉路口交通干线上离开路口 50m 以上选择一个测点，此点在人行道上离道路边沿 0.2m 处。当路长不足 100m 时，测点设在路段中点边缘。

11.2　环境质量评价

11.2.1　环境质量评价概述

1. 环境质量的概念

目前，对环境质量一词不同的学者有着不同的理解和解释，有人认为：环境质量就是环境的优劣程度，是环境对人类的生存和繁衍以及社会发展的适宜程度。也有人认为：环境质量是环境系统客观存在的一种本质属性，是能够用定性和定量的方法加以描述的环境系统所处的状态。从后一定义中可以看出，环境质量的概念既有客观性也有主观性，关键是怎样使主观认识更加接近于客观存在。

环境质量包括环境的整体质量(或称综合质量)(如城市的环境质量)和各环境要素的质量(如大气环境质量、水环境质量、土壤环境质量等)。

2. 环境质量评价的概念

环境质量评价即是按照一定的标准和方法对环境质量的优劣程度给予定性或定量的说明和描述。

环境质量的优劣常采用一组常数(称为环境质量参数)来表征。通常是采用这些参数的测定值并用一定的方法评定环境质量的优劣。例如，大气环境质量通常用二氧化硫(SO_2)、可吸入颗粒物(PM_{10})、氧化氮(NO_x)、臭氧(O_3)、铅(Pb)等参数的浓度测定值，并采用大气质量指数法(如本章 11.1.3 所述的 API 指数等)来评价大气环境质量的优劣；水环境质量通常采用 BOD_5、COD_{Cr}、溶解氧(DO)、氨氮(NH_3)、硝态氮(NO_3^--N)、总磷(TP)等参数的浓度测定值，并采用水质量指数法(如南京水域质量综合指数、有机污染综合评价指数等)来评价水环境质量的优劣等。

通过环境质量评价可以判断环境质量的优劣程度，判定环境质量与人类生存发展之间的关系，从而为保护和改善环境质量提出具体可行的措施。

3. 环境质量评价的目的

环境质量评价的目的是为制定城市环境规划、进行环境综合整治、制定区域环境污染物排放标准、环境标准和环境法规、政策、搞好环境管理等提供依据。环境质量评价可以指明改善环境的方向和途径，并采取补救措施和办法，把不利的环境影响降到最低程度。因此，它是贯彻我国“预防为主、防治结合、综合治理”环境管理政策的具体体现。

4. 环境质量评价的类型

根据环境管理的需求，环境质量评价可分为多种不同的类型。

(1) 根据环境要素进行划分，可分为大气环境质量评价、水环境质量评价(包括地表水环境质量评价和地下水环境质量评价)、声环境质量评价、土壤环境质量评价、生态环境质量评价等,这些评价皆为单要素环境评价;如果对其中的两个或多个要素同时进行评价,则称为多要素环境评价;如果对所有要素同时进行评价,则称为环境质量综合评价。

(2) 根据所选择的评价参数进行划分,可分为卫生学评价、生态学评价、污染物评价(化学污染物和生物学污染物)、物理学评价(声学、电磁学、热力学等)、地质学评价、经济学评价、美学评价等。

(3) 根据评价区域的不同进行划分,可分为城市环境质量评价、农村环境质量评价、区域环境质量评价(包括流域环境质量评价和行政区域环境质量评价等)、海洋环境质量评价、工矿区环境质量评价等。

(4) 按照所评价的环境质量的时间属性,环境评价可以分成回顾评价、现状评价和影响评价。

① 环境质量回顾评价。

此种评价是对某一区域某一历史阶段的环境质量的历史变化的评价,评价的资料为历史数据。这种评价可以预测环境质量的发展变化过程。例如,使用含铅汽油的时候,公路两侧表层土壤中铅的浓度会随时间而逐步积累。利用历年监测数据,可以对土壤铅含量的发展变化做出评价。

② 环境质量现状评价。

环境质量现状评价一般是根据近期的环境监测资料进行的。通过这种形式的评价,可以阐明区域环境质量的现状,从而为区域环境综合整治提供科学依据。

③ 环境质量影响评价。

这种评价是指对规划和建设项目实施后可能造成的环境质量影响进行分析、预测和评估,并提出减免不利影响的对策和措施。环境质量影响评价是目前开展最多的环境评价。

5. 环境质量评价的发展

在地学领域内,对一定区域的自然环境和某些自然资源(如矿产、土地、水资源、气候、林地等)早就有评价的历史。从 20 世纪中期,随着环境科学的发展,环境质量概念的形成,环境质量评价工作逐渐开展,70 年代蓬勃发展,80～90 年代进入稳定时期,近年来又有新的发展。

20 世纪中叶,世界各地出现了许多公害事件,环境污染和生态破坏直接影响了人类的生存和发展,促进了环境科学的发展,环境质量评价作为环境科学的一个分支学科也随之产生和发展。

美国是最早开展环境质量评价的国家,在水质质量评价方面,R. P. Iorton 1965 年提出了质量指数(QI),随后,R. M. Brown 提出了水质质量指数(WQI),N. L. Nemerow 在其发表的专著《河流污染的科学分析》中提出了另一种指数,对纽约州一些地面水的状况进行了指数计算和质量评价。在大气环境质量评价方面,1966 年 Green 提出了大气污染综合指数,以后陆续提出了白考勃大气污染指数(1970 年)、橡树岭大气指数(1971 年)、污染物标准指数等,并用大气污染指数进行了环境质量预报。美国在 1969 年制定的《国家环境政策法》中规定,大型工程建设前必须编制环境影响报告书,各州也相继建立了各种形式的相关制度,从而成为世界上第一个把环境影响评价制度在国家法律中加以肯定的国家。

继美国建立环境影响评价制度后,有瑞典(1970 年)、新西兰(1973 年)、加拿大(1973 年)、澳大利亚(1974 年)、马来西亚(1974 年)、前西德(1976 年)、中国(1979 年)等国也先后建立了环境影响评价制度,与此同时,国际上也设立了许多有关环境影响评价的机构,召开了一系列有关环境影响评价的会议，开展了环境影响评价的研究与交流，进一步促进了各国环境影响评价的实践。1973 年联合国环境规划署与加拿大联合召开了第一次环境影响评价会议。1984 年联合国环境规划署理事会第 13 届会议建议组织各国环境影响评价专家进行环境影响评价的研究。1992 年联合国环境与发展会议在里约热内卢召开，会议通过的《里约环境与发展宣言》和《21 世纪议程》中都写入了有关环境影响评价的内容。

经过 40 多年的发展，已有 100 多个国家建立了环境影响评价制度。环境影响评价的内涵不断丰富，从对自然环境的影响评价发展到对社会环境的影响评价；自然环境的影响评价从仅考虑环境污染的影响，到注重生态的影响及对环境的风险评价；同时将清洁生产和总量控制引入环境影响评价中；从建设项目的环境影响评价，到区域开发、规划、战略的环境影响评价；并关注积累性影响和对环境影响进行后评估；环境影响评价的方法和程序也在实践中逐渐完善。

我国的环境质量评价工作开始于 20 世纪 70 年代，大体上经历了四个阶段：初步尝试阶段、广泛探索阶段、全面发展阶段和环境影响评价制度阶段。

1973 年第一次全国环境保护会议后，高等院校和科研单位的一些专家、学者，在报刊和学术会上宣传和倡导环境评价，并参与了环境质量评价及其方法的研究。

1973 年“北京西郊环境质量评价研究”协作组成立，开始进行环境质量评价的研究。随后，官厅水库、南京市、茂名市也开展了环境质量评价。1977 年中国科学院召开“区域环境学”讨论会，推动了大中城市环境质量的现状评价，如北京市东南郊、沈阳市、南京市、天津市、上海市吴淞区等都开展了环境质量现状评价。同时还开展了松花江、图们江、白洋淀、湘江及杭州西湖等重要水域的环境质量现状评价。1979 年召开的中国环境学会环境质量评价委员会学术座谈会，总结了这一段时期环境质量评价的工作经验，编写了“环境质量评价参考提纲”，为各地进行环境质量现状评价提供了方法和依据。

1979 年，北京师范大学等单位率先在江西永平铜矿开展了国内第一个建设项目环境影响评价的工作。1979 年 9 月，《中华人民共和国环境保护法(试行)》公布，它规定“一切企业、事业单位的选址、设计、建设和生产，都必须注意防止对环境的污染和破坏。在进行新建、改建和扩建工程中，必须提出环境影响报告书，经环境保护主管部门和其他有关部门审批后才能进行设计。”1989 年，国务院环境保护委员会、国家计委、国家经委联合发布了《建设项目环境管理办法》，它指出“对环境有影响的一切基本建设项目和技术改造项目以及区域开发建设项目”都要进行环境影响评价。1989 年公布的《中华人民共和国环境保护法》第十三条再次规定“建设项目的环境影响报告书，必须对建设项目产生的污染和对环境的影响做出评价，规定其防治措施，经项目主管部门预审并按照规定程序上报环境保护行政主管部门批准。环境影响报告书经批准后，计划部门方可准予进行项目设计”。1998 年实施的《建设项目环境保护管理条例》第六条更加明确地规定了“国家实行建设项目环境影响评价制度”，并规定对建设项目的环境影响评价实行分类管理。2003 年 9 月 1 日《中华人民共和国环境影响评价法》的实施，标志着我国的环境影响评价、评估工作全面走上了法制化的轨道。

为贯彻《中华人民共和国环境影响评价法》和《建设项目环境管理办法》，国家环境保护部和相关行政主管部门自 1993 年起依法陆续组织制定和发布了一系列环境影响评价技术导则，规定了环境影响评价的基本原则、工作程序、工作等级及其划分依据、主要工作内容和环境影响评价文件的编制要求等技术性要素，作为从事环境影响评价工作的重要技术指南。例如，HJ/T 2.1—93《环境影响评价技术导则——总纲》、HJ/T 2.2—93《环境影响评价技术导则——大气环境》、HJ/T 2.3—93《环境影响评价技术导则——地面水环境》、HJ/T 2.4—93

《环境影响评价技术导则——声环境》、HJ/T 19—1997《环境影响评价技术导则——非污染生态影响》、HJ/T 192—2006《生态环境状况评价技术规范(试行)》、HJ/T 130—2003《规划环境影响评价技术导则(试行)》、HJ/T 131—2003《开发区区域环境影响评价技术导则》、SL 45—2006《江河流域规划环境影响评价规范》等。后来又对上述有关技术导则进行了修订,发布了 HJ/T 2.1—2011《环境影响评价技术导则——总纲》、HJ/T 2.2—2008《环境影响评价技术导则——大气环境》、HJ/T 2.4—2009《环境影响评价技术导则——声环境》、HJ/T 19—2011《环境影响评价技术导则——生态环境》。

目前,环境质量评价已经成为我国经济建设和环境保护工作中不可缺少的一个组成部分。我国已拥有了一支以专家和技术人员为主的环境质量评价队伍,在评价方法和理论方面做了许多研究,环境质量评价无论从广度还是深度方面都有了长足的进展。

11.2.2　环境质量现状评价

11.2.2.1　大气环境质量现状评价

描述和反映大气环境质量现状既可以从化学角度,也可以从生物学、物理学和卫生学的角度,它们都从某一方面说明了大气环境质量的好坏。不过由于人是我们最终保护的对象,因此,以人群效应来检验大气环境质量好坏的卫生学评价更科学更合理。但是这种方法难以定量化,所以目前使用最多的是监测评价,即环境指数评价法。

1. 大气污染监测评价

(1) 大气环境质量现状评价的程序。

大气环境质量现状评价工作可分为四个阶段:调查准备阶段、环境监测阶段、评价分析阶段和成果应用阶段。

① 调查准备阶段。

根据评价任务的要求,结合评价区的具体条件,首先要确定评价范围。在大气污染源调查和气象条件分析的基础上,拟定该地区的主要大气污染源和污染物以及发生重污染的气象条件,制定大气环境监测计划,作好人员组织和器材准备。

② 环境监测阶段。

有条件的地方应配合同步气象观测,以便为建立大气质量模式积累基础资料。大气污染监测应按年度分季节定区、定点、定时进行。为了分析评价大气污染的生态效应,为大气污染分级提供依据,最好在大气污染监测时,同时进行大气污染生物学和环境卫生学监测,以便从不同角度来评价大气环境质量。

③ 评价分析阶段。

评价就是运用大气环境质量指数对大气污染程度进行描述,分析大气环境质量的时空变化规律,并根据大气污染的生物监测和大气污染环境卫生学监测进行大气污染分级。指出造成本地区大气环境质量恶化的主要污染源、主要污染物以及重污染发生的条件,研究大气污染对人群和生态环境的影响。

④ 成果应用阶段。

根据评价结果,提出改善大气环境质量以及防止大气环境进一步恶化的综合防治措施。

(2) 大气污染监测评价。

① 评价因子的选择。

选择大气环境质量评价因子的依据是:本地区大气污染源评价的结果、大气例行监测的结果,以及生态和人群健康的环境效应。凡是主要大气污染物、大气例行监测浓度较高以及对生态及人群健康已经有所影响的污染物,均应作为污染监测的评价因子。

目前,我国各地大气污染监测评价的评价因子包括 4 类:尘(TSP、PM_{10}、$PM_{2.5}$)、有害气体(SO_2、NO_x、CO 等)、有害元素(氟、铅、汞、镉、砷等)和有机物(苯并[a]芘、总烃等)。评价因子的选择因评价区污染源构成和评价目的而异。一般根据评价区大气污染源的特点和评价目的从上述因子中选择几项,不宜过多。

② 评价标准的选择。

大气环境质量评价标准的选择主要考虑评价地区的社会功能和对大气环境质量的要求,评价时可分别采用一级、二级或三级质量标准。对于标准中没有规定的污染物,可以参照国外相应的标准,也可以选择本地区的本底值、对照值、背景值作为评价的对比依据,但这往往受到地区的限制,使评价结果不能相互比较。

③ 监测。

a. 布点。一般来说,监测布点要遵循下述原则:a) 最好设置对照点。b) 点的设置要考虑大气污染源的分布和地形、气象条件,在污染源密集区及其下风向要适当增加监测点,力争 1～4km^2 内有一个监测点,而在污染源稀少和评价区的边缘则可以少布一些点,4～10km^2 内有一个监测点即可。c) 布点必须保证能代表评价区域范围内的环境特征,要保持一定的数量和密度。d) 要有大气监测布点图。监测布点的方法主要有网格法、放射状布点法、功能分区布点法和扇形布点法等,可根据人力、物力和监测条件的限制灵活运用。

b. 采样、分析方法。可采用监测规范中规定的条文和分析方法。

c. 监测频率。一年四季,以 1 月、4 月、7 月、10 月代表冬、春、夏、秋季。每个季节采样 7 天,一日数次,每次采样 20～40min。以一日内几次的平均值代表日平均值,以 7 日的平均值代表季日平均值。

d. 同步气象观测。大气污染程度和气候条件密切相关,要准确分析、比较大气污染监测结果,必须要结合气象条件来说明。首先要充分利用本地区气象部门的常规气象资料,如果评价区地形复杂,气象场不均匀,则应考虑开展同步气象观测,以便找出大气污染的规律和重污染发生的气象条件。

④ 评价。评价就是对监测数据进行统计、分析,并选用适当的大气质量指数模型计算大气质量指数。根据大气质量指数及其对应的环境生态效应进行污染分级,绘制大气质量分布图,从而探讨各项大气污染物和环境质量随时空的变化,指出造成本地区大气环境质量恶化的主要污染源和主要污染物,研究大气污染对人群和生态的影响。最后,要提出改善大气环境质量和防止大气环境进一步恶化的综合防治措施。

2. 大气环境质量现状评价的数学方法

目前,我国进行大气污染监测评价多采用大气质量指数法。大气质量指数是评价大气质量的一种数量尺度,用它来表示大气质量可以综合多种污染物的影响,反映多种污染物同时存在情况下的大气质量。下面介绍几种常用的大气质量指数。

(1) 上海大气质量指数。

$$I_{上}=\sqrt{XY} \tag{11-4}$$

其中
$$X=\max\left(\frac{C_i}{S_i}\right) \qquad Y=\frac{1}{K}\sum_{i=1}^{K}\frac{C_i}{S_i}$$

式中，C_i——第 i 种污染物的实测浓度；

S_i——第 i 种污染物的环境质量标准；

K——评价因子总数。

$I_{上}$的物理意义是最高 C_i/S_i 值与平均 C_i/S_i 值的几何平均值，它不但考虑了多种污染物的平均污染状况，而且考虑了某种污染物的最大污染水平。同时该指数形式简单，不受评价参数变化的影响，是比较适用的大气质量指数。

该指数由原复旦大学上海医学院姚志麒提出，当时没有对指数进行污染分级，后来原沈阳环境科学研究院参照美国 PSI 值对应的浓度和人体健康的关系，对其进行了大气污染分级（表 11-7）。

表 11-7　大气质量指数的分级

分级	清洁	轻污染	中污染	重污染	极重污染
$I_{上}$	<0.6	0.6～1.0	1.0～1.9	1.9～2.8	>2.8
大气污染水平	清洁	大气质量标准	警戒水平	警报水平	紧急水平

（2）分级评分法。

分级评价法将大气质量划分为理想、良好、安全、污染和重污染五个级别（表 11-8）。其中第一、第二、第三相当于保护大多数人的健康和城市一般植物需要的水平，第四、第五相当于污染和重污染水平。

表 11-8　大气中污染物浓度分级与评分（mg/m^3）

参数	第一级（理想级）		第二级（良好级）		第三级（安全级）		第四级（污染级）		第五级（重污染级）	
	浓度分级	评分	浓度分级	评分	浓度分级	评分	浓度分级	评分	浓度分级	评分
降尘①	≤8	25	≤12	20	≤20	15	≤40	10	>40	5
飘尘②	≤0.10		≤0.15		≤0.25		≤0.50		>0.50	
SO_2	≤0.05		≤0.15		≤0.25		≤0.50		>0.50	
NO_x	≤0.02		≤0.05		≤0.10		≤0.20		>0.20	
CO	≤2		≤4		≤6		≤12		>12	
总氧化剂③	≤0.05		≤0.1		≤0.20		≤0.40		>0.40	

①本法专用的浓度分级，单位：$t/(km^2 \cdot 月)$；②应用于颗粒物时，按颗粒物监测值折半；③最大的一次浓度。

本评价方法选用降尘、飘尘、二氧化硫为必评参数，一氧化碳、氮氧化物、总氧化剂为自选项，可任选其中污染最重的一项参加评价。因此，该方法总共选择 4 个评价参数。

分级评分的计算方法采用百分制。评分越高，大气质量越好。评价时先求得各评价参数的评分值 A_i，然后对各参数评分值 A_i 求和得到大气质量分数 M。M 值为20～100，然后根据表 11-9 确定大气环境质量等级。

表 11-9　分级评分法分级标准

M	100～95	94～75	74～55	54～35	34 以下
大气质量等级	第一级（理想级）	第二级（良好级）	第三级（安全级）	第四级（污染级）	第五级（重污染级）

(3) 美国橡树岭大气质量指数。

这是由美国原子能委员会橡树岭国家实验室提出的，计算公式为

$$I_{橡} = \left[5.7\sum_{i=1}^{5}\frac{C_i}{S_i}\right]^{1.37} \tag{11-5}$$

式中，C_i——第 i 种污染物 24h 平均浓度；

S_i——第 i 种污染物的大气质量标准。

该方法共选择了 5 种污染物：SO_2、NO_x、CO、氧化剂和颗粒物。当各种污染物的浓度相当于未受污染的本底浓度时，$I_{橡}=10$，当各种污染物的浓度均达到相应的标准值时，$I_{橡}=100$。橡树岭国家实验室按大气质量指数的大小，将大气质量分为六级(表 11-10)。

表 11-10　$I_{橡}$ 与大气环境质量分级

质量分级	优良	好	尚可	差	坏	危险
$I_{橡}$	<20	20～39	40～59	60～79	80～100	>100

(4) 美国污染物标准指数(PSI)。

PSI 选择了 SO_2、颗粒物质、CO、臭氧、NO_x、SO_2 与颗粒物的乘积 6 个参数(表 11-11)。PSI 与 6 个参数的关系是分段线性函数。已知各污染物浓度后可用内插法计算各污染物的分指数，然后选择各分指数中最大的作为 PSI。

PSI 是在全面比较 6 个因子后，选择污染最重的分数指数报告大气环境质量的，突出了单因子的作用，使用方便，结果简明。PSI 值分级与人体健康状况对照明确，分级的原则和依据可供其他指数分级时参考。

表 11-11　PSI 污染物浓度分级

PSI	大气污染水平	污染物浓度/($\mu g/m^3$)						大气质量分级	对健康的一般影响	要采取的措施
		颗粒物质(24h)	SO_2(24h)	CO(8h)	O_3(1h)	NO_2(1h)	$SO_2\times$颗粒物			
500	显著危害水平	1 000	2 620	57.5	1 200	3 750	490 000	危险性	患者和老年人提前死亡，健康人出现不良症状，影响正常活动	全体人群应停留在室内并关闭门窗。所有人均应尽量减少体力消耗，一般人群应避免户外活动
400	紧急水平	875	2 100	46.0	1 000	3 000	393 000		健康人除明显强烈症状，降低运动耐受力外，提前出现某些疾病	老年人和心脏病、肺病患者应停留在室内，并减少体力活动

续表

PSI	大气污染水平	污染物浓度/(μg/m³)						大气质量分级	对健康的一般影响	要采取的措施
		颗粒物质(24h)	SO_2(24h)	CO(8h)	O_3(1h)	NO_2(1h)	SO_2×颗粒物			
300	警报水平	625	1 600	34.0	800	2 260	26 100	很不健康	心脏病和肺病患者症状显著加剧,运动耐受力降低,健康人群中普遍出现症状	心脏病和呼吸系统疾病患者应减少体力消耗和户外活动
200	警戒水平	375	800	17.0	400	1 130	6 500	不健康	易感的人症状有轻度加剧,健康人群出现刺激症状	心脏病和呼吸系统疾病患者应减少体力消耗和户外活动
100	大气环境质量标准	260	365	10.0	240	①	①	中等		
50	大气环境质量标准的50%	75②	80②	5.0	120			良好		

①浓度低于警戒水平时,不报此分指数;②美国EPA制定的一级标准中年均浓度。

3. 大气污染生物学评价

植物长期生活在大气环境中,其生理功能与形态特征,常常受大气污染作用而改变,大气中某些污染物还可以被植物叶片吸收,在叶片中积累。所有这些变化都可以在一定程度上指示大气污染状况。由于植物长期生活在一个固定的地方,因此,它指示的大气污染状况具有长期和综合的特点。大气污染生物学评价就是从生物学的角度来评价大气质量的好坏,但大气污染监测评价是基础,生物学评价可以作为监测评价的补充和综合,不能完全代替监测评价。

植物能够吸收大气污染物,并在体内积累。当污染物在植物体内积累到一定程度以后,植物可以产生可见症状,甚至死亡。根据植物对污染物的反应和植物体内污染物的累积浓度,可以鉴别大气污染物的性质和浓度。

(1) 根据植物叶片症状进行评价。

植物受污染物影响后会出现特征症状,这些症状可以作为环境污染状况的一种度量指标。不同有害物质造成的典型症状如下。

二氧化硫:阔叶植物的叶缘和叶脉间出现不规则的坏死小斑,颜色变成白色到淡黄色。在低浓度时一般表现为细胞受损害,但不发生组织坏死。当长期暴露在低浓度环境中时,老叶有时表现出缺绿。

乔本科植物在中肋两侧出现不规则的坏死,颜色变成淡棕色到白色。尖端易受影响,通常不表现缺绿症状。

针叶树在针叶顶端发生棕色死尖,呈带状,通常相邻组织缺绿。

氟化物:阔叶植物叶间和叶缘发生坏死,偶尔在叶脉之间产生小斑。在坏死组织和活组织之间边缘明显,常具有窄的暗棕色的带。有时在坏死组织边上具有窄而轻微缺绿的带。有的植物的坏死组织很容易脱落。有的植物(如柑橘)在坏死之前出现缺绿。

乔本科植物出现坏死的棕色叶尖,坏死区后部是不规则的条纹,和阔叶植物一样,在坏死区和健康组织间有深色带。

针叶树出现棕色到红棕色的坏死尖,每个叶片都可能坏死。

氯气:大多为脉间点块状伤斑,与正常组织之间界限模糊,或有过渡带,严重时全叶失绿发白甚至脱落。

氨气:大多为脉间点块状伤斑,伤斑呈褐色或黑褐色,与正常组织间界限明显,症状一般出现较早。

过氧乙酰硝酸酯(PAN):叶片背面变为银白色、棕色、古铜色或玻璃状,不呈点、块伤斑。有时在叶子的尖端、中部或基部出现坏死带。

酸雾:叶上出现细密近圆形坏死斑。

以上所列症状只是代表性症状。不同植物症状会有所差别,而且,污染物浓度不同时,症状也会有所不同。

(2) 根据受害植物的不同进行评价。

有些植物对不同污染物的抗性和敏感性不同,因此,还可以根据受害植物的种类不同判断污染物的种类。表 11-12 列出了对主要污染物敏感的植物及其反应浓度。

表 11-12　对主要污染物敏感的植物及其反应浓度

污染物	反应浓度	敏感植物
SO_2	$<(0.25\sim0.3)\times10^{-6}$(体积比)不引起急性中毒,$(0.1\sim0.3)\times10^{-6}$(体积比)长期暴露可引起慢性中毒	紫花苜蓿、大麦、棉花、小麦、三叶草、甜菜、莴苣、大豆、向日葵等
O_3	在$(0.02\sim0.05)\times10^{-6}$(体积比)时敏感植物可产生急性或慢性中毒	烟草、番茄、矮牵牛、菠菜、土豆、燕麦、丁香、秋海棠、女贞、梓树等
PAN	在$(0.01\sim0.05)\times10^{-6}$(体积比)时最敏感植物产生危害,也可引起早衰	矮牛草、早熟禾、长叶莴苣、斑豆、番茄、芥菜等
HF	最敏感植物在 0.1×10^{-9}(体积比)即有反应,在叶片中浓度达$(50\sim200)\times10^{-6}$(体积比)时敏感植物出现坏死斑	唐菖蒲(浅色的比深色的敏感)、郁金香、金芥麦、玉米、玉簪、杏、葡萄、雪松等

(3) 用综合生态指标进行评价。

可以根据植物种类和生长情况选择一些综合性的指标作为评价参数,然后仔细观察记录这些评价参数的特征,以此划分大气污染等级。表 11-13 是根据树木生长和叶片症状划分的大气污染等级。

表 11-13 大气污染的生物学分级

污染水平	主要表现
清洁	树木生长正常，叶片面积含铅量接近清洁对照区指标
轻污染	树木生长正常，但所选指标叶片面积含量明显高于清洁对照区
中污染	树木生长正常，但可见典型受害症状
重污染	树木受到明显伤害，秃尖，受害叶面积可达 50%

11.2.2.2 地表水环境质量现状评价

地表水质量评价的方法主要包括环境指数法、生物学评价法。

1. 环境指数法

(1) 北京西郊水环境质量指数。

$$P = \sum \frac{C_i}{S_i} \tag{11-6}$$

式中，C_i——各种污染物实测浓度，mg/L；

S_i——各种污染物的地表水卫生标准，mg/L。

根据北京西郊河流具体情况，用 P 值将地表水分为 7 个等级，见表 11-14。

表 11-14 北京西郊水质质量系数分级

级别	P	级别	P
清洁	<0.2	较重污染	5.0～10.0
微污染	0.2～0.5	严重污染	10.0～100
轻污染	0.5～1.0	极严重污染	>100
中度污染	1.0～5.0		

(2) 南京水域质量综合指数。

在南京城区环境质量综合评价中提出了水域质量综合指数

$$I_{水} = \frac{1}{n} \sum \frac{C_i}{S_i} W_i \tag{11-7}$$

式中，C_i——i 类污染物的实测浓度，mg/L；

W_i——污染物的权重，$\sum W_j = 1$；

S_i——各种污染物的评价标准，mg/L。

n——污染物种类数。

共选择了砷、酚、氰、铬、汞作评价参数，按 $I_{水}$ 值定出水域的水质分级标准，见表 11-15。

表 11-15 南京水域质量综合指标分级

$I_{水}$	级别	分类依据
<0.2	清洁	多数项目未检出，个别项目检出，也在标准内
0.2～0.4	尚清洁	检出值均在标准内，个别值接近标准
0.4～0.7	轻度污	有一项检出值超过标准
0.7～1.0	中污染	有 1～2 项检出值超过标准
1.0～2.0	重污染	全部或相当部分监测项目检出值超过标准
>2.0	严重污染	相当部分项目检出值超过标准 1 倍到数倍

(3) 有机物污染综合评价指数。

我国环境科学工作者鉴于上海地区黄浦江等河流的水质受到有机物污染突出的问题，进行了一系列研究，综合出氨氮与溶解氧饱和百分率之间的相互关系，在此基础上提出了有机物污染综合评价值 A，其定义为

$$A=\frac{BOD_i}{BOD_0}+\frac{COD_i}{COD_0}+\frac{NH_3\text{-}N_i}{NH_3\text{-}N_0}-\frac{DO_i}{DO_0} \tag{11-8}$$

式中，A——综合污染评价指数；

BOD_i、BOD_0——BOD 的实测值和评价标准；

COD_i、COD_0——COD 的实测值和评价标准；

$NH_3\text{-}N_i$、$NH_3\text{-}N_0$——NH_3-N 的实测值和评价标准；

DO_i、DO_0——溶解氧的实测值和评价标准。

可见，根据有机物污染的情况，评价因子只选了代表有机物污染的 4 项，其中溶解氧项前面的负号表示水质的影响与上三项污染相反(溶解氧不能理解为污染物质)。

公式(11-8)也可改写为

$$A=\frac{BOD_i}{BOD_0}+\frac{COD_i}{COD_0}+\frac{NH_3\text{-}N_i}{NH_3\text{-}N_0}-\frac{DO_{饱}-DO_i}{DO_{饱}-DO_0} \tag{11-9}$$

其中，$DO_{饱}$ 为实测水温条件下的饱和溶解氧浓度。

在计算时，根据黄浦江的具体情况，各项标准规定如下：

$$BOD_0=4mg/L; COD_0=6mg/L; NH_3\text{-}N_0=1mg/L; DO_0=4mg/L$$

由公式(11-8)可以看出，当前三项分别大于 1，第四项小于 1 时，则 A 值必大于 2。因此，定义≥2 为开始受到有机污染的标志，并根据 A 值的大小，分别评定水质受到有机物质污染的程度，结合黄浦江的具体情况，水质质量评价分级见表 11-16。

表 11-16　黄浦江水质质量评价分级

A	污染程度分级	水质质量评价
<0	0	良好
0～1	1	较好
1～2	2	一般
2～3	3	开始污染
3～4	4	中等污染
>4	5	严重污染

2. 生物学评价法

水生生物与它们生存的水环境是相互依存、相互影响的统一体。水体受到污染后，必然会对生存其中的水生生物产生影响，产生不同的反应和变化。水生生物对水环境污染后的反应和变化可以作为水环境评价的一种指标，这正是水环境质量生物学评价的基础和依据。

(1) 描述对比法。

该类方法主要根据调查水体中水生生物的区系组成、种类、数量、生态状况、资源特性等的描述，并和该区域内同类型水体或同一水体的历史状况进行比较，据此做出水体的水质评价。这是定性的方法，没有标准，因此可比性差，而且要求评价人员具有丰富的污染生态学知识和

经验。

(2) 指示生物法。

该类方法主要根据对水体中有机污染物或某种特定污染物敏感的或有较高耐量的生物种类的存在或流失,来指示水体中有机物或某种特定污染物的含量与污染程度。

选作指示种的生物最好是生命较长、比较固定生活于某处的生物。它们在较长时期内能反映所在环境的综合质量。一般静水中主要用底栖动物或浮游生物,在流水中主要用底栖生物或着生生物。大型无脊椎动物是应用较多的指示生物。为了较准确地评价水质,最好将指示生物鉴定到种,因为同一大类中不同种的生物对污染的敏感程度或耐受程度是不同的。

(3) 生物指示法。

由污染引起的水质变化对生物群落的生态效应主要包括以下几个方面。

① 某些对污染有指示价值的生物种类出现或消失,导致群落结构的种类组成变化。

② 群落中生物种类数,在污染严重的条件下减少,在水质较好时增加,但过于清洁的条件下,因食物缺乏,种类数也会减少。

③ 组成群落的个别种群变化。

④ 种群中种类组成比例的变化。

⑤ 自养-异养程度上的变化。

⑥ 生产力的变化。

把水质变化引起的对生物群落的生态效应用数学方法表达出来,可得到群落结构的定量数值,这就是生物指数。根据群落结构的内容不同,生物指数可有多种形式,应用时最好有几种不同生物指数进行综合评价。

① 贝克(Beck)指数。

按照水体中底栖大型无脊椎动物对有机物污染的耐性分成两类:Ⅰ类是不耐有机物污染的种类;Ⅱ类是能耐中等程度污染但非完全缺氧条件的种类。将一个调查点内Ⅰ类和Ⅱ类动物种类数 n_{I} 和 n_{II},按 $I=2n_{\mathrm{I}}+n_{\mathrm{II}}$ 公式计算生物指数。此法要求调查采集的各监测站的环境因素力求一致,如水深、流速、底泥、有无水草等。这种生物指数值,在净水中为10以上,中等污染时为1~10,重污染为0。

② 硅藻类生物指数。

硅藻类生物指数是指用河流中硅藻的种类来计算的生物指数,其计算公式为

$$I=\frac{2A+B-2C}{A+B-C}\times 100 \tag{11-10}$$

式中,A——不耐有机物污染的种类数;

B——对有机物污染无特殊反应的种类数;

C——有机物污染区内特有的种类数。

评价标准:I 值为0~50为多污带,I 值为50~150为中污带,I 值为150~200为轻污带。

(4) 种的多样性指数。

某一群落中的种的多样性是群落生态水平独特的生物学特征。环境条件变化之后,会造成群落结构的明显变化。例如,环境污染之后,会导致被污染水体生物群落内总的生物种类数减少,而耐污染种类的个体数却显著增加。因此,种的多样性指数可以用来评价水环境质量的优劣。种的多样性指数很多,较常用的有以下两种。

① 拉立松(Gleason)多样性指数。

$$d=\frac{S}{\ln N} \tag{11-11}$$

式中，S——种类数；

N——个体数；

d——拉立松多样性指数，值越大表示水质越清洁。

② 森普松(Simpson)多样性指数。

$$d = 1-\sum\left(\frac{n_i}{N}\right)^2 \tag{11-12}$$

或

$$d = 1/\sum\left(\frac{n_i}{N}\right)^2 \tag{11-13}$$

式中，n_i——i 种的个体数；

N——总个体数(或其他现存量参数)；

d——森普松多样性指数，值越大表示水污染程度越轻。

12.2.2.3　总环境质量综合评价

总体环境质量的综合评价建立在单个环境要素质量评价的基础之上。

(1) 北京西郊环境质量现状的综合评价。

北京西郊环境质量现状的综合评价是在对大气、地面水、地下水和土壤环境质量进行评价的基础上进行的，即采用叠加法，求出环境质量综合指数($PI_{综合}$)。

$$PI_{综合} = PI_{大气} + PI_{地面水} + PI_{地下水} + PI_{土壤} \tag{11-14}$$

再按 $PI_{综合}$ 大小将环境分为六级，见表 11-17。

表 11-17　北京西郊环境质量综合评价的六个级别

级别	环境质量状况	综合指数
1	清洁	0～0.1
2	尚清洁	0.1～1.0
3	轻污染	1.0～5.0
4	中污染	5.0～10.0
5	重污染	10.0～50.0
6	极重污染	50.0～100.0

单个要素环境质量指数的计算方法为

$$P_i=\frac{C_i}{C_{is}} \tag{11-15}$$

$$PI_{要素} = \sum_{i=1}^{n} P_i \tag{11-16}$$

式中，$PI_{要素}$——各要素环境质量指数；

P_i——i 污染物的污染指数或质量指数；

C_{is}——i 污染物的评价标准；

C_i——i 污染物的浓度；

n——污染物的种类。

北京西郊地区各环境要素中的主要污染物为：大气（飘尘、二氧化硫），地面水（酚、氰、铬、砷、汞），地下水（酚、氰），土壤（镉、铅、锌、苯并[a]芘）。

(2) 南京市环境质量现状的综合评价。

南京市环境质量现状综合评价没有列入土壤，而且特别突出大气污染的作用（大气污染的相对权重为60%，噪声占20%，地面水和地下水各占10%）。

其综合指数（$PI_{综合}$）的计算公式为

$$PI_{综合}=1/4(0.6\times PI_{大气}+0.2\times PI_{噪声}+0.1\times PI_{地面水}+0.1\times PI_{地下水}) \quad (11\text{-}17)$$

其分级标准见表11-18。

表11-18 南京市环境质量综合评价的五个级别

级别	环境质量状况	综合指数
1	好	<0.4
2	尚好	0.4～0.5
3	稍差	0.5～0.75
4	差	0.75～1.0
5	最差	>1.0

11.2.3 环境影响评价

11.2.3.1 环境影响评价概述

1. 环境影响评价的概念

环境影响评价（environmental impact assessment，EIA）就是对拟议中的人类活动（包括拟建的单个建设项目、区域开发建设项目及拟实施的国家政策、计划、规划等）可能对环境产生的影响（包括环境污染和生态破坏的影响等）进行预测、分析与评价，并提出避免或削减不利的环境影响的对策与措施。

2. 环境影响评价的分类

根据人类活动的类型，可以将环境影响评价分为三类。

(1) 单个建设项目的环境影响评价。

这是我国目前开展最多的一种环境影响评价，是环境影响评价体系的基础，其评价内容和评价结论针对性很强。对工程的选址、生产规模、产品方案、生产工艺、工程对环境的影响以及减少和防范这种影响的措施都有明确的分析、计算和说明，对工程的可行性有明确结论。

(2) 区域开发的环境影响评价。

与单个建设项目的环境影响评价相比，区域开发的环境影响评价更具有战略性。它强调把整个区域当作一个整体来考虑，评价的着眼点在于论证区域的选址、建设性质、开发规划、总体规模是否合理，同时也重视区域内建设项目的布局、结构、性质、规模，根据周围的环境特点，对区域的排污量进行总量控制。为使区域的开发建设项目对周围环境的影响控制在最低水平，提出相应的减轻影响的具体措施。

(3) 战略环境影响评价。

这类环境影响评价主要指对政策、规划或计划及其替代方案可能产生的环境影响，进行规范的、系统的综合评价，并把评价结果应用于负有公共责任的决策中，使之符合可持续发展原则的活动或结果。

战略环境影响评价与前两种评价的不同之处在于:评价的区域是全国性的或行业性的,识别的影响是潜在的、宏观的。总之,战略环境影响评价是在最高层次上进行的环境影响评价,是为高层次的开发建设决策服务的,因此,它在环境保护工作中所起的作用也是巨大的、全局性的。

从对单个建设项目到区域开发,再到对政策、规划或计划进行环境影响的评价,从时间上看,环境影响评价介入的时间越来越提前,从空间上来看,涉及的地域越来越广。这反映出人们对环境影响评价重要性的认识在逐步深化。

3. 中国环境影响评价制度的特点

环境影响评价和环境影响评价制度是两个不同的概念。环境影响评价是一种科学方法和技术手段,并通过理论研究和实践检验,不断地改进、拓展和完善,是一个科学上的概念,属于学术研究的范畴。而环境影响评价制度则是一个法律上的概念,属于上层建筑的范畴,一旦国家(政府)把环境影响评价作为一种国家(政府)行为,并通过法律规定了进行环境影响评价的程序、分类、审批以及违反环境影响评价要负的法律责任时,就建立环境影响评价制度。

中国环境影响评价制度有以下几个特点。

(1) 以建设项目环境影响评价为主。

近 20 年来我国进行的环境影响评价绝大多数都是建设项目的环境影响评价,近年来也开展了一些开发区的环境影响评价,战略环境影响评价开展很少。今后,后两种评价将逐步增多。

(2) 具有法律强制性。

我国环境影响评价制度是国家环境保护法明确规定的一项法律制度,以法律形式约束人们必须遵照执行,具有不可违背的强制性,所有对环境有影响的建设项目必须执行这一制度。

(3) 已纳入基本建设的程序。

建设项目的环境影响评价已经纳入基本建设的程序,为建设单位所熟知,目前环境影响评价和项目的可行性研究处于同一阶段,各种投资类型的项目都要求在可行性研究阶段或开工建设之前,完成环境影响评价的报批。

(4) 实行分类管理。

对造成不同程度环境影响的项目实行分类管理。对环境有重大影响的项目必须编写环境影响报告书,对环境影响较小的项目可以编写环境影响报告表,而对环境影响很小的项目可只填写环境影响登记表。

(5) 实行评价资格审核认定制。

为确保环境影响评价工作的质量,从 1986 年起,建立了评价单位的资格审查制度,强调评价机构必须具有法人资格,具有与评价内容相适应的固定的专业人员和测试手段,能够对评价结果负法律责任。评价资格经审核认定后,发给环境影响评价资格证书。

1998 年国务院颁发的《建设项目环境保护管理条例》第十三条明确规定:“国家对从事建设项目环境影响评价工作的单位实行资格审查制度,从事建设项目环境影响评价工作的单位,必须取得国务院环境保护行政主管部门颁发的资格证书,按照证书规定的等级和范围从事建设项目环境影响评价工作,并对评价结果负责。”持证评价是中国环境影响评价制度的一个重要特点。

11.2.3.2　环境影响评价的工作程序和主要内容

1. 中国环境影响评价的工作程序

中国环境影响评价的工作程序如图 11-1 所示,《环境影响评价技术导则》(HT/T2.1—2011)

总纲规定，环境影响评价工作大体分为三个阶段：第一阶段为准备阶段，主要工作为研究有关文件，进行初步的工程分析和环境现状调查，筛选重点评价项目，确定各单项环境影响评价的工作等级，编制评价大纲；第二阶段为正式工作阶段，其主要工作为详细的工程分析和环境现状调查，并进行环境影响预测和评价环境影响；第三阶段为报告书编制阶段，其主要工作为汇总、分析第一、第二阶段工作所得的各种资料、数据，给出结论，完成环境影响报告书的编制。

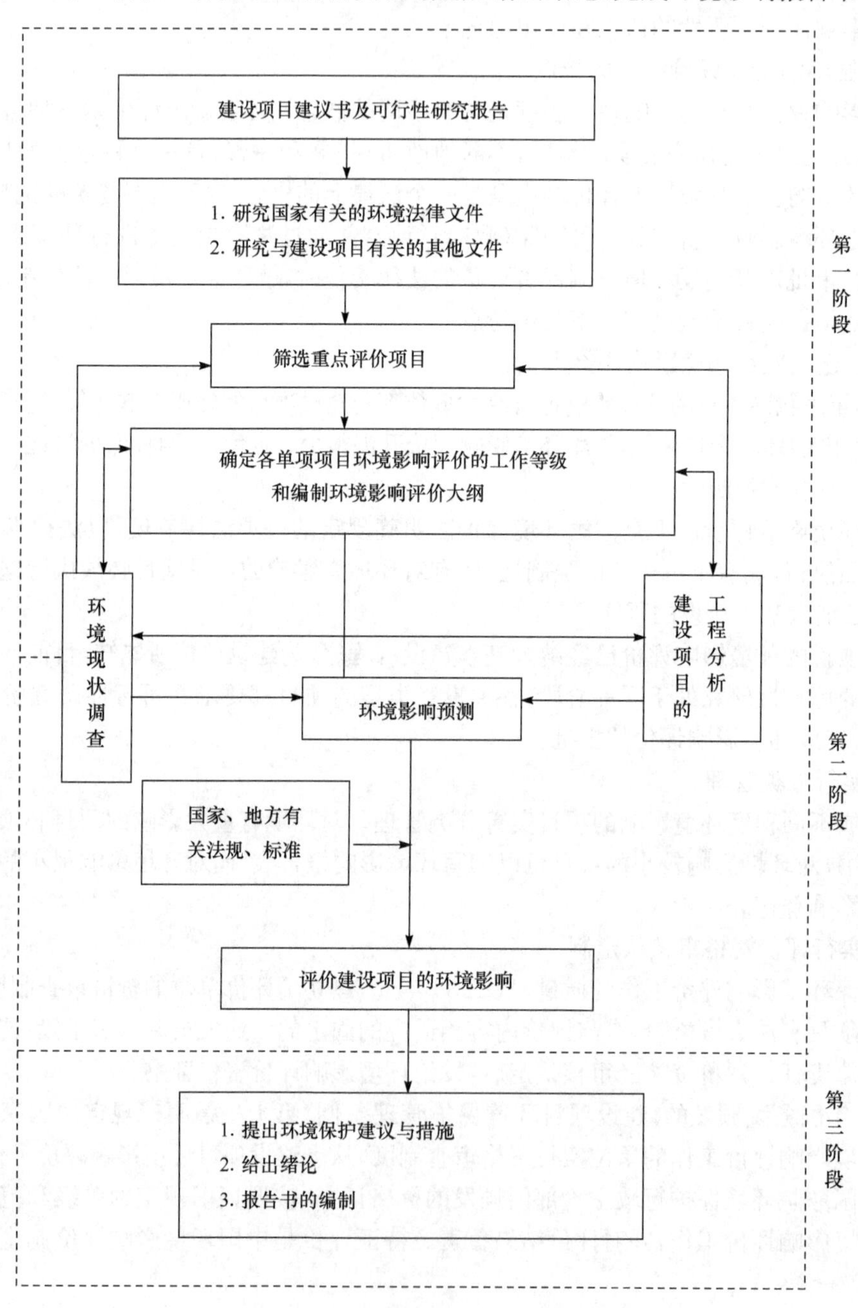

图 11-1 环境影响评价的工作程序

2. 中国环境影响评价的主要内容

环境影响评价报告书是中国环境影响评价的最终结果，其主要内容如下。

1）总则

(1) 结合评价项目的特点阐述评价的目的。

(2) 评价依据。包括国家有关的法律、法规、技术导则，评价大纲及其审查意见，建设项目可行性研究报告等。

(3) 评价标准。包括所采用的环境质量标准和污染物排放标准。

(4) 评价工作等级和评价范围。工作等级的划分一般分为三级，其中一级评价涉及的范围最大，评价的点位最多，评价内容也最多，工作量最大。二级评价次之，三级评价相对前两级的内容而言最少。评价工作等级是以下列因素为依据进行划分的。

①建设项目的工程特点、工程性质、工程规模、能源及资源（包括水）的使用量及类型、污染物排放特点（排放量、排放方式、排放去向、主要污染物种类、性质、排放浓度）等。② 建设项目所在地区的环境特征、自然环境特点、环境质量现状及社会经济环境状况等。③国家和地方政府所颁发的有关法律法规（包括环境质量标准和污染物排放标准）。

(5) 评价重点和保护环境的目标。

2）建设项目概况

(1) 建设项目的名称、地点和建设性质。

(2) 建设规模、占地面积及厂区平面布置。

(3) 土地利用情况和发展规划。

(4) 产品方案和主要工艺方法

(5) 职工人数和生活区布局。

3）工程分析（包括施工期和运营期）

(1) 主要原料、燃料及其来源、储运和物料平衡，水的用量与平衡。

(2) 生产工艺过程（附工艺、污染流程图）。

(3) 污染源的类型、排放的污染物种类、性质及排放方式、噪声、振动的特性等。

工程分析的主要目的是找出排污节点和排放的主要污染因子。

4）污染负荷预测（包括施工期和运营期）

污染负荷预测即是对污染物排放源强的预测，常用的方法有类比法、物料衡算法、排放系数法等。

5）建设项目周围地区的环境现状调查

(1) 地理位置。

(2) 自然环境。包括气象、气候及水文情况；地质、地貌状况；土壤、植被及珍稀野生动植物；大气、地面水、地下水、噪声及土壤环境质量状况等。

(3) 社会环境。包括建设项目周围现有工矿企业和生活居住区的分布情况、农业及土地利用情况、工业与能源、交通运输情况；人口密度和人群健康状况等。

6）环境影响分析、预测与评价

分别进行施工期和运营期的环境影响分析、预测和评价，包括对大气环境、水环境、声环境、固废环境的影响分析、预测和评价及生态环境的影响分析、预测和评价。目前使用较多的预测方法有类比调查法、数学模式法和专业判断法。

数学模式法能给出定量的预测结果，但需一定的计算条件和输入必要的参数、数据。一般情况此方法比较简便，应首先考虑。选用数学模式时要注意模式的应用条件，如实际情况不能很好满足模式的应用条件而又拟采用时，要对模式进行修正并验证。类比调查法的预测结果属于半定量性质。如由于评价工作时间较短等原因，无法取得足够的参数、数据，不能采用数学模式进行预测时,可选用此方法。专业判断法则是定性地反映建设项目的环境影响。建设项目的某些环境影响很难定量估测如对生态和景观的环境影响,或由于评价时间过短等无法采用上述方法时,可选用此方法。

同时根据预测的结果采用一定的方法来评价建设项目环境影响的特征、影响的范围、影响的程度和性质。常采用的评价方法有指数法、矩阵法、核查表法等。

7）污染防治对策与措施和生态保护对策与措施

分别提出施工期和运营期的污染防治对策与措施和生态保护对策与措施,包括对大气、水、声环境、固废污染的防治对策与措施和生物多样性保护、绿化和生态补偿等措施,并对环境保护措施的技术可行性进行分析和对环保投资进行估算。

8）清洁生产和总量控制

环境影响评价中的清洁生产分析应从节能、降低资源消耗、减少污染物排放等方面开展。通过清洁生产措施的采纳提高项目的清洁生产水平,达到从源头上和生产过程中削减或消除污染的目的。总量控制则要根据原中华人民共和国环境保护部确定的13项污染物总量控制指标,结合项目的特点来确定。

9）环保投资和经济损益分析

10）环境管理与环境监测的建议

包括建立环境管理机构、制定环境管理制度、明确环境管理职责等。

11）公众参与

根据《中华人民共和国环境影响评价法》的要求,除国家规定需要保密的情形外,对环境可能造成重大影响、应当编制环境影响报告书的项目,建设单位应当在报批环境影响报告书前,举行论证会、听证会、或者采取其他形式,征求有关单位、专家和公众的意见。

12）结论与建议

(1) 建设地址环境质量的现状。

(2) 环境影响的程度和范围。

(3) 项目选址、生产工艺、产品结构等是否合理。

(4) 污染防治措施和生态保护措施的技术可行性和经济合理性。

最终给出建设项目符合当地的发展规划要求(如土地利用规划和产业发展规划等),建设项目只要在施工期和运营期认真落实环境影响评价报告中提出的各项污染防治措施和生态保护措施,加强环境管理,确保污染防治工程和生态保护工程与主体工程同时设计、同时施工、同时投产使用,废气、废水、噪声、固废等对周围环境的影响可以降低到最低程度,从环境保护角度,该项目就可在拟选地址进行建设的总结论。

复习与思考

1. 什么是环境监测？它有哪些作用？
2. 什么是环境优先污染物和优先监测？
3. 简述环境监测的工作程序。
4. 环境监测的方法主要有哪些？
5. 什么是空气污染指数(API)？它是如何计算的？其值的范围和空气质量状况是怎样的关系？
6. 什么是环境影响评价？根据人类活动的类型,环境影响评价分为哪三类？
7. 中国环境影响评价制度有哪些特点？
8. 试述环境影响评价的工作程序和主要内容。

主要参考文献

白雪华. 2004. 美国和欧盟的能源政策及其启示. 国土资源,11:53-55.

鲍建国,周发武. 2010. 清洁生产实用教程. 北京:中国环境科学出版社.

蔡晓明,尚玉昌. 1995. 普通生态学(下册). 北京:北京大学出版社.

曹英耀,曹署,李志坚. 2009. 清洁生产理论与实务. 广州:中山大学出版社.

陈阜. 2000. 农业生态学教程. 北京:气象出版社.

陈明. 2010. 可持续发展概论. 北京:冶金工业出版社.

陈清泰. 2003. 中国的能源战略和政策. 国际石油经济,12:18-20.

方淑荣. 2011. 环境科学概论. 北京:清华大学出版社.

高廷耀,顾国维,周琪. 2006. 水污染控制工程(下册). 3 版. 北京:高等教育出版社.

关立山. 2004. 世界风力发电现状及展望. 全球科技经济瞭望,7:51-55.

韩宝平,王子波. 2013. 环境科学基础. 北京:高等教育出版社.

郝吉明. 2010. 大气污染控制工程. 3 版. 北京:高等教育出版社.

胡筱敏. 2010. 环境学概论. 武汉:华中科技大学出版社.

李春燕. 2006. 论发展生态农业是农业经济可持续发展的主要途径. 大众科技,6:193-194.

李润东. 2013. 能源与环境概论. 北京:化学工业出版社.

马光. 2006. 环境与可持续发展导论. 2 版. 北京:科学出版社.

毛东兴,洪宗辉. 2010. 环境噪声控制工程. 2 版. 北京:高等教育出版社.

钱易. 2010. 环境保护与可持续发展. 2 版. 北京:高等教育出版社.

曲向荣. 2008. 土壤污染及其防治途径的研究. 中国环境科学学会学术年会集:1084-1087.

曲向荣. 2008. 污染土壤植物修复技术及尚待解决的问题. 环境保护,6B:45-47.

曲向荣. 2009. 沈阳市创建生态示范市水环境质量达标对策研究. 中国环境科学学会学术年会集:216-219.

曲向荣. 2012. 清洁生产. 北京:机械工业出版社.

曲向荣. 2013. 环境工程概论. 北京:机械工业出版社.

曲向荣. 2013. 环境规划与管理. 北京:清华大学出版社.

邵立刚,刘蓓. 2006. 城市光污染及防治措施. 灯与照明,30(1):13-15.

唐炼. 2005. 世界能源供需现状与发展趋势. 国际石油经济,13(1):30-33.

王新兰. 2006. 热污染的危害及管理建议. 环境保护科学,32(6):69-71.

王振杰,郭亚红. 2009. 电磁辐射危害及对策. 漯河职业技术学院学报,8(2):39-40.

奚旦立,孙裕生,刘秀英. 2004. 环境监测. 3 版. 北京:高等教育出版社.

邢立文. 2009. 浅谈落实科学发展观持续推进企业循环经济及节能减排. 中国环境科学学会学术年会论文集:46-48.

徐新阳. 2010. 环境评价教程. 2 版. 北京:化学工业出版社.

许兆义. 2010. 环境科学与工程概论. 2 版. 北京:中国铁道出版社.

叶文虎,张勇. 2013. 环境管理学. 3 版. 北京:高等教育出版社.

张清东. 2013. 环境与可持续发展概论. 北京:化学工业出版社.

张淑琴,张彭. 2008. 电磁辐射的危害与防护. 工业安全与环保,34(3):30-32.

张新房. 2005. 风力发电技术的发展及相关控制问题综述. 华北电力技术,5:42-45.

赵景联. 2012. 环境科学. 北京:机械工业出版社.

赵由才,牛冬杰. 2008. 固体废物处理与资源化. 北京:化学工业出版社.

朱蓓丽. 2006. 环境工程概论. 2 版. 北京:科学出版社.

左玉辉. 2009. 环境学. 2 版. 北京:高等教育出版社.